高等职业教育机电类专业“十三五”规划教材

电工技术基础

尤丹丹　朱月华　主　编

程辉丽　副主编

陆建遵　主　审

中国铁道出版社有限公司

CHINA RAILWAY PUBLISHING HOUSE CO., LTD.

内容简介

本书根据高等职业院校电工技术基础课程的教学要求和教学特点编写而成，全书共分为11章，内容包括：电路基本概念与基本定律，电路的分析方法，正弦交流电路，三相正弦交流电路，磁路与变压器，三相异步电动机，直流电动机，特种电机，工企供电与电气照明，继电接触控制电路，安全用电及电工测量。本书在内容选取上注重基础知识的掌握，淡化复杂的理论分析，强调对学生实际操作能力的培养。

本书适合作为高职高专院校电类、机电类相关专业的教材，也可作为电工技术爱好者的自学参考书。

图书在版编目(CIP)数据

电工技术基础/尤丹丹，朱月华主编. —北京：中国铁道出版社，2019.2(2021.12重印)
高等职业教育机电类专业"十三五"规划教材
ISBN 978-7-113-25512-1

Ⅰ.①电… Ⅱ.①万…②朱… Ⅲ.①电工技术-高等职业教育-教材 Ⅳ.①TM

中国版本图书馆CIP数据核字(2019)第025668号

书　　名：电工技术基础
作　　者：尤丹丹　朱月华

策　　划：李志国　　　　**编辑部电话**：(010)83527746
责任编辑：彭立辉
编辑助理：初　祎
封面设计：刘　颖
责任校对：张玉华
责任印制：樊启鹏

出版发行：中国铁道出版社有限公司(100054，北京市西城区右安门西街8号)
网　　址：http://www.tdpress.com/51eds/
印　　刷：河北宝昌佳彩印刷有限公司
版　　次：2019年2月第1版　2021年12月第4次印刷
开　　本：787 mm×1092 mm　1/16　**印张**：16.25　**字数**：383千
书　　号：ISBN 978-7-113-25512-1
定　　价：39.80元

版权所有　侵权必究

凡购买铁道版图书，如有印制质量问题，请与本社教材图书营销部联系调换。电话(010)63550836
打击盗版举报电话：(010)63549461

前言

PREFACE

电的应用极其广泛，在现代工业、农业及国民经济的各个行业中，电力都是主要的动力来源。随着科学技术的发展，电工知识已渗透到众多专业和领域，电工技术也成为机电类专业学生必须掌握的技能。本书是高职高专院校机电类专业学生必修的一门专业技术基础课。通过本课程的学习，可为学生学习后续专业课程打下基础。

本书主要内容包括：电路基本概念与基本定律，电路的分析方法，正弦交流电路，三相正弦交流电路，磁路与变压器，三相异步电动机，直流电动机，特种电机，工企供电与电气照明，继电接触控制电路，安全用电及电工测量。

本书具有以下特点：

• 根据电工技术基础课程的教学特点，在内容选取上，重视基本概念、基本定律、基本分析方法的介绍，淡化复杂的理论分析。

• 在内容组织方面合理安排知识点、技能点，避免重复；内容突出基础知识的掌握；此外配备实训指导书，旨在强调对学生实操能力的培养。

• 每章开始设置"学习目标"，提纲挈领地提出学习重点、难点。此外，在每章的最后，还安排了一定数量的例题和习题，并附有部分参考答案，以便于学生自学。

本书由贵州工业职业技术学院尤丹丹、朱月华任主编，程辉丽任副主编。其中，尤丹丹编写了第一、九章，朱月华编写了第二、三、五、六、八章，程辉丽编写了第四、七、十、十一章。

本书由贵州工业职业技术学院陆建遵主审，他对书稿提出了很多宝贵意见和建议，在此表示衷心的感谢。本书在编写过程中，贵州工业职业技术学院的梁苏芬、杨立春、罗晓青提出了很多宝贵意见和建议，在此一并表示感谢。

由于时间仓促，编者水平有限，书中疏漏与不妥之处在所难免，恳请广大师生和读者批评指正。

编　者

2018 年 11 月

目录

CONTENTS

第一章 电路基本概念与基本定律

学习目标

- 了解电力系统的组成；
- 了解电路和电路模型的基本概念；
- 理解电路中物理量的含义；
- 了解电阻的概念及其连接方式；
- 了解电源的概念及其等效变换方法；
- 掌握欧姆定律；
- 掌握基尔霍夫定律；
- 理解电路中电位的概念并掌握其计算方法。

本章首先介绍了电力系统的组成，然后介绍了电路的基本概念，主要内容包括电路、电阻和电源三部分。其中，在电路的内容中主要介绍了电路与电路模型，电荷与电流，电压、功率与能量等知识；在电阻的内容中主要介绍了电阻、电阻的连接；在电源的内容中主要介绍了电压源、电流源、电源的串并联知识及等效变换方法。最后介绍电路中的基本定律，包括欧姆定律、基尔霍夫定律及电路中电位的计算方法。

第一节 电力系统概述

一、电能的产生

随着我国经济的飞速发展和人们生活质量的不断提高，作为绿色能源的电能越来越成为现代人们生产和生活中的重要能量。它具有清洁、无噪声、无污染、易转化（如转化成光能、热能、机械能等）、易传输、易分配、易调节和易测试等优点，因此在工矿企业、交通运输、国防科技和人们生活诸方面得到广泛的应用。电能是二次能源，是通过其他形式的能量转化而来的（如水位能、热能、风能、核能和太阳能等），主要是通过发电厂来生产的，又通过电力网来传输与分配的。因此，电力工业也就成了国民经济发展的重要部门，成了社会主义现代化建设的基础。

二、电力系统的组成

电能的生产、传输与分配是通过电力系统来实现的。发电厂的发电机发出的电能，经过升压变压器后，再通过输电线路传输，送到降压变电所，经降压变压器降压后，再经配电线路送到用户端，用户再利用变压器降压至所需电压等级用电，从而完成了一个发电、输电、配电、用电的全过程。连接发电厂和用户之间的环节称为电力网。发电厂、电力网和用户组成的统一整体称为电力系统,如图 1-1 所示。下面对电力系统各组成部分进行简要介绍。

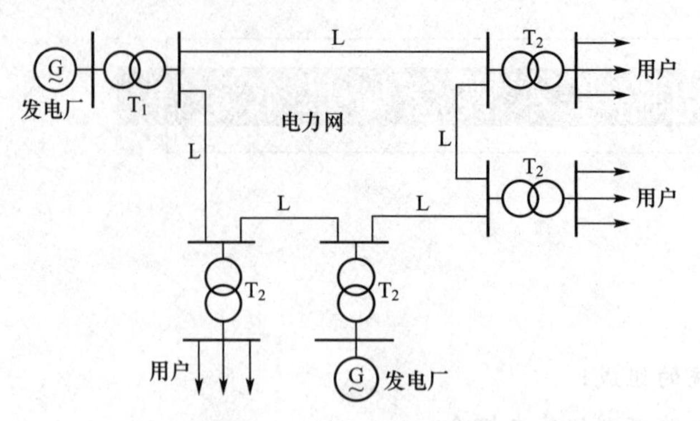

图 1-1 电力系统示意图

T_1—升压变压器;T_2—降压变压器;L—输电线路

1. 发电厂

发电厂是用来发电的,是电能产生的主要场所,在电力系统中处于核心地位。根据转化电能的一次能源不同,发电厂可分为火力发电厂(一次能源为煤、油和天然气等)、水力发电厂(一次能源为水势能)、核电厂(一次能源为核能)、电热发电厂(一次能源为地热)、风力发电厂(一次能源为风能)和太阳能发电厂(一次能源为太阳能)等。由于我国的煤矿资源和水利资源丰富,因此火力发电和水力发电占据我国电力生产的主导地位。

2. 电力网

电力网是发电厂和用户之间的联系环节,一般由变电所和输电线路构成。其中,变电所是接受电能、变换电压和分配电能的场所,一般可分为升压变电所和降压变电所两大类。升压变电所是将低电压变换为高电压,一般建在发电厂;降压变电所是将高电压变换为一个合理、规范的低电压,一般建在靠近负荷中心的地点。

输电线路是电力系统中实施电能远距离传输的环节,它一般由架空线路及电缆线路组成。架空线路主要由导线、避雷线、防振锤、线夹、绝缘子、杆塔、基础及接地装置构成,如图 1-2 所示。电缆线路则较为简单,一般采用直埋方式将电缆埋在地下或采用沟道内敷设方式。架空线路由于其结构简单、施工简便、建设速度快、检修方便和成本低等优点而广泛应用于电力系统,成为我国电力网的主要输电方式。电力电缆线路由于电缆价格昂贵、成本高和检修不便等因素,主要应用于架空线路不便架设的场合,如大城市中心、过江、跨海、污染严重的地区等。

一般为了提高电力系统的稳定性,保证用户的供电质量和供电可靠性,通过电力网,把多个发电厂、变电所联合起来,构成一个大容量的电力网进行供电。目前,我国有华东、华中、华北、南方、东北和西北六大电力网。

电力网按其功能可分为输电网和配电网。由 35 kV 及以上输电线路和变电所组成的电力网称为输电网,其作用是将电能输送到各个地区的配电网或者直接送到大型工矿企业,是电力网中的主要部分。由 10 kV 及以下的配电线路和配电变电所组成的电力网称为配电网,其作用是将电力分配给各用户。

电力网按其结构形式又可分为开式电力网和闭式电力网。用户从单方向得到电能的电力网称为开式电力网，其主要由配电网构成；用户从两个及两个以上方向得到电能的电力网称为闭式电力网，它主要由输电网组成或由输电网和配电网共同组成。

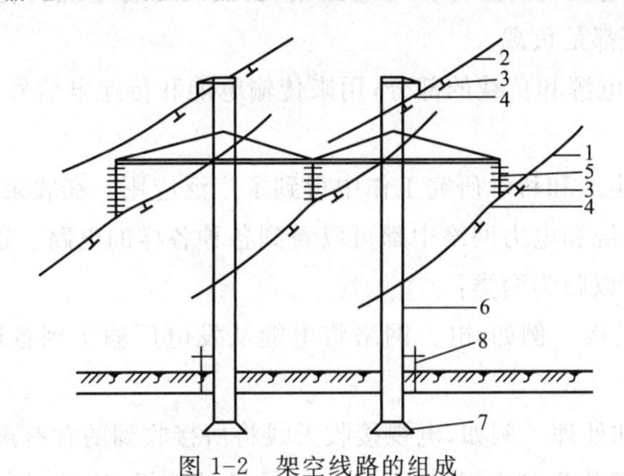

图 1-2　架空线路的组成

1—导线；2—避雷线；3—防振锤；4—线夹；5—绝缘子；6—杆塔；7—基础；8—接地装置

3. 用户

电力的产生和传输最终是为了供用户使用。对于不同的用户，其对供电可靠性的要求也不一样。根据用户负荷的重要程度，把用电负荷分为以下三个等级。

① 一级负荷：这类负荷一旦中断供电，将造成人身事故、重大电气设备严重损坏，甚至使群众生活发生混乱，使生产、生活秩序需较长时间才能恢复。

② 二级负荷：这类负荷一旦中断供电，将造成主要电气设备损坏，影响生产产量，造成较大的经济损失和影响群众生活秩序等。

③ 三级负荷：一级、二级负荷以外的其他负荷称为三级负荷。

在这些负荷中，对于一级负荷，最少应由两个独立电源供电，其中一个电源为备用电源；对于二级负荷，一般由两个回路供电，两个回路电源应尽量引自不同的变电器或两段母线；对于三级负荷，则无特殊要求，采用单电源供电即可。

第二节　电路与电路模型

一、电路

在人们的日常生活和生产实践中，电路无处不在。从手电筒、电饭煲、电视机、电冰箱、计算机到自动化生产线等都是由实际电路构成的。电路就是为了满足某种实际需要，由一些实际元器件（例如电阻、蓄电池、电容、晶体管、集成电路等）按一定方式相互连接构成的电流通路。

1. 电路的组成

实际电路的组成方式很多，结构形式多种多样。例如，电能的产生、输送和分配是通过发电机、变压器、输电线等完成，它们形成了一个庞大而复杂的电路系统。但是，任何一个完整的实际电路，无论结构十分简单，还是非常复杂，通常都是由电源、负载和中间环节三部分组成。

① 电源:是提供电能或信号的装置,将各种非电能转化成电能。常见的电源有干电池、蓄电池、发电机和各种信号源等。

② 负载:是各种用电设备的总称。与电源相反,负载是将电能转化成其他形式的能。例如,家用电器、电动机等都是负载。

③ 中间环节:连接电源和负载的部分,用来传输电能和传递电信号。

2. 电路的作用

电路在日常生活、生产和科学研究工作中得到了广泛应用。在收录机、电视机、录像机、音响设备、计算机、通信系统和电力网络中都可以看到各种各样的电路。这些电路的形式多种多样,但就其作用而言,可以归为两类:

① 电能的传输和转换。例如,电力网络将电能从发电厂输送到各用电单位,供各种电气设备使用。

② 电信号的传输和处理。例如,电视接收天线将所接收到的含有声音和图像信息的高频电视信号,通过高频传输线送到电视机中,这些信号经过选择、变频、放大和检波等处理,恢复原来的声音和图像信息,通过扬声器发出声音并在显像屏幕上呈现图像。

二、电路模型

在实际的电路中,元器件工作时,会表现出多种电气特性。为便于分析,一般情况下,把元器件表现出来的主要特性作为研究对象,会忽略其他细微的次要特性,这样形成电路模型。电路模型是由实际电路抽象而成,它近似地反映实际电路的电气特性。根据实际电路的不同工作条件以及对模型精确度的不同要求,应当用不同的电路模型模拟实际电路。

理想元器件各自有理想化的单一电磁特性并具有精确的数学定义,如只表示消耗电磁能的理想电阻、只表示电场现象的理想电容、只表示磁场现象的理想电感等。在电路模型中使用的最基本的理想元器件只有少数几种,如理想的无源元器件有电阻、电容、电感,理想的有源元器件有电压源和电流源。以上这些元器件都只具有两个端钮,称为两端元器件。另外,还有四端元器件,如理想变压器。而理想化的导体无电阻值,在图中用线段表示,用它将理想化的电路元器件连接起来形成“电路模型”图。部分理想元件对应的图形符号如图 1-3 所示。

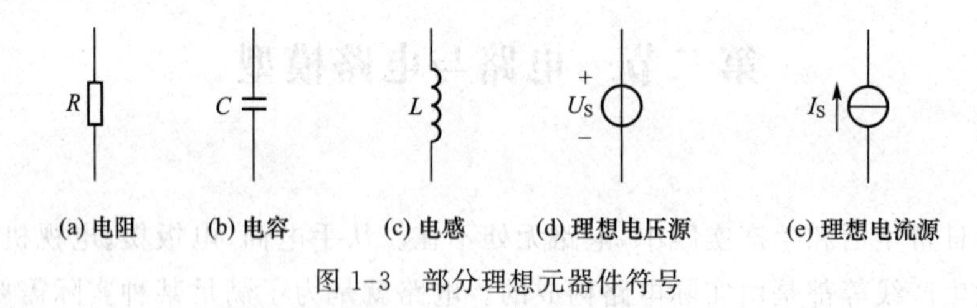

图 1-3 部分理想元器件符号

尽管实际电路元器件有成千上万种,但任何实际电路元器件都可以用一个或几个理想基础元器件的组合来表示。实际元器件的模型如何建立,原则上只考虑其主要特性,忽略其次要特性。但一个实际元器件哪些主要特性需要考虑,哪些次要特性可以忽略,不仅取决于元器件的类型,而且取决于它的使用条件和要求计算达到的精度。例如,手电筒电路模型中的电池,当电池是新的内阻 R_0 很小时,则可以忽略;当电池变旧时,内阻 R_0 增大,一般就不能忽略。

又如，在工作频率比较低时，一个线圈就可以用理想电阻和电感的串联组合来描述；当频率较高时，线圈绕线各匝之间的电容效应就不可忽视，这种情况下，表征这个线圈的较精确的模型还应当包括电容元件。总之，在不同工作条件下，或对电路分析要求的精确度不同时，同一元器件可能要用不同的电路模型来模拟。

大量的实践充分证实，只要电路模型取得恰当，则按抽象电路分析计算所得结果与实际电路中测量结果基本上就是一致的，所以它是一种非常好的实用方法。当然，如果电路模型选得不好，则会造成很大误差，有时甚至还可能得到自相矛盾的结果。

综上所述，为便于对实际电路进行分析和数学关系式的表示，需将实际电路元器件用能够代表其主要电磁特性的理想元器件来表示，理想元器件就是实际电路元器件的模型。由理想元器件所组成的电路称为实际电路的电路模型，简称电路。例如，根据手电筒的实际电路图[见图 1-4(a)]，其电路模型如图 1-4(b)电路所示。图中用一个理想电压源 U_S 和一个电阻 R_0 串联组合模拟干电池的电磁特性，建立它的电路模型。实际小灯泡在电流通过时，除发光外还会产生磁场，兼有电感的性质，但它主要的电磁性质是耗电，所以，在忽略其次要因素后，可用一个电阻来取代，建立模型。建模时应依据不同的条件和精度要求，用理想电路元器件将实际电路部件的主要电磁性质及功能充分反映出来。一般情况下，本课程分析的电路均指电路模型，元器件均指理想电路元器件。

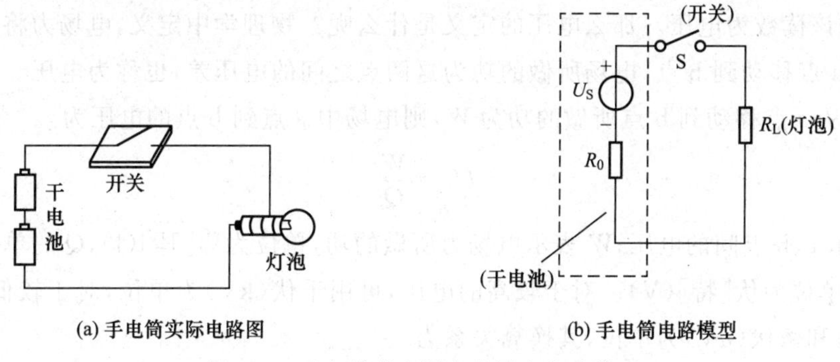

图 1-4　手电筒的实际电路图和电路模型

第三节　电路的基本物理量

电路中的基本物理量是电流、电压(电位差)、电位、电动势、功率和电能。下面分别讨论它们的定义及参考方向。注意：电流、电压的参考方向在图中的各种表示方法及两个参考方向之间的关系。

一、电流、电压和电动势的概念

1. 电流

当闭合电源开关时，照明灯就会发光，电风扇就会转动，电热器就会发热，这是因为在照明灯、电风扇、电热器中有电流流过。若在电路中接入电流表，电流表就能测出电流的数值。那么什么是电流呢？物理学中定义，带电粒子(电子、离子等)的定向移动形成电流。例如，导体中的自由电子在电场的作用下作定向移动形成电流;电解液中的正、负离子在电场作用下作相反方向运动形成电流;在电视机的显像管中,电子枪在真空中发射的电子束也形成电流。

电流在数值上等于单位时间内通过某一导体横截面的电荷量,设在极短时间 $\mathrm{d}t$ 内通过某一导体横截面 A 的微小电荷量为 $\mathrm{d}q$,则该瞬时的电流为

$$i=\frac{\mathrm{d}q}{\mathrm{d}t} \tag{1-1}$$

式中,i 表示电流;q 表示电荷量(电量);t 表示时间,单位为秒(s)。在国际单位制中,q 的单位为库[仑](C),电流的单位为安[培],用符号 A 表示。如果 1 s 时间内有 1 库仑的电量通过导体的横截面,这时的电流就是 1 A。对于较小的电流,可以用毫安(mA)和微安(μA)为单位,其换算关系为

$$1\,\mathrm{mA}=10^{-3}\,\mathrm{A} \qquad 1\,\mu\mathrm{A}=10^{-6}\,\mathrm{A} \qquad 1\,\mathrm{kA}=10^{3}\,\mathrm{A}$$

当电流的大小和方向不随时间变化时,称其为直流电流(direct current,DC)。直流电流用大写字母 I 表示,即 $I=\frac{Q}{t}$,式中 Q 为时间 t 内通过导体横截面的电荷量。而随时间变化的电流用小写字母 i 表示,称为交流电流(alternating current,AC)。

2. 电压

在图 1-4 中,当开关 S 闭合后,手电筒的小灯泡发光,若将电压表接在小灯泡两端,电压表就有读数,称该读数为电压。那么电压的定义是什么呢?物理学中定义,电场力将单位正电荷由电场中的 a 点移动到 b 点,电场所做的功为这两点之间的电压差,也称为电压。如果电场力把正电荷 Q 从 a 点移动到 b 点所做的功为 W,则电场中 a 点到 b 点的电压为

$$U_{\mathrm{ab}}=\frac{W}{Q} \tag{1-2}$$

式中,U_{ab} 表示 a、b 点间的电压;W 表示电场力所做的功,单位为焦[耳](J);Q 的单位为库[仑](C);电压的单位为伏[特](V)。对于较高的电压,可用千伏(kV)为单位,对于较低的电压,可用毫伏(mV)和微伏(μV)为单位,其换算关系为

$$1\,\mathrm{kV}=10^{3}\,\mathrm{V} \qquad 1\,\mathrm{mV}=10^{-3}\,\mathrm{V} \qquad 1\,\mu\mathrm{V}=10^{-6}\,\mathrm{V}$$

当电压的大小和方向不随时间变化时,称其为直流电压。直流电压用大写字母 U 表示,而随时间变化的瞬时电压用小写字母 u 表示。

3. 电动势

非电场力把单位正电荷从电源内部低电位 b 端移到高电位 a 端所做的功,称为电动势,用字母 e 或 E 表示

$$e=\frac{\mathrm{d}W}{\mathrm{d}q} \tag{1-3}$$

电动势的单位与电压相同,也用伏(V)表示。电动势的极性和实际方向是客观存在的。它的实际极性是电压开路时它引起的电压的实际极性,而它的实际方向是从低电位指向高电位。

电动势的参考极性是可以任意选定的。它的参考极性用“+”“-”号表示,电动势极性的“+”极对应假定的高电位端;“-”极对应低电位端。其参考方向也可用与电压相似的几种方

式表示。而用双脚标表示电动势的方向时，如 E_{ba}，前标 b 表示低电位端，后标 a 表示高电位端。

在电路中，要想维持电流流动，必须有一种外力把正电荷源源不断地从低电位处移到高电位处，才能在整个闭合的电路中形成电流连续流动，这个任务是由电源来完成的。在电源内部，由于电源力的作用，正电荷从低电位移向高电位。在不同类型的电源中，电源力的来源不同。例如，电池中的电源力是由化学作用产生的；发电机的电源力则是由电磁作用产生的。所以，电源电动势的实际方向由负极指向正极，即由电源的低电位指向高电位，也就是电位升高的方向。

二、电流和电压的实际方向

在直流电路中，一般电源的电压值和实际极性都是已知的，因此在只有一个电压源作用的电路中，电流的实际方向也是已知的。那么电流流过电源和负载时的实际方向是怎样的？下面看一个最简单的电路。图 1-5 所示为一个直流电压源 U_S 和负载电阻 R_L 接通的电路。在电路中，已知直流电压源 U_S 的实际极性如图 1-5 中所示，a 点为电压源的正极，用“＋”表示；b 点为电压源的负极，用“－”表示。这种“＋”“－”极性也表示了 a 点的电位比 b 点的电位高。可见，负载电阻 R_L 两端电压的实际极性也是上“＋”下“－”。

由电流、电压的定义可知，在电场力的作用下，正电荷从电压源 a 点（电压源的正极），经过负载电阻 R_L 移动到 b 点（电压源的负极）。所以，电流 I 的实际方向就是正电荷的运动方向，即从负载电阻的高电位流到低电位。为了维持负载电流不变，保证负载正常工作，电压源通过其内部的电源力将堆积在负极上的正电荷经过电源内部送回到电源的正极。

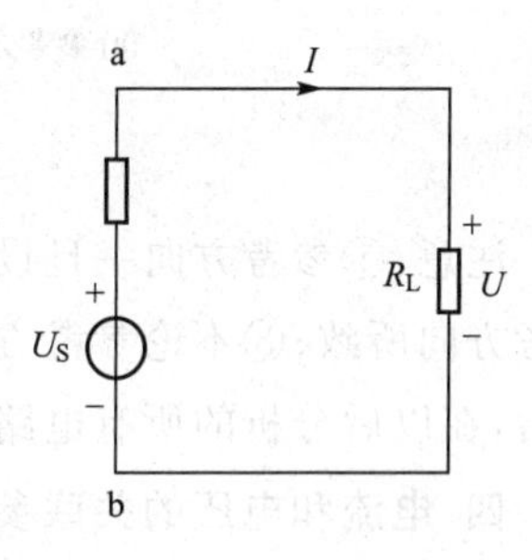

图 1-5　电压和电流的实际方向

可见，电流的实际方向为：电流流过负载时，是从负载的高电位到低电位；电流流过电源时，是从电源的负极到正极。电压的实际方向为：负载两端电压 U 和电压源两端电压 U_S 的实际方向都是高电位到低电位。

三、电流和电压的参考方向

在分析简单电路时，可由电源的实际极性判断出电路中电流的实际方向，但在分析复杂电路时，一般情况下很难判断出某个元器件中的电流和两端电压的实际方向。例如，图 1-6 所示为两个电压源供电的复杂电路，电阻 R_3 中的电流是从 a 点流向 b 点，还是从 b 点流向 a 点，是很难判断的。

在分析复杂电路时，要先假设各元器件的电流或电压的方向，这个假设的方向称为电流或电压的参考方向。在电流或电压的参考方向下，根据电路的基本定律和分析方法求解出各元器件中的电流或电压。

若求出的电流或电压为正值，说明电流或电压的参考方向与实际方向相同；若为负值，说明电流或电压的参考方向与实际方向相反。

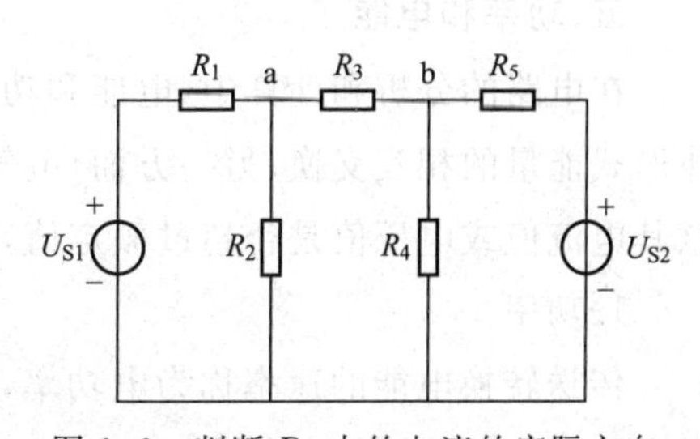

图 1-6　判断 R_3 中的电流的实际方向

在图 1-7 中,电流的参考方向用箭头表示。在图 1-7 (a)中,$I=1\,A$,说明电流的参考方向和实际方向相同,即电流的实际方向是从 a 点流向 b 点;在图 1-7(b)中,$I=-2\,A$,说明电流的参考方向和实际方向相反,即电流的实际方向是从 b 点流向 a 点。电流的参考方向也可用双下标表示,如 I_{ab} 表示其参考方向由 a 点指向 b 点。

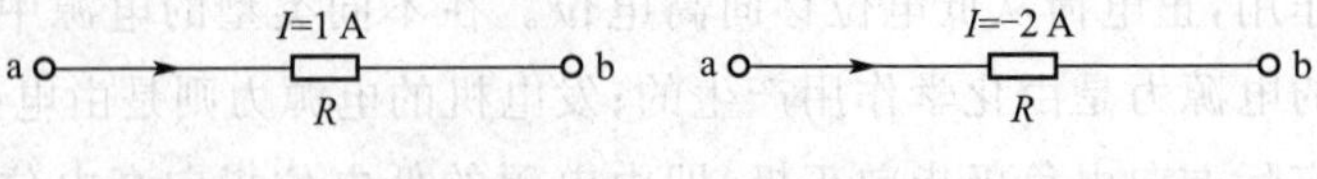

(a) 参考方向与实际方向相同　(b) 参考方向与实际方向相反

图 1-7　电流的参考方向

在图 1-8 中,电压的参考方向可用箭头或极性表示。在图 1-8 (a)中,$U=3\,V$,说明电压的参考方向和实际方向相同,即电压的实际方向是从 a 点指向 b 点;在图 1-8(b)中,$U=-6\,V$,说明电压的参考方向和实际方向相反,即电压的实际方向是从 b 点指向 a 点。电压的参考方向也可用双下标表示,如 U_{ab} 表示其参考方向是从 a 点指向 b 点。

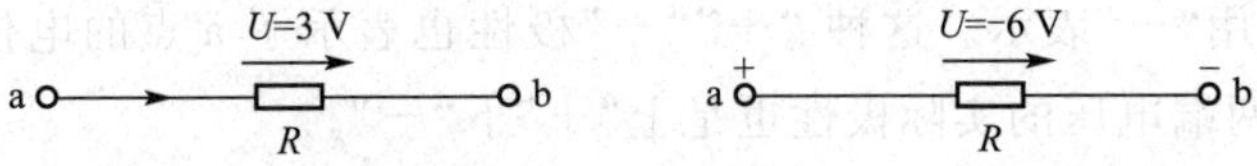

(a) 参考方向与实际方向相同　(b) 参考方向与实际方向相反

图 1-8　电压的参考方向

注意:①参考方向一旦设定,在计算过程中就不能改变;②电流或电压的数值有正有负,是参考方向所致;③不论参考方向如何,电流或电压的实际方向都是不变的。有了参考方向的概念后,在以后分析的所有电路中,电压或电流的方向均为参考方向。

四、电流和电压的关联参考方向

为了分析方便,在假设电压、电流的参考方向时,对于同一电路元器件,其电压和电流的参考方向应设置一致。若电压和电流参考方向相同,则称为关联参考方向,如图 1-9(a)所示;若电压和电流参考方向相反,则称为非关联参考方向,如图 1-9 (b)所示。

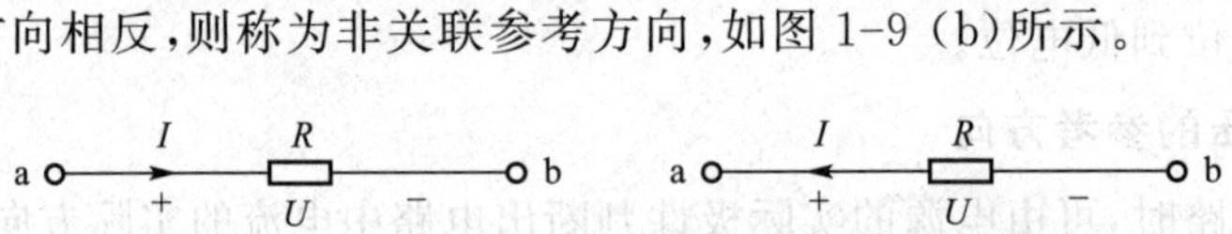

(a) 关联参考方向　(b) 非关联参考方向

图 1-9　关联参考方向与非关联参考方向

五、功率和电能

在电路的分析和计算中,电能和功率的计算十分重要。一方面,电路在工作时总伴随有其他形式能量的相互交换;另一方面,电气设备和电路部件本身都有功率的限制,在使用时要注意其电流值或电压值是否超过额定值,过载会使设备或部件损坏,或者不能正常工作。

1. 功率

传送转换电能的速率称为电功率,简称功率,用字母 p 或 P 表示。功率 p、电能 W 和电路中电压、电流的关系(电压、电流为关联参考方向)为

$$p=\frac{\mathrm{d}W}{\mathrm{d}t}=u\frac{\mathrm{d}q}{\mathrm{d}t}=ui \tag{1-4}$$

直流时为

$$P=UI \tag{1-5}$$

如果电压、电流为非关联参考方向,则两式带负号,即

$$p=-ui \tag{1-6}$$

直流时为

$$P=-UI \tag{1-7}$$

功率的国际单位为瓦[特],符号为 W。常用的功率单位还有 kW(千瓦)、MW(兆瓦)。它们之间的换算关系为

$$1\,\mathrm{MW}=10^6\ \mathrm{W} \qquad 1\,\mathrm{kW}=10^3\ \mathrm{W} \qquad 1\,\mathrm{mW}=10^{-3}\ \mathrm{W} \qquad 1\,\mu\mathrm{W}=10^{-6}\ \mathrm{W}$$

功率为正值时,说明这部分电路吸收(消耗)功率;功率为负值时,说明这部分电路提供(产生)功率。根据能量守恒定律可得:在任意时刻、任意闭合电路中所有负载吸收功率的总和等于所有电源提供功率的总和。

2. 电能

从 t_1 到 t_2 时间内,电路吸收(消耗)的电能为

$$W=\int_{t_1}^{t_2}P\mathrm{d}t \tag{1-8}$$

直流时为

$$W=P(t_2-t_1) \tag{1-9}$$

电能的 SI 单位为焦[耳],符号为 J,在实际应用中还采用 kW·h(千瓦时)作为电能的单位。它等于功率为 1 kW 的用电设备在 1 h(3 600 s)内消耗的电能,简称 1 度电,1 kW·h=1 000 W×3 600 s=3.6×10⁶ J=3.6 MJ。电能表俗称电度表。

【例 1-1】 在图 1-10 中,若电流均为 2 A,$U_1=1$ V,$U_2=-1$ V,求该元件消耗或产生的功率;在图 1-10(b)中,若元件产生的功率为 4W,求电流 I。

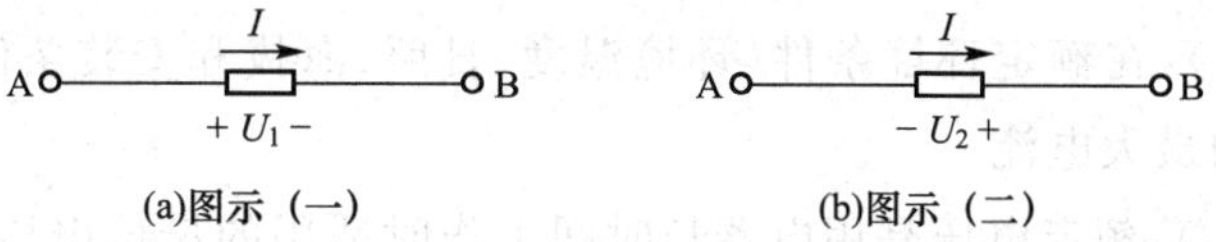

I
A B
+ U1 −
(a)图示(一)

I
A B
− U2 +
(b)图示(二)

图 1-10 例 1-1 所示电路

解:① 对于图 1-10(a),电流、电压为关联参考方向,元件的电功率为

$$P=U_1I=1\ \mathrm{V}\times2\ \mathrm{A}=2\ \mathrm{W}>0$$

表明元件消耗功率,为负载。

对于图 1-10(b),电流、电压为非关联参考方向,元件的电功率为

$$P=-U_2I=-(-1\mathrm{V})\times2\ \mathrm{A}=2\ \mathrm{W}>0$$

表明元件消耗功率,为负载。

② 在图 1-10(b)中,电流、电压为非关联参考方向,且是产生功率,故

$$P=-U_2I=-4\ \mathrm{W}$$

$$I=-\frac{P}{U_2}=-\frac{-4}{-1}\ \mathrm{A}=-4\ \mathrm{A}$$

即电流大小为4 A,方向与图中参考方向相反。

【例 1-2】 有一盏"220 V,60 W"的电灯接到220 V电压下工作。试求:①电灯的电阻;②工作时的电流;③如果每晚用3 h,问一个月(按30天计算)能消耗多少电能?

解:由题意

① 根据 $P=\frac{U^2}{R}$,得电灯电阻为

$$R=\frac{U^2}{P}=\frac{220^2}{60}\ \Omega=807\ \Omega$$

② 根据 $P=UI$,得工作电流为

$$I=\frac{P}{U}=\frac{60\ \mathrm{W}}{220\ \mathrm{V}}=0.273\ \mathrm{A}$$

③ 由 $W=Pt$,得用电为

$$W=Pt=60\times3\times30\times3\,600\ \mathrm{J}=1.944\times10^7\ \mathrm{J}$$

或 $W=Pt=(60/1\,000)\times3\times30\ \mathrm{kW\cdot h}=5.4\ \mathrm{kW\cdot h}$

3. 额定值

额定值常标在设备的铭牌上,故又称铭牌值。在实际应用中,对所有的电器设备和元器件的电压、电流及功率等都有一定的使用限制,这种限制称为额定值。例如,常说一个白炽灯的电压为220 V,功率为60 W,这就是它的额定值。额定值是制造厂商为了使产品能在给定的工作条件下正常运行而规定的正常允许值,常以N字的下标表示,如 P_N、U_N、I_N 分别表示额定功率、额定电压和额定电流。制造厂商在制定产品的额定值时,要全面考虑使用的经济性、可靠性以及寿命等因素。

电气设备的额定值,通常有如下几项:

① 额定电流(I_N):在额定环境条件(环境温度、日照、海拔和安装条件等)下,电气设备长期连续工作时允许的最大电流。

② 额定电压(U_N):额定电压是用电器长时间工作时适用的最佳电压。若高于这个电压,用电器容易烧坏;低于这个电压,用电器不能正常工作;对于部分用电器,若低于额定电压太多,还可能造成用电器损坏。

额定电压主要根据电气设备所允许的电流和材料的绝缘性能等因素决定。

③ 额定功率(P_N):电气设备在额定工作状态下所消耗的功率。在直流电路中,额定电压与额定电流的乘积就是额定功率,即

$$P_N=U_N\cdot I_N$$

当各实际使用值等于额定值时,称为额定状态;当功率或电流大于额定值时,称为超载或过载;当功率或电流小于额定值时,称为不足称为轻载或欠载。类似地,高于或低于额定值的电压分别称为过压或欠压,各种比较都是以额定值为基准。总之,各项额定值是选择设备与元器件的重要依据。

4. 电路的工作状态

电路在工作时有通路、开路和短路 3 种工作状态，如图 1-11 所示。

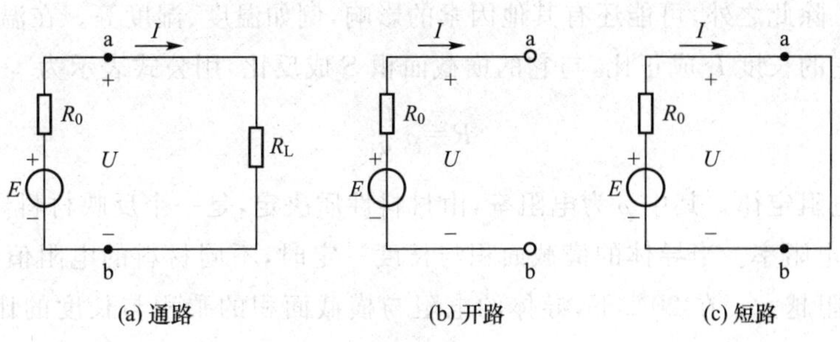

图 1-11　电路的 3 种工作状态

(1)有载工作状态

如图 1-11(a)所示，当电源与负载接成闭合回路时，电路便处于有载工作状态，也称为通路。E 为电源的电动势，R_0 为电源的内阻。当电源与负载 R_L 接通时

$$I=\frac{E}{R_0+R_L} \qquad U=IR_L=E-IR_0$$

电源输出功率，即负载获得功率为 $P=UI$。

若电源额定输出功率 $P_N=U_N I_N$，当电源输出功率 $P=P_N$ 时称为满载，当 $P<P_N$ 时称为轻载，当 $P>P_N$ 时称为过载，过载会导致电气设备损害，应注意防止。

(2)开路

当图 1-11(a)中 a、b 两点断开时($R_L=\infty$)，电路处于开路状态，如图 1-11 (b)所示。开路的特点是开路处电流等于零，故图 1-11 (b)中电源电流 $I=0$，其端电压(称为开路电压 U_0)$U=U_0=E$，电源输出功率 $P=0$。

(3)短路

当图 1-11(a)中 a、b 两点间由于某种原因被短接($R_L=0$)时，电源处于短路状态，如图 1-11(c)所示。短路的特点是，短路处电压为零，故图 1-11(c)中电源的端电压 $U=0$，此时电源的电流(称为短路电流 I_S)$I=I_S=\frac{U}{R_0}$很大，电源的输出功率 $P=0$，电源产生的功率全部消耗在内阻上而造成其过热而损伤或毁坏，故应尽力防止或采用保措施。

开路和短路也可以发生在电路的任意两点之间，其共同特点是：开路处电流为零，短路时电压为零。

第四节　电　　阻

一、电阻的含义

电阻是导体本身的一种特性，通常说的电阻有两个含义，一个含义是指一个物理量，在电学中表示导体对电流阻碍作用的大小。通常导体电阻越大，表示导体对电流的阻碍作用越大。不同的导体，电阻一般不同，电阻将会导致电子流通量的变化，电阻越小，电子流通量越大，反

之亦然。

导体的电阻是由它本身的性质决定的，金属导体的电阻大小与它本身的长度、横截面积、所用材料有关。除此之外，可能还有其他因素的影响，例如温度、湿度等。在温度一定时，金属导体的电阻与它的长度 L 成正比，与它的横截面积 S 成反比，用公式表示为

$$R=\rho\frac{L}{S} \tag{1-10}$$

式(1-10)就是电阻定律。其中 ρ 为电阻率，由材料性质决定，是一个反映材料导电性能的物理量，称为材料的电阻率。当导体的横截面积与长度一定时，不同材料的电阻值会不一样，电阻率 ρ 越大，其电阻越大。在 20℃下，导体的电阻与横截面积的乘积与长度的比值叫作这种导体的电阻率。电阻率与导体的长度、横截面积等因素无关，由导体的材料决定，且与温度有关。ρ 的单位是 Ω·m(欧姆·米，简称欧米)。

电阻定律揭示了导体电阻的大小与导体的长度、截面积、材料间的关系，它指出了导体的电阻由导体自身的因素决定，也提出了一种控制、制造电阻的方法。常用的滑动变阻器就是依靠改变导线的长度达到改变阻值的目的。电阻定律仅适用于温度一定、粗细均匀的金属导体或浓度均匀的电解液。

电阻的另一个含义是指为电流提供通路的电路元件，当电流流过电阻时，会在其两端产生电压降。

电路元器件是组成电路模型的最小单元，电路元器件本身就是一个最简单的电路模型。在电路中电路元器件的特性是由其电压、电流关系来表征的，通常称为伏安特性，记为 VCR (voltage current relation)，它可以用数学关系式表示，也可描绘成电压、电流的关系曲线——伏安特性曲线。

电路元器件分为两大类：无源元器件和有源元器件。无源元器件包括电阻、电感、电容；有源元器件包括理想电流源、理想电压源。

电阻元件(见图 1-12)是无源二端元件，是实际电阻器的理想化模型。电阻元件按其伏安特性曲线是否为通过原点的直线，可分为线性电阻元件和非线性电阻元件。对满足欧姆定律的电阻称为线性电阻，即电阻两端的电压与通过的电流成正比，其电阻是一个常数。线性电阻的伏安特性是一条通过坐标原点的直线。不满足欧姆定律的电阻称为非线性电阻，非线性电阻的特性往往通过伏安特性曲线描述。

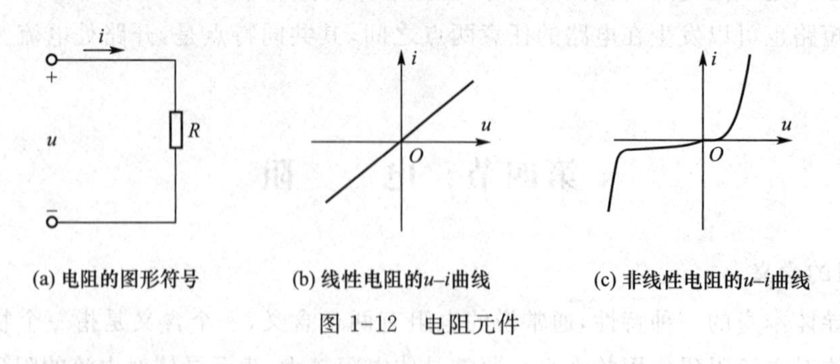

图 1-12　电阻元件

本书除特别说明外，电阻均指线性电阻。

对于线性电阻，电压、电流间的关系符合欧姆定律，即

$$u=Ri \text{ 或 } i=\frac{u}{R}=Gu$$

式中，$G=\frac{1}{R}$称为电导，单位为西门子(S)。

二、电阻的串联、并联

电阻元件可按各种不同要求做各种不同方式的连接，主要有串联和并联。

1. 电阻串联

在电路中，若干个电阻元件依次相连，在各连接点都无分支，这种连接方式称为串联。图1-13(a)所示为3个电阻的串联电路，图1-13(b)所示为其等效电路。

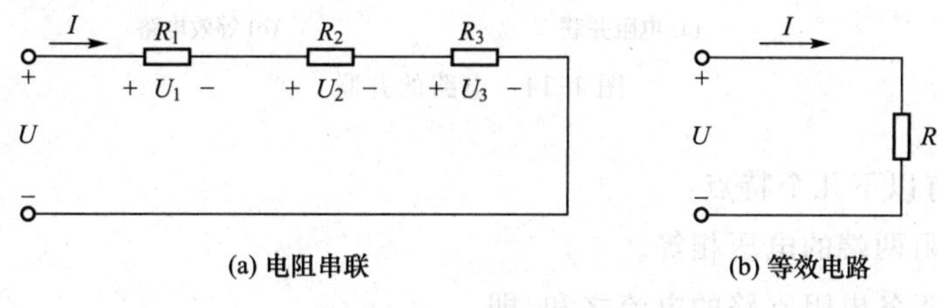

图 1-13　电阻的串联

电阻串联时有以下几个特点：

① 通过各电阻的电流相等。

② 总电压等于各电阻上电压之和，即

$$U=U_1+U_2+U_3$$

③ 等效电阻(总电阻)等于各电阻之和，即

$$R=R_1+R_2+R_3$$

所谓等效电阻是指如果用一个电阻R代替串联的所有电阻接到同一电源上，电路中的电流是相同的。

④ 分压系数。在直流电路中，常用电阻的串联来达到分压的目的。各串联电阻两端的电压与总电压间的关系为

$$\begin{aligned} U_1&=R_1I=\frac{R_1}{R}U \\ U_2&=R_2I=\frac{R_2}{R}U \\ U_3&=R_3I=\frac{R_3}{R}U \end{aligned} \tag{1-11}$$

式中，$\frac{R_1}{R}$、$\frac{R_2}{R}$和$\frac{R_3}{R}$称为分压系数，由分压系数可直接求得各串联电阻两端的电压。

⑤ 各电阻两端的电压与电阻的大小成正比，由式(1-11)可知

$$U_1:U_2:U_3=R_1:R_2:R_3$$

⑥ 各电阻消耗的功率与电阻成正比，即

$$P_1:P_2:P_3=R_1:R_2:R_3$$

2. 电阻并联

在电路中，若干个电阻一端连在一起，另一端也连在一起，使电阻所承受的电压相同，这种连接方式称为电阻的并联。图 1-14(a)所示为 3 个电阻的并联电路，图 1-14(b)所示为其等效电路。

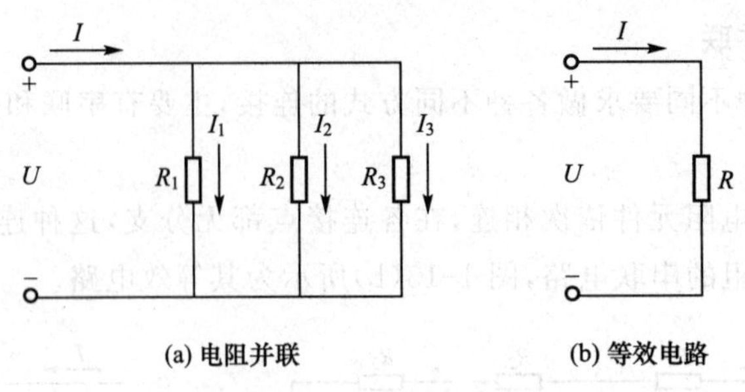

图 1-14　电路的并联

电路并联时有以下几个特点：

① 各并联电阻两端的电压相等。

② 总电流等于各电阻支路的电流之和，即

$$I=I_1+I_2+I_3$$

③ 等效电阻 R 的倒数等于各并联电阻倒数之和，即

$$\frac{1}{R}=\frac{1}{R_1}+\frac{1}{R_2}+\frac{1}{R_3}$$

上式也可写成

$$G=G_1+G_2+G_3 \tag{1-12}$$

式(1-12)表明，并联电路的电导 G 等于各支路电导 G_1、G_2、G_3 之和。

对于只有两个电阻 R_1 及 R_2 的并联电路，等效电阻为

$$R=\frac{R_1R_2}{R_1+R_2}$$

④ 分流系数。在电路中，常用电阻的并联来达到分流的目的。各并联电阻支路的电流与总电流的关系为

$$\begin{aligned}I_1&=G_1U=\frac{G_1}{G}I\\I_2&=G_2U=\frac{G_2}{G}I\\I_3&=G_3U=\frac{G_3}{G}I\end{aligned} \tag{1-13}$$

式中，$\frac{G_1}{G}$、$\frac{G_2}{G}$、$\frac{G_3}{G}$ 称为分流系数，由分流系数可直接求得各并联电阻支路的电流。

⑤ 各电阻支路的电流与电导的大小成正比

由式(1-13)还可知

$$I_1:I_2:I_3=G_1:G_2:G_3$$

即电阻并联时，各电阻支路的电流与电导的大小成正比。也就是说，电阻越大，分流作用就越小。

当两个电阻并联时，有分流公式如下：

$$I_1=\frac{R_2}{R_1+R_2}I$$

$$I_2=\frac{R_1}{R_1+R_2}I$$

⑥ 各电阻消耗的功率与电导成正比，即

$$P_1:P_2:P_3=G_1:G_2:G_3$$

第五节　电源及电源的等效变换

电源是将其他形式的能转换成电能的装置。常见的电源有干电池、蓄电池与家用的220V交流电源。目前，已应用的电能转换的能源装置，可以将太阳能、水力、核能、风能、化学能等变换成电能。

一个实际电源常可以等效成两种模型：一种是理想电压源和内电阻串联的模型；另一种是理想电流源和内电阻并联的模型。

一、电压源

理想电压源的内电阻为零，它的端电压与通过它的电流无关，是一个常数，在数值上等于电压源 U_S，即 $U=U_S$，而通过它的电流则由外电路决定。电压源的模型如图 1-15 所示。

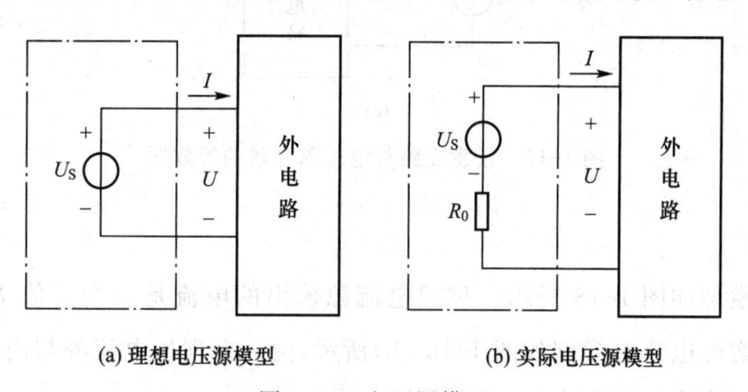

(a) 理想电压源模型　　(b) 实际电压源模型

图 1-15　电压源模型

实际电压源的内阻不等于零，因此它的内部总是有损耗的。当实际电压源与外电路相连接时，它的端电压总是小于 U_S，而且随着电流的增加这种差距会加大。通常用一个理想电压源和一个内阻 R_0 相串联的模型来表示实际电压源，如图 1-15 (b)所示。

根据图 1-15 (b)所示电路，可得出

$$U=U_S-R_0I$$

按此方程式，当外电路开路时，$I=0$，电压源开路电压 $U_{OC}=U_S$；当外电路短路时，$U=0$，通过电压源的短路电流 $I_{SC}=\frac{U_S}{R_0}$。由此可做出电压源的外特性曲线，如图 1-16 所示。由于实

际电压源的内阻一般都很小，所以短路电流很大，这可能会导致电压源损坏，故实际电压源绝不允许短路。通常，稳压电源可以认为是一个理想电压源。

电压源的特性如下：

① 几个理想电压源或实际电压源相串联，其等效电压源的电动势等于这几个电压源电动势的代数和；总内阻为各电压源内阻的串联值。

② 电动势不相等的理想电压源不允许并联。

③ 任一支路与理想电压源 U_S 并联时，其等效电压源的电压仍等于 U_S，而等效电压源的输出电流则等于原电路相应的电流 I，如图 1-17 所示。其中图 1-17(a)、(b)都可以等效为图 1-17(c)。要特别指出，等效是对外部电路而言的，与电压源 U_S 并联支路的存在与变化对电压源的电流是有影响的。

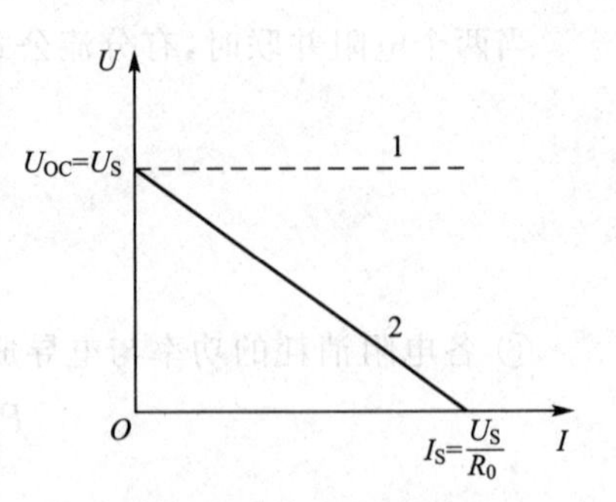

图 1-16　电压源外特性曲线
1—理想电压源外特性曲线；
2—实际电压源外特性曲线

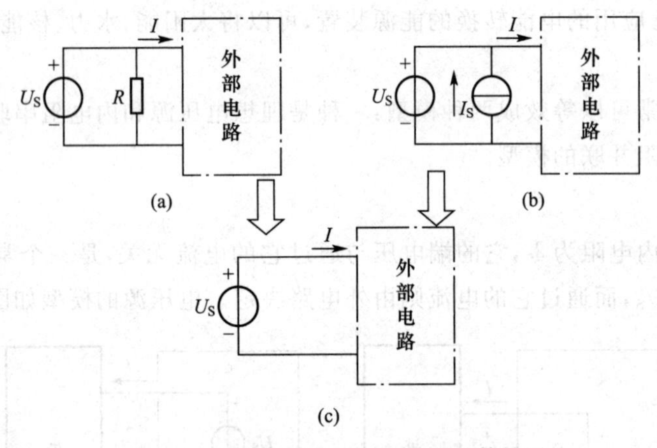

图 1-17　任意支路与电压源并联的等效图

二、电流源

理想电流源模型如图 1-18 所示。理想电流源输出的电流是一个定值 I_S，而其端电压则取决于外电路。实际电流源模型如图 1-18 (b)所示，由一个理想电流源与内阻 R_0 相并联。

由图 1-18(b)所示电路可得出

$$I_S=I_{R_0}+I=\frac{U}{R_0}+I \tag{1-14}$$

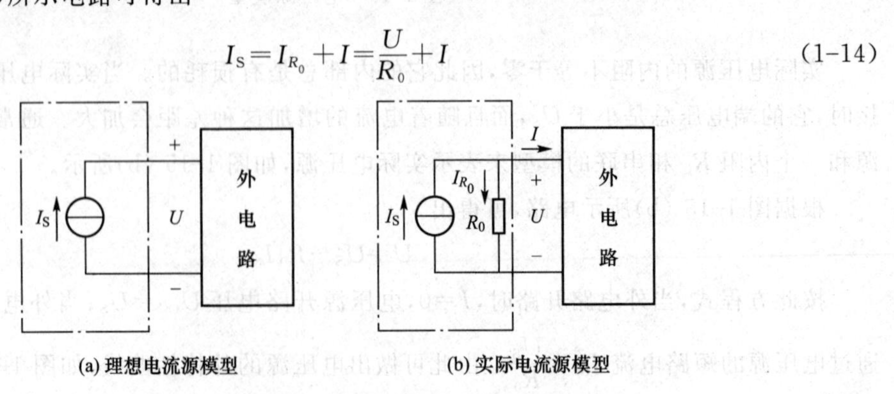

图 1-18　电流源模型

由式(1-14)可做出电流源的外特性曲线。当电流源开路时，$I=0$，$U=U_{OC}=R_0I_S$；当电流源短路时，$U=0$，$I=I_S$。内阻 R_0 越大，则直线越陡，如图 1-19 所示。

电流源的特性如下：

① 几个理想电流源或实际电流源相并联，其等效电流源的电流等于这几个电流源电流的代数和；总内阻为各电流源内阻的并联值。

② 电流不相等的理想电流源不允许串联。

③ 任一支路与理想电流源 I_S 串联时，其等效电流源的电流仍等于 I_S，而等效电流源的端电压则等于原电路相应的外部电路的电压 U。等效只对外部电路有效，但对内部，电流源相串联的支路产生变化或者将它去掉，对电流源本身的端电压是有影响的。在图 1-20 所示为图 1-20(a)、(b)都可以等效为图 1-20(c)，对一些组成结构更复杂的支路，其处理方法也完全相同。

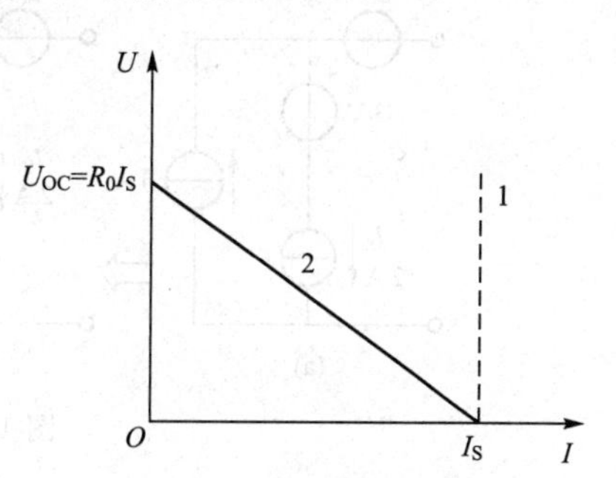

图 1-19　电流源外特性曲线

1—理想电流源外特性曲线；

2—实际电流源外特性曲线

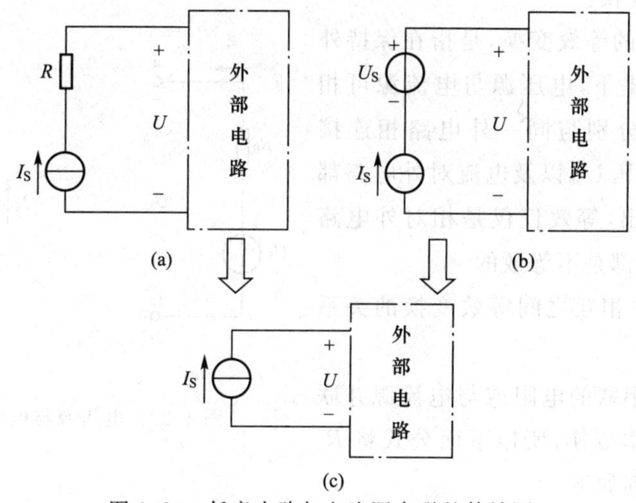

图 1-20　任意支路与电流源串联的等效图

【例 1-3】试将图 1-21(a)所示电路化简成最简单形式。

解：根据电压源特性第③条将图 1-21(a)等效成图 1-21(b)，再根据第①条将图 1-21(b)等效成图 1-21(c)。

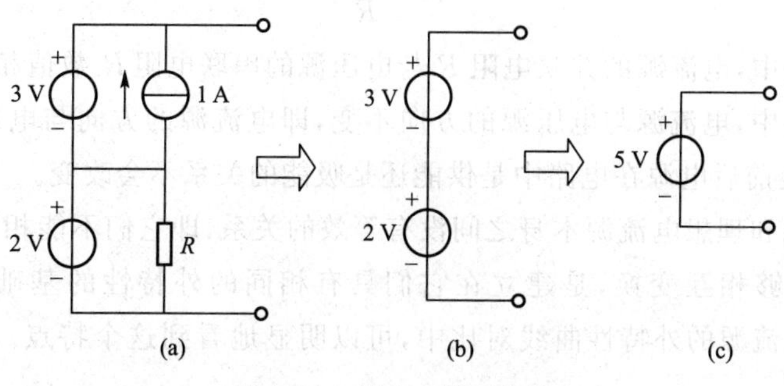

图 1-21　例 1-3 所用电路

【例 1-4】试将图 1-22(a)所示电路化简成最简单形式。

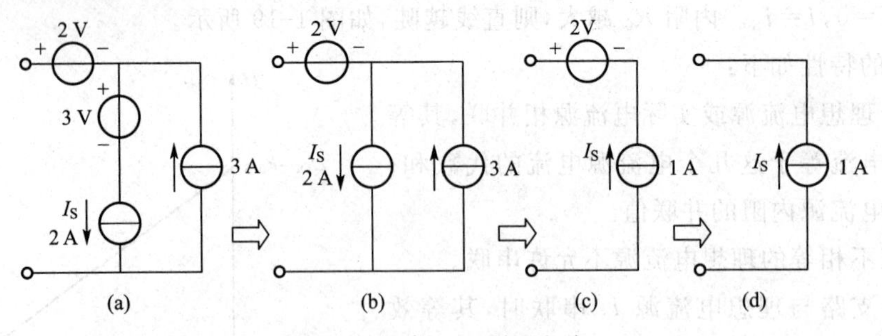

图 1-22　例 1-4 所用电路

解:根据电压源特性第③条将图 1-22(a)等效成图 1-22(b),再根据第①条将图 1-22(b)等效成图 1-22(c)。最后在根据第③条将 1-22(c)等效成图 1-22(d)。

三、等效变换

由前面分析可知:电压源的外特性和电流源的外特性是完全相同的,因此电源的两种模型之间可以进行等效变换。

电压源、电流源的等效变换,是指在保持外电路特性不变的前提下,电压源与电流源可相互替代。即当它们分别与同一外电路相连接时,其两端点处的电压 U_{ab} 以及电流对外电路都相等。需要特别指出,等效仅仅是相对外电路而言的,在电源的内部是不等效的。

电压源、电流源相互之间等效变换的关系如图 1-23 所示。

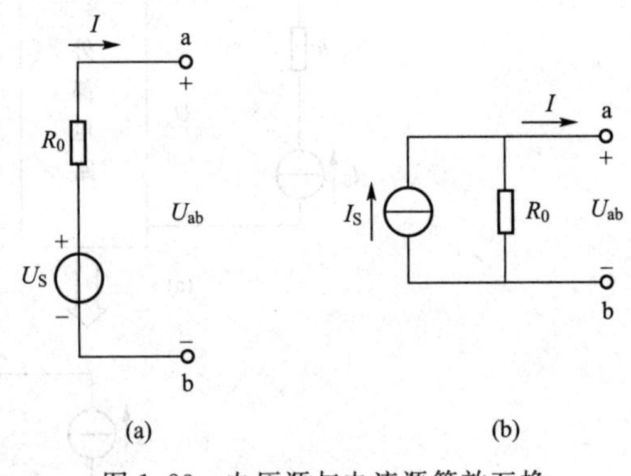

图 1-23　电压源与电流源等效互换

由于与电压源串联的电阻或与电流源并联的电阻同样适用于本变换,所以下面公式将 R_0 变成 R。变换的规则如下:

① 在相互等效变换中,从电流源变成电压源用公式

$$U_S = RI_S$$

从电压源变成电流源用公式

$$I_S = \frac{U_S}{R}$$

② 在等效变换中,电流源的并联电阻 R 与电压源的串联电阻 R 数值相同。

③ 在等效变换中,电流源与电压源的方向不变,即电流源的方向与电压源电动势的方向一致,它反映了变换前后电源在电路中是供能还是吸能的关系不会改变。

④ 理想电压源和理想电流源本身之间没有等效的关系,即它们不能相互等效变换。因为电压源与电流源能够相互变换,是建立在它们具有相同的外特性的基础上。从图 1-16 和图 1-19电压源和电流源的外特性曲线对比中,可以明显地看到这个特点。但是,理想电压源

输出的电压值恒定；而理想电流源输出的电流值恒定，由图可见，它们的外特性曲线无共性，无法满足输出电压和电流均对应相等的对外等效原则。从数学分析来看，理想电压源其内阻 R_0 为零，其短路电流 I_{SC} 为无穷大；而理想电流源内阻 R_0 为无穷大，其开路电压 U_{OC} 也为无穷大，它们都不到有限的数值。

【例 1-5】 将图 1-24(a)所示电压源转化为等效电流源，将 1-24(c)所示电流源转化为等效电压源。

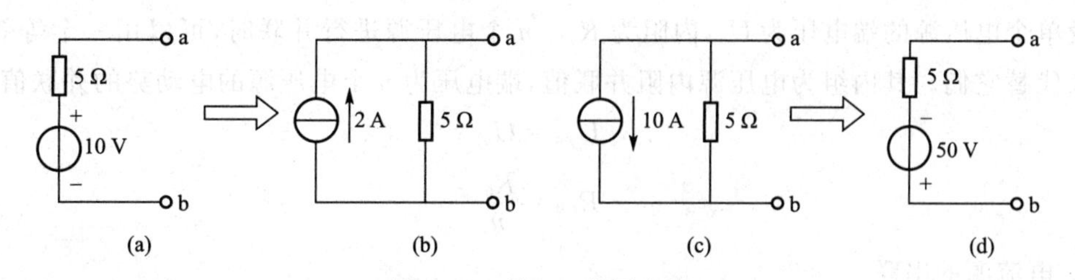

图 1-24　例 1-5 所用电路

解：根据等效变换公式

$$I_{S1}=\frac{U_{S1}}{R}=\frac{10\ \mathrm{V}}{5\ \Omega}=2\ \mathrm{A}$$

$$U_{S2}=RI_{S2}=10\ \mathrm{A}\times 5\ \Omega=50\ \mathrm{V}$$

【例 1-6】 化简图 1-25(a)所示电路。

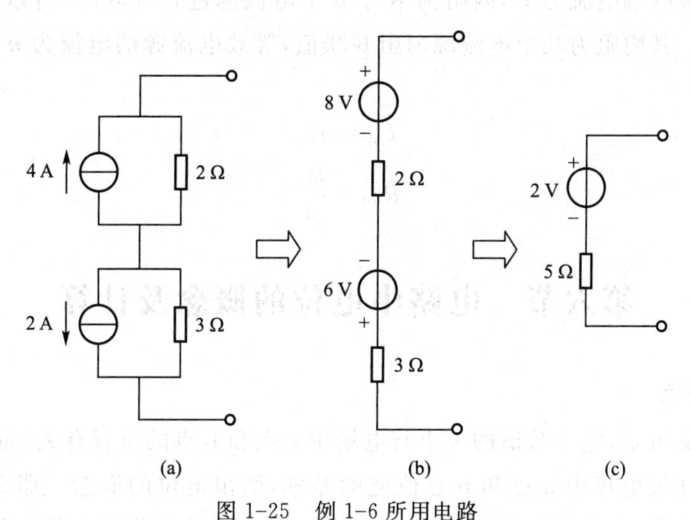

图 1-25　例 1-6 所用电路

解：根据电源等效变换规则，图 1-25(a)等效成图 1-25(b)，在根据电压源特性第③条将图 1-25(b)等效成图 1-25(c)。

四、电源的串并联

一个电源所能提供的电压不会超过它的电动势，输出的电流有一个最大限度，超出了这个限度，电源就要损坏。但是，在许多实际应用中，经常要有较高的电压或者较大的电流，这就需要把几个相同的电源连在一起使用。电源的基本接法有两种：串联和并联。

1. 电压源的串联

设单个电压源的端电压为U_S，内阻为R_0。n个电压源进行串联时，可以用一个等效的电压源来代替它们。其内组为电压源内阻之和，端电压为个n电压源的电动势的代数和，即

$$U_{s串}=nU_s$$

$$R_{0串}=nR_0$$

2. 电压源的并联

设单个电压源的端电压为U_s，内阻为R_0。n个电压源进行并联时，可以用一个等效的电压源来代替它们。其内组为电压源内阻并联值，端电压为n个电压源的电动势的并联值，即

$$U_{s并}=U_s$$

$$R_{0并}=\frac{R_0}{n}$$

3. 电流源的串联

设单个电流源的端电流为I_s，内阻为R_0。n个电流源进行并联时，可以用一个等效的电流源来代替它们。其内阻为几个电流源内阻代数和，等效电流源的电流为单个电流源的电流值，即

$$I_{s串}=I_s$$

$$R_{0串}=nR_0$$

4. 电流源的并联

设单个电流源的端电流为I_s，内阻为R_0。n个电流源进行并联时，可以用一个等效的电流源来代替它们。其内阻为几个电流源内阻并联值，等效电流源的电流为n个电流源的电流值的代数和，即

$$I_{s并}=nI_s$$

$$R_{0并}=\frac{R_0}{n}$$

第六节　电路中电位的概念及计算

一、电位的概念

由电压的定义可知，电压数值的大小与电场中a点和b点的位置有关，而与所选取的路径无关。为了方便比较电场中a点和b点位能的差别，引出电位的概念。那么什么是电位呢？根据物理学中的定义，设电场中的某点O为参考点，电场力将单位正电荷q由电场中的a点移动到参考点O所做的功，就称为a点的电位，用V_{ao}表示；同理，电场力将单位正电荷q由电场中的b点移动到参考点O所做的功，就称为b点的电位，用V_{bo}表示。在此规定下，参考点本身的电位为零，即$V_o=0$，则

$$\begin{aligned}V_{ao}&=V_a\\V_{bo}&=V_b\end{aligned}\tag{1-15}$$

根据电压的定义有，a和b两点之间的电位差就是a和b两点之间的电压，即

$$U_{ab}=V_a-V_b\tag{1-16}$$

式(1-15)说明,电压也称为电位差。

电路中各点的电位随参考点的选择不同而不同,但在任意两点之间的电位差是不变的,它不随参考点的变化而改变。也就是说,电路中任意两点间的电压与参考点的选择无关。

虽然在电路中,电位参考点可以任意选定,但在电力工程中,常取大地作为参考点,并令其电位为零。因此,凡是外壳接地的电气设备,其机壳都是零电位。有些不接地的设备,在分析问题时,常选许多元件汇集的公共点作为零电位点,并用符号"⊥"表示。在电路中任意选一点作为参考点,把其他各点到参考点的电压称为各点的电位,用大写字母 V 表示,如 V_a 和 V_b。电位的单位与电压电位相同,用伏特(V)表示。若某点电位为正,说明该点电位比参考点高;若某点电位为负,说明该点电位比参考点低。在进行电路分析时,使用电位的概念可以使电路的分析大为简化,电路图清晰明了,便于分析计算。

如图 1-26 所示,参考点为 O,已知 a、b 两点的电位分别为 V_a 和 V_b,则此两点间的电压等于对应两点电位之差,即

$$U_{ab}=V_a-V_b$$

关于电位的计算,应注意:

① 电位值是相对的,参考点选取的不同,电路中各点的电位也将随之改变。

② 电路中两点间的电压值是固定的,不会因参考点的不同而改变,即与零电位的选取无关。

借助电位的概念可以简化电路图,在电路中,当电位参考点选定后,电路常可以不画电源部分,而是在端点标以电位值。图 1-27(a)所示电路可简化为图 1-27(b)、(c)所示电路。

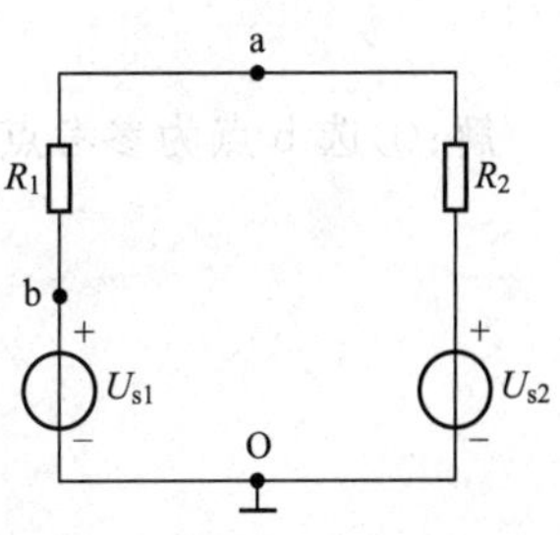

图 1-26　电压与电位的关系

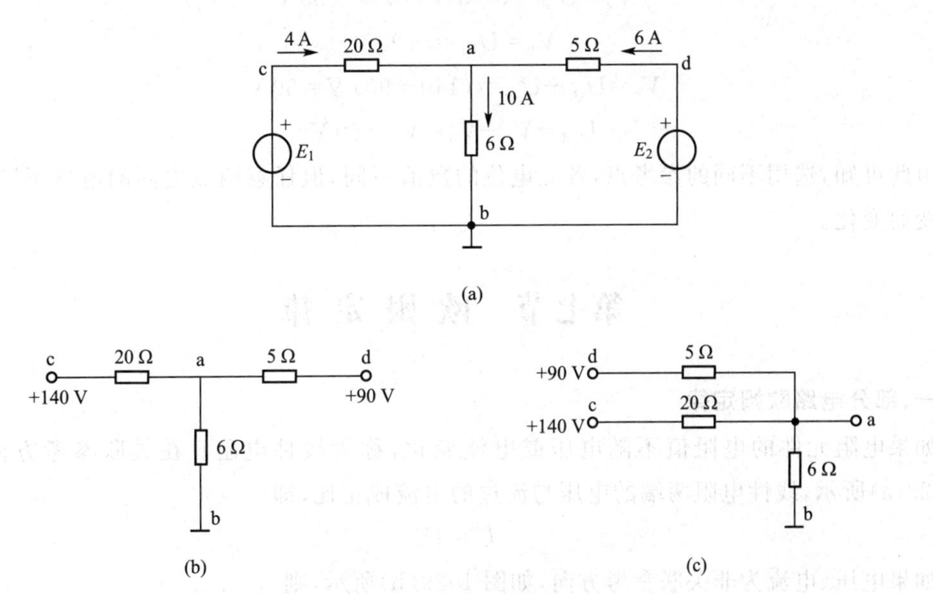

图 1-27　简化电路图

二、电位的计算

电位计算步骤如下：

① 任选电路中某一点为参考点，设其电位为零。

② 标出各电流参考方向并计算。

③ 计算各点至参考点的电压即为各点的电位。

【例 1-7】 计算图 1-28 中，分别以 b、d 为参考点时其余各点的电位。

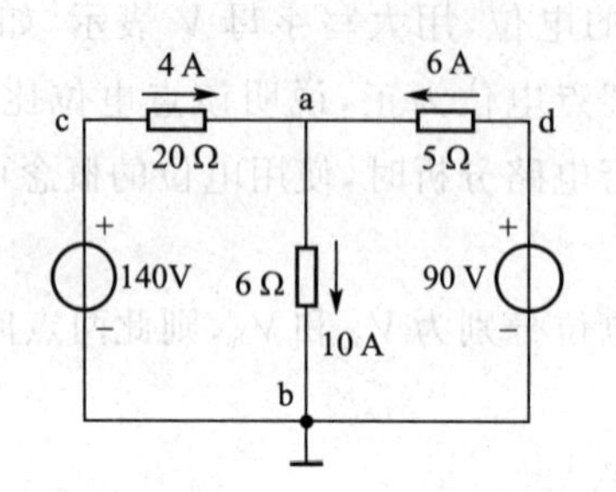

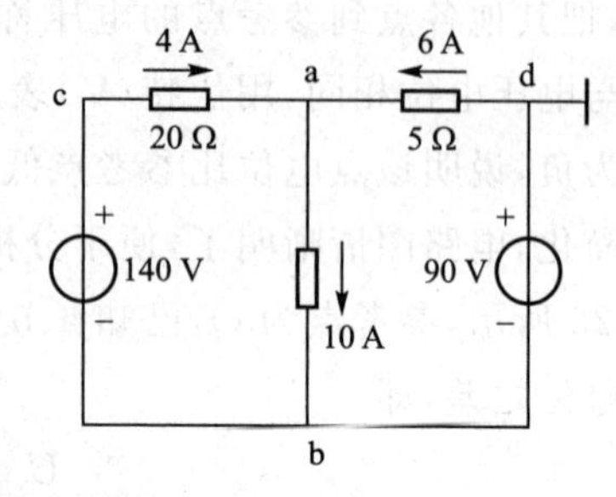

图 1-28　例 1-7 所用电路

解：①选 b 点为参考点。

$$V_a = U_{ab} = 10\times 6\ \text{V} = 60\ \text{V}$$

$$V_c = U_{cb} = 140\ \text{V}$$

$$V_d = U_{db} = 90\ \text{V}$$

$$U_{cd} = V_c - V_d = (140-90)\ \text{V} = 50\ \text{V}$$

② 选 d 点为参考点。

$$V_a = U_{ad} = (-6\times 5)\ \text{V} = -30\ \text{V}$$

$$V_b = U_{bd} = -90\ \text{V}$$

$$V_c = U_{cb} + U_{bd} = (140-90)\ \text{V} = 50\ \text{V}$$

$$U_{cd} = V_c - V_d = V_c = 50\ \text{V}$$

由此可知，选用不同的参考点，各点电位的数值不同，但任意两点之间的电压不随参考点的改变而变化。

第七节　欧姆定律

一、部分电路欧姆定律

如果电阻元件的电阻值不随电压或电流变化，称为线性电阻。在关联参考方向下，如图 1-29(a)所示，线性电阻两端的电压与流过的电流成正比，即

$$U = IR \tag{1-17}$$

如果电压、电流为非关联参考方向，如图 1-29(b)所示，则

$$U = -IR \tag{1-18}$$

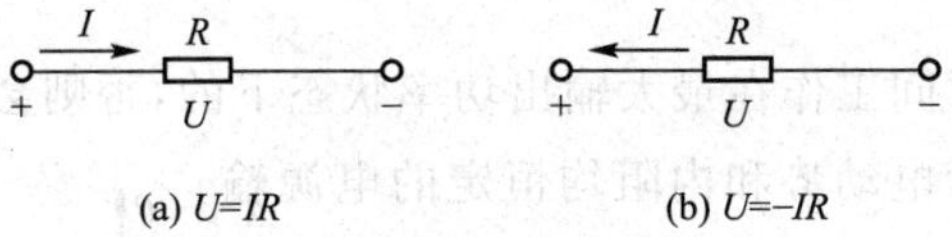

(a) $U=IR$　　(b) $U=-IR$

图 1-29 欧姆定律表达式

二、全电路欧姆定律

全电路是指电源(内电路)和电源以外的电路(外电路)之总和。图 1-30 所示的闭合电路中 U_S 是电压源,R_0 是电源的内电阻,R_L 是负载电阻。为使电压平衡,有

$$U=U_S-R_0I$$

或写成

$$I=\frac{U_S-U}{R_0} \tag{1-19}$$

故

$$U_S=R_LI+R_0I$$

或

$$I=\frac{U_S}{R_L+R_0} \tag{1-20}$$

式(1-20)就是全电路的欧姆定律,其意义是:电路中流过的电流,其大小与电源电动势成正比,与电路的全部电阻之和成反比。

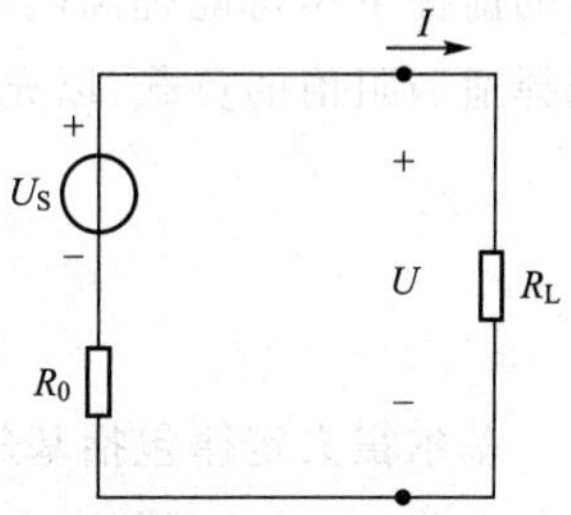

图 1-30 闭合电路

如果在一个无分支的电阻电路中,含有 2 个及 2 个以上的电压源,则电路中的电流 I 与整个回路电压的代数和 $\sum U_S$ 成正比,而与整个电路的电阻之和 $\sum R$ 成反比(包括电压源电阻)。用数学式表达为

$$I=\frac{\sum U_S}{\sum R} \tag{1-21}$$

式中,电压的正、负号可以这样确定:与电流的参考方向一致者取正号;与电流的参考方向相反者取负号。

三、最大功率输出定理

在图 1-30 所示闭合电路中,负载电阻 R_L 获得的输出功率:

$$P=UI=U_SI-I^2R_0$$

式中,U_SI 为电源产生的功率;I^2R_0 为电源内阻上消耗的功率;$P=UI$ 为电源向外电路输出的功率,即负载获得的功率,其与负载电阻 R_L 的大小有关。

$$P=UI=I^2R_L=\left(\frac{U_S}{R_L+R_0}\right)^2R_L=\frac{U_S^2}{(R_L-R_0)^2+4R_LR_0}R_L$$

当 $R_L=R_0$ 时,P 有最大值,即

$$P_{max}=\frac{U_S^2}{4R_L}=\frac{U_S^2}{4R_0}$$

可见,电源的输出功率并非始终随负载的增大而增大,只有当负载电阻与电源内阻相等时,电源输出最大功率,这称为最大功率输出定理。

最大输出功率又称瞬间功率,或者峰值功率。一般来说,最大输出功率是额定输出功率的

5～8 倍。

注意：设备是不能长时间工作在最大输出功率状态下的，否则会损坏设备。

图 1-31 所示曲线表示电动势和内阻均恒定的电源输出的功率 P 随负载电阻 R_L 的变化关系。

当电源的输出功率最大时，由于 $R_L=R_0$，所以，负载上和内阻上消耗的功率相等，这时电源的效率不高，只有 50%。在电工和电子技术中，根据具体情况，有时要求电源的输出功率尽可能大些，有时又要求在保证一定功率输出的前提下尽可能提高电源的效率，这就要根据实际需要选择适当阻值的负载，以充分发挥电源的作用。

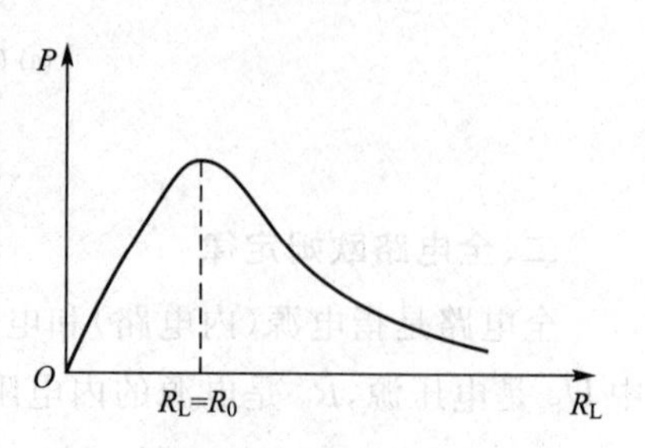

图 1-31 电源输出的功率 P 随负载电阻 R_L 的变化关系

第八节 基尔霍夫定律

基尔霍夫定律包括基尔霍夫电流定律（KCL）和基尔霍夫电压定律（KVL），不仅可运用于简单电路，也适用于复杂电路，它反映了电路中所有支路电流和电压的约束关系，是分析电路的重要定律。

一、名称介绍

① 支路：电路中将同一电流的分支称为支路。图 1-32 所示电路中有 acb、adb 和 ab 三条支路。其中，acb 和 adb 称为有源支路；ab 称为无源支路。

② 节点：电路中三条及三条以上支路的连接点称为节点。图 1-32 所示电路中，共有 a、b 两个节点。

③ 回路：由一条或多条支路组成的闭合路径称为回路。在图 1- 32 所示电路中，共有 3 个回路：abca、adba、cbdac。

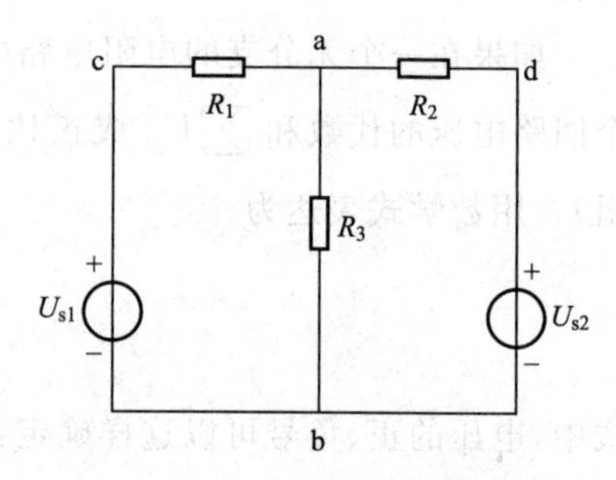

图 1-32 名称介绍电路图

④ 网孔：网孔是回路的一种。将电路画在平面上，在回路内部不另含有支路的回路称为网孔。在图 1-32 所示电路中，共有两个网孔 abca、adba。

二、基尔霍夫电流定律

在任一瞬时，流入电路中任一节点的支路电流之和等于流出该节点的支路电流之和，这就是基尔霍夫电流定律，简称 KCL。它是电流连续性的一种表现形式，即

$$\sum I_{入} = \sum I_{出} \tag{1-22}$$

如图 1-33 所示，电路中的一个节点，流入节点的电流为 I_1 和 I_3，流出节点的电流为 I_2 和 I_4，则 $I_1+I_3=I_2+I_4$，或 $I_1+I_3-I_2-I_4=0$。

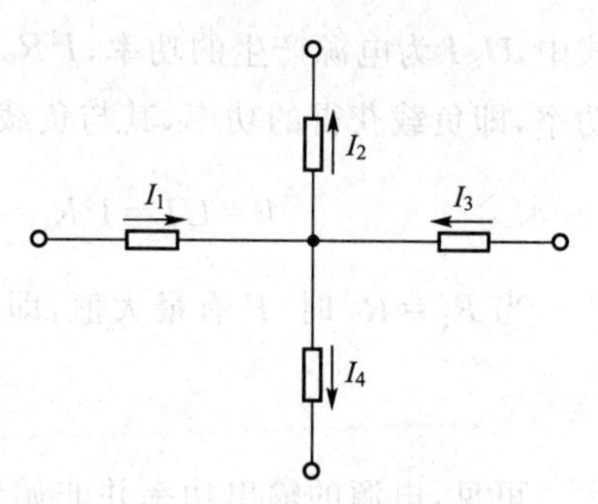

图 1-33 说明 KCL 的电路

基尔霍夫电流定律也可以描述为：任何一个瞬时，流

入任何电路任一节点的各个支路电流的代数和为零。其数学表达式为

$$\sum i = 0 \tag{1-23}$$

对于直流电路为

$$\sum I = 0 \tag{1-24}$$

需要指出，基尔霍夫电流定律是针对任一瞬间而言的，其“节点上所有电流”也是指该瞬间各电流的瞬时值。显而易见，无论对直流，还是对交流，甚至对动态电路的瞬时值都是正确的。但对非瞬时值不一定成立，如对交流电的有效值就不成立，要具体问题具体分析。

可以将 KCL 中的节点推广成一个任意形状的假想封闭面，该封闭面包围着一部分电路。可以想像，流入、流出该封闭面的所有支路电流的代数和应为零。

下面通过一个例子来说明“推广的 KCL”的用法，它和直接采用 KCL 所得结果应是一致的。例如，图 1-34 所示的电路中，封闭包围着一个三角形电路，只有 i_1、i_2、i_3 穿过封闭面与外界联系。若在某一瞬间，已知 $i_1=5A$、$i_2=10A$，则按推广的 KCL，可立即得到

$$i_3=-i_1-i_2=-5\ \text{A}-10\ \text{A}=-15\ \text{A}。$$

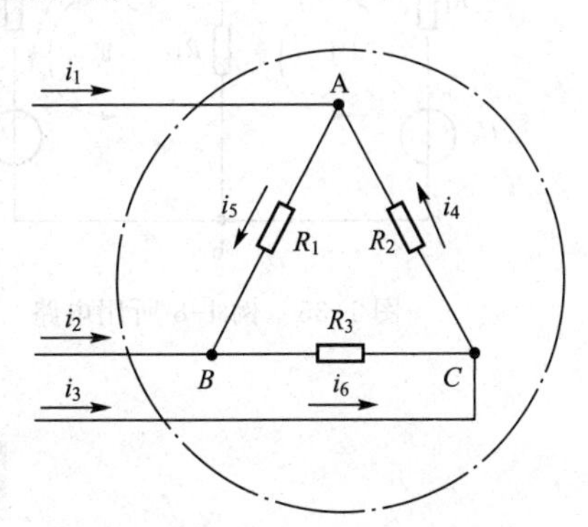

图 1-34　KCL 的推广图

若分别按 A、B、C 三个结点列 KCL 方程，则

节点 A：$i_1+i_4-i_5=0$

节点 B：$i_2+i_5-i_6=0$

节点 C：$i_3-i_4+i_6=0$

将上述三式代数相加，即有

$$i_1+i_2+i_3=0$$

上述结果与把封闭面看成一个节点，应用“推广的 KCL”所得结果完全相同。

三、基尔霍夫电压定律

任一时刻，沿任一电路的任一回路绕行一周，各段电压的代数和为零，这就是基尔霍夫电压定律，简称 KVL。电压参考方向与回路绕行方向一致时，该电压项前取正号，否则取负号。

其数学表达式为：
$$\sum u = 0 \tag{1-25}$$

对于直流电路为：
$$\sum U = 0 \tag{1-26}$$

基尔霍夫电压定律的应用步骤如下：

① 标注电路各段电压(和电流)的参考方向。

② 标注回路绕行的参考方向(逆时针还是顺时针)。

③ 应用 $\sum U=0$ 列方程时，项前符号的确定：如果规定电压方向与回路绕行方向一致时为正，则相反时为负。

【例 1-8】 列出如图 1-35 所示的 KVL 方程。

解：

回路Ⅰ：$R_1I_1+R_3I_3-U_{S1}=0$

回路Ⅱ：$-R_2I_2+U_{S2}-R_3I_3=0$

回路Ⅲ：$R_1I_1-R_2I_2+U_{S2}-U_{S1}=0$

KVL 还可应用于假想回路，如图 1-36 所示的假想回路 abca，其中 ab 段未画出支路，设其电压为 u，则 $u+u_1-u_s=0$，或 $u=u_s-u_1$，即电路中任意两点间的电压等于这两点间沿任意路径各段电压的代数和。

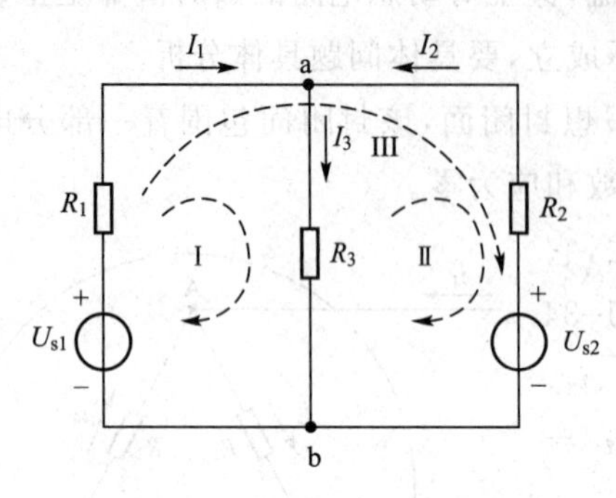

图 1-35　例 1-8 所用电路

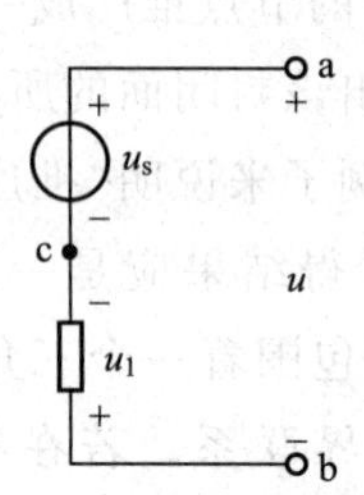

图 1-36　KVL 应用于假想的回路

小　结

① 电路一般由电源、负载、中间环节三部分组成。用理想电路元件代替实际元件构成的电路称为电路模型。

② 电流、电压和电动势的实际方向是：电流是指正电荷运动的方向；电压是指电位降的方向；电动势是指电位升的方向。在分析计算电路时，当电路中电流、电压、电动势的实际方向无法确定时，可以用参考方向。参考方向是任意选定的方向，当参考方向与实际方向一致时，其值为正，反之为负。

③ 某点的电位等于该点与参考点之间的电位差，计算电位必须选择参考点，一般选取参考点的电位为零。当参考点不同时，各点的电位也不同，而各点之间的电压不变。

④ 在电路元件上电压 U 与电流 I 的参考方向一致的条件下，当功率 $P=UI$ 为正值时，该元件吸收功率，属于负载性质；当 P 为负值时，该元件发出功率，属于电源性质。

⑤ 一个实际电源的电路模型有两种，即理想电压源 U_S 与电阻 R_0 串联的电压源模型和理想电流源 I_S 与电阻 R_0 并联的电流源模型。电压源模型和电流源的模型之间可以等效变换。其条件是：$I_S=\frac{U_S}{R_0}$，或 $U_S=I_SR_0$。它们的等效关系是对外电路而言，对电源外部是不等效的。理想电压源和理想电流源不能进行等效变换。

⑥ 电路有有载、开路和短路 3 种状态。开路时，电路的电流为零，$U=U_0=E$，电路不消耗功率。短路时，电路中产生很大的电流 $I=I_S=\frac{U}{R_0}$，$U=0$，电路功率全部消耗在电源内阻上。负载状态时，电源发出的功率等于内阻上消耗的功率与外电路上消耗的功率之和。

⑦ 基尔霍夫定律是电路的基本定律之一，分为电流定律(KCL)和电压定律(KVL)。基尔霍夫电流定律通常应用于节点 $\sum I = 0$，也可推广应用于任一假设的闭合面；基尔霍夫电压定律通常应用于闭合回路，$\sum U = 0$，也可推广应用于任何开口电路。

习　题

一、填空题

1. 电路由________、________和________三部分组成。

2. 电路的工作状态有________、________和________。

3. 导体对电流的________称为电阻，它跟导体的________、________和________有关。电阻在国际上用字母________表示，单位是________。

4. 如果5s内通过导体横截面的电荷量是120C，则导体中的电流是________A。

5. 电路的电阻是44Ω，使用时的电流是5A，则供电线路的电压时________V。

6. 有两个电阻 R_1 和 R_2，已知 $R_1:R_2=1:4$，若它们在电路中串联，则电阻上的电压比 $U_{R1}:U_{R2}=$________；电阻上的电流比 $I_{R1}:I_{R2}=$________；它们消耗的功率比 $P_{R1}:P_{R2}=$________。若它们并联在电路中，则电阻上的电压比 $U_{R1}:U_{R2}=$________；电阻上的电流比 $I_{R1}:I_{R2}=$________；它们消耗的功率比 $P_{R1}:P_{R2}=$________。

7. 在电阻串联电路中，电流________，电路的总电压与分电压的关系为________，电路的等效电阻与分电阻的关系为________；电阻并联时，各个电阻两端的电压________，电路的总电流与分电流的关系为________。

8. 有两个电阻，它们串联起来的总电阻是10Ω当它们并联起来时总电阻是2.4Ω。这两个电阻分别是________和________。

9. 基尔霍夫电流定律，其数学表达式为________。

10. 基尔霍夫电压定律，其数学表达式为________。

二、判断题

1. 电动势的方向规定为从电源正极指向负极。（　　）

2. 电路中各点电位的高低与参考点选取有关。（　　）

3. 电流的正方向规定与电子运动的方向相反。（　　）

4. 在并联电路中，总电阻总小于分电阻。（　　）

5. 在串联电路中，电阻的阻值越小，两端的电压越大。（　　）

6. 阻值大的导体，电阻率一定也大。（　　）

7. 电流的参考方向可能是电流的实际方向，也可能和实际方向相反。（　　）

8. 当电路处于开路时，电压电动势的大小就等于电源端电压。（　　）

9. 在通路状态下，负载阻值变大，端电压就下降。（　　）

10. 利用基尔霍夫电压定律列写回路电压方程时，所设的回路绕行方向不同，会影响计算结果的大小。（　　）

三、选择题

1. 两根同材料的的电阻丝,长度之比为 1∶2,横截面积之比为 3∶2,则它们的电阻值之比为(　　)。

A. 3∶4　　B. 1∶3　　C. 3∶1　　D. 4∶3

2. 一个电阻元件,当其电流减为原来的一半时,其功率为原来的(　　)。

A. $\frac{1}{2}$　　B. 2 倍　　C. $\frac{1}{4}$　　D. 4 倍

3. "220 V、40 W"的白炽灯正常发光(　　)的电能为 1 kW·h。

A. 20 h　　B. 40 h　　C. 45 h　　D. 25 h

4. 已知电路中 A 点的电位为 5 V,AB 两点的电压 $U_{AB}=-10$ V,则 B 点电位为(　　)V。

A . 5 V　　B . 15 V　　C . 10 V　　D. －15 V

5. 将标有"110 V、40 W"和"110 V、100 W"的灯各一盏,串联后接在电压为 220 V 的电源上,则(　　)正常发光。

A. 都能　　B . 仅第一盏能

C. 仅第二盏能　　D. 均不能

6. $U_N=220$ V,$P_N=100$ W 及 $P_N=400$ W 两盏白炽灯串联于电压为 220 V 电路中,则(　　)。

A. $P_N=100$ W 灯较亮　　B . $P_N=400$ W 灯较亮

C. 同样亮　　D. 不确定

7. 在闭合电路中,电源内阻变大,电源两端的电压将(　　)。

A. 升高　　B. 降低

C. 不变　　D. 不确定

8. R_1 和 R_2 为两个电阻并联,已知 $R_1=2R_2$,且 R_2 上消耗的功率为 1 W,则 R_1 上消耗的功率为(　　)。

A. 2 W　　B. 1 W　　C. 3 W　　D. 0.5 W

9. 标有"100 Ω 、4 W"和"100 Ω、25 W"的电阻串联时,允许加的最大电压是(　　)。

A. 40 V　　B. 70 V　　C. 140 V　　D. 200 V

四、简答题

1. 什么是电路模型？画出手电筒的实际电路和电路模型。

2. 观察自己家或你所在教室的照明电路,统计一下共有几盏电灯、几个开关、几个插座,每个开关各控制几盏电灯,每个插座各接有什么电器,了解电路是怎么连接的。

3. 什么是用电器的额定电压和额定功率？

4. 当加在用电器的电压低于额定电压时,用电器的实际功率还等于额定功率吗？为什么？

五、计算题

1 . 指出如图 1-37 所示电路中 A、B、C 三点的电位。

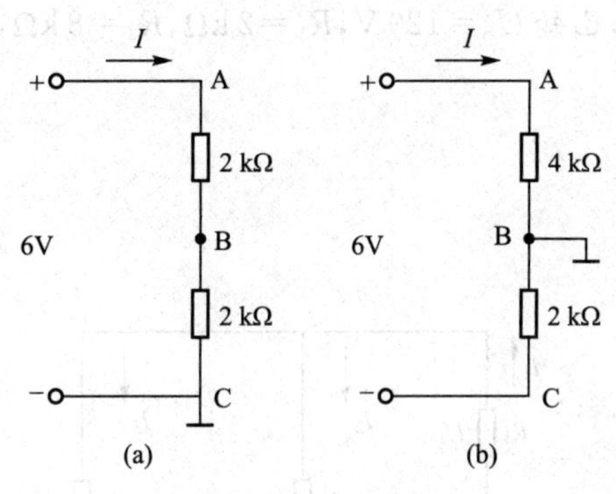

图 1-37　第 1 题的电路

2. 图 1-38 所示电路元件 P 产生功率为 10 W，则电流 I 应为多少？

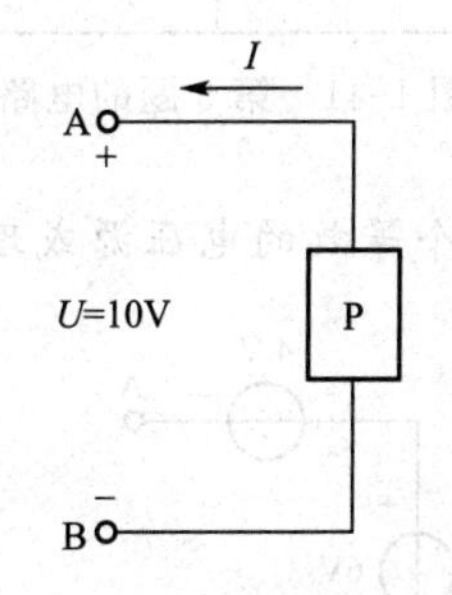

图 1-38　第 2 题的电路

3. 在如图 1-39 所示 3 个电路中，已知电珠 EL 的额定值都是 6 V、50 mA，试问哪个电珠能正常发光？

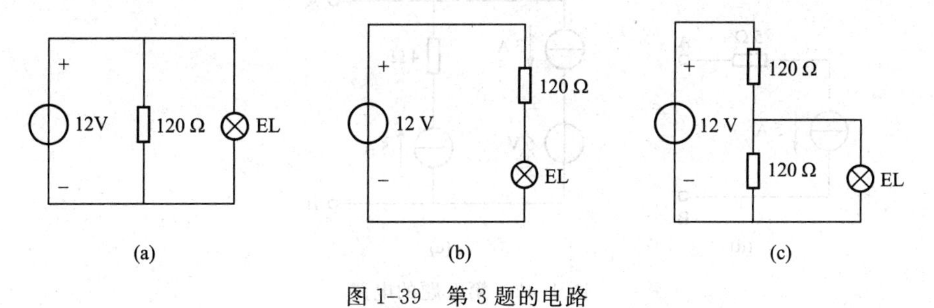

图 1-39　第 3 题的电路

4. 求如图 1-40 所示各电路中的未知量。

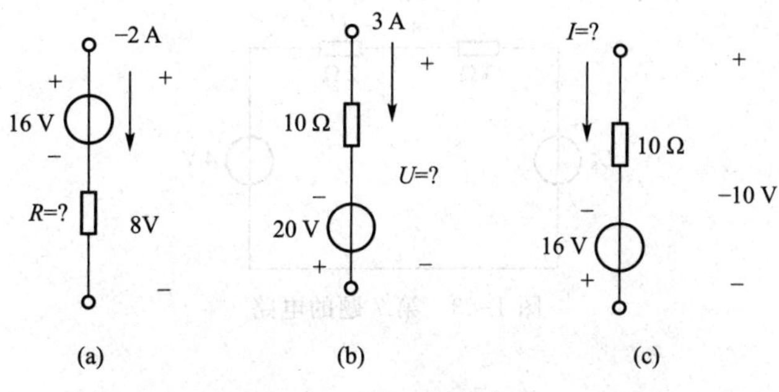

图 1-40　第 4 题的电路

5. 电路如图 1-41 所示，已知 $U_S=120\text{ V}$，$R_1=2\text{ k}\Omega$，$R_2=8\text{ k}\Omega$，在下列 3 种情况下，分别求电压 U_2 和电流 I_1、I_2。

(1)$R_3=8\text{ k}\Omega$；

(2) $R_3=\infty$(开路)；

(3) $R_3=0$(短路)。

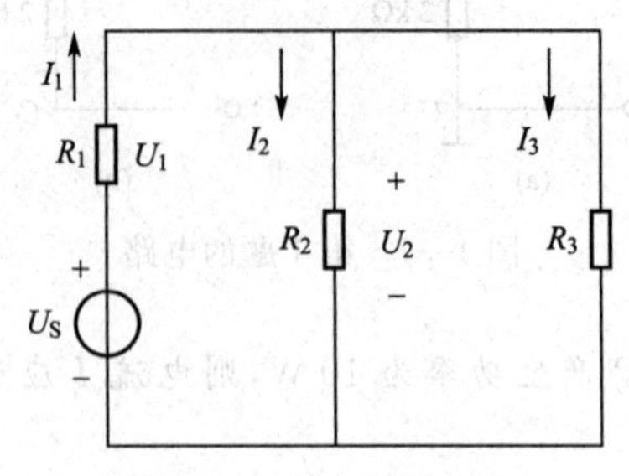

图 1-41　第 5 题的电路

6. 简化图 1-42 所示各电路为一个等效的电压源或理想电流源。

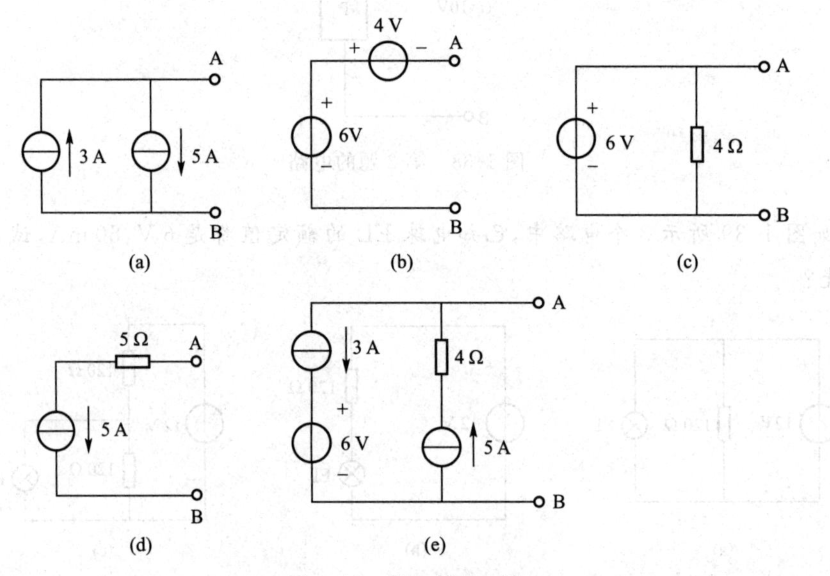

图 1-42　第 6 题的电路

7. 电路如图 1-43 所示，已知 $U=2\text{ V}$，求 U_S。

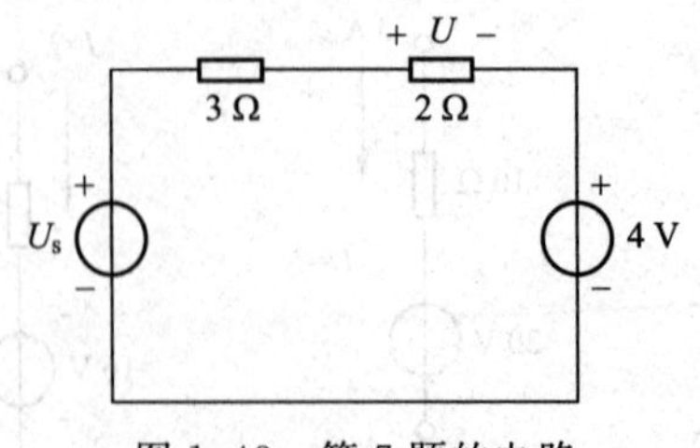

图 1-43　第 7 题的电路

8. 在图 1-44 所示电路中，选取顺时针方向为回路的绕行方向，试用 KVL 列写回路的电压方程式。

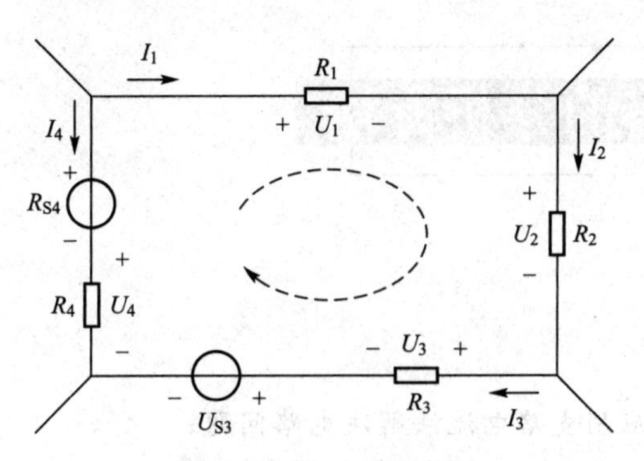

图 1-44　第 8 题的电路

六、思考题

1. 电力系统由哪几部分组成？各部分的作用是什么？

2. 用户负荷的等级是如何划分的？

3. 输电线的作用是什么？它包括哪几种形式？

4. 发电厂分为哪几类？

5. 电压与电位有什么不同？

6. 今需要一只 1 W、500 kΩ 的电阻元件，但在实际中只有 0.5 W、250 kΩ 和 0.5 W、1 MΩ 的电阻元件多只，试问应怎样解决？

7. 非线性电阻元件的电压与电流之间的关系是否符合欧姆定律？

8. KCL、KVL 能否用于非线性电路？为什么？

第二章 电路的分析方法

学习目标

- 理解支路电流法，应用支路电流法解决电路问题；
- 掌握叠加定理，应用叠加定理分析和解决实际问题；
- 理解节点电压法，应用节点电压法解决电路问题；
- 应用戴维南定理分析和计算电路问题。

本章以直流电路为例介绍几种复杂电路的分析方法，包括支路电流法、叠加定理、节点电压法、戴维南定理，这些分析方法都是分析电路的基本原理和方法，学生要灵活运用掌握这些分析方法。

第一节 支路电流法

支路电流法是以支路电流为未知量，应用 KCL 和 KVL 分别对节点和回路列出所需方程，组成方程组，然后求解出各支路电流的方法。

一般来说，具有 n 个节点的电路，只能列出 $(n-1)$ 个独立的 KCL 方程；具有 m 个独立回路，能列出 m 个独立的 KVL 方程。如图 2-1 所示，有 2 个节点、2 个独立回路，则可列独立电流方程 1 个、独立电压方程 2 个，组成方程组刚好可以求出 3 条支路电流。

支路电流法求解电路的步骤如下：

① 标出支路电流参考方向和回路绕行方向。

② 根据 KCL 写出节点的电流方程式。

③ 根据 KVL 写出回路的电压方程式。

④ 联立方程组，求取未知量。

【例 2-1】 图 2-1 中，若 $R_1=R_2=R_3=2\ \Omega$，$U_{S1}=6\ V$，$U_{S2}=2\ V$，求各支路电流。

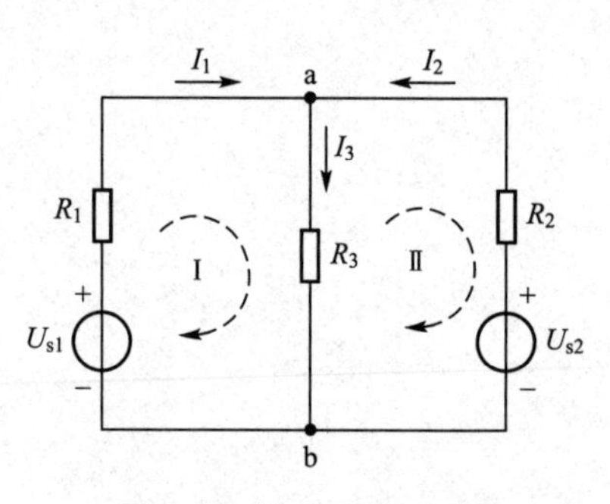

图 2-1 例 2-1 所用电路

解：如图 2-1 所示电路，共有 3 条支路，2 个节点，2 个网孔。

根据 KCL 列节点电流方程，对节点 a：$I_1+I_2-I_3=0$

在图 2-1 中有 2 个网孔，标出网孔的绕行方向。

对左边网孔：$R_1I_1+R_3I_3-U_{S1}=0$

对右边网孔：$-R_2I_2-R_3I_3+U_{S2}=0$

将已知数据代入节点电流方程式和网孔电压方程式可得

$$\begin{cases}I_1+I_2-I_3=0\\I_1+I_3=3\\I_2+I_3=1\end{cases}\quad 解之得，\quad\begin{cases}I_1=\dfrac{5}{3}\text{ A}\\I_2=-\dfrac{1}{3}\text{ A}\\I_3=\dfrac{4}{3}\text{ A}\end{cases}$$

【例 2-2】图 2-2 中，已知 $R_1=3\,\Omega$，$R_2=5\,\Omega$，$U_S=8\text{ V}$，$I_S=4\text{ A}$ 试用支路电流法求电流 I_1 和 I_2。

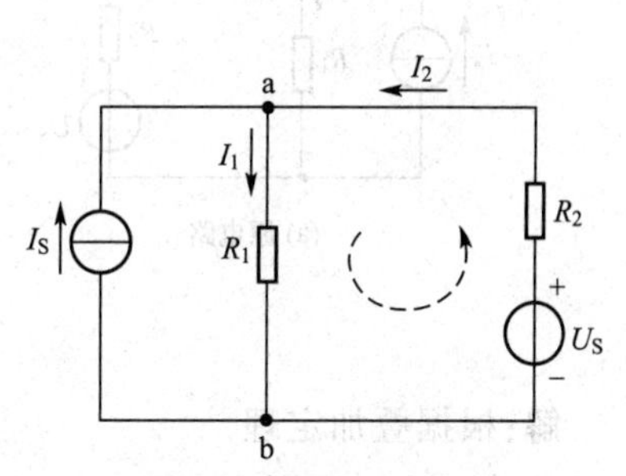

图 2-2　例 2-2 所用电路

解：图 2-2 中共有 3 条支路，其中一条支路的电流为 I_S，故只需列两个独立方程。

I_1 和 I_2 的正方向和所选回路绕行方向如图 2-2 所示。

根据 KCL 由节点 a：$I_S+I_2=I_1$

根据 KVL 由右边网孔：$R_1I_1+R_2I_2-U_S=0$

联立求解得：$I_1=\dfrac{U_S+R_2I_S}{R_1+R_2}=\dfrac{8+5\times4}{3+5}\text{ A}=\dfrac{28}{8}\text{ A}=3.5\text{ A}$

$$I_2=\frac{U_S-R_1I_S}{R_1+R_2}=\frac{8-3\times4}{3+5}\text{ A}=-\frac{4}{8}\text{ A}=-0.5\text{ A}$$

第二节　叠加定理

叠加定理是线性电路最基本、最重要的性质之一。叠加定理不仅可以求解电路，更为重要的是应用在线性电路的理论分析中。此外，有许多定理和方法是根据叠加定理导出的。

叠加定理是指在线性电路中，任一支路的电流（或电压）都是电路中各个独立源单独作用时，在该支路所产生的电流（或电压）的代数和。

应用叠加定理的解题步骤如下：

① 保持电路结构不变，将多电源电路等效成各单电源分别作用于该电路，并求这些分别作用的代数和。当只考虑其中某一电源时，将其他电源视为零值。具体做法是：将其他电压源短路，但保留其串联内阻；将其他电流源开路，但保留其并联内阻。

② 在各单电源电路图中标出各支路电流（或电压）的参考方向，既可以与原电路图中参考方向一致；也可以不同，方向的选取以求解方便为准则。

③ 分别在各单电源电路中求解各支路电流（或电压）。

④ 对各单电源电路的同一支路的电流（或电压）求代数和，并考虑各单电源电路中各支路电流（或电压）的参考方向与多电源电路的对应关系，即得到多电源共同作用的结果。

总之，叠加定理是线性电路的重要原理，叠加定理反映了线性电路的叠加性和比例性。比例性体现于可把电路中的一个电源视为多个电源共同组合作用的结果。例如，把一个 12 V 的电压源视为两个相串的 6 V 电压源分别作用的叠加。

运用叠加定理进行解析的思路是分解法。当电源多，电路又复杂时，往往其计算相当烦琐，所以其重要性并不在于应用它来计算复杂的电路，而在于它是分析线性电路的普遍原理。

【例 2-3】在图 2-3(a)中，已知 $R_1=3\,\Omega$，$R_2=5\,\Omega$，$U_S=8\,V$，$I_S=4\,A$，试用叠加定理求支路电流 I_1 和 I_2。

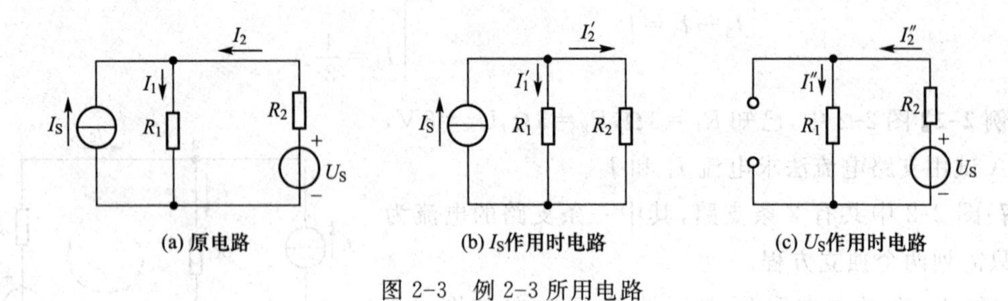

图 2-3　例 2-3 所用电路

解:根据叠加定理

① 画出电流源 I_S 单独作用时的电路图 2-3(b)，再画出电压源单独作用时的电路电路图 2-3(c)。

注意:图 2-3(b)中 I_2'与图 2-3(a)中 I_2 选取的方向不同是为了采用简单的电阻并联分流公式进行计算。

② 由图 2-3(b)可得：

$$I_1'=\frac{R_2}{R_1+R_2}I_S=\frac{5}{3+5}\times 4\ A=2.5\ A$$

$$I_2'=\frac{R_1}{R_1+R_2}I_S=\frac{3}{3+5}\times 4\ A=1.5\ A$$

由图 2-3(c)可得：$I_1''=I_2''=\dfrac{U_S}{R_1+R_2}=\dfrac{8}{3+5}\ A=1\ A$

③ 图 2-3(a)各支路电流为

$$I_1=I_1'+I_1''=(2.5+1)\ A=3.5\ A$$

$$I_2=I_2''-I_2'=(1-1.5)\ A=-0.5\ A$$

图 2-3 (a)所示电路与图 2-2 完全一样，用叠加原理计算出的 I_1 和 I_2 与用支路电流法计算的结果也完全相同，验证了叠加原理。由此可见，利用叠加原理可对含有多个电源的电路进行分析，简化成若干单电源的简单电路。

利用叠加原理时应注意以下几点：

① 叠加原理仅适用于线性电路。电路中的电压、电流可叠加，功率不可叠加。

② 电源单独作用时，只能将不作用的恒压源短路，恒流源开路，电路的结构不变。

③ 叠加时，如果各电源单独作用，电流（或电压）分量的参考方向与总电流（或电压）的参考方向一致时，前面取正号，不一致时取负号。

【例 2-4】在图 2-4 (a)中，若 $R_1=R_2=R_3=2\,\Omega$，$U_{S1}=6\,V$，$U_{S2}=2\,V$，试用叠加原理计算各支路电流。

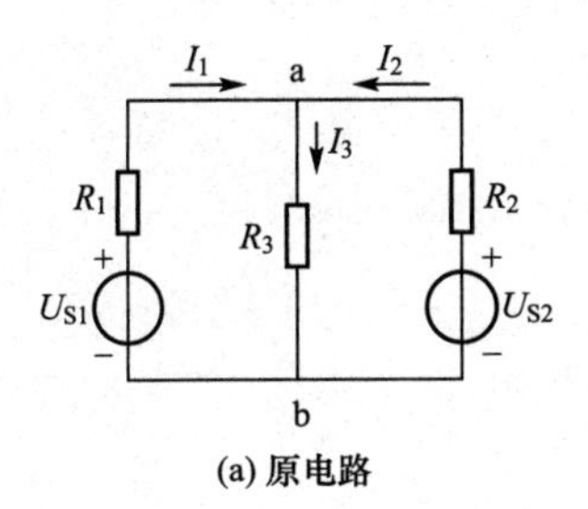

(a) 原电路

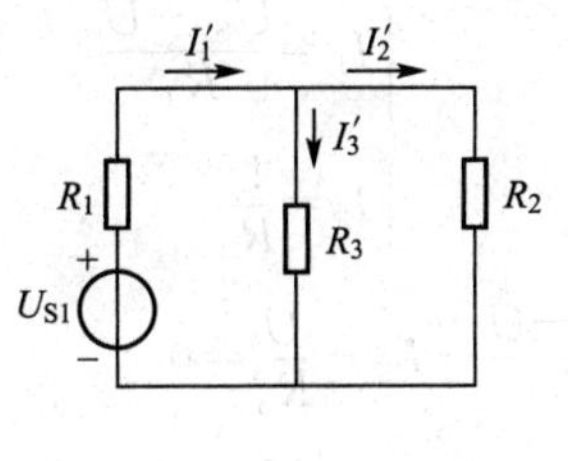

(b) U_{S1}作用时电路

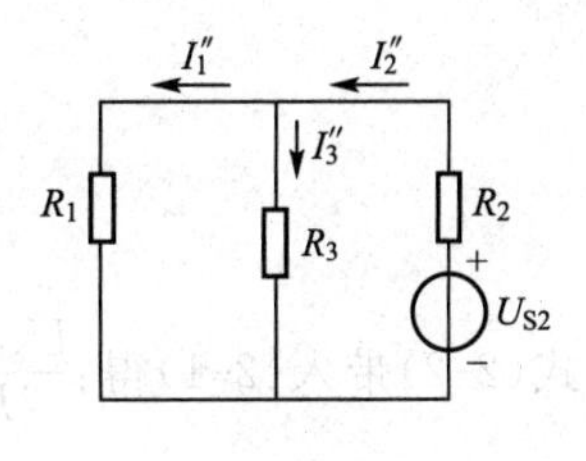

(c) U_{S2}作用时电路

图 2-4 例 2-4 所用电路

解:① 求各电源单独作用时各支路的电流分量。

在 U_{S1} 单独作用的电路中,如图 2-4 (b)所示。

$$I_1'=\frac{U_{S1}}{R_1+R_2/\!/R_3}=2\text{ A},\quad I_2'=\frac{R_3}{R_2+R_3}I_1'=1\text{ A},\quad I_3'=\frac{R_2}{R_2+R_3}I_1'=1\text{ A}$$

在 U_{S2} 单独作用的电路中,如图 2-4 (c)所示。

$$I_2''=\frac{U_{S2}}{R_2+R_1/\!/R_3}=\frac{2}{3}\text{ A},\quad I_1''=\frac{R_3}{R_1+R_3}I_2''=\frac{1}{3}\text{ A},\quad I_3''=\frac{R_1}{R_1+R_3}I_2''=\frac{1}{3}\text{ A}$$

② 叠加可得:

$$I_1=I_1'-I_1''=\frac{5}{3}\text{ A},\quad I_2=I_2''-I_2'=-\frac{1}{3}\text{ A},\quad I_3=I_3'+I_3''=\frac{4}{3}\text{ A}$$

第三节 节点电压法

当电路中的独立节点数少而支路数较多时,采用节点电压法来求解电路的各支路电流及其他物理量比较简单。

一、定义

以电路中各节点对参考点的电压(称为节点电压)为未知量,列 KCL 方程求解电路的方法,称为节点电压法。

二、解题步骤

以图 2-5 所示电路为例,用节点电压法求解步骤如下:

① 选定一个节点为参考点(零电位点),如图 2-5 中 b 点,并标上符号“⊥”。节点 a 与参考点之间的电压 U 作为未知量。

② 设各支路电流方向如图 2-5 所示,据 KCL 列出节点电流方程:

$$I_1-I_{S2}-I_3=0 \tag{2-1}$$

③ 利用欧姆定律和 KVL 列写支路电流表达式,代入电流方程,求出节点电压 U。

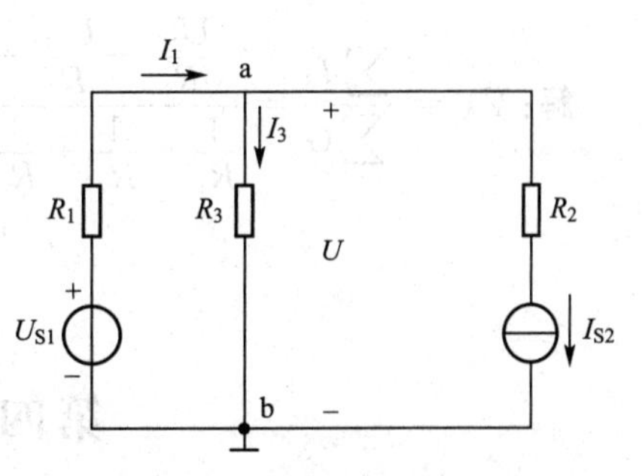

图 2-5 节点电压法电路

$$\begin{cases} I_1=\dfrac{U_{S1}-U}{R_1} \\ I_3=\dfrac{U}{R_3} \end{cases} \tag{2-2}$$

将式(2-2)带入(2-1)得：$\dfrac{U_{S1}-U}{R_1}-I_{S2}-\dfrac{U}{R_3}=0$

节点间电压为：

$$U=\frac{\dfrac{U_{S1}}{R_1}-I_{S2}}{\dfrac{1}{R_1}+\dfrac{1}{R_3}} \tag{2-3}$$

注意：式(2-3)中不含 R_2，即与恒流源串联的电阻对 U 无影响。

④ 由上面求出的节点电压 U，根据电流表达式，求出各支路电流。

在求两点间电压时，在式(2-3)中，分子实质上是流入节点 a 的所有电流源的代数和(流入该节点的前面取正号，流出该节点的前面取负号)。分母为连接到 a、b 两点的各支路电导之和(但与恒流源串联的电导除外)。因此，两节点间的电压，又可写为

$$U=\frac{\sum\dfrac{U_S}{R}}{\sum\dfrac{1}{R}}=\frac{\sum I_S}{\sum G} \tag{2-4}$$

式(2-4)又称弥尔曼(J-Millman)定理。

【例 2-5】 在图 2-5 中，若 $R_1=R_2=R_3=1\ \Omega$，$U_{S1}=3\ \text{V}$，$I_{S2}=1\ \text{A}$，试用节点电压法计算各支路电流 I_1 和 I_3。

解：$U=\dfrac{\dfrac{U_{S1}}{R_1}-I_{S2}}{\dfrac{1}{R_1}+\dfrac{1}{R_3}}=\dfrac{3-1}{1+1}\ \text{V}=1\ \text{V}$，

$$I_1=\frac{U_{S1}-U}{R_1}=\frac{3-1}{1}\ \text{A}=2\ \text{A},\quad I_3=\frac{U}{R_3}=1\ \text{A}$$

【例 2-6】 在图 2-6 中，若 $R_1=1\ \Omega$，$R_2=2\ \Omega$，$R_3=3\ \Omega$，$R_4=6\ \Omega$，$U_{S1}=3\ \text{V}$，$U_{S2}=U_{S3}=6\ \text{V}$，试用节点电压法计算支路电流 I。

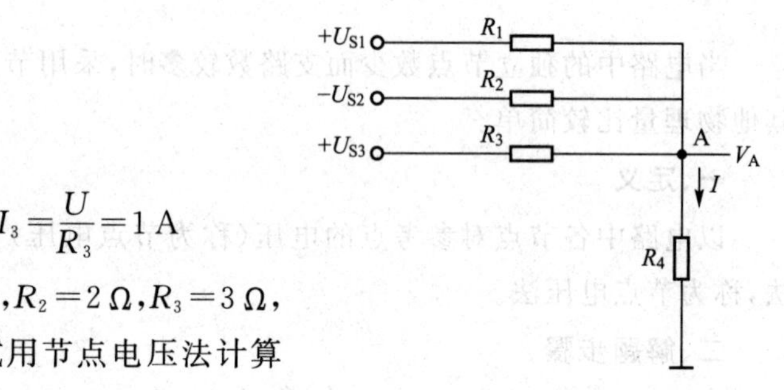

图 2-6 例 2-6 所用电路

解：$V_A=\dfrac{\sum I_S}{\sum G}=\dfrac{\dfrac{U_{S1}}{R_1}-\dfrac{U_{S2}}{R_2}+\dfrac{U_{S3}}{R_3}}{\dfrac{1}{R_1}+\dfrac{1}{R_2}+\dfrac{1}{R_3}+\dfrac{1}{R_4}}=\dfrac{3-3+2}{1+\dfrac{1}{2}+\dfrac{1}{3}+\dfrac{1}{6}}\ \text{V}=1\ \text{V}$

$$I=\frac{V_A}{R_4}=\frac{1}{6}\ \text{A}$$

第四节　戴维南定理

当只需计算复杂电路中某一支路的电流时，一种简便的方法是采用等效电源定理进行计算。它将待求支路从电路中分离出来，而把其余部分视为一个有源二端网络。一个有源二端

网络对外电路而言，总可以等效为一个电压源或电流源，于是问题简化成求解该等效电源与待求支路组成的简单电路。习惯上，若将有源二端网络等效为电压源称为戴维南定理。

戴维南定理是指线性电路中，把待求电流的支路当作外电路，分离出来作为负载，剩下的部分视为一个有源二端网络，并将其等效为一个电压源。此电压源 U_S 等于该有源二端网络负载开路是的电压 U_{OC}；该电压源的内阻等于令该网络中全部电源均为零值时，在端口处看进去的等效电阻 R_0。

图 2-7 所示为戴维南定理计算的流程图，按此程序的具体计算步骤如下：

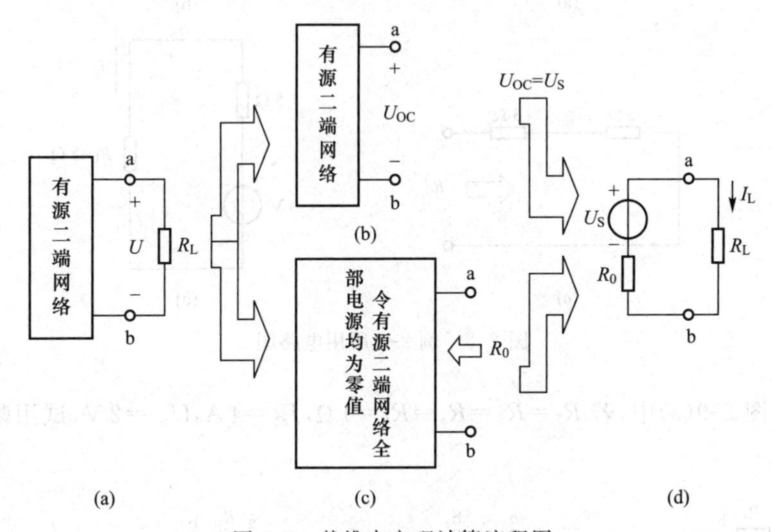

图 2-7　戴维南定理计算流程图

① 将待求支路从电路中分离出来，如图 2-7(a)所示。求剩下的二端网络的开路电压 U_{OC}，也就是等效电压源 U_S，如图 2-7(b)所示。

注意：图 2-7(b)中的 U_{OC} 与图 2-7(a)中的 U 是不同的。U 是原电路 R_L 的负载电压，而 U_{OC} 是该负载开路后的开路电压。

② 令有源二端网络全部电源均为零值，求从网络端口看进去的等效电阻 R_0，如图 2-7(c)所示。具体方法是将电路中所有电压源短路，将电路中所有电流源开路，然后再求出等效电阻 R_0。

③ 按图 2-7(d)所示的简单回路计算待求支路的电流。其中 U_S 等于二端网络的开路电压 U_{OC}；R_0 为其等效电阻。

【例 2-7】 试用戴维南定理计算电路中 R_L 上的电流 I，如图 2-8 所示。

解：

① 求开路电压 U_{OC}，如图 2-8(b)所示。

由图 2-8(b)得

$$U_{OC}=(2\times2+1)\ \text{V}=5\ \text{V}$$

② 求等效电阻 R_0：

$$R_0=(2+3)\ \Omega=5\ \Omega$$

③ 由等效电路计算电流 I

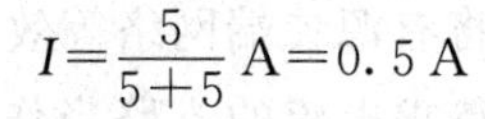

$$I=\frac{5}{5+5}\text{ A}=0.5\text{ A}$$

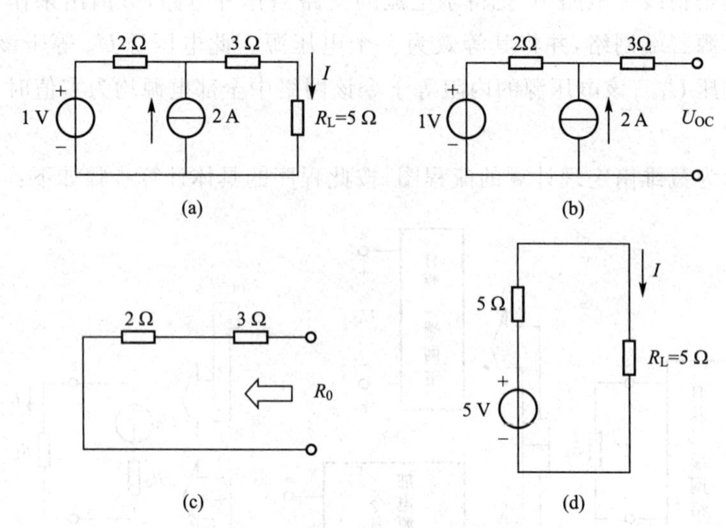

图 2-8　例 2-6 所用电路图

【例 2-8】图 2-9(a)中，若 $R_1=R_2=R_3=R_4=1\ \Omega$，$I_{S1}=4\text{ A}$，$U_{S2}=2\text{ V}$，试用戴维南定理计算支路电流 I。

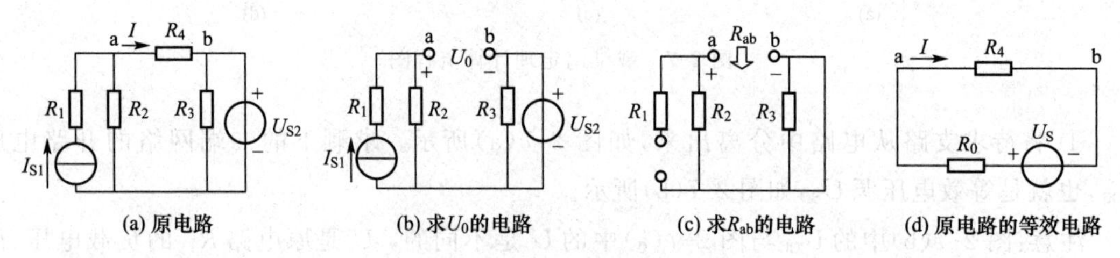

图 2-9　例 2-7 所用电路

解:① 断开所求支路，求有源二端网络的开路电压 U_0，如图 2-9(b)所示。

$$U_0=I_{S1}R_2-U_{S2}=(4\times1-2)\text{ V}=2\text{ V}$$

② 令所有电源为零，得无源二端网络如图 2-9(c)所示，求电阻 $R_{ab}=R_2=1\ \Omega$

③ 做出图 2-9(b)中所示的戴维南等效电路，U_S 极性应与 U_0 一致(a 端为高电位端，b 端为低电位端)，接上被断开支路[见图 2-9(d)]则

$$I=\frac{U_S}{R_0+R_4}=\frac{2}{1+1}\text{ A}=1\text{ A}$$

由本例可见，与恒流源串联的电阻 R_1 和与恒压源并联的电阻 R_3，对计算 I 并无影响。

小　结

① 支路电流法是以支路电流为未知量，应用 KCL 和 KVL 分别对节点和回路列出所需方

程，组成方程组，然后求解出各支路电流的方法。一般来说，具有 n 个节点的电路，只能列出($n-1$)个独立的 KCL 方程；具有 m 个独立回路，能列出 m 个独立的 KVL 方程。

② 叠加原理是反映线性电路基本性质的一条重要定理，它可将多个电源共同作用下产生的电压和电流，分解为各个电源单独作用时产生的电压和电流的代数和。某电源单独作用时，将其他理想电压源短路，理想电流源开路，但电源内阻必须保留。

③ 节点电压法称为弥尔曼(J-Millman)定理。以节点电压为未知量，在节点电压求出后，再利用欧姆定律求出各支路的电流。其公式为：$U=\dfrac{\sum \dfrac{U_S}{R}}{\sum \dfrac{1}{R}}=\dfrac{\sum I_S}{\sum G}$，式中，分母各项均为正，分子各项若电动势(或电流源)的正方向与节点电压正方向相反时取正号，否则取负号。节点电压法适应于只有两个节点的复杂电路。

④ 戴维南定理适合于求解电路中某一条支路电压或电流的情况。把待求支路(或元件)单独画出来，剩下的线性有源二端网络可用一个电压源来等效替代。此电压源中理想电压源的电压 U_S 等于有源二端网络的开路电压，内阻 R_0 等于有源二端网络中所有电源均除去后所得无源二端网络的等效内阻。对于待求元器件不要求一定是线性的。

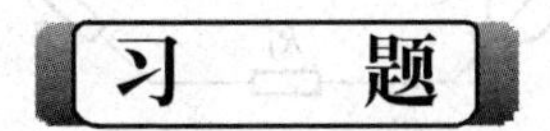

一、计算题

1. 电路如图 2-10 所示，用支路电流法求各支路电流。

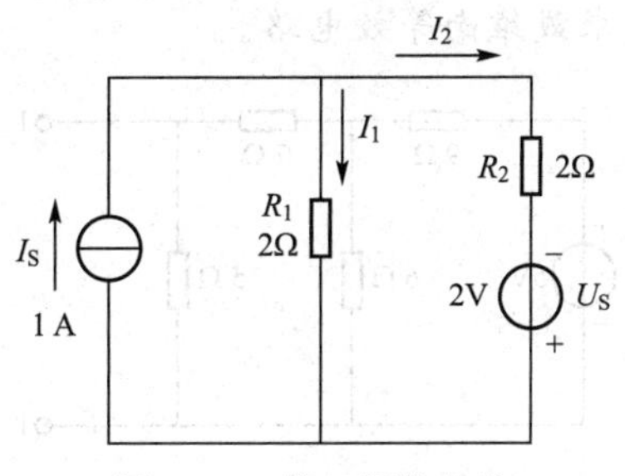

图 2-10　第 1 题的电路

2. 电路如图 2-11 所示，$U_{S1}=10\ \text{V}$，$U_{S2}=4\ \text{V}$，$R_1=1\ \Omega$，$R_2=2\ \Omega$，$R_3=3\ \Omega$，用支路电流法求各支路电流。

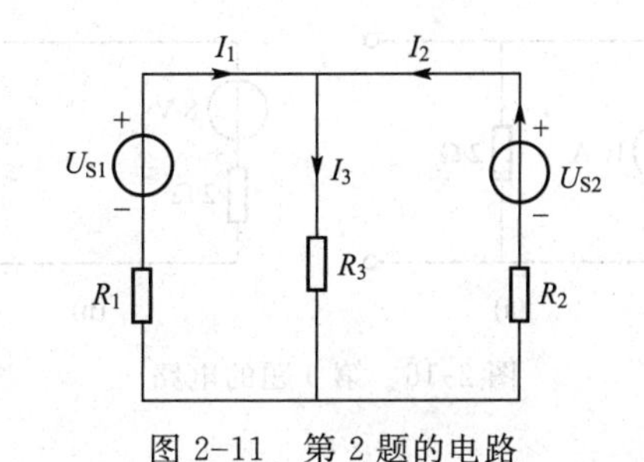

图 2-11　第 2 题的电路

3. 用叠加定理重新计算第 2 题中的各支路电流。

4. 试用叠加定理计算图 2-12 所示电路中的 I 和 U。

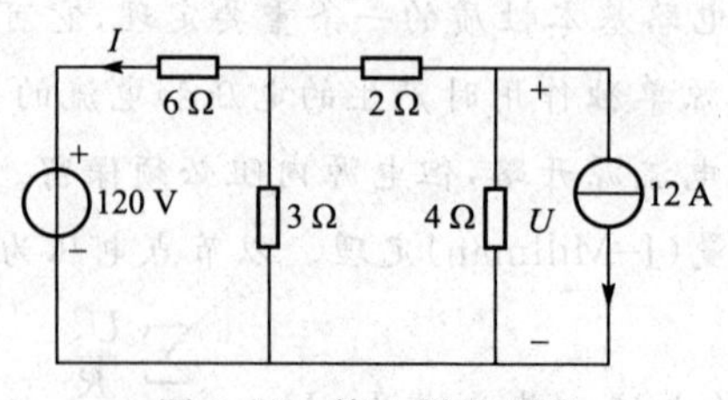

图 2-12 第 4 题的电路

5. 用节点电压法重新求解第 2 题中各支路电流。

6. 在图 2-13 所示电路中，已知 $U_A=12\ \text{V}$，$U_B=10\ \text{V}$，$U_C=8\ \text{V}$，$R_1=1\ \Omega$，$R=5\ \Omega$，试用节点电压分析 4 条支路上的电流。

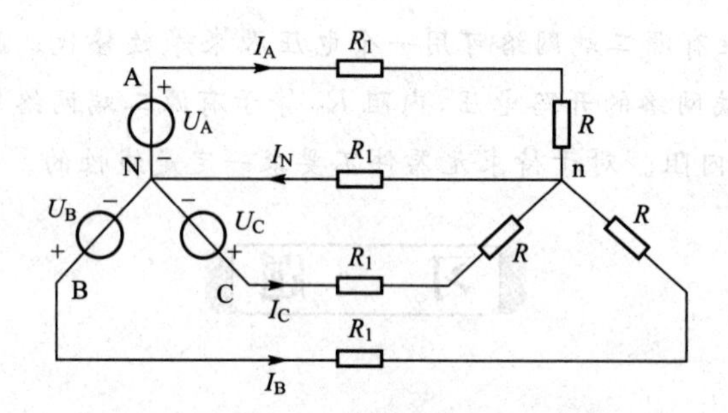

图 2-13 第 6 题的电路

7. 电路如图 2-14 所示，试求戴维南等效电路。

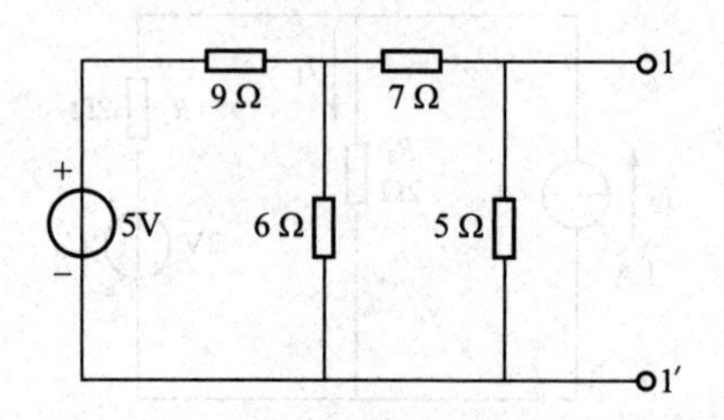

图 2-14 第 7 题的电路

8. 用戴维南定理重新求解第 2 题中的各支路电流。

9. 将图 2-15 中的电流源和电压源进行等效互换。

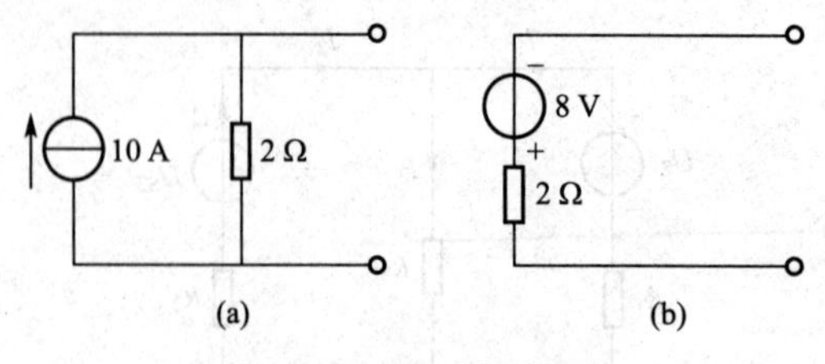

图 2-15 第 9 题的电路

二、思考题

1. 用支路电流法解电路时，所列的独立回路方程式，是否一定要选网孔？

2. 支路电流法解电路时，如果电路中含有理想电流源，若理想电流源的电流已知，而电压是未知的，怎么处理？

3. 叠加定理是否可将多电源电路视为由几组电源分别单独作用的叠加？

4. 叠加定理可否说明在单电源电路中，各处的电压和电流随电源电压或电流成比例变化？

5. 二端网络用电压源或电流源代替时，为什么只对外等效？对内是否也等效？

第三章 正弦交流电路

学习目标

- 掌握正弦交流电的基本概念；
- 掌握正弦交流电的相量表示方法；
- 掌握第一章元器件参数的交流电路的基本知识；
- 掌握 *RLC* 交流电路的分析方法；
- 掌握荧光灯电路的组成及提高功率因数的方法；
- 掌握串、并联谐振条件和特点。

在工农业生产及日常生活中除了必须使用直流电的特殊情况外，绝大多数使用的都是交流电。本章在介绍正弦交流电基本概念的基础上讨论电路的基本规律与分析方法。在学习过程中应注意，交、直流电路也有许多不同的地方。由于交流电路中的电流、电压是随时间变化的，电流与电压之间不仅有数量关系，而且还有相位关系；功率除平均功率(有功功率)外，还有无功功率、视在功率。正弦交流电在电力和电信工程中都得到了广泛应用。正弦交流电路的基本理论和基本分析方法是学习后续内容如电机、变压器、电器及电子技术的重要基础，是本课程的重要内容之一，应很好地掌握。

第一节 正弦交流电的基本概念

本书前两章介绍了直流电路，在直流电路中电流、电压、电动势等大小和方向都不随时间而变动，如图 3-1(a)所示。实际上在很多情况下电路中电流、电压、电动势都是随时间而变化的；有时不仅大小随时间在变化，而且方向也可能不断反复交替地变化。当电流、电压、电动势的大小和方向随时间作周期性变化时，就把这样的电流、电压、电动势统称为交流电，如图 3-1(b)所示。

大小和方向随时间按正弦规律变化的电流或电压，称为正弦交流电或正弦量，如图 3-1(c)所示，其相关的电路称为正弦交流电路。

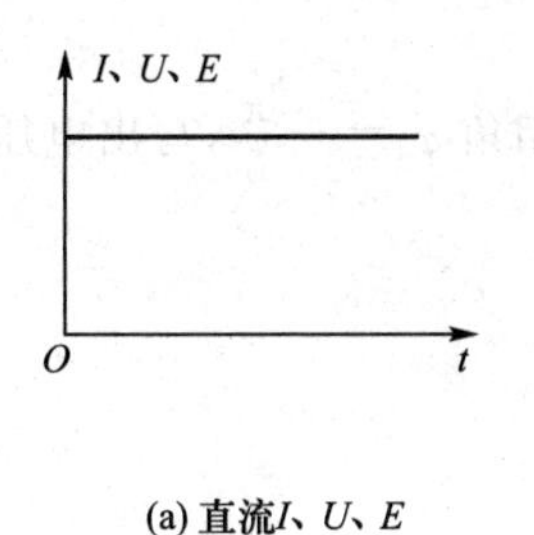

(a) 直流I、U、E

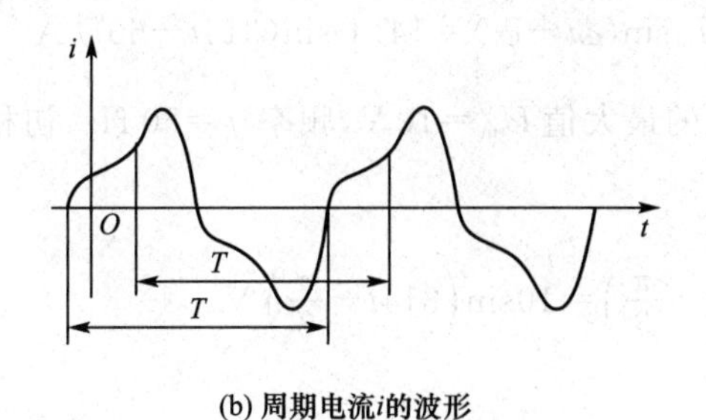

(b) 周期电流i的波形

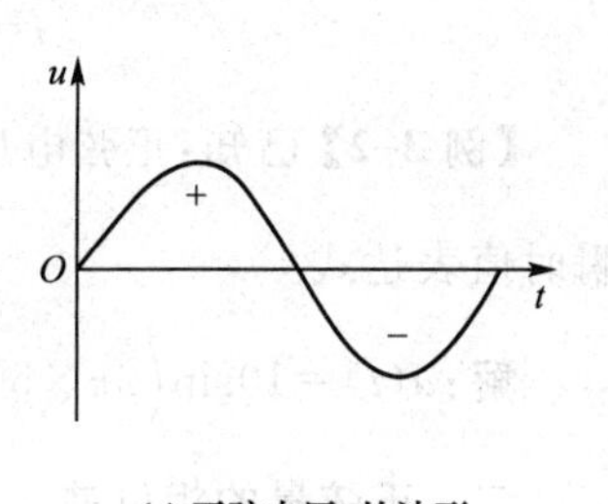

(c) 正弦电压u的波形

图 3-1 直流电、交流电波形

一、正弦交流电三要素

正弦交流电流的波形如图 3-2 所示，其表达式为

$$i=I_{\mathrm{m}}\sin(\omega t+\varphi_i) \tag{3-1}$$

式中：i 为正弦交流电流的瞬时值，随时间不断地变化；I_{m} 为电流的最大值，也称幅值；ω 为正弦交流电的角频率，表示正弦交流电单位时间变化的角度，是衡量交流电变化快慢的物理量，工频交流电的 $\omega=314$ rad/s(弧度/秒)。

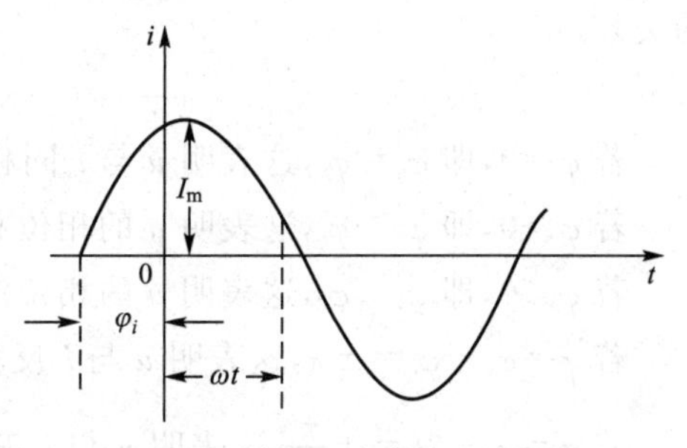

图 3-2 单相正弦交流电波形图

但实际应用中常用周期 T 和频率 f 表明交流电变化的快慢。

周期 T 表示交流电变化一个周期需要的时间；频率 f 表示交流电单位时间内变化的次数。周期 T 和频率 f 与角频率 ω 之间的关系为

$$T=\frac{2\pi}{\omega} \tag{3-2}$$

$$f=\frac{1}{T} \tag{3-3}$$

我国电力系统使用的交流电为工频交流电，周期 $T=0.02$ s，频率 $f=50$ Hz，美国使用交流电频率为 60 Hz。因为正弦交流电的频率远远高于人的眼睛能够感觉到的频率，所以，对于荧光灯等用电设备，感觉不出其亮度的变化。

φ_i 为正弦交流电的初相角，它确定 $t=0$ 时交流量的大小，通常在 $|\varphi_i|\leqslant\pi$ 的主值范围内取值。

幅值、频率、初相角称为正弦量的三要素。正弦量的三要素是正弦量之间进行比较和区分的依据。

【例 3-1】 某正弦电压的最大值 $U_{\mathrm{m}}=310$ V，初相角 $\varphi_u=30°$；某正弦电流的最大值 $I_{\mathrm{m}}=14.1$ A，初相角 $\varphi_i=-60°$。它们的频率均为 50 Hz，试分别写出电压和电流的瞬时值表达式。

解：由 $f=50$ Hz，则 $\omega=2\pi f=314$ rad/s

电压的瞬时值表达式为：

$$u=U_{\mathrm{m}}\sin(\omega t+\varphi_u)=310\sin(2\pi ft+\varphi_u)=310\ \sin(314t+30°)\ \mathrm{V}$$

电流的瞬时值表达式为

$$i=I_m\sin(\omega t+\varphi_i)=14.1\sin(314t-60°)\ \text{A}$$

【例 3-2】已知：正弦电压的最大值 $U_m=10\ \text{V}$，频率 $f=50\ \text{Hz}$，初相角 $\varphi_u=-\frac{\pi}{3}$，写出电压瞬时值表达式。

解：$u(t)=10\sin\left(2\pi\times50t-\frac{\pi}{3}\right)=10\sin\left(314t-\frac{\pi}{3}\right)\ \text{V}$

二、正弦量的相位差

两个同频率正弦量的相位之差称为相位差，用 φ 表示，设任意两个同频率正弦量

$$u=U_m\sin(\omega t+\varphi_u)$$
$$i=I_m\sin(\omega t+\varphi_i)$$

则相位差 $\varphi=\varphi_u-\varphi_i$，相位差 φ 的取值范围通常是 $|\varphi|\leqslant\pi$。它反映了这两个正弦量"步调"上的关系。

$$\varphi=(\omega t+\varphi_u)-(\omega t+\varphi_i)=\varphi_u-\varphi_i \tag{3-4}$$

若 $\varphi=0$，即 $\varphi_u=\varphi_i$，这表明 u 与 i 同相，如图 3-3(a)所示。

若 $\varphi>0$，即 $\varphi_u>\varphi_i$，这表明 u 的相位超前于 i，或 i 的相位滞后于 u，如图 3-3(b)所示。

若 $\varphi<0$，即 $\varphi_u<\varphi_i$，这表明 u 的相位滞后于 i，或 i 的相位超前于 u。

若 $\varphi=\varphi_u-\varphi_i=\pm\pi$，这表明 u 与 i 反相，如图 3-3(c)所示。

若 $\varphi=\varphi_u-\varphi_i=\pm\frac{\pi}{2}$，这表明 u 与 i 正交，如图 3-3(d)所示。

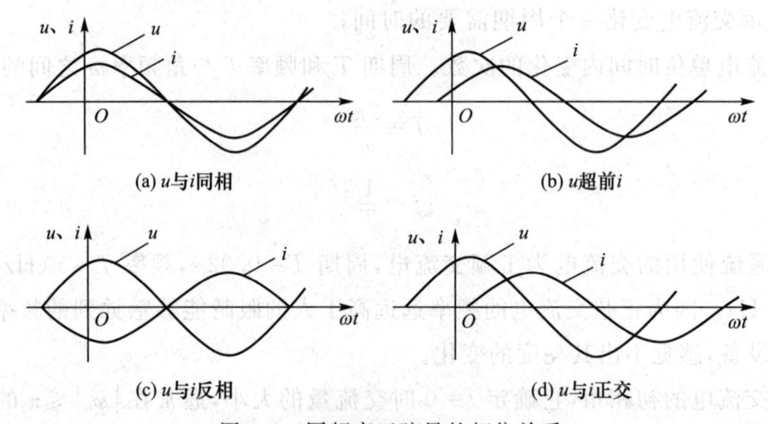

图 3-3　同频率正弦量的相位关系

三、正弦量的有效值

在工程技术中用瞬时值或波形图表示周期电压、电流常常是不方便的，需要用一个特定值表征周期电压、电流，这就是有效值，它是按能量等效的概念定义的。以电流为例，设两个相同电阻 R 分别通入交流电流 i 和直流电流 I，在一个周期内，交流电流 i 和直流电流 I 流过同一电阻 R，所产生的热量相同，那么这个直流电流的量值，就称为交流电流 i 的有效值。根据有效值的定义有

$$I^2RT=\int_0^T i^2R\mathrm{d}t \tag{3-5}$$

则推导出

$$I=\sqrt{\frac{1}{T}\int_0^T i^2\mathrm{d}t}=\sqrt{\frac{1}{T}\int_0^T I_\mathrm{m}^2\sin^2(\omega t+\varphi_i)\mathrm{d}t}=\frac{I_\mathrm{m}}{\sqrt{2}}=0.707I_\mathrm{m} \tag{3-6}$$

类似地，正弦电压有效值与振幅值间的关系为

$$U=\frac{U_\mathrm{m}}{\sqrt{2}} \tag{3-7}$$

$$I=\frac{I_\mathrm{m}}{\sqrt{2}} \tag{3-8}$$

$$E=\frac{E_\mathrm{m}}{\sqrt{2}} \tag{3-9}$$

正弦量的有效值用大写英文字母 I、U、E 表示，分别等于各自最大值的$\frac{1}{\sqrt{2}}$。

在实际应用中，常用有效值表明正弦交流量的大小，交流测量仪表所指示的读数、交流电气设备铭牌上的额定值都是指有效值。

对于生产和生活中使用的工频交流电，其电压的有效值为 220 V，我国的家用电器使用的电压都为这个数值。

【例 3-3】 设电路中电流 $i=I_\mathrm{m}\sin\left(\omega t+\frac{2\pi}{3}\right)$，已知接在电路中的安培表读数为 1.3 A，求 $t=0$时 i 的瞬时值。

解： 已知电流有效值 $I=1.3$ A，故最大值

$$I_\mathrm{m}=\sqrt{2}I=1.414\times1.3\ \mathrm{A}=1.84\ \mathrm{A}$$

$t=0$ 时，电流的瞬时值

$$i=I_\mathrm{m}\sin\left(\frac{2\pi}{3}\right)=1.84\times0.866\ \mathrm{A}=1.6\ \mathrm{A}$$

【例 3-4】 某正弦电压的有效值 $U=220$ V，初相角 $\varphi_u=30°$；某正弦电流的有效值 $I=10$ A，初相角 $\varphi_i=-60°$。它们的频率均为 50 Hz，试分别写出电压和电流的瞬时值表达式。

解：

$$U_\mathrm{m}=\sqrt{2}U=\sqrt{2}\times220\ \mathrm{V}=310\ \mathrm{V}$$

$$I_\mathrm{m}=\sqrt{2}I=\sqrt{2}\times10\ \mathrm{A}=14.14\ \mathrm{A}$$

$$\omega=2\pi f=1\times3.14\times50\ \mathrm{rad/s}=314\ \mathrm{rad/s}$$

$$u=U_\mathrm{m}\sin(\omega t+\varphi_u)=310\sin(314t+30°)\ \mathrm{V}$$

$$i=I_\mathrm{m}\sin(\omega t+\varphi_i)=14.14\sin(314t-60°)\ \mathrm{A}$$

在工程上，一般所说的正弦电压、电流的大小都是指有效值。但并非在一切场合都用有效值来表征正弦量的大小。例如，在确定各种交流电气设备的耐压值时，就应按电压的最大值来考虑。

第二节　正弦交流电的相量表示

正弦量用波形图或三角函数表达式表示比较直观，但不便于运算。对电路进行分析与计算时通常使用正弦量的相量表示法，即用复数式与相量图来表示正弦交流电。

一、复数的表示形式

设 A 为复数，一般可表示为

$$A=a+\mathrm{j}b \tag{3-10}$$

式(3-10)称为复数的代数式，其中 a 是复数的实部，b 是复数的虚部，$\mathrm{j}=\sqrt{-1}$ 是虚数单位(或称算子)，式(3-10)为复数 A 的代数式。

复数还可以由实轴与虚轴组成的复平面上的矢量(有向线段)表示。矢量的长度 r 为复数 A 的模，矢量与实轴正方向的夹角 φ 称为复数的辐角，如图 3-4 所示。

由图 3-4 得 $r=\sqrt{a^2+b^2}$

$$\varphi=\arctan\frac{b}{a}$$

所以

$$A=r\cos\varphi+\mathrm{j}r\sin\varphi \tag{3-11}$$

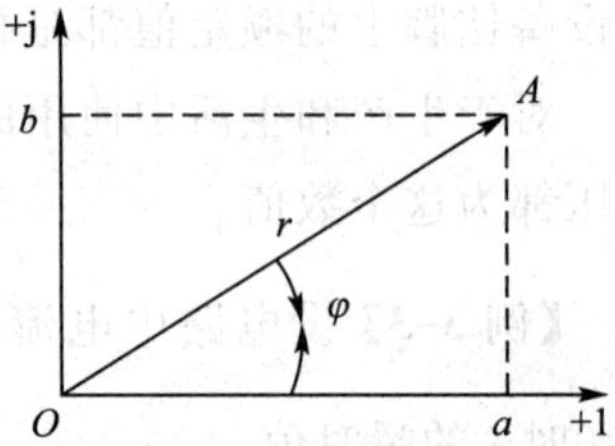

图 3-4　复平面上的矢量

式(3-11)称为复数的三角式。

式(3-10)可进一步写为指数式

$$A=|A|\mathrm{e}^{\mathrm{j}\varphi}$$

或者极坐标式

$$A=|A|\angle\varphi$$

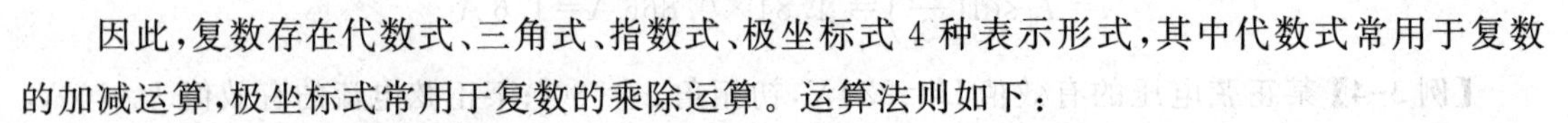

因此，复数存在代数式、三角式、指数式、极坐标式 4 种表示形式，其中代数式常用于复数的加减运算，极坐标式常用于复数的乘除运算。运算法则如下：

$$A=A_1\pm A_2=(a_1\pm a_2)+\mathrm{j}(b_1\pm b_2)$$

$$A_1\cdot A_2=|A_1|\angle\varphi_1\cdot|A_2|\angle\varphi_2=|A_1||A_2|\angle\varphi_1+\varphi_2$$

$$\frac{A_1}{A_2}=\frac{|A_1|\angle\varphi_1}{|A_2|\angle\varphi_2}=\frac{|A_1|}{|A_2|}\angle\varphi_1-\varphi_2$$

【例 3-5】已知复数：$A_1=6+\mathrm{j}8$，$A_2=4+\mathrm{j}4$ 求 A_1+A_2、A_1-A_2、$A_1\cdot A_2$ 及 $\dfrac{A_1}{A_2}$。

解：

$$A_1+A_2=(6+\mathrm{j}8)+(4+\mathrm{j}4)=10+\mathrm{j}12$$

$$A_1-A_2=(6+\mathrm{j}8)-(4+\mathrm{j}4)=2+\mathrm{j}4$$

$$A_1\cdot A_2=10\angle\arctan\frac{4}{3}\times5.657\angle\arctan1=10\angle53.1^\circ\times5.657\angle45^\circ=56.57\angle98.1^\circ$$

$$\frac{A_1}{A_2}=\frac{10\angle53.1^\circ}{5.657\angle45}=1.77\angle8.1^\circ$$

二、正弦量的相量表示法

在正弦交流电路中，用复数表示正弦量，并用于正弦交流电路分析计算的方法称为相量法。那么，复数为什么能表示正弦量呢？

当长度为 I_m，$t=0$ 时刻与横轴夹角为 φ_i 的矢量（称为旋转矢量）在复平面上以角速度 ω 旋转时，其某一时刻在纵轴上的投影，与最大值为 I_m，初相角为 φ_i 的交流电

$$i(t)=I_m\sin(\omega t+\varphi_i)$$

在该时刻的瞬时值相等，如图 3-5 所示，所以该交流电与该旋转矢量一一对应。

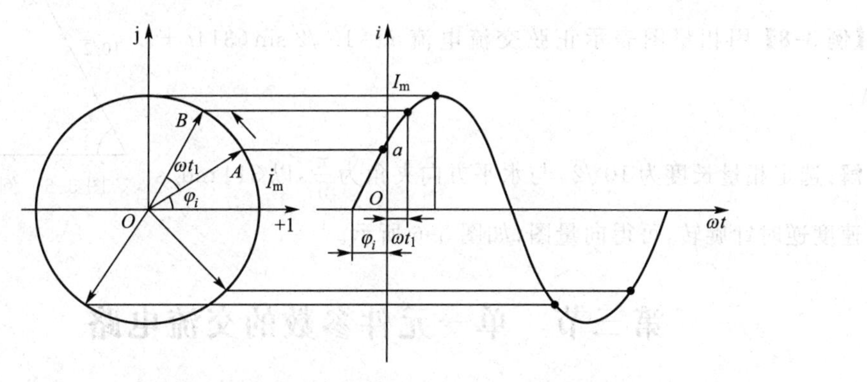

图 3-5　旋转矢量与交流电瞬时值的对应

研究表明，相同电压在不同元器件上产生的电流、电压频率都是相同的。因此分析、计算交流电路时，频率可以不参加运算，只要确定交流电的最大值（或有效值）、初相角这两个要素就确定了该交流电。

因此，交流电的两个要素对应旋转矢量在 $t=0$ 时刻所对应的复数的模和辐角，交流电之间的运算只要转化为对应复数之间的运算即可。

用相量表示正弦量时，必须把正弦量和相量加以区分。正弦量是时间的相量，只包含了正弦量的有效值和初相角，正弦量和相量之间存在着一一对应关系，而不等于相量。

相量的大小通常表示正弦交流量的有效值或最大值，相量与水平正方向的夹角表示正弦交流量的初相角，相量以 ω 的角速度逆时针旋转，如图 3-5 所示。

为了与一般的复数相区别，我们把表示正弦量的复数称为相量，并在大写字母上加“.”表示。相量的表示符号为 $\dot{U}$、$\dot{I}$、$\dot{E}$。如果相量的大小表示交流量的最大值，则表示为 $\dot{U}_m$、$\dot{I}_m$、$\dot{E}_m$。

相量在复平面上的图形称为相量图。在正弦交流电路分析中，常用相量图表示交流电路中各电量之间的关系，并通过它进行各相量运算。

【例 3-6】已知：$i=141.4\sin(314t+30°)$ A，$u=311.1\sin(314t-60°)$ V，试用相量表示 i、u。

解：$I=\dfrac{I_m}{\sqrt{2}}=100$ A，$U=\dfrac{U_m}{\sqrt{2}}=220$ V，则

$$\dot{I}=100\angle 30°\text{ A}$$

$$\dot{U}=220\angle -60°\text{ V}$$

【例 3-7】已知：$\dot{I}=50\angle 15°$ A，$f=50$ Hz，试写出电流的瞬时值表达式

解：

$$I_m=\sqrt{2}I=50\sqrt{2}\text{ A}$$

$$\omega=2\pi f=2\times 3.14\times 50\text{ rad/s}=314\text{ rad/s}$$

$$i=50\sqrt{2}\sin(314t+15°)\text{ A}$$

【例 3-8】用相量图表示正弦交流电流 $i=10\sqrt{2}\sin(314t+\frac{\pi}{3})$ A。

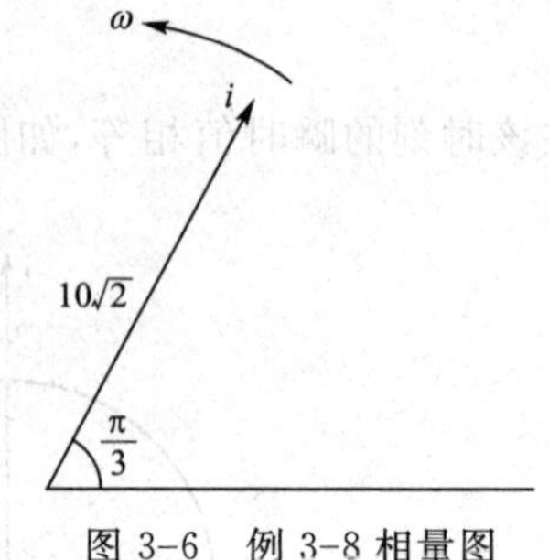

图 3-6　例 3-8 相量图

解：选定相量长度为 $10\sqrt{2}$，与水平方向夹角为 $\frac{\pi}{3}$，以 314 rad/s 的角速度逆时针旋转，可得向量图，如图 3-6 所示。

第三节　单一元件参数的交流电路

在交流电路中，负载元件除了有像白炽灯、电烙铁、电炉等电阻元件外，还有电感、电容元件。这些电路元件由相应的参数 R、L、C 来表示。

一、纯电阻电路

1. 电压和电流的关系

在图 3-7(a)所示的电阻电路中，选择电流为参考量，即设

$$i=I_m\sin\omega t$$

电压 u 和电流 i 的参考方向一致为关联参考方向，则根据欧姆定律有

$$u=iR=I_m R\sin\omega t \tag{3-12}$$

可见，电压也是正弦量。比较上面两式，可知电阻两端的电压和通过电阻的电流之间有如下关系：

① 电压和电流的频率相同，相位相同。

② 电压的幅值(有效值)与电流的幅值(有效值)之间的关系，符合欧姆定律。

$$U_m=IR_m \text{ 或 } U=IR \tag{3-13}$$

③ 电压和电流的相量关系为

$$\dot{I}=I\angle 0°$$

$$\dot{U}=U\angle 0°=RI\angle 0°=R\dot{I}$$

即 $\dot{U}=R\dot{I}$　　(3-14)

式(3-14)为欧姆定律的相量形式。

纯电阻电路图、波形图和相量图如图 3-7 所示。

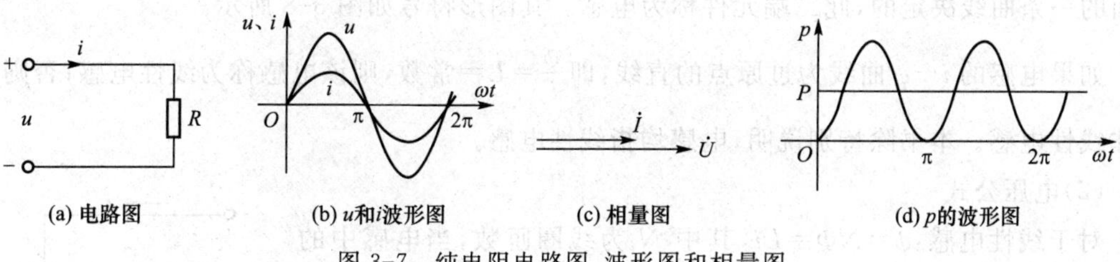

图 3-7 纯电阻电路图、波形图和相量图

2. 瞬时功率和平均功率

在任意瞬间，电压瞬时值 u 和电流瞬时值 i 的乘积称为瞬时功率，用小写字母 p 表示。

$$p=ui=U_{\mathrm{m}}I_{\mathrm{m}}\sin^2\omega t=\frac{1}{2}U_{\mathrm{m}}I_{\mathrm{m}}(1-\cos 2\omega t)=UI(1-\cos 2\omega t) \tag{3-15}$$

式(3-15)表明 p 由两部分组成：第一部分是常数 UI；第二部分是 $UI\ \cos 2\omega t$。其波形图如图 3-7 (d)所示，它虽然随时间不断变化，但始终为正值。这说明电阻是耗能元件。工程上常取瞬时功率在一个周期内的平均值来表示电路所消耗的功率，这个平均值称为平均功率，又称有功功率。用大写字母 P 表示。

$$P=\frac{1}{T}\int_0^T p\mathrm{d}t=\frac{UI}{T}\int_0^T(1-\cos 2\omega t)\mathrm{d}t=UI$$

有功功率与电压、电流的有效值之间的关系：

$$P=UI=I^2R=\frac{U^2}{R} \tag{3-16}$$

可见，当正弦电压和电流用有效值表示时，电阻元件消耗的有功功率表达式与直流电路具有相同的形式。

【例 3-9】 在纯电阻电路中，已知 $i=22\sqrt{2}I\sin(1\,000t+30°)\,\mathrm{A}$，$R=10\,\Omega$，试求：

① 电阻两端电压的瞬时值表达式。

② 用相量表示电流和电压。

③ 求有功功率。

解：① $U_{\mathrm{m}}=I_{\mathrm{m}}R=220\sqrt{2}\ \mathrm{V}$

因为纯电阻电路电压与电流同相位，所以

$u=220\sqrt{2}\sin(10\,000t+30°)\ \mathrm{V}$

② $\dot{I}=22\angle 30°\ \mathrm{A}$；$\dot{U}=220\angle 30°\ \mathrm{V}$

③ $P=UI=220\times 22\ \mathrm{W}=4\,840\ \mathrm{W}$

二、纯电感电路

1. 电感元件

用导线绕制的线圈（有空心线圈和铁芯线圈等）通过电流时将产生磁通 Φ，因此它是储存磁场能量的元件，它的近似化电路模型为理想电感元件（简称电感）。

(1)定义

一个二端元件，当任意瞬间，它所流经的电流 i 和它的磁通链 ψ 两者之间的关系是由 $i-\psi$

平面的一条曲线决定的，此二端元件称为电感。其图形符号如图 3-8 所示。

如果电感的 $i-\psi$ 曲线为过原点的直线，即 $\frac{\psi}{i}=L=$ 常数，则该电感称为线性电感；否则，称为非线性电感。本书除特别说明，电感均指线性电感。

(2)电压公式

对于线性电感：$\psi=N\Phi=Li$，其中 N 为线圈匝数，当电感中的磁通 Φ 或电流 i 发生变化时，则电感中产生感应电动势 e_L。当电感中的电压与电流和电动势采用如图 3-8 所示的参考方向时，

$$e_L=-N\frac{\mathrm{d}\Phi}{\mathrm{d}t}=-\frac{\mathrm{d}\psi}{\mathrm{d}t}=-L\frac{\mathrm{d}i}{\mathrm{d}t} \tag{3-17}$$

$$u=-e_L=L\frac{\mathrm{d}i}{\mathrm{d}t} \tag{3-18}$$

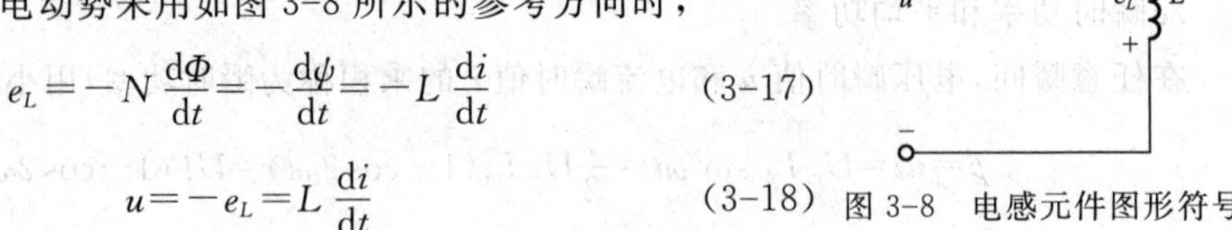

图 3-8　电感元件图形符号

由式(3-18)可见，电感的端电压与电流的变化率成正比。当流过电感的电流为恒定的直流电流时，其端电压 $U=0$，故在直流电路中电感可视为短路。

(3)磁场能量

当 $i_0=0$ 时，电感在 t 时刻储存的磁场能量为

$$W_L=\int_0^t p\mathrm{d}t=\int_0^t ui\,\mathrm{d}t=\int_0^t Li\,\mathrm{d}i=\frac{1}{2}Li^2 \tag{3-19}$$

式(3-19)表明，当流过电感的电流增大时，磁场能量增大，电感从电源吸收电能转换为磁能；当电流减小时，磁场能量减小，电感释放出能量，磁能转换为电能还给电源。

2. 电压和电流的关系

在生产和生活中所接触到的变压器线圈、电机线圈、继电器线圈等都属于电感元件。电感在电路中的图形符号和字母符号如图 3-9 (a)所示。

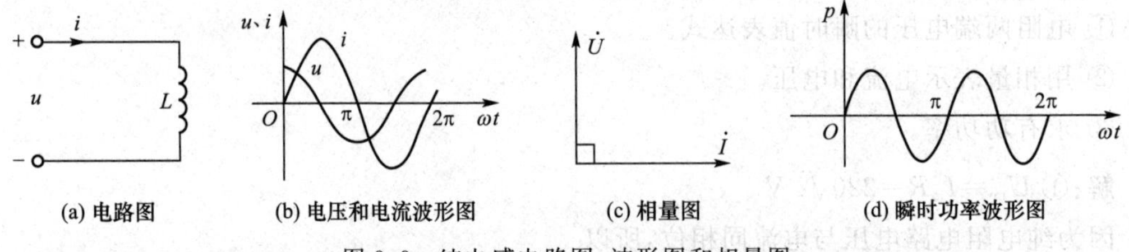

图 3-9　纯电感电路图、波形图和相量图

电感元件的电压与电流为关联参考方向时，设通过电感线圈中的电流为

$$i=I_{\mathrm{m}}\sin\omega t$$

则，

$$u=L\frac{\mathrm{d}i}{\mathrm{d}t}=L\frac{\mathrm{d}(I_{\mathrm{m}}\sin\omega t)}{\mathrm{d}t}=\omega LI_{\mathrm{m}}\cos\omega t=U_{\mathrm{m}}\sin(\omega t+90^\circ)$$

式中

$$U_{\mathrm{m}}=I_{\mathrm{m}}\omega L \text{ 或 } U=I\omega L \tag{3-20}$$

$$\varphi=\varphi_u-\varphi_i=90^\circ \tag{3-21}$$

电流与电压的波形图和相量图如图 3-9(b)、(c)所示。比较上面两式，可知电感的电压与电流之间有如下关系：

① 电压与电流的频率相同，电压在相位上超前于电流 90°，即电流在相位上滞后于电压 90°。

② 电压的幅值（有效值）与电流幅值（有效值）之间的关系为

$$U_{m}=I_{m}\omega L \text{ 或 } U=I\omega L \tag{3-22}$$

③ 电压和电流的相量关系

根据 $i=\sqrt{2}I\sin\omega t$，$u=\sqrt{2}I\omega L(\sin\omega t+90°)$

可得相量式

$$\dot{I}=I\angle 0°$$

$$\dot{U}=U\angle 90°=I\omega L\angle 90°$$

$$\frac{\dot{U}}{\dot{I}}=\omega L\angle 90°=\mathrm{j}\omega L$$

即 $\dot{U}=\dot{I}\cdot \mathrm{j}\omega L=\dot{I}\cdot(\mathrm{j}X_{L})$。

上式为电感电路欧姆定律的相量形式。式中 $X_{L}=\omega L=2\pi fL$ 称为电感的电抗，简称感抗，单位也是欧[姆]（Ω）。电压一定时，X_{L} 越大，则电流越小，所以 X_{L} 是表示电感对电流阻碍作用大小的物理量。在直流电路中，$f=0$，$X_{L}=0$，L 视为短路。在交流电路中 X_{L} 的大小与 L 和 f 成正比，L 越大，f 越高，X_{L} 就越大。所以，电感 L 具有通直阻交的作用。

3. 瞬时功率和无功功率

电感的瞬时功率为瞬时电压与瞬时电流的乘积。

由 $i=\sqrt{2}I\sin\omega t$，$u=\sqrt{2}U\sin(\omega t+90°)$ 可得电感的瞬时功率

$$p=ui=2UI\sin\omega t\cos\omega t=UI\sin 2\omega t \tag{3-23}$$

瞬时功率的波形图如图 3-9（d）所示，可见瞬时功率随时间按正弦规律变化，其幅值为 UI，角频率为电流（或电压）角频率的 2 倍。当 $p>0$ 时，电感元件从电源取用电能并转换成磁场能；当 $p<0$ 时，电感元件将储存的磁场能转换成电能送回电源。瞬时功率的这一特点，一方面说明电感并不消耗电能，它是一种储能元件，故平均功率（有功功率）为零，即

$$P=\frac{1}{T}\int_{0}^{T}p\,\mathrm{d}t=\frac{UI}{T}\int_{0}^{T}\sin 2\omega t\,\mathrm{d}t=0$$

另一方面说明电感与电源之间有能量往返互换，故引入无功功率 Q 来衡量其能量交换的最大程度，即无功功率 Q 等于瞬时功率 p 的幅值

$$Q=UI=I^{2}X_{L}=\frac{U^{2}}{X_{L}} \tag{3-24}$$

无功功率的量纲虽与有功功率相同，但为了区别，其单位不用 W，而用乏 var。

【例 3-10】 在纯电感电路中，已知 $i=22\sqrt{2}\sin(1000t+30°)$ A，$L=0.01$ H，求：

① 电压的瞬时值表达式。

② 用相量表示电流和电压。

③ 求有功功率和无功功率。

解： ① $X_{L}=\omega L=1\,000\times 0.01\ \Omega=10\ \Omega$

$$I=22\ \mathrm{A},\ U=IX_{L}=220\ \mathrm{V}$$

因为纯电感电路电压超前电流90°，故

$$u=220\sqrt{2}\sin(1\,000t+120°)\ \text{V}$$

② $\dot{I}=22\angle 30°\ \text{A}, \dot{U}=220\angle 120°\ \text{V}$

③ $P=0; Q=UI=220\times 22\ \text{var}=4\,840\ \text{var}$

【例 3-11】把一个 0.1 H 的电感接到 $f=50$ Hz，$U=10$ V 的正弦电源上，求 I，如保持 U 不变，而电源 $f=5\,000$ Hz，这时 I 为多少？

解：(1)当 $f=50$ Hz 时

$$X_L=2\pi fL=2\times 3.14\times 50\times 0.1\ \Omega=31.4\ \Omega$$

$$I=\frac{U}{X_L}=\frac{10}{31.4}\ \text{A}=0.318\ \text{A}=318\ \text{mA}$$

(2)当 $f=5\,000$ Hz 时

$$X_L=2\pi fL=2\times 3.14\times 5\,000\times 0.1\ \Omega=3\,140\ \Omega$$

$$I=\frac{U}{X_L}=\frac{10}{3\,140}\ \text{A}=3.18\ \text{mA}$$

可见，在电压有效值一定时频率越高，电流就越小，即阻碍电流的作用越大。在电子技术中常利用电感元件通低频阻高频的特性制成扼流器。

三、纯电容电路

1. 电容元件

两块金属极板间介以绝缘材料组成的电容，加上电压后，两极板上能储存电荷，在介质中建立电场。所以，电容是能储存电场能量的元件，其近似化电路模型为理想电容元件（简称电容）。

(1)定义

一个二端元件，在任一瞬间，它所储存的电荷 q 和端电压 u 两者之间的关系是由 q-u 平面上的一条曲线来决定的，此二端元件称为电容。其图形符号如图 3-10(a)所示。

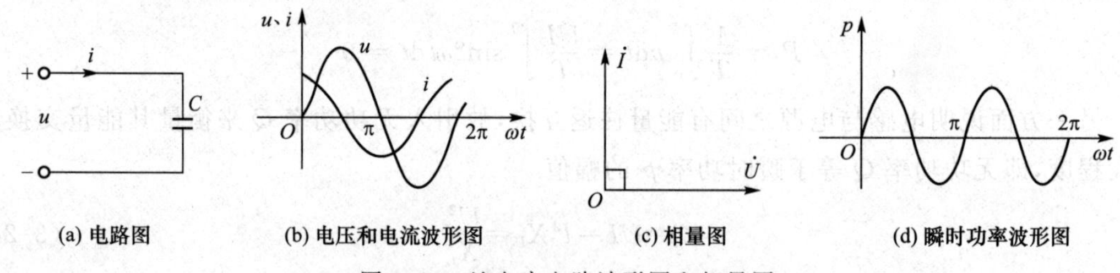

图 3-10 纯电容电路波形图和相量图

如果电容的 q-u 曲线为通过原点的直线，即 $\dfrac{q}{u}$ 常数，则该电容称为线性电容，否则称为非线性电容。本书除特别说明外，电容均指线性电容。

(2)电流公式

对于线性电容，C 为常数。$q=Cu$

当电容的电压和电流采用如图 3-10(a)所示的关联方向时，两者的关系为

$$i=\frac{\mathrm{d}q}{\mathrm{d}t}=C\frac{\mathrm{d}u}{\mathrm{d}t} \tag{3-25}$$

由式(3-25)可见电容的电流与其两端电压的变化率成正比。当电容两端加恒定的直流电压时，其电流 $i=0$，故在直流电路中，电容可视为开路。

(3)电场能量

当 $u_0=0$ 时，电容在 t 时刻储存的电场能量为

$$W_C=\int_0^t p\mathrm{d}t=\int_0^t ui\,\mathrm{d}t=\int_0^t Cu\,\mathrm{d}u=\frac{1}{2}Cu^2 \tag{3-26}$$

式(3-26)表明，当电容上的电压增大时(电容充电)，电场能量增大，电容从电源吸收能量，将电能转换为电场能；当电压减小时(电容放电)，电场能量减小，电容放出能量，将电场能转换为电能还给电源。

2.电压和电流的关系

在两块金属板间以介质(如云母、陶瓷、绝缘纸、电解质等)间隔就构成了电容。

电容具有储存电能的作用，在电容两极板上施加电压，电压正负极板上储存的电荷分别为 $+q$ 和 $-q$，则有

$$C=\frac{q}{u} \tag{3-27}$$

式中：C——电容元件的参数，称为电容量，简称电容，单位是法[拉](F)。

q——电容两极板上的电荷，单位是库[仑](C)。

u——电容两电极间电压，单位是伏[特](V)。

工程上电容的电容量均很小，法[拉](F)太大，常用微法(μF)和皮法(pF)。在电压、电流为关联参考方向时，电容两端加上交流电，当电压 u 增大时，极板上的电荷 q 增加，电容充电；电压 u 减小时，极板上的电荷 q 减少，电容放电。根据电流的定义

$$i=C\frac{\mathrm{d}u}{\mathrm{d}t} \tag{3-28}$$

电容中流过的电流 i 与其端电压变化率 $\frac{\mathrm{d}u}{\mathrm{d}t}$ 成正比，只有电容元件两端电压变化时，电路中才会有电流。当电容两端加上直流电时，因电压不变，则 $\frac{\mathrm{d}u}{\mathrm{d}t}=0$，电容上电流为零，相当于开路；当电压变化时，电路中就有电流；电压变化越快，电流就越大。

如图 3-10(a)所示，若选择电压 u 为参考量，即设 $u=\sqrt{2}U\sin\omega t$，则在图示关联参考方向下

$$i=C\frac{\mathrm{d}u}{\mathrm{d}t}=\sqrt{2}UC\omega\cos\omega t=\sqrt{2}UC\omega\sin(\omega t+90^\circ) \tag{3-29}$$

电压和电流的波形图和相量图如图 3-10(b)、(c)所示。比较上面两式，可知电容的电压与电流之间有如下关系：

① 电压与电流的频率相同，电压在相位上滞后于电流 90°，即电流在相位上超前于电压 90°。

② 电压的幅值(有效值)与电流的幅值(有效值)之间的关系为

$$U_m=I_mX_C \text{ 或 } U=IX_C \tag{3-30}$$

③ 电压和电流的相量关系为：

根据 $u=\sqrt{2}U\sin\omega t, i=\sqrt{2}UC\omega\sin(\omega t+90°)$

可得相量式

$$\dot{U}=U\angle 0°$$

$$\dot{I}=I\angle 90°=UC\omega\angle 90°$$

$$\frac{\dot{I}}{\dot{U}}=\omega C\angle 90°=\mathrm{j}\omega C$$

即

$$\dot{U}=\dot{I}\ \frac{1}{\mathrm{j}\omega C}=\dot{I}(-\mathrm{j}X_C)\dot{U}=\dot{I}(-\mathrm{j}X_C) \tag{3-31}$$

式(3-31)为电容电路欧姆定律相量形式。

式中，$X_C=\frac{1}{\omega C}=\frac{1}{2\pi fC}$，$X_C$ 称为电容的电抗，简称容抗，单位也是欧[姆](Ω)。电压一定时，X_C 越大，则电流越小，所以 X_C 是表示电容对电流阻碍作用大小的物理量。在直流电路中 $f=0, X_C\to\infty$，C 视为开路。在交流电路中，X_C 的大小与 C 和 f 成反比，C 越大，f 越高，X_C 就越小。因此，电容 C 具有隔直通交的作用。

3. 瞬时功率和无功功率

由 $u=\sqrt{2}U\sin\omega t, i=\sqrt{2}UC\omega\sin(\omega t+90°)$ 得

$$p=ui=2UI\sin\omega t\cos\omega t=UI\sin 2\omega t$$

瞬时功率波形图如图 3-10(d)所示，可见瞬时功率随时间按正弦规律变化，其幅值为 UI，角频率为电流(或电压)角频率的 2 倍。当 $p>0$ 时，电容在充电，电容元件从电源取用电能并转换成电场能；当 $p<0$ 时，电容在放电，电容元件将储存的电场能转换成电能送回电源。瞬时功率的这一特点，一方面说明电容并不消耗电能，它也是一种储能元件，故平均功率(有功功率)为零，即

$$P=\frac{1}{T}\int_0^T p\mathrm{d}t=\frac{UI}{T}\int_0^T \sin 2\omega t\,\mathrm{d}t=0$$

另一方面说明电容与电源之间有能量往返互换，故引入无功功率 Q 来衡量其能量交换的最大程度，即无功功率 Q 等于瞬时功率 p 的幅值

$$Q=UI=I^2X_C=\frac{U^2}{X_C}$$

【例 3-12】在纯电容电路中，已知 $i=22\sqrt{2}\sin(1\,000t+30°)$ A，电容量 $C=100\ \mu$F，求：

① 电容两端电压的瞬时值表达式。

② 用相量表示电压和电流。

③ 有功功率和无功功率。

解：①

$$X_C=\frac{1}{\omega C}=\frac{1}{1\,000\times 100\times 10^{-6}}\ \Omega=10\ \Omega$$

$$I_m=22\sqrt{2}\ \mathrm{A}\quad U_m=I_mX_C=220\sqrt{2}\ \mathrm{V}$$

$$u=220\sqrt{2}\sin(1\,000t-60°)\ \mathrm{V}$$

②

$$\dot{I}=22\angle 30°\mathrm{A}$$

$$\dot{U}=\frac{i}{\mathrm{j}\omega C}=\frac{22\angle 30^\circ}{\mathrm{j}1\,000\times 100\times 10^{-6}}=220\angle -60^\circ\ \mathrm{V}$$

③
$$P=0,\quad Q=UI=220\times 22\ \mathrm{var}=4\,840\ \mathrm{var}$$

第四节　*RLC* 交流电路

一、电压电流之间的关系

在 RLC 交流电路的分析计算中，通常使用相量法。如果各支路电流、电压用相量表示；电阻、电感、电容用其相量模型 R、$\mathrm{j}\omega L$、$-\mathrm{j}\dfrac{1}{\omega C}$来表示，则直流电路的所有定律、计算方法都适用于交流电路

1. 瞬时值关系

电路如图 3-11 所示，当电路两端加上正弦交流电压 u 时，电路中将产生正弦交流电流 i，同时在各元件上分别产生电压 u_R、u_L、u_C。

设电流 $i=I_{\mathrm{m}}\sin\omega t$，则 $u_R=U_{R\mathrm{m}}\sin\omega t$

$$u_L=U_{L\mathrm{m}}\sin(\omega t+90^\circ)$$

$$u_C=U_{C\mathrm{m}}\sin(\omega t-90^\circ)$$

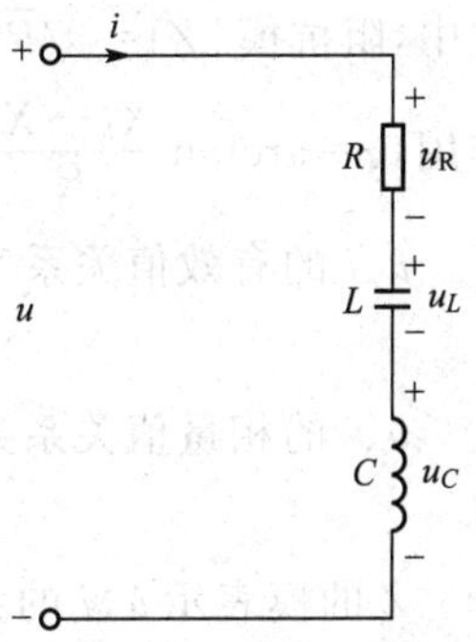

根据基尔霍夫电压定律，可得 $u=u_R+u_L+u_C$。

2. 相量关系

基尔霍夫电压定律同样适用于交流电路，对于正弦交流电路中的任何一个回路，若各电压为同频率正弦量，则沿回路绕行一周，各段电压相量之和为零。其相量表达形式为

$$\sum\dot{U}=0$$

图 3-11　*RLC* 串联电路

根据基尔霍夫电压定律的相量形式，可得

$$\dot{U}=\dot{U}_R+\dot{U}_L+\dot{U}_C$$

设 $\dot{I}=I\angle 0^\circ$（参考量），则 $\dot{U}_R=\dot{I}R$，$\dot{U}_L=\dot{I}(\mathrm{j}X_L)$，$\dot{U}_C=\dot{I}(-\mathrm{j}X_C)$。

总电压与总电流的相量关系式：

$$\dot{U}=\dot{I}R+\dot{I}(\mathrm{j}X_L)+\dot{I}(-\mathrm{j}X_C)=\dot{I}[R+\mathrm{j}(X_L-X_C)]$$

式中，$X=X_L-X_C$，称为串联交流电路的电抗。令

$$Z=R+\mathrm{j}(X_L-X_C)\tag{3-32}$$

Z 称为交流电路的复阻抗，简称阻抗。串联交流电路的电压与电流的相量关系为

$$\dot{U}=\dot{I}Z\tag{3-33}$$

由于各电压与电流为同频率，故画出相量图，如图 3-12 所示。

由相量图可知：$\dot{U}$ 与相量 $\dot{U}_R$、$(\dot{U}_L+\dot{U}_C)$ 构成了直角三角形，称为电压三角形如图 3-13 所示。

$$U=\sqrt{U_R{}^2+(U_L-U_C)^2}$$

$$=I\sqrt{R^2+(X_L-X_C)^2}$$

式中，$\sqrt{R^2+(X_L-X_C)^2}=|Z|$。

R、X_L、X_C 与 Z 构成阻抗三角形图，如图 3-14 所示。

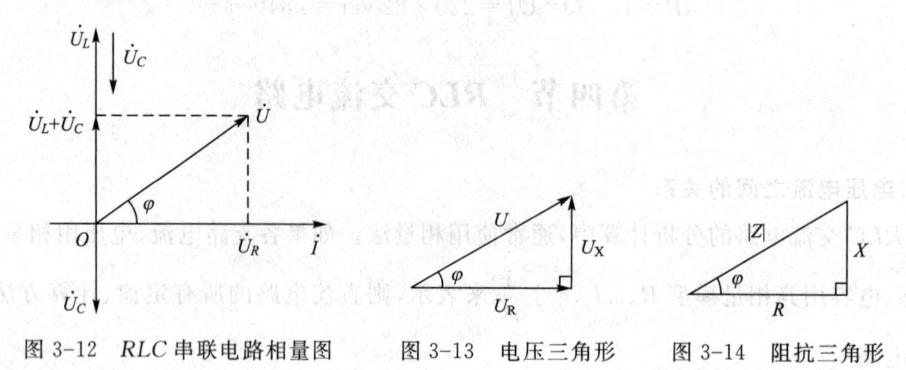

图 3-12　RLC 串联电路相量图　　图 3-13　电压三角形　　图 3-14　阻抗三角形

3. 阻抗

串联电路中：

$$Z=R+\mathrm{j}(X_L-X_C)=|Z|\angle\varphi$$

式中，阻抗模 $|Z|=\sqrt{R^2+(X_L-X_C)^2}=\sqrt{R^2+X^2}$，$|Z|$ 的单位也是欧［姆］，具有阻碍电流的作用，$\varphi=\arctan\dfrac{X_L-X_C}{R}$ 称为电路的阻抗角。

u、i 的有效值关系为

$$U=|Z|I$$

u、i 的相量值关系为

$$\dot{U}=\dot{I}Z$$

Z 的模表示 u、i 的大小关系，辐角（阻抗角）为 u、i 的相位差。Z 是一个复数，不是相量，上面不能加点。串联电路总复阻抗等于串联各复阻抗之和。

当 $X_L>X_C$ 时，$\varphi>0$，u 超前 i，此时电路呈感性。

当 $X_L<X_C$ 时，$\varphi<0$，u 滞后 i，此时电路呈容性。

当 $X_L=X_C$ 时，$\varphi=0$，u、i 同相，此时电路呈阻性。

二、*RLC* 串联电路的功率

1. 瞬时功率

交流电路中的电压、电流都是随时间变化的正弦量，瞬时功率指电压、电流瞬时值乘积，用小写字母 p 表示。

$$p=ui$$

令 $i=I_\mathrm{m}\sin\omega t$，$u=U_\mathrm{m}\sin(\omega t+\varphi)$

则 $p=ui=U_\mathrm{m}I_\mathrm{m}\sin\omega t\cdot\sin(\omega t+\varphi)=UI\cos\varphi-UI\cos(2\omega t+\varphi)$

2. 有功功率

瞬时功率随时间变化，无实用意义。通常所说交流电路的功率是指瞬时功率在一个周期内的平均功率，称为有功功率，用大写字母 P 表示。

$$P=\frac{1}{T}\int_0^T p\mathrm{d}t=\frac{1}{T}\int_0^T[UI\cos\varphi-UI\cos(2\omega t+\varphi)]\mathrm{d}t=UI\cos\varphi$$

有功功率即为电阻消耗的功率，其单位为瓦(W)。其中，$\cos\varphi$ 称为功率因数，对于纯电阻元件

$$P=U_RI=I^2R=\frac{U^2}{R}$$

3. 无功功率

电感元件与电容元件要与电源之间进行能量互换，用无功功率 Q 来衡量其能量互换的规模，无功功率 Q 为

$$Q=U_LI-U_CI=(U_L-U_C)I=U_XI=UI\sin\varphi \tag{3-34}$$

电路中的电感和电容等储能元件不消耗有功功率，它们只与电源进行能量交换。必须指出，“无功”的含义是交换，而不是消耗，不能把“无功”误解为无用。在生产实践中，无功功率占有很重要的地位，例如，具有电感的变压器、电动机等，都是靠电磁转换进行工作的，如果没有无功功率的存在，这些设备是不能工作的。

4. 视在功率

电压有效值与电流有效值的乘积称为电路的视在功率，它表示电气设备的额定容量，用大写字母 S 表示，视在功率的单位为伏·安(V·A)。

$$S=UI \tag{3-35}$$

有功功率 P、无功功率 Q、视在功率 S 在数值上满足直角三角形关系，称为功率三角形，如图 3-15 所示。由图可知 $S=\sqrt{P^2+Q^2}$。

一般电气设备，如交流发电机和变压器等是按照额定电压和额定电流设计的，把额定电压 U_N 和额定电流 I_N 的乘积，即额定视在功率用来表示电气设备的额定容量，说明该电气设备允许提供的最大有功功率。在工作时，实际提供多少有功功率还要由电路的功率因数决定。

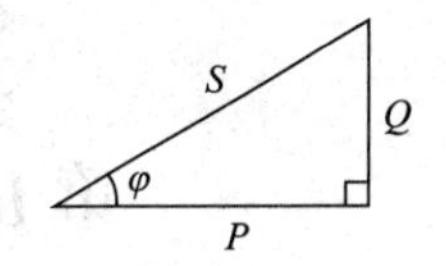

图 3-15　功率三角形

5. 功率因数

有功功率与视在功率之比，称为电路的功率因数，用 $\cos\varphi$ 表示。它是由电路的参数决定的。

$$\cos\varphi=\frac{R}{|Z|}=\frac{U_R}{U}=\frac{P}{S}$$

式中，φ 也称为功率因数角，其数值和阻抗角相等。纯电阻元件、纯电感元件、纯电容元件的功率因数角分别为 0、$\frac{\pi}{2}$、$-\frac{\pi}{2}$。

总之，在 RLC 电路中，存在 3 个相似三角形，即电压三角形、阻抗三角形、功率三角形(参见图 3-13～图 3-15)。

【例 3-13】在 RLC 串联交流电路中，已知 $R=30\ \Omega$，$L=127\ \text{mH}$，$C=40\ \mu\text{F}$，$u=220\sqrt{2}\sin(314t+20^\circ)$ V 求：

① 电流的有效值与瞬时值。

② 各部分电压的有效值与瞬时值。

③ 有功功率、无功功率和视在功率。

解:① $X_L=\omega L=314\times127\times10^{-3}\ \Omega=40\ \Omega$

$$X_C=\frac{1}{\omega C}=\frac{1}{314\times40\times10^{-6}}\ \Omega=80\ \Omega$$

$$|Z|=\sqrt{R^2+(X_L-X_C)^2}=\sqrt{30+(40-80)^2}\ \Omega=50\ \Omega$$

$$I=\frac{U}{|Z|}=\frac{220}{50}\ \text{A}=4.4\ \text{A}$$

$$\varphi=\arctan\frac{X_L-X_C}{R}=-53^\circ$$

因为 $\varphi=\varphi_u-\varphi_i=-53^\circ$,所以 $\varphi_i=73^\circ$

$$i=4.4\sqrt{2}\sin(314t+73^\circ)\ \text{A}$$

② $U_R=IR=4.4\times30\ \text{V}=132\ \text{V}$

$$u_R=132\sqrt{2}\sin(314t+73^\circ)\ \text{V}$$

$$U_L=IX_L=4.4\times40\ \text{V}=176\ \text{V}$$

$$u_L=176\sqrt{2}\sin(314t+163^\circ)\ \text{V}$$

$$U_C=IX_C=4.4\times80\ \text{V}=352\ \text{V}$$

$$u_C=352\sqrt{2}\sin(314t-17^\circ)\ \text{V}$$

③ $P=UI\cos\varphi=220\times4.4\times\cos(-53^\circ)\ \text{W}=580.8\ \text{W}$

或 $P=U_RI=I^2R=580.8\ \text{W}$

$$Q=UI\sin\varphi=220\times4.4\times\sin(-53^\circ)\ \text{var}=-774.4\ \text{var}$$

第五节　荧光灯电路介绍及功率因数的提高

一、荧光灯电路的介绍

荧光灯电路由灯管、辉光启动器和镇流器三部分组成。

① 灯管:用玻璃管制成,内壁上涂有一层荧光粉,管内充有少量水银蒸气和惰性气体,两端装有受热易于发射电子的灯丝。

② 辉光启动器:内有一个充有氖气的玻璃泡,并装有两个电极,其中一个由受热易弯曲的双金属片制成。

③ 镇流器:主要结构就是一个铁芯线圈,为感性负载,在电路中起限流作用。启动时可产生一个较高的自感电动势,使灯管放电导通。

刚合上电源时,由于灯管没有点燃,辉光启动器的两电极间承受 220 V 的电源电压,辉光放电,使双金属片受热弯曲,两电极接触,电流通过镇流器、灯管两端的灯丝及辉光启动器构成回路。灯丝因有电流(启动电流)通过加热发射电子。同时,辉光启动器的两个电极接触后,辉光放电结束,双金属片变冷又恢复原状,使电路突然断开。在此瞬间,镇流器产生的较高感应电动势与电源电压一起(800～1 000 V)加在灯管两极之间,迫使灯管灯丝放电而发光。灯管点亮后,由于镇流器的限流作用,使得灯管两端的电压较低(90 V 左右),由于辉光启动器与灯管并联,较低的电压不能够使辉光启动器再次动作。

荧光灯管和辉光启动器的构造如图 3-16(a)、(b)所示。

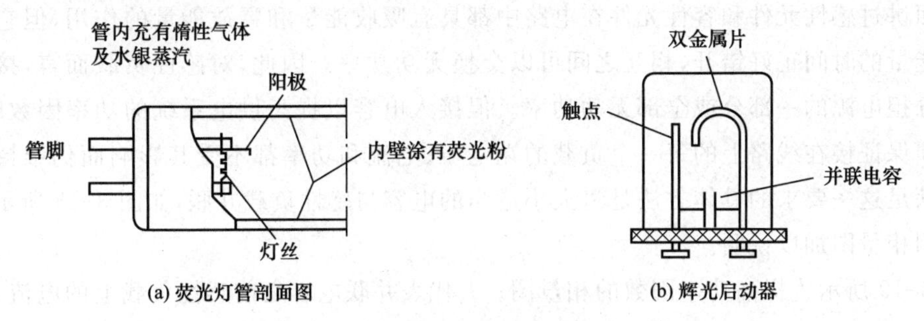

图 3-16　荧光灯构造

荧光灯的镇流器为一个铁芯线圈，其电感 L 比较大，而线圈本身具有电阻。荧光灯灯管在稳态工作时近似认为是一个阻性负载 R。镇流器和灯管串联后接在交流电路中，如图图 3-17所示，可以把这个电路等效为 RL 串联电路。

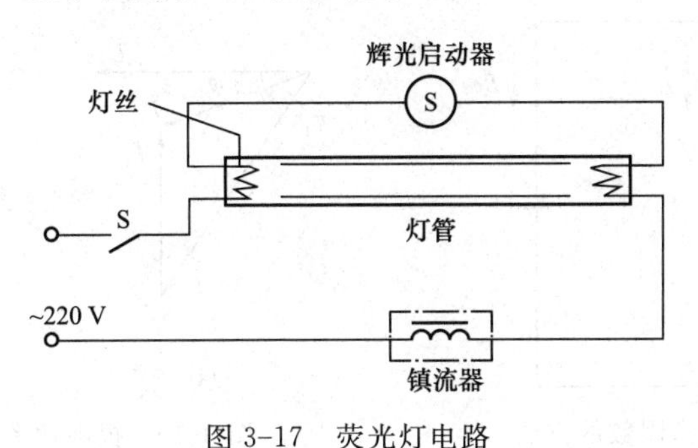

图 3-17　荧光灯电路

二、功率因数的提高

在一定电压和电流的情况下，电路获得的有功功率取决于电压和电流的有效值及功率因数 $\cos\varphi$ 的大小，而 $\cos\varphi$ 的大小只取决于负载本身的性质。工程上常用的很多负载都是电感性的，例如交流异步电动机、交流电焊机、感性加热炉以及荧光灯等都属于电感性负载，它们的功率因数都是比较低的。

提高功率因数的意义主要有以下几点：

① 提高电源设备利用率。当电源容量 $S=UI$ 一定时，功率因数 $\cos\varphi$ 越高，其输出的功率 $P=UI\cos\varphi$ 越大。因此，为了充分利用电源设备的容量，应该设法提高负载网络内的功率因数。

② 降低线路损耗。当负载的有功功率 P 和电压 U 一定时，$\cos\varphi$ 越大，输电线上的电流越小，线路上能耗($P_{线}=I^2R_{线}$)就越少。因此，提高功率因数具有经济效益。

③ 节约铜材。在线路损耗一定时，提高功率因数可以使输电线上的电流减小，从而可以减小导线的横截面，节约铜材。

④ 提高供电质量。线路损耗减少，可以使负载电压与电源电压更接近，电压调整率更高。

提高功率因数有 2 种途径：一是提高用电设备自身的功率因数，例如三相异步电动机在轻载时，降低加在绕组上的电压可以提高其功率因数；二是用其他设备进行补偿。下面着重讨论后者。

前面讲过感性元件和容性元件在电路中都具有吸收能量和释放能量的作用,但它们吸收和释放能量的时间正好错开,相互之间可以交换无功功率。因此,对感性负载而言,接入电容就可似分担电源的一部分或全部无功功率。但接入电容以提高供电系统的功率因数时,应考虑到必须保证接在线路上的每一个负载的端电压、电流和功率都不受其影响而仍维持正常运行。能满足这一要求的具体方法是将大小适当的电容与感性负载并联,如图 3-18 所示。其原理可以用相量图加以说明。

图 3-19 所示为提高功率因数的相量图。$\dot{I}_1$代表并联电容之前感性负载上的电流,等于线路上的电流,它滞后于电压的角度是 φ_1,这时的功率因数是 $\cos\varphi_1$。并联电容 C 之后,由于增加了一个超前于电压 90°的电流 $\dot{I}_C$,所以线路上的电流变为

$$\dot{I}=\dot{I}_1+\dot{I}_C$$

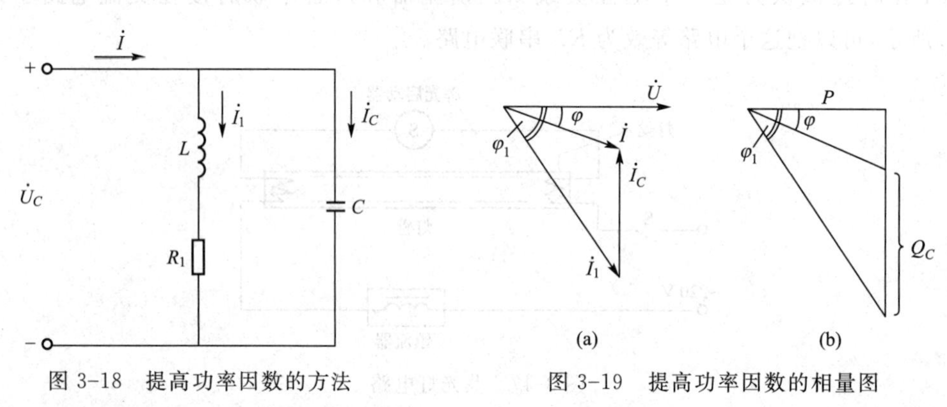

图 3-18　提高功率因数的方法　　图 3-19　提高功率因数的相量图

$\dot{I}_1$滞后 $\dot{U}$ 的角度是 φ,$\varphi<\varphi_1$,所以 $\cos\varphi>\cos\varphi_1$。只要电容 C 选得适当,即可达到补偿要求。

注意:并联电容之后,感性负载本身的电流 I_1 和 $\cos\varphi_1$ 均未改变,这是因为所加电压和负载的参数没有改变。因此,我们所说的提高功率因数是指提高电源或负载的功率因数,而非指提高某个电感性负载的功率因数。另外,并联电容后有功功率并未改变,因为电容是不消耗电能的。

设荧光灯感性负载的端电压为 U,功率为 P,功率因数为 $\cos\varphi_1$,为了使功率因数提高到 $\cos\varphi$,可推导所需并联电容 C 的计算公式:

$$Q_C=Q_L-Q$$

其中

$$Q_L=P\tan\varphi_1,\ Q=P\tan\varphi$$

所以

$$Q_C=P(\tan\varphi_1-\tan\varphi)$$

又因为

$$Q_C=X_C I_C^2=\frac{U^2}{X_C}=\omega CU^2$$

推导出

$$C=\frac{Q_C}{\omega U^2}=\frac{P}{\omega U^2}(\tan\varphi_1-\tan\varphi)$$

并联电容并未改变电路有功功率,并电容前 $I_1=\dfrac{P}{U\cos\varphi_1}$,并电容后 $I=\dfrac{P}{U\cos\varphi}$。

【例 3-14】有一电感性负载的额定电压为 220 V、额定功率为 10 kW、功率因数 $\cos\varphi_1=0.6$，接在 220 V、50 Hz 的电源上。如果将功率因数提高到 $\cos\varphi=0.95$，试计算与负载并联的电容 C 的大小和补偿的无功功率 Q_C。

解：因为 $\cos\varphi_1=0.6$，即 $\varphi_1=53°$，$\cos\varphi=0.95$，即 $\varphi=18°$

$$C=\frac{P}{2\pi fU^2}(\tan\varphi_1-\tan\varphi)=\frac{10\times10^3}{2\times3.14\times50\times220^2}(\tan53°-\tan18°)=658\ \mu\text{F}$$

$$Q_C=\omega CU^2=P(\tan\varphi_1-\tan\varphi)=10\times10^3(\tan53°-\tan18°)\ \text{kvar}\approx100\ \text{kvar}$$

【例 3-15】某感性负载接于 $U=220$ V，$f=50$ Hz 的正弦交流电源，功率 $P=4$ kW，功率因数 $\cos\varphi_1=0.6$，现采用并联电容的方法提高功率因数，使 $\cos\varphi=0.94$，①求并联电容的无功功率 Q_C；②比较并联电容前后供电线路的电流。

解：① 因为 $\cos\varphi_1=0.6$，$\cos\varphi=0.94$，所以

$$Q_C=P(\tan\varphi_1-\tan\varphi)=4\times0.97\ \text{kvar}=3.88\ \text{kvar}$$

② 并联电容前，供电线路的电流为 I_1，即

$$I_1=\frac{P}{U\cos\varphi_1}=\frac{4\,000}{220\times0.6}\ \text{A}=30.3\ \text{A}$$

并联电容后，供电线路的电流为 I，即

$$I=\frac{P}{U\cos\varphi}=\frac{4\,000}{220\times0.94}\ \text{A}=19.34\ \text{A}$$

即并联电容后，电路功率因数提高，供电线路电流将由 30.3 A 减小为 19.34 A。

第六节　电路中的谐振

电路中的谐振是电路的一种特殊的工作状况，谐振现象在工业生产和无线电技术中有广泛的应用，例如用于高频淬火、高频加热以及收音机、电视机中；另一方面，谐振时会在电路的某些元件中产生较大的电压或电流致使元件受损，在这种情况下又要注意避免工作在谐振状态。因此，研究谐振现象有重要的意义。

什么是谐振？在有电感、电容的电路中，当电源的频率和电路的参数符合一定的条件时，电路总电压与总电流的相位相同，整个电路呈电阻性，这种现象称为谐振。谐振的实质就是电容中的电场能与电感中的磁场能互相转换，此增彼减，完全补偿。电磁能和磁场能的总和时刻保持不变，电源不必与负载往返转换能量，只需供给电路中电阻所消耗的电能。谐振按发生电路的不同可分为串联谐振和并联谐振。

一、串联谐振

1. 谐振条件

图 3-20 所示为 RLC 串联电路图。

电路的复阻抗为

$$Z=R+\text{j}X=R+\text{j}\left(\omega L-\frac{1}{\omega C}\right)$$

$X=\omega L-\dfrac{1}{\omega C}=0$ 时，整个电路的阻抗等于电阻 R，电压与电流同相，这种工作状态称为串

联谐振。$X=0$ 时对应的角频率称为串联谐振角频率，记作 ω_0，即有

$$\omega_0 L-\frac{1}{\omega_0 C}=0$$

所以

$$\omega_0=\frac{1}{\sqrt{LC}}$$

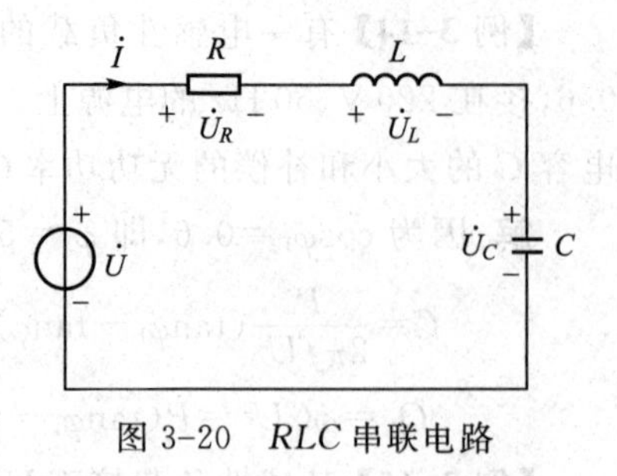

图 3-20　*RLC* 串联电路

谐振频率为

$$f_0=\frac{1}{2\pi\sqrt{LC}} \tag{3-36}$$

式(3-36)即为 *RLC* 串联电路发生谐振的条件。这一谐振频率与电路中的电阻无关，仅决定于电路中的 L 和 C 的数值。改变 ω、L、C 中的任何一个量都可使电路达到谐振。

2. 串联谐振的特点

① 谐振时电路的阻抗为最小，且为纯电阻，即

$$Z=R$$

② 电流最大，其值为

$$I_0=\frac{U}{|Z|}=\frac{U}{R}$$

③ 电阻两端电压 U_R 等于总电压 U；电感和电容两端的电压相等 $U_L=U_C$，其大小为总电压 U 的 Q 倍，即

$$U_L=U_C=QU$$

式中，Q 称为串联谐振电路的品质因数。其值为

$$Q=\frac{\omega_0 L}{R}=\frac{1}{\omega_0 CR}$$

3. 串联谐振的应用

在具有电感和电容元件的电路中，电路两端的电压与其中的电流一般是不同相的，如果调节电路的参数或电源的频率而使它们同相，这时电路中就发生谐振现象。

在电力工程中会发生串联谐振时，过高的电压可能会击穿线圈、电容甚至绝缘子等的绝缘，所以一般应避免发生串联谐振。

在无线电工程中常利用串联谐振以获得较高电压，电容或电感元件上的电压常高于电源电压几十倍或几百倍。

无线电技术中常应用串联谐振的选频特性来选择信号。例如，收音机通过接收天线，接收到各种频率的电磁波，每一种频率的电磁波都会在天线回路中产生相应的微弱的感应电流。为了达到选择信号的目的，通常在收音机里采用如图 3-21 所示的谐振电路，把调谐回路中的电容 C 调节到某一值，电路就具有一个固有的频率 f_0。如果这时某电台的电磁波的频率正好等于调谐电路的固有频率，就能收听该电台的广播节目，其他频率的信号被抑制，这样就实现了选择电台的目的。

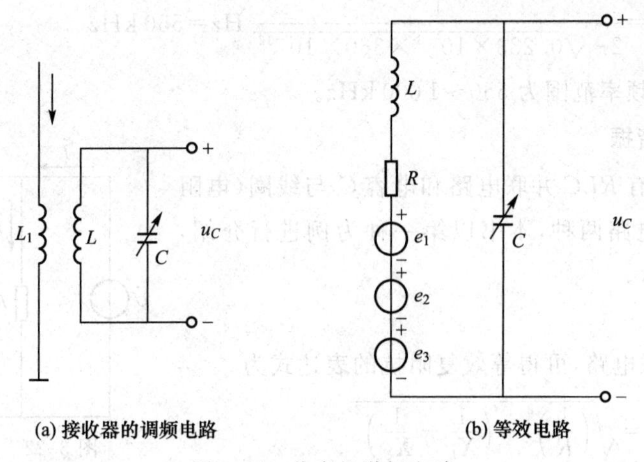

图 3-21　收音机谐振电路

【例 3-16】将电容元件($C=320\,\text{pF}$)与一线圈($L=8\,\text{mH}$,$R=100\,\Omega$)串联,接在$U=50\,\text{V}$的电源上。

① 当 $f_0=100\,\text{kHz}$ 时发生谐振,求电流与电容元件的电压。

② 当频率增加 10%时,求电流与电容元件上的电压。

解:① 当 $f_0=100\,\text{kHz}$ 时电路发生谐振,可知

$$X_L=2\pi f_0 L=2\times3.14\times100\times10^3\times8\times10^{-3}\ \Omega=5\,024\ \Omega$$

$$X_C=\frac{1}{2\pi f_0 C}=\frac{1}{2\times3.14\times100\times10^3\times320\times10^{-12}}\ \Omega=5\,000\ \Omega$$

$$I_0=\frac{U}{R}=\frac{50\ \text{V}}{100\ \Omega}=0.5\ \text{A}$$

$$U_C=I_0X_C=0.5\times5\,000\ \text{V}=2\,500\ \text{V}$$

② 当频率增加 10%时,有

$$X_L=2\pi f_0 L=2\times3.14\times100\times10^3\times110\%\times8\times10^{-3}\ \Omega=5\,500\ \Omega$$

$$X_C=\frac{1}{2\pi f_0 C}=\frac{1}{2\times3.14\times100\times10^3\times110\%\times320\times10^{-12}}\ \Omega=4\,545\ \Omega$$

$$|Z|=\sqrt{R^2+(X_L-X_C)^2}=\sqrt{100^2+(5\,500-4\,545)^2}\ \Omega\approx960\ \Omega$$

$$I_0=\frac{U}{|Z|}=\frac{50\ \text{V}}{960\ \Omega}=0.05\ \text{A}$$

$$U_C=I_0X_C=0.05\times4\,545\ \text{V}=227\ \text{V}$$

由此可见,当频率调整,偏离谐振频率时,电流和电压就大大减小。

【例 3-17】收音机的输入回路可用 RLC 串联电路为其模型,其电感为 $0.233\ \text{mH}$,可调电容变化范围为 $42.5\sim360\ \text{pF}$。试求该电路谐振频率的范围。

解:$C=42.5\ \text{pF}$ 时的谐振频率为

$$f_{01}=\frac{1}{2\pi\sqrt{LC}}=\frac{1}{2\pi\sqrt{0.233\times10^{-3}\times42.5\times10^{-12}}}\ \text{Hz}=1\,600\ \text{kHz}$$

$C=360\ \text{pF}$ 时的谐振频率为

$$f_{02}=\frac{1}{2\pi\sqrt{LC}}=\frac{1}{2\pi\sqrt{0.233\times10^{-3}\times360\times10^{-12}}}\ \text{Hz}=550\ \text{kHz}$$

此电路的谐振频率范围为 550～1 600 kHz。

二、*RLC* 并联谐振

并联谐振电路有 *RLC* 并联电路和电容 *C* 与线圈(电阻与电感串联)并联电路两种,本书以第一种为例进行介绍,电路如图 3-22 所示。

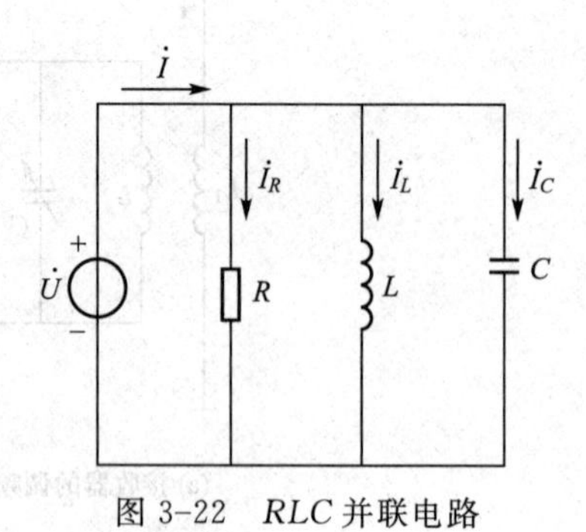

图 3-22　*RLC* 并联电路

1. 谐振条件

分析 *RLC* 并联电路,可得等效复阻抗的表达式为

$$\frac{1}{|Z|}=\sqrt{\left(\frac{1}{R}\right)^2+\left(\frac{1}{X_L}-\frac{1}{X_C}\right)^2}$$

当$\frac{1}{X_L}=\frac{1}{X_C}$时,$|Z|=R$,电路呈阻性,电路的这种状态叫作并联谐振。因此,并联谐振的条件是,$X_L=X_C$,即 $\omega_0 L=\frac{1}{\omega_0 C}$。其谐振角频率为 $\omega_0=\frac{1}{\sqrt{LC}}$,其谐振频率为 $f_0=\frac{1}{2\pi\sqrt{LC}}$,与串联谐振频率相等。

2. 并联谐振的特点

① 因 $X_L=X_C$,则有 $Z=R$,故电路的阻抗最大,且为纯电阻。

② 在电源电压 U 一定时,总电流最小,其值为 $I_0=\frac{U}{|Z|}=\frac{U}{R}$。

③ 电感和电容上的电流相等,其大小为总电流的 Q 倍,即 $I_L=I_C=QI_0$。式中,Q 称为并联谐振电路的品质因数,其值为 $Q=\frac{\omega_0 L}{R}=\frac{1}{\omega_0 CR}$。

并联谐振又称电流谐振,总电流 I_0 即是通过电阻上的电流。

3. 并联谐振的应用

并联谐振在电子技术中经常应用。例如,利用并联谐振时阻抗高的特点来选择信号或消除干扰。

【例 3-18】 在图 3-22 所示的并联电路中,若 $C=0.002\ \mu\text{F}$,$L=20\ \mu\text{H}$,$R=5\ \Omega$,试求谐振、角频率 ω_0 和品质因数 Q。

解:

$$\omega_0=\frac{1}{\sqrt{LC}}=\frac{1}{\sqrt{20\times10^{-6}\times2\times10^{-9}}}\ \text{rad/s}=5\times10^6\ \text{rad/s}$$

$$Q=\frac{\omega_0 L}{R}=\frac{5\times10^6\times20\times10^{-6}}{5}=20$$

小　　结

① 正弦量的三要素:最大值(或有效值)、频率(或周期,或角频率)和初相位。已知三要素可写出瞬时值表达式,反之,由表达式可写出三要素。最大值是有效值的$\sqrt{2}$倍。交流电表所

指示的为有效值。

② 正弦量的3种表示方法：三角函数式、波形图和相量。前两种方法能完整地表示出三要素，但计算正弦量不方便；而相量法是分析计算正弦交流电路的重要工具。

③ 单一参数的正弦交流电路：

• 纯电阻元件的正弦交流电路中，电阻两端电压和电流的关系为 $U=IR$，其瞬间功率为 $p=UI(1-\cos 2\omega t)$，平均功率为 $P=UI=I^2R=\frac{U^2}{R}$。

• 纯电感元件的正弦交流电路中，电感两端电压和电流的关系为 $\dot{U}=\dot{I}\cdot j\omega L=\dot{I}\cdot(jX_L)$，其瞬间功率为 $p=UI\sin 2\omega t$，平均功率为零，无功功率为 $Q=UI=I^2X_L=\frac{U^2}{X_L}$。

• 纯电容元件的正弦交流电路中，电容两端电压和电流的关系为 $\dot{U}=\dot{I}\ \frac{1}{j\omega C}=\dot{I}(-jX_C)$，其瞬时功率为 $p=UI\sin 2\omega t$，平均功率为零，无功功率为 $Q=UI=I^2X_C=\frac{U^2}{X_C}$。

④ RLC 串联电路的欧姆定律的相量形式：

$$\dot{U}=\dot{I}Z$$

其中，复阻抗　$Z=R+j(X_L-X_C)$

电压关系为　$U=\sqrt{U_R^2+(U_L-U_C)^2}$

功率关系为　$S=\sqrt{P^2+(Q_L-Q_C)^2}$

其中，有功功率　$P=UI\cos\varphi$

无功功率　$Q=Q_L-Q_C=UI\sin\varphi$

视在功率　$S=UI$

阻抗角即相位差角或功率因数角，即

$$\varphi=\arctan\frac{X}{R}=\arctan\frac{U_X}{U_R}=\arctan\frac{Q}{P}$$

⑤ 基尔霍夫定律的相量形式：

$$\sum\dot{I}=0$$

$$\sum\dot{U}=0$$

相量形式的基尔霍夫定律和相量形式的欧姆定律结合起来是分析正弦交流电路的基本方法。

⑥ 谐振是正弦交流电路中的储能元件电感 L 和电容 C 的无功功率实现了完全补偿，电路呈现电阻性。

谐振条件：　$\omega L-\frac{1}{\omega C}=0$

谐振频率：　$f_0=\frac{1}{2\pi\sqrt{LC}}$

• 串联谐振特点：电路阻抗最小，电流最大；若 $X_L=X_C>R$，则 $U_L=U_C>U$。

• 并联谐振特点：电路阻抗最大，总电流最小，可能会出现支路电流大于总电流的情况。

⑦ 提高感性负载电路功率因数的方法：在感性负载两端并联电容。

习　题

一、填空题

1. 交流电是指大小和方向都________的电动势(电压或电流)。

2. 频率是指________，用字母________表示，单位是________。周期和频率的关系是________。

3. 相位差是指________之差。

4. 已知一正弦交流电流 $i=10\sqrt{2}\sin(314t+60^\circ)$ A，则该电流的最大值为________，有效值为________，频率为________，周期为________，初相角为________。

5. 已知电压 $u=220\sqrt{2}\sin(314t-30^\circ)$ V，电流 $i=10\sqrt{2}\sin(314t+60^\circ)$ A，则________超前________，超前________(填写角度)。

6. 电感是________元件，能把________转化成________。

7. 在纯电感的交流电路，电压与电流的数量关系为________，其中感抗 $X_L=$________，单位为________，电感上电流与电压的相位关系为________。

8. 一个电阻可以忽略的电感线圈，接在 $u=311\sin(314t+30^\circ)$ V 的电源上，若电感量 $L=100$ mH，则电路中电流 $I=$________，$i=$________。

9. 在纯电感交流电路中，电感上瞬时功率的最大值称为________，单位为________，其计算公式为________。

10. 电容是存储________的容器。电容量是衡量________的物理量。

11. 在纯电容的交流电路中，电压与电流的数量关系为________，其中容抗 $X_C=$________，单位为________，电容上电流与电压的相位关系为________。

12. 在纯电容交流电路中，电容上瞬时功率的最大值称为________，单位为________，其计算公式为________。

13. 一个电容接在 $u=311\sin(314t+30^\circ)$ V 的电源上，若电容量 $C=100$ μF，则电路中电流 $I=$________，$i=$________。

14. 在 RL 串联电路中，阻抗三角形、电压三角形和功率三角形为________三角形。

15. 荧光灯电路可以等效为________和________串联的电路。

16. 荧光灯电路主要有________、________和________等组成。

17. 荧光灯电路中的镇流器的作用一是________，二是________。

18. 为了提高电源的利用率，感性负载电路中应并联适当的________，以提高________。

19. 某 RLC 串联电路，已知 $R=X_L=X_C=10$ Ω，$U=220$ V。电感两端的电压 U_L 为________V，电容两端的电压 U_C 为________V。

20. 某电路两端电压 $u=141.4\sin(314t+30^\circ)$V，电流 $i=10\sin(314t-50^\circ)$V，则该电路负载的性质为________。

21. 在 RLC 串联电路中，发生谐振时________两端电压相等。

22. 在感性负载两端并联一只电容量适当的电容后，电路的功率因数________，线路的总电流________，但电路有功功率________，无功功率和视在功率________。

23. 提高功率因数，能使________得到充分利用，也减少了线路中的________，这将在同样的供电设备条件下，提高________。在实际生产中，一般要求把功率因数提高到________之间。

二、选择题

1. 正弦交流的三要素是指(　　)。

A. 电阻、电感和电容　　B. 幅值、频率和初相角

C. 电压、电流和相位差　　D. 瞬时值、最大值和有效值

2. 英文斜体小写字母 i 是(　　)的代号。

A. 直流电流　　B. 交流电流瞬时值

C. 交流电流有效值　　D. 交流电流最大值

3. 正弦交流电的有效值等于(　　)。

A. 半周期的平均值　　B. 最大值的$\frac{1}{2}$

C. 最大值的$\frac{1}{\sqrt{2}}$　　D. 最大值

4. 正弦交流电路中，一般电压表、电流表的指示值是(　　)。

A. 最大值　　B. 瞬时值　　C. 平均值　　D. 有效值

5. 我国生产用电的额定频率为(　　)Hz。

A. 45　　B. 50　　C. 55　　D. 60

6. 两个正弦交流电流的表达式为 $i_1=10\sqrt{2}\sin(314t+60°)$ A，$i_2=10\sin(314t+30°)$ A，这两个式中相同的量是(　　)。

A. 最大值　　B. 有效值　　C. 周期　　D. 初相角

7. 已知一交流电流，当 $t=0$ 时的值 $i_0=1$ A，初相角为 30°，则这个交流电的有效值为(　　)。

A. 0.5 A　　B. 1.414 A　　C. 1 A　　D. 2 A

8. 在纯电感交流电路中，已知电流的初相角为−60°，则电压的初相角为(　　)。

A. 30°　　B. 60°　　C. 90°　　D. 120°

9. 在纯电感交流电路中，反映线圈对电流起阻碍作用的物理量为(　　)。

A. 电阻　　B. 频率　　C. 线圈匝数　　D. 感抗

10. 纯电感电路的感抗与电路的频率(　　)。

A. 成正比　　B. 成反比　　C. 无关　　D. 成正比或反比

11. 某电容两端电压为 40 V，它所带电荷量为 0.2 C，若把它两端电压降低到 20 V，则(　　)。

A. 电容的电容量降低一半　　B. 电容的电容量保持不变

C. 电容所带电荷量减少一半　　D. 电容所带电荷量保持不变

12. 在纯电容交流电路中，当频率一定时，则(　　)。

A. 电容的电容量越大，电路中电流就越大

B. 电容的电容量越大，电路中电流就越小

C. 电容的电容量越大，电路中感抗就越大

D. 电容的电容量越大，电路中感抗就越小

13. 纯电容交流电路的平均功率等于(　　)。

A. 瞬时功率　B. 无功功率　C. 0　D. 最大功率

14. 电路的视在功率等于总电压与(　　)的乘积。

A. 总电流　B. 总电阻　C. 总阻抗　D. 总功率

15. 电路的总电压超前总电流 90°，则该电路可能是(　　)电路。

A. 纯电阻　B. 纯电容　C. 纯电感　D. 感性

16. 某电感线圈接入直流电时，测出电阻 $R=12\ \Omega$，当接入工频交流电时，测出阻抗为 $20\ \Omega$，则线圈的感抗为(　　)。

A. $20\ \Omega$　B. $16\ \Omega$　C. $8\ \Omega$　D. $32\ \Omega$

17. 提高功率因数的目的是(　　)。

A. 节约用电，增大电动机的功率　B. 提高电动机效率

C. 增大无功功率，减小电源利用率　D. 减小无功功率，提高电源的利用率

18. 荧光灯管出现两端发红，但不起跳的原因可能是(　　)。

A. 灯管损坏　B. 辉光启动器损坏

C. 镇流器损坏　D. 相线没有进开关

19. 荧光灯关掉开关后，仍发出微光的原因可能是(　　)。

A. 灯管损坏　B. 辉光启动器损坏

C. 镇流器损坏　D. 相线没有进开关

20. 合上开关，荧光灯管一闪，然后再开合开关，荧光灯不发光的原因可能是(　　)。

A. 灯管损坏　B. 辉光启动器损坏

C. 镇流器损坏　D. 相线没有进开关

21. 在 RLC 串联电路中，已知 $R=3\ \Omega$，$X_L=5\ \Omega$，$X_C=8\ \Omega$，则电路的性质为(　　)。

A. 感性　B. 容性　C. 阻性　D. 无法确定

22. 已知加在 RLC 串联电路两端的电压为 20 V，测得电阻两端的电压为 12 V，电感两端的电压为 16 V，则电容两端的电压为(　　)V。

A. 4　B. 12　C. 28　D. 32

23. 当 RLC 串联电路发生谐振时．如果升高电源频率，则电路呈(　　)。

A. 感性　B. 容性　C. 阻性　D. 无法确定

24. 为提高感性负载电路的功率因数，通常在电路中并联(　　)。

A. 电阻　B. 电感　C. 电容　D. 以上都行

25. 在感性负载与电容并联的电路中，当电源电压不变的情况下，给感性负载再并联一个

适当的电容后，整个电路仍呈感性，下列说法正确的是(　　)。

A. RL 支路电流增加　　B. 总电流增加

C. RL 支路电流不变　　D. 总电流减小

26. 谐振电路的品质因数 Q 是由(　　)决定。

A. 电路上的电流和电压大小　　B. 谐振电路的特性阻抗与电路中电阻的比值

C. 电路上电压与电流相位差大小　　D. 电路中的电流大小

三、判断题

1. 大小随时间变化的电流称为交流电。(　　)

2. 正弦交流电中的三要素是有效值、频率和角频率。(　　)

3. 一只额定电压为 220 V 的灯泡，可以接在最大值为 311 V 的交流电源上。(　　)

4. 各种电气设备上所标的额定电压和额定电流的数值，都是有效值。(　　)

5. 用交流电压表测得某元件两端电压是 6 V，则该电压最大值为 6 V。(　　)

6. 正弦交流电流的有效值是最大值的 $\sqrt{2}$ 倍。(　　)

7. 10 A 的直流电流和最大值为 12 A 的正弦交流电流，分别通过两个阻值相同的电阻，在相等的时间里，通以最大值 12 A 交流电流的电阻上产生的热量多。(　　)

8. 用交流电表测得交流电的数值是其平均值。(　　)

9. 电感元件具有阻低频信号、通高频信号的特性。(　　)

10. 将电感为 L 的线圈通直流电时，其感抗大于零。(　　)

11. 在感性负载中，电压相位可以超前电流相位 105°。(　　)

12. 电感线圈在交流电路中不消耗有功功率，它是储存磁能的元件，只是与电源之间进行能量交换。(　　)

13. 一个电感 $L=2.25\,\text{mH}$ 的线圈两端，加上 $u=220\sqrt{2}\sin(314t)\,\text{V}$ 的交流电压，用交流电流表测得电路中电流的有效值是 27.5 A。当交流电压的频率升高到 500 Hz，电流表的读数保持不变。(　　)

14. 当电容的容量和其两端的电压值一定时，若电源的频率越高，则电路功率越小。

(　　)

15. 电容元件有隔直流、通交流的特性。(　　)

16. 电容元件在直流电路中相当于开路，因为此时容抗为无穷大。(　　)

17. 在交流电路中，交流电的频率越高，电容的容抗越大。(　　)

18. 对感性电路，若保持电源电压不变而增大电源的频率，则此时电路中的总电流减小。

(　　)

19. 无功功率即无用的功率，应尽量减少。(　　)

20. 电源提供的视在功率越大，表示负载取用的有功功率越大。(　　)

21. 提高电路的功率因数，就可以延长电器的使用寿命。(　　)

22. 一般用电设备铭牌上标明的额定功率是指额定的有功功率，而电源设备(发电机或变压器)铭牌上标明的额定容量是指额定的视在功率。(　　)

23. 感性负载并联电容可以提高负载功率因数，因而可以减小负载电流。（　　）

24. 在供电线路中，经常利用电容器对感性电路的无功功率进行补偿。（　　）

25. RLC 串联电路的阻抗与电源的频率有关。（　　）

26. 在 RLC 串联电路中，电压一定超前电流一个角度。（　　）

27. 在 RLC 串联电路中，总电压的有效值总是大于各元件上的电压有效值。（　　）

28. 当 RLC 串联电路发生谐振时，电路中的电流将达到其最大值。（　　）

29. 在电力系统中，串联谐振产生的高压有可能损坏电感线圈或其他电气设备的绝缘。（　　）

30. 感性负载并联电容后，对原感性负载的工作情况可能产生一定的影响。（　　）

31. 感性负载并联电容后，线路的电流增大了，整个电路的功率因数也提高了。（　　）

32. 串联谐振在无线电工程中主要用来构造选频器或振荡器等。（　　）

33. 超高压远距离输电，不可采用直流输电方式。（　　）

四、计算题

1. 已知我国交流电的频率 $f=50\ \text{Hz}$，试求其周期 T 和角频率 ω。

2. 已知电压 $u=311\sin(314t-60°)\ \text{V}$，求该电压的最大值、有效值、频率、角频率、周期和初相角。

3. 已知某正弦电动势的有效值为 150 V，频率为 50 Hz，初相角为60°，试写出该电动势的瞬时值表达式。

4. 已知两正弦量 $u=311\sin(314t-30°)\ \text{V}$，$i=5\sin(314t+90°)\ \text{A}$，请指出它们的最大值、有效值、频率、角频率、周期和初相角，并指出两者的相位关系。

5. 已知交流电压 u_1、u_2 的有效值分别为 $U_1=80\ \text{V}$，$U_2=60\ \text{V}$，u_1 超前于 u_2 90°，试求：

(1) 总电压 $u=u_1+u_2$ 的有效值，并画出相量图。

(2) 总电压 u 与 u_1 及 u_2 的相位差。

6. 试将下列各时间函数用对应的相量来表示。

(1) $i_1=5\sin(\omega t)\ \text{A}$，$i_2=10\sin(\omega t+60°)\ \text{A}$。

(2) $i=i_1+i_2$。

7. 在图 3-23 所示的相量图中，已知 $U=220\ \text{V}$，$I_1=10\ \text{A}$，$I_2=5\sqrt{2}\ \text{A}$，它们的角频率是 ω，试写出各正弦量的瞬时值表达式及其相量表达式。

8. 在功率放大器中，有一个高频扼流线圈，用来阻挡高频信号而让音频信号通过，已知扼流线圈的电感 $L=10\ \text{mH}$，求它对电压为 5 V，频率为 $f_1=500\ \text{kHz}$ 的高频信号及对 $f_2=1\ \text{kHz}$ 的音频信号的感抗及无功功率分别是多少？

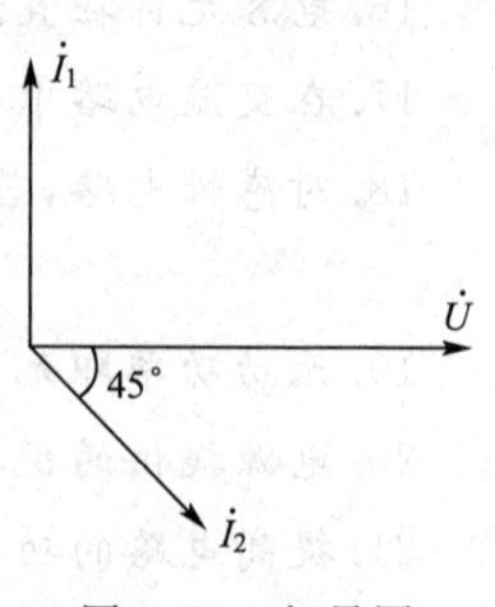

图 3-23　相量图

9. 把 $L=51\ \text{mH}$ 的电感线圈（其电阻极小，可忽略不计）接在电压为 220 V、频率为 50 Hz 的交流电路中，求电感线圈中的电流和无功功率。

10. 收录机的输出电路中常利用电容把高频干扰信号短路，保留音频信号。如果高频滤波的电容为 0.1 μF，干扰信号的频率 $f_1 = 1\,000$ kHz，音频信号的频率 $f_2 = 1$ kHz，则容抗分别为多少？

11. 若要使 10 μF 的电容中流过 $i = 10\sqrt{2}\sin(314t + 60°)$ A 的电流，试求：

(1)电容两端应加电压的有效值及其瞬时值表达式。

(2)电容这时消耗的有功功率和无功功率。

12. 在 50 μF 的电容两端加一正弦电压 $u = 220\sqrt{2}\sin(314t)$ V，求电容中的电流和无功功率，写出电流的瞬时值表达式，画出电压和电流的相量图。

13. 把一个电阻为 20 Ω、电感为 48 mH 的线圈接到电压 $U = 220$ V，角频率 $\omega = 314$ rad/s 的交流电源上，试求：

(1)流过线圈电流的有效值。

(2)电路的有功功率、无功功率、视在功率、功率因数。

(3)电压、电流的相量图。

14. 荧光灯电路可以看成是一个 RL 串联电路，若已知灯管电阻为 300 Ω，镇流器感抗为 520 Ω，电源电压为 220 V。求电路中的电流以及灯管两端和镇流器两端的电压。

第四章 三相正弦交流电路

学习目标

- 了解三相交流电的概念及产生过程；
- 了解三相电源的连接方式；
- 掌握三相电路的计算方法。

本项目主要讨论三相正弦交流电路的分析和计算方法。详细介绍三相电源的产生及连接方式和三相负载的连接方式及各自特点，电压和电流的相值与线值之间的关系，三相电路的功率计算等。

第一节 三相对称电源

前面讨论的正弦稳态电路都是单相电路，它的电源只能提供一个正弦交流电压，称为单相电源。本章介绍三相正弦稳态电路，它的电源是三相电源。三相电源是指同一个电源同时提供3个频率、波形相同，但变化进程不同的正弦交流电压。用三相电源供电的电路，称为三相正弦交流电路。与单相电路比较，三相正弦交流电路在发电、输电和用电等方面具有明显的优越性。

① 在体积相同的情况下，三相发电机比单相发电机输出的功率大。

② 在输电距离、输电电压、输送功率和线路损耗相同的条件下，三相输电比单相输电可节省25%的有色金属。

③ 单相电路的瞬时功率随时间交变，而对称三相电路的瞬时功率是恒定的，这使得三相电动机具有恒定转矩，比单相电动机的性能好、结构简单，便于维护。

因此，目前世界各国几乎都采用三相电路供电。

三相电源由三相交流发电机产生。三相交流发电机的基本原理如图4-1(a)所示。

发电机的固定部分称为定子，其铁芯的内圆周表面冲有沟槽，放置结构完全相同的三相绕组 U_1U_2、V_1V_2、W_1W_2。它们的空间位置互差120°，分别称为U相、V相、W相，工程上以黄、绿、红3种颜色为标志。引出线的始端用 U_1、V_1、W_1 表示，末端用 U_2、V_2、W_2 表示。

转动的磁极称为转子。转子铁芯上绕有直流励磁绕组，当转子被原动机拖动做匀速转动时，三相定子绕组切割转子磁场而产生特定相互关系的3个正弦交流电压。

3个交流电压瞬时值表达式如下：

$$u_U = U_m \sin\omega t \text{ V}$$
$$u_V = U_m \sin(\omega t - 120°) \text{ V} \qquad (4-1)$$
$$u_W = U_m \sin(\omega t + 120°) \text{ V}$$

由式(4-1)可以看出，交流发电机产生的三相电压具有以下 3 个特点：频率相同、幅值相等、相位彼此间相差 120°。满足上述 3 个条件的三相电压称为对称三相电压。能产生这种三相电压的电源称为对称三相电源。对称三相电压波形如图 4-1(b)所示，相量图如图 4-1(c)所示。

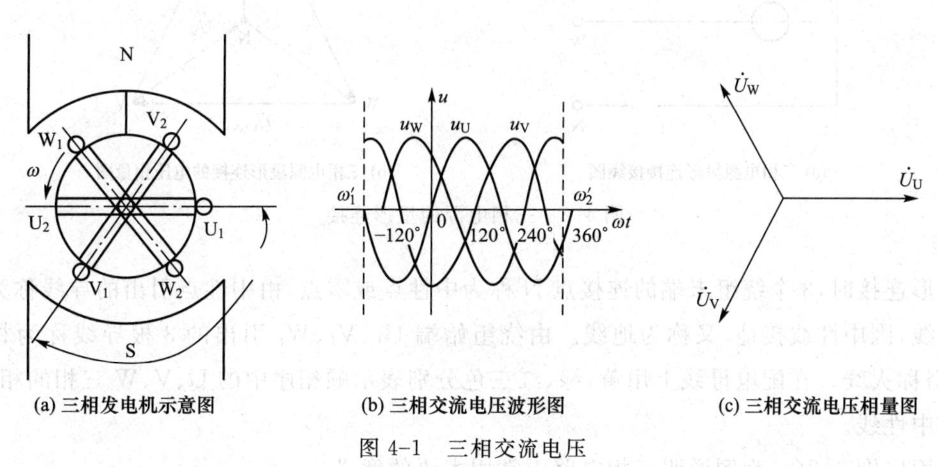

(a) 三相发电机示意图　(b) 三相交流电压波形图　(c) 三相交流电压相量图

图 4-1　三相交流电压

三相电压相量表达式为

$$\dot{U}_U = U_U \angle 0°$$
$$\dot{U}_V = U_V \angle -120° \qquad (4-2)$$
$$\dot{U}_W = U_W \angle 120°$$

由于三相电压对称，任一瞬间对称三相电源 3 个电压瞬时值或相量之和为零，即

$$u_U + u_V + u_W = 0 \qquad (4-3)$$

则

$$\dot{U}_U + \dot{U}_V + \dot{U}_W = 0 \qquad (4-4)$$

这是对称三相电压的一个重要特点。

三相电源出现正幅值(或相应零值)的先后次序称为相序。上述三相电源相位的次序为 U→V→W，称为顺序(或正序)。若相序为 W→V→U，这样的相序称为反序(或负序)。本章着重讨论顺序的情况。

第二节　三相电源的连接

对称三相电源的连接方式有两种：星形连接和三角形连接。

一、三相电源的星形连接

三相电路是由三相电源供电的电路，将三相电源按一定方式连接之后，再向负载供电，通常采用星形连接方式。

发电机三相绕组的接法通常如图 4-2 所示，即将 3 个电源绕组的末端在一起，从 3 个始端 U_1、V_1、W_1 引出 3 根导线，这种连接方式称为三相电源的星形连接，用Y表示。

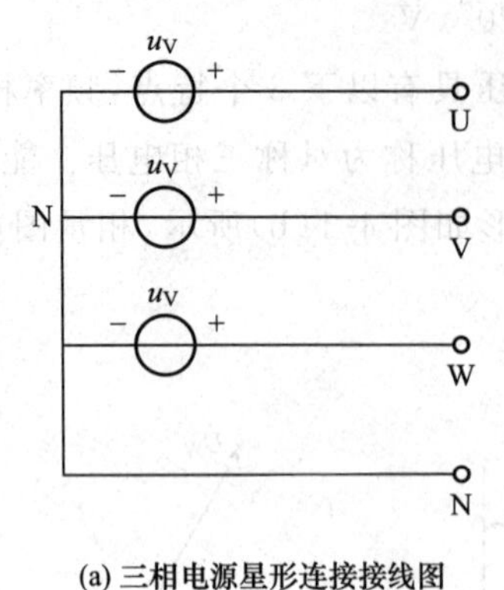

(a) 三相电源星形连接接线图

(b) 三相电源星形连接的电压相量图

图 4-2　三相电源的星形连接

星形连接时，3 个绕组末端的连接点 N 称为中性点或零点，由中性点引出的导线称为中性线或零线，因中性线接地，又称为地线。由绕组始端 U_1、V_1、W_1 引出的 3 根导线称为相线或端线，俗称火线。在配电母线上用黄、绿、红三色分别表示顺相序中的 U、V、W 三相的相线，黑色表示中性线。

下面以图 4-2(a)为例说明三相电路中常用术语的意义。

相线与中性线之间的电压，即每相定子绕组始端与末端之间的电压称为相电压，用 $\dot{U}_U$、$\dot{U}_V$、$\dot{U}_W$ 表示，其有效值一般用 U_P 表示，其参考方向为自绕组的始端指向末端(中性点)。

两相线间的电压称为电源的线电压，用 $\dot{U}_{UV}$、$\dot{U}_{VW}$、$\dot{U}_{WU}$ 表示，其有效值一般用 U_L 表示。其参考方向由下标指示，例如 $\dot{U}_{UV}$ 是指 U 相电源的线电压，方向由 U 端指向 V 端。

电源星形连接时，线电压与相电压的关系如下：

$$\begin{aligned}\dot{U}_{UV}&=\dot{U}_U-\dot{U}_V\\ \dot{U}_{VW}&=\dot{U}_V-\dot{U}_W\\ \dot{U}_{WU}&=\dot{U}_W-\dot{U}_U\end{aligned}\tag{4-5}$$

依据上式，分别画出对称电源的线电压和相电压的相量图，如图 4-2(b)所示。从相量图中可以计算出线电压与相电压之间的大小和相位的关系。

结论：在星形连接的对称三相电源中，3 个线电压有效值相等，且为相电压有效值的 $\sqrt{3}$ 倍，即 $U_L=\sqrt{3}U_P$，各线电压的相位超前相应相电压的相位 30°，即

$$\begin{aligned}\dot{U}_{UV}&=\sqrt{3}\dot{U}_U\angle 30^\circ\\ \dot{U}_{VW}&=\sqrt{3}\dot{U}_V\angle 30^\circ\\ \dot{U}_{WU}&=\sqrt{3}\dot{U}_W\angle 30^\circ\end{aligned}\tag{4-6}$$

通常在三相供电系统中，线电压为 380 V，三相异步电动机的额定电压通常为此数值；相电压为 220 V，日常生活中的灯具和电器的额定电压通常为此数值。

如图 4-2(a)所示的供电方式称为三相四线制，如果没有中性线，就称为三相三线制。低压配电系统中，通常采用三相四线制输电；高压输电工程中，通常采用三相三线制输电。

【例 4-1】 三相电源作星形连接时，其相电压 $U_P=220\ \text{V}$，$\omega=314\ \text{rad/s}$，求出电源的各相相电压及线电压的瞬时值表达式。

解： 令 $u_U=\sqrt{2}U_P\sin\omega t=\sqrt{2}\times220\sin314t\ \text{V}$

由对称性得

$$u_V=\sqrt{2}U_P\sin(\omega t-120°)=\sqrt{2}\times220\sin(314t-120°)\ \text{V}$$
$$u_V=\sqrt{2}U_P\sin(\omega t+120°)=\sqrt{2}\times220\sin(314t+120°)\ \text{V}$$

又由线电压相位超前相电压 30°，且 $U_P=\dfrac{U_L}{\sqrt{3}}$

则有

$$u_{UV}=\sqrt{2}U_L\sin(\omega t+30°)=\sqrt{2}\times380\sin(314t+30°)\ \text{V}$$

由对称性得

$$u_{VW}=\sqrt{2}U_L\sin(\omega t-90°)=\sqrt{2}\times380\sin(314t-90°)\ \text{V}$$
$$u_{WU}=\sqrt{2}U_L\sin(\omega t+150°)=\sqrt{2}\times380\sin(314t+150°)\ \text{V}$$

二、三相电源的三角形连接

三相发电机 3 个绕组依次首尾相连，接成一个闭合回路，从 3 个连接点引出 3 根导线（又称端线），如图 4-3(a)所示，称为三相电源的三角形（△）连接。这种连接方式的电源又称三角形电源。

三相电源作△连接时，只能是三相三线制，从图 4-3(a)中可以得到三角形电源的线电压等于相电压。

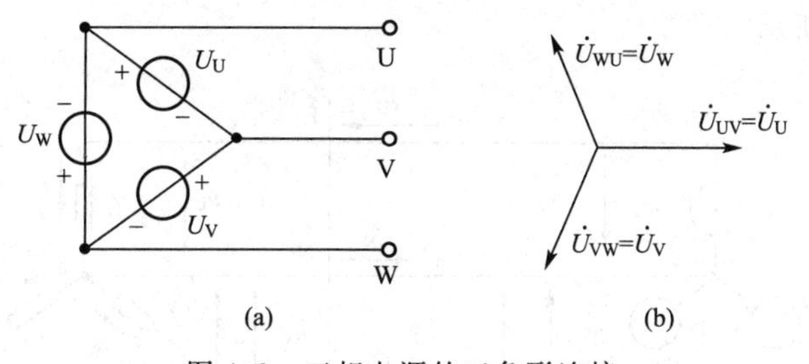

图 4-3　三相电源的三角形连接

$$\dot{U}_{UV}=\dot{U}_U,\quad \dot{U}_{VW}=\dot{U}_V,\quad \dot{U}_{WU}=\dot{U}_W \tag{4-7}$$

结论：在三角形连接的对称三相电源中，3 个线电压有效值相等，且等于相应的相电压有效值，即 $U_L=U_P$。各线电压的相位等于相应相电压的相位。

当对称三角形电源正确连接时，$\dot{U}_U+\dot{U}_V+\dot{U}_W=0$，所以电源内部无环流。若接错，将形成很大的环流，造成事故。在生产实际中，发电机通常接成星形，很少接成三角形，三相变压器则两种接法都有。

第三节　三相负载

根据负载对供电电源的要求可以分为单相负载和三相负载两大类。

① 三相负载:负载需三相电源供电,通常功率稍大的负载均为三相负载。例如,三相交流电动机、大功率三相电炉和三相整流装置等。

② 单相负载:负载只需单相电源供电,通常功率较小的负载均为单相负载。例如,照明灯、电风扇、洗衣机、电视机、小功率电炉和电焊机等。单相负载按一定的规则连接在一起也能组成三相负载。

如果三相负载都完全相同,称为对称三相负载,如三相交流电动机;如果不完全相同,称为不对称三相负载。

对称三相负载的连接方式有三角形(△)连接和星形(Y)连接两种。无论采用哪种连接方式,负载两端的电压称为负载的相电压,两条相线之间的电压称为线电压,通过每相负载的电流称为相电流,其有效值一般用 I_P 表示,流过各相线的电流称为线电流,其有效值一般用 I_L 表示。

一、三相负载的星形连接

如图 4-4 所示,电源为对称三相电源,连接成星形,如果负载按同样方法连接,即将负载的 3 个末端连成一个公共端点与电源中性点 N 相连,负载另 3 个端点通过导线与电源的端点 U、V、W 相连,便构成电源与负载都是星形连接(Y-Y)的三相电路。当每相负载的额定电压等于电源的相电压时,负载应采用星形连接。例如,每相绕组的额定电压为 220 V 的三相电动机,接在线电压为 380 V 的三相电源上时,其三相绕组必须采用星形连接。

由于电源用 4 根线提供三相电能给外电路,因此该供电线路又称三相四线制电路。其计算原理图,如图 4-4 所示。

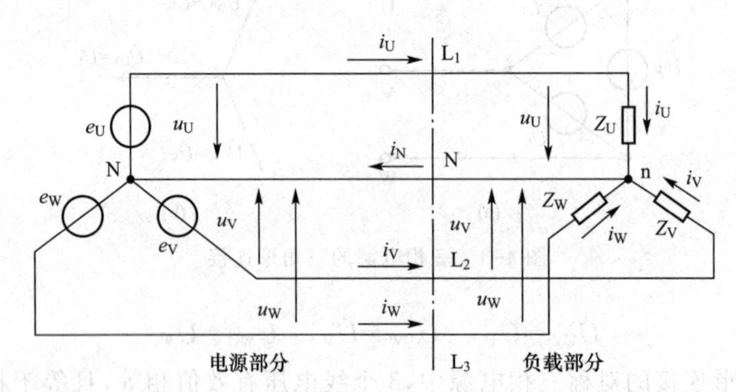

图 4-4　负载为星形连接的三相四线制电路

此时,负载的相电压分别为 $\dot{U}_U$、$\dot{U}_V$、$\dot{U}_W$;线电压分别为 $\dot{U}_{UV}$、$\dot{U}_{VW}$、$\dot{U}_{WU}$;负载的相电流分别为 $\dot{I}_U$、$\dot{I}_V$、$\dot{I}_W$,其相电流等于线电流,即

$$\dot{I}_L=\dot{I}_P \tag{4-8}$$

每相负载承受的是对称的电源相电压,各相负载中的电流为

$$\dot{I}_{\mathrm{U}}=\frac{\dot{U}_{\mathrm{U}}}{Z_{\mathrm{U}}}$$

$$\dot{I}_{\mathrm{V}}=\frac{\dot{U}_{\mathrm{V}}}{Z_{\mathrm{V}}} \tag{4-9}$$

$$\dot{I}_{\mathrm{W}}=\frac{\dot{U}_{\mathrm{W}}}{Z_{\mathrm{W}}}$$

1. 对称负载

阻抗相同的三相负载称为对称三相负载，即

$$Z_{\mathrm{U}}=Z_{\mathrm{V}}=Z_{\mathrm{W}}$$

电源和负载都对称的三相电路称为对称三相电路。故在负载星形连接的对称三相电路中，各相电流为

$$\dot{I}_{\mathrm{U}}=\frac{\dot{U}_{\mathrm{U}}}{Z_{\mathrm{U}}}=\frac{\dot{U}_{\mathrm{U}}}{Z}$$

$$\dot{I}_{\mathrm{V}}=\frac{\dot{U}_{\mathrm{V}}}{Z_{\mathrm{V}}}=\frac{\dot{U}_{\mathrm{U}}\angle-120^{\circ}}{Z}=\dot{I}_{\mathrm{U}}\angle-120^{\circ} \tag{4-10}$$

$$\dot{I}_{\mathrm{W}}=\frac{\dot{U}_{\mathrm{W}}}{Z_{\mathrm{W}}}=\frac{\dot{U}_{\mathrm{U}}\angle 120^{\circ}}{Z}=\dot{I}_{\mathrm{U}}\angle 120^{\circ}$$

可见，相电流构成对称组，如图 4-5(a)所示。由此得出一个结论：对称三相电路的计算只要计算一相即可，其他两相的量可按对称条件直接写出，这种方法称为一相计算法。

此时，$\dot{I}_{\mathrm{N}}=\dot{I}_{\mathrm{U}}+\dot{I}_{\mathrm{V}}+\dot{I}_{\mathrm{W}}=0$，$\dot{U}_{\mathrm{nN}}=0$ 此时，中性线可去掉不用，形成三相三线制电路。

类似于电源星形连接的相电压与线电压的关系，可得到负载星形连接电压相量图，如图 4-5(b)所示。

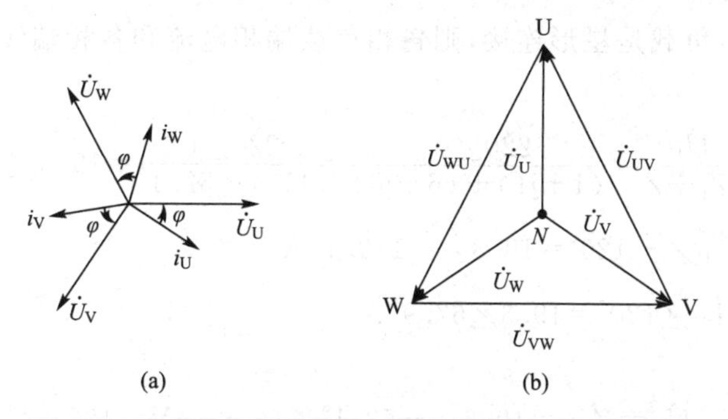

图 4-5　负载为星形连接的三相电路电压、电流相量图

结论：在星形连接的对称三相负载中，相电流等于线电流；三相线电压有效值相等，且为相应相电压有效值的$\sqrt{3}$倍，即 $U_{\mathrm{L}}=\sqrt{3}U_{\mathrm{P}}$，各线电压的相位超前相应相电压的相位 30°。

2. 不对称负载

三相负载阻抗只要不完全相同就为不对称负载，这种电路称为不对称三相电路。实际上三相负载的不对称是经常的。例如，各相负载(如照明、电炉和单相电动机等)分配不均匀，电力系统发生故障(短路或断路等)都将出现不对称情况。通常三相电源的不对称程度很小，可

近似当作对称来处理。所以，在工程实际中，需要解决的是三相电源对称而负载不对称的三相电路的计算问题。

三相四线制不对称电路中各相负载虽然不对称，但由于存在中性线，负载的各相电压仍等于电源相电压，这是保证设备正常工作必不可少的。由于中性线电流不为零，中性线不能省，所以规定三相四线制电路的中性线上不允许安装开关，也不允许安装熔断器，有时还用机械强度高的导线作中性线，接头处应连接牢固。

不对称三相四线制电路的负载相电流不能三相归为一相计算，应该分别按相计算。各相负载虽然不对称，但各负载的相电压仍等于电源电压，可以依据式(4-9)分相计算，然后由求得的三相电流计算中性线电流。

【例 4-2】 图 4-6(a)所示对称三相电路中，负载每相阻抗 $Z=(6+j8)\ \Omega$，端线阻抗 $Z_1=(1+j1)\ \Omega$，电源线电压有效值为 380 V。求负载各相电流、每条端线中的电流、负载各相电压。

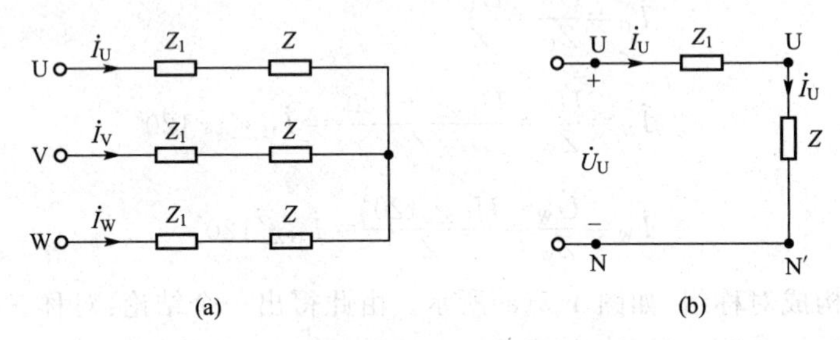

图 4-6　例 4-2 电路图

解： 由已知 $U_L=380$ V，可得 $U_P=\dfrac{U_L}{\sqrt{3}}=\dfrac{380}{\sqrt{3}}\text{ V}=220\text{ V}$

单独画出 U 相电路，如图 4-6(b)所示。

设 $\dot{U}_U=220\angle 0°$，负载是星形连接，则各相负载端相电流和各相端线电流相等，则各相负载相电流为

$$\dot{I}_U=\frac{\dot{U}_U}{Z_1+Z}=\frac{220\angle 0°}{(1+j1)+(6+j8)}=\frac{220\angle 0°}{11.4\angle 52.1°}=19.3\angle -52.1°\text{ A}$$

$$\dot{I}_V=\dot{I}_U\angle -120°=19.3\angle -172.1°\text{ A}$$

$$\dot{I}_W=\dot{I}_U\angle 120°=19.3\angle 67.9°\text{ A}$$

则各相负载相电压为

$$\dot{U}_U=\dot{Z}I_U=19.3\angle -52.1°\times(6+j8)\text{ V}=192\angle 1°\text{ V}$$

$$\dot{U}_V=\dot{U}_U\angle -120°=192\angle -119°\text{ V}$$

$$\dot{U}_W=\dot{U}_U\angle 120°=192\angle 121°\text{ V}$$

【例 4-3】 三相四线制电路中，星形负载各相阻抗分别为 $Z_U=(8+j6)\ \Omega$，$Z_V=(3-j4)\ \Omega$，$Z_W=10\ \Omega$，电源线电压为 380 V，求各相电流及中性线电流。

解： 设电源为星形连接，则由题意知 $U_P=\dfrac{U_L}{\sqrt{3}}\text{ V}=\dfrac{380}{\sqrt{3}}\text{ V}=220\text{ V}$

令 $\dot{U}_U=220\angle 0°$则

$$\dot{I}_{U}=\frac{\dot{U}_{U}}{Z_{U}}=\frac{220\angle 0^{\circ}}{8+j6}\ A=\frac{220\angle 0^{\circ}}{10\angle 36.9^{\circ}}\ A=22\angle -36.9^{\circ}\ A$$

$$\dot{I}_{V}=\frac{\dot{U}_{V}}{Z_{V}}=\frac{220\angle -120^{\circ}}{3-j4}\ A=\frac{220\angle -120^{\circ}}{5\angle -53.1^{\circ}}\ A=44\angle -66.9^{\circ}\ A$$

$$\dot{I}_{W}=\frac{\dot{U}_{W}}{Z_{W}}=\frac{220\angle 120^{\circ}}{10}\ A=\frac{220\angle 120^{\circ}}{10\angle 0^{\circ}}\ A=22\angle -120^{\circ}\ A$$

$$\dot{I}_{N}=\dot{I}_{U}+\dot{I}_{V}+\dot{I}_{W}=(22\angle -36.9^{\circ}+44\angle -66.9^{\circ}+22\angle 120^{\circ})\ A=42\angle -55.4^{\circ}\ A$$

二、三相负载的三角形连接

将三相负载两两首尾相连，连接成三角形，称为三相负载的三角形(△)连接。将三角形连接点引出与三相电源连接，便构成(Y-△)的三相电路。如图 4-7(a)所示，这种连接形式属于三相三线制。

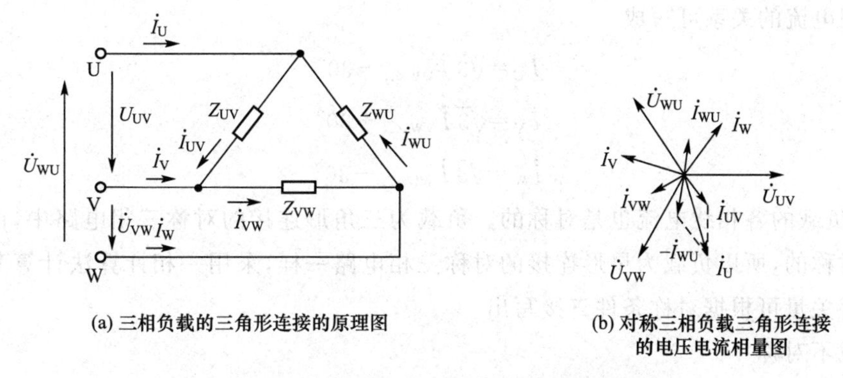

(a) 三相负载的三角形连接的原理图

(b) 对称三相负载三角形连接的电压电流相量图

图 4-7 三相负载的三角形连接的原理图和相量图

当每相负载的额定电压等于电源的线电压时，负载应采用三角形连接。例如，每相绕组的额定电压为 380 V 的三相电动机，接在线电压为 380 V 的三相电源上时，其三相绕组必须采用三角形连接。

由图 4-7(a)可知，每相负载承受的是对称的电源线电压，所以负载相电压也对称，即

$$\dot{U}_{L}=\dot{U}_{P} \tag{4-11}$$

各相负载的相电流分别为

$$\begin{aligned}\dot{I}_{UV}&=\frac{\dot{U}_{UV}}{Z_{UV}}\\ \dot{I}_{VW}&=\frac{\dot{U}_{VW}}{Z_{VW}}\\ \dot{I}_{WU}&=\frac{\dot{U}_{WU}}{Z_{WU}}\end{aligned} \tag{4-12}$$

1. 负载对称

当负载对称时，即 $Z_{UV}=Z_{VW}=Z_{WU}=Z$，则有

$$\dot{I}_{UV}=\frac{\dot{U}_{UV}}{Z_{UV}}=\frac{\dot{U}_{UV}}{Z}$$

$$\dot{I}_{VW}=\frac{\dot{U}_{VW}}{Z}=\frac{\dot{U}_{UV}\angle-120^{\circ}}{Z}=\dot{I}_{UV}\angle-120^{\circ} \tag{4-13}$$

$$\dot{I}_{WU}=\frac{\dot{U}_{WU}}{Z}=\frac{\dot{U}_{UV}\angle 120^{\circ}}{Z}=\dot{I}_{UV}\angle 120^{\circ}$$

当负载对称时,各相相电流是对称的。

应用 KCL 计算各相线电流

$$\begin{aligned}\dot{I}_{U}&=\dot{I}_{UV}-\dot{I}_{WU}\\ \dot{I}_{V}&=\dot{I}_{VW}-\dot{I}_{UV}\\ \dot{I}_{W}&=\dot{I}_{WU}-\dot{I}_{VW}\end{aligned} \tag{4-14}$$

当负载对称时,相电流对称,根据对称的相电流画出各线电流相量,如图 4-7(b)所示。由相量图可知:负载的线电流的有效值为相应相电流的$\sqrt{3}$倍,其线电流的相位滞后相电流 30°。线电流与相电流的关系可写成

$$\begin{aligned}\dot{I}_{U}&=\sqrt{3}\,\dot{I}_{UV}\angle-30^{\circ}\\ \dot{I}_{V}&=\sqrt{3}\,\dot{I}_{VW}\angle-30^{\circ}\\ \dot{I}_{W}&=\sqrt{3}\,\dot{I}_{WU}\angle-30^{\circ}\end{aligned} \tag{4-15}$$

显然,负载的各相线电流也是对称的。负载为三角形连接的对称三相电路中,由于电流、电压都是对称的,所以负载为星形连接的对称三相电路一样,采用一相计算法计算其中一相,其他相的有关量可根据对称条件直接写出。

2. 负载不对称

三角形连接的不对称负载,构成的不对称三相电路,可用式(4-12)逐相求出三相负载中的相电流,然后按式(4-14)求出三相线电流。

【例 4-4】 图 4-8 中电压表和电流表显示为 380 V 和 10 A。

① 若三相电路的负载为Y连接,求 U_L、U_P、I_L、I_P。

② 若三相电路的负载为△连接,求 U_L、U_P、I_L、I_P。

解:① 当负载为Y连接时

$$U_L=\sqrt{3}U_P,\text{则 } U_P=\frac{U_L}{\sqrt{3}}=\frac{380}{\sqrt{3}}\text{ V}=220\text{ V}$$

$$I_L=I_P,\ I_P=I_L=10\text{ A}$$

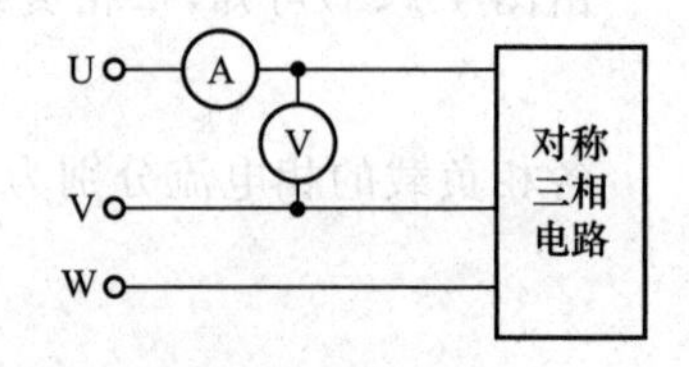

图 4-8　例 4-4 图示

② 当负载为△连接时

$$U_L=U_P,\text{则 } U_P=U_L=380\text{ V}$$

$$I_L=\sqrt{3}I_P,\text{则 } I_L=10\text{ A},\ I_P=\frac{I_L}{\sqrt{3}}\text{ A}=\frac{10}{\sqrt{3}}\text{ A}=5.77\text{ A}$$

【例 4-5】 对称负载接成三角形,接入线电压为 380 V 的三相电源,若每相阻抗 $Z=(6+\text{j}8)$ Ω,求负载各相电流及各线电流。

解:设线电压为 $\dot{U}_{UV}=380\angle 0^{\circ}\text{V}$,则三相负载相电流为

$$\dot{I}_{UV}=\frac{\dot{U}_{UV}}{Z}=\frac{380\angle 0^\circ}{6+j8}A=\frac{380\angle 0^\circ}{10\angle \arctan\frac{4}{3}}A=\frac{380\angle 0^\circ}{10\angle 53.1^\circ}A=38\angle -53.1^\circ A$$

由对称性，则有

$$\dot{I}_{VW}=\frac{\dot{U}_{VW}}{Z}=\dot{I}_{UV}\angle -120^\circ=38\angle(-53.1^\circ-120^\circ)A=38\angle -173.1^\circ A$$

$$\dot{I}_{WU}=\frac{\dot{U}_{WU}}{Z}=\dot{I}_{UV}\angle 120^\circ=38\angle(-53.1^\circ+120^\circ)A=38\angle 66.9^\circ A$$

三相负载线电流为

$$\dot{I}_U=\sqrt{3}\,\dot{I}_{UV}\angle -30^\circ=38\sqrt{3}\angle -83.1^\circ A$$

$$\dot{I}_V=\sqrt{3}\,\dot{I}_{VW}\angle -30^\circ=38\sqrt{3}\angle 156.9^\circ A$$

$$\dot{I}_W=\sqrt{3}\,\dot{I}_{WU}\angle -30^\circ=38\sqrt{3}\angle 33.9^\circ A$$

第四节　三相电路的功率

一般的三相电路，无论它对称与否，其瞬时功率、平均功率和无功功率分别为各相的对应功率之和。

三相电路的有功功率为

$$P=P_U+P_V+P_W=U_UI_U\cos\varphi_U+U_VI_V\cos\varphi_V+U_WI_W\cos\varphi_W \tag{4-16}$$

三相电路的无功功率为

$$Q=Q_U+Q_V+Q_W=U_UI_U\sin\varphi_U+U_VI_V\sin\varphi_V+U_WI_W\sin\varphi_W \tag{4-17}$$

三相电路的视在功率为

$$S=\sqrt{P^2+Q^2} \tag{4-18}$$

式中，各电压、电流分别为 U、V、W 三相的相电压和相电流；φ_U、φ_V、φ_W 为 U、V、W 三相的功率因数角。

负载对称时，由于各相电流、相电压、功率因数角大小都相等，用 U_P、I_P、φ 分别表示任意一相负载的相电压、相电流、功率因数角，则三相总的有功功率、无功功率和视在功率可用以下 3 个公式分别求得

$$P=3U_PI_P\cos\varphi \tag{4-19}$$

$$Q=3U_PI_P\sin\varphi \tag{4-20}$$

$$S=3U_PI_P \tag{4-21}$$

考虑到对称三相负载为星形连接时

$$U_L=\sqrt{3}U_P,\ I_L=I_P \tag{4-22}$$

为三角形连接时

$$U_L=U_P,\ I_L=\sqrt{3}I_P \tag{4-23}$$

所以，对称三相电路中负载在星形和三角形接法的情况下皆有

$$U_LI_L=\sqrt{3}U_PI_P \tag{4-24}$$

将式(4-24)分别代入式(4-19)～式(4-21)中，得到负载对称时，用线电压、线电流表示的功率计算公式为

$$P=\sqrt{3}U_L I_L \cos\varphi \tag{4-25}$$

$$Q=\sqrt{3}U_L I_L \sin\varphi \tag{4-26}$$

$$S=\sqrt{3}U_L I_L \tag{4-27}$$

在三相电路中，测量线电压和线电流较为方便，因此在计算对称三相电路的功率时，不论是星形连接还是三角形连接，都常用线电压、线电流表示的功率计算公式。

【例 4-6】已知接在 380 V 三相电源上的对称星形负载，测得消耗有功功率 $P=6\,000$ W，线电流为 11 A，求每相负载阻抗的参数。

解：由于负载对称，可得

$$\cos\varphi=\frac{P}{\sqrt{3}U_L I_L}=\frac{6\,000}{\sqrt{3}\times380\times11}=0.829$$

负载为星形连接，则

$$U_P=\frac{U_L}{\sqrt{3}}=\frac{380}{\sqrt{3}}\ \mathrm{V}=220\ \mathrm{V}$$

$$I_L=I_P=11\ \mathrm{A}$$

故

$$Z_P=\frac{U_P}{I_P}=\frac{220}{11}\ \Omega=20\ \Omega$$

由阻抗三角形关系，可求出电阻和电抗

$$R=|Z_P|\cos\varphi=20\times0.829\ \Omega=16.58\ \Omega$$

$$X=|Z_P|\sin\varphi=20\times0.559\ \Omega=11.18\ \Omega$$

【例 4-7】已知三相对称三角形负载每相的阻抗 $|Z|=100\ \Omega$，$\cos\varphi=0.8$，电源的线电压 $U_L=380$ V，求三相总的 P、Q、S。

解：对称三角形负载的相电压等于线电压，线电流的大小是相电流大小的$\sqrt{3}$倍。

则相电流

$$I_P=\frac{U_P}{|Z_P|}=\frac{380}{100}\mathrm{A}=3.8\ \mathrm{A}$$

线电流

$$I_L=\sqrt{3}I_P=\sqrt{3}\times3.8\ \mathrm{A}=6.58\ \mathrm{A}$$

则三相总的有功功率 P、无功功率 Q、视在功率 S 分别为

$$P=\sqrt{3}U_L I_L\cos\varphi=\sqrt{3}\times380\times0.8\ \mathrm{W}=3\,465\ \mathrm{W}$$

$$Q=\sqrt{3}U_L I_L\sin\varphi=\sqrt{3}\times380\times6.58\times0.6\ \mathrm{var}=2\,599\ \mathrm{var}$$

$$S=\sqrt{3}U_L I_L=\sqrt{3}\times380\times6.85\ \mathrm{V\cdot A}=4331\ \mathrm{V\cdot A}$$

小　结

① 电力系统普遍采用三相电路。在通常情况下，三相电源电压是对称的，即它们的幅值相等，频率相同，相位互差 120°。当电源以三相四线制供电时，可为负载提供两种电源电压，

即线电压 U_L 和相电压 U_P，它们的大小关系是 $U_L=\sqrt{3}U_P$，相位关系是线电压超前相应相电压 30°。

② 相序为三相电流出现正的最大值的先后顺序，如 U—V—W 称为顺序；W—V—U 称为反序。三相负载可接成星形或三角形。

③ 对称三相电路由对称三相电源和对称三相负载所组成。对称三相电路的计算可先取一相，求得该相的电压和电流后，再利用对称关系，决定其他两相的数值。

④ 对称三相负载星形连接时，不论有无中性线，负载相电压都是电源线电压的 $\frac{1}{\sqrt{2}}$ 倍，负载相电流等于线电流；对称三相负载三角形连接时，负载相电压等于电源线电压，负载相电流为 $\frac{1}{\sqrt{2}}$ 倍的线电流。

⑤ 不对称负载星形连接时，必须要有中性线，中性线的作用在于保证不对称负载仍然可以得到对称的相电压；不对称负载三角形连接时，因负载电压等于电源线电压，负载能正常工作。

⑥ 对称三相电路功率 $P=\sqrt{3}U_LI_L\cos\varphi$，$Q=\sqrt{3}U_LI_L\sin\varphi$，$S=\sqrt{3}U_LI_L$。不对称三相电路中三相电流不对称，每相功率要分别计算，各相功率之和为三相功率。

习　题

一、填空题

1. 低压供电系统常采用________供电方式，采用这种供电方式的相电压如果为 220 V，则线电压为________V。

2. 三相对称交流电是最大值________、频率________、相位互差________的 3 个单相交流电按一定方式的组合。任意时刻，三相交流电压（电流）的瞬时值之和为________。

3. 三相四线制是由三根________和一根________所组成的供电系统，线电压是指________之间的电压，且线电压是指________之间的电压，且线电压有效值等于________倍相电压有效值。

4. 对称三相电源，线电压 U_{UV} 初相角为 30°，则相电压 U_U 初相角为________；相电压 U_V 初相角为 30°，则线电压 U_{VW} 初相位为________。

5. 电力工程上常采用________、________、________3 种颜色分别表示 U、V、W 三相。

6. 三相电路中相电流是流过________的电流，线电流是流过________的电流。

7. 三相发电机绕组星形连接时，从中性点引出的输电线称为________线。若中性点接了大地，则该线称为________线，从绕组始端引出的输电线称为________线，俗称________线。

8. 已知对称三相正弦交流电压中，$u_U=220\sqrt{2}\sin314t$ V，则 $u_V=$________，$u_W=$________。

9. 三相负载接三相交流电源，若各相负载的额定电压等于电源线电压，负载应作________

连接，若各相负载的额定电压等于电源线电压的$\frac{1}{\sqrt{3}}$，负载应作________连接。

10. 三相对称负载作星形连接时，线电压是相电压的________倍。

11. 对称负载三相电路中，3 个线电流幅值大小________，频率________，相位互差________。

12. 三相对称负载的有功功率为 $P=$________。

13. 三相对称负载接在同一电源上，作星形连接时负载的功率是三角形连接时的________倍。

14. 三相对称负载星形连接时，线电流与相电流大小关系是________；三相对称负载三角形连接时，线电流与相电流大小关系是________。

二、选择题

1. 三相动力供电线路的电压是 380 V，线电压 U_{UV} 初相角为 30°，则 U_U 为(　　)。

A. 相电压，有效值力 380 V　　B. 相电压，有效值为 220 V

C. 线电压，有效值为 380 V　　D. 线电压，有效值为 220 V

2. 动力供电线路中，采用星形连接三相四线制供电，交流电的频率为 50 Hz，线电压为 380 V，则(　　)。

A. 线电压为相电压的$\sqrt{3}$倍　　B. 线电压的最大值为 380 V

C. 相电压的瞬时值为 220 V　　D. 交流电的周期为 0.2 s

3. 三相四线制供电线路中，有关中性线叙述正确的是(　　)。

A. 中性线的开关不宜断开

B. 供电线路的中性线应安装熔断器

C. 不管负载对称与否，中性线都不会有电流

D. 当三相负载不对称时，中性线能保证各相负载电压对称

4. 一台三相异步电动机，其铭牌上标明额定电压为 220 V/380 V，其接法应是(　　)。

A. Y/△　　B. △/Y　　C. Y/Y　　D. △/△

5. 在电源对称的三相四线制线路中，负载为星形连接，则各相负载上的(　　)。

A. 电流对称　　B. 电压对称

C. 电流和电压都对称　　D. 电流和电压都不对称

6. 一个三相四线制供电线路中，相电压为 220 V，则相线与相线间的电压为(　　)。

A. 220 V　　B. 311 V　　C. 380 V

7. 三相对称负载连接时，线电流与相电流的大小关系是(　　)。

A. $I_L=I_P$　　B. $I_L=\sqrt{3}I_P$　　C. $I_P=\sqrt{3}I_L$　　D. 无法确定

8. 将三相对称负载在同一电源上作星形连接时，负载取用的功率是三角形连接的(　　)。

A. 3 倍　　B. $\sqrt{3}$倍　　C. 1 倍　　D. $\frac{1}{2}$

9. 照明线路采用三相四线制供电线路，中性线必须(　　)。

A. 安装牢靠，防止断开　　B. 安装熔断器，防止中性线过电流

C. 安装开关以控制其通断　　　　D. 取消或断开

10. 若要求三相负载相互不影响，负载应接成(　　)。

A. 星形有中性线　　　　B. 星形无中性线

C. 三角形　　　　D. 星形有中性线或三角形

11. 在三相四线制电路的中性线上，不准安装开关和熔断器的原因是(　　)。

A. 中性线上没有电流

B. 开关接通或断开对电路无影响

C. 安装开关和熔断器会降低中性线的机械强度

D. 开关断开或熔断器熔断后，三相不对称负载承受三相不对称电压，无法正常工作，严重时会烧毁负载

12. 一台三相电动机，每相绕组的额定电压为 220 V，对称三相电源的线电压为 380 V，则三相绕组应采用(　　)。

A. 星形连接，不接中性线　　　　B. 星形连接，并接中性线

C. A、B 均可　　　　D. 三角形连接

13. 三相对称电源的线电压为 380 V，接星形对称负载，没有接中性线。若某相突然断掉，其余两相负载的相电压为(　　)。

A. 380 V　　B. 220 V　　C. 190 V　　D. 无法确定

14. 对称三相负载为星形连接，当相电压为 220 V 时，线电压等于(　　)。

A. 380 V　　B. 220 V　　C. 127 V　　D. 无法确定

15. 三相负载功率计算公式是(　　)。

A. $P=\sqrt{3}U_{\mathrm{L}}I_{\mathrm{L}}\cos\varphi$　　　　B. $P=\sqrt{3}U_{\mathrm{L}}I_{\mathrm{P}}\cos\varphi$

C. $P=3U_{\mathrm{L}}I_{\mathrm{L}}\cos\varphi$　　　　D. 无法确定

三、判断题

1. 三相对称电动势任一瞬间代数和为零。(　　)

2. 三相电源星形连接时的连接点叫中性点，也叫零点；中性线也叫零线和地线。(　　)

3. 在高压输电系统中，通常采用只有三根相线组成的三相三线制供电系统。(　　)

4. 通常所说的 380V、220V 电压，就是指电源星形连接时的线电压和相电压的有效值。(　　)

5. 三相交流电源是由频率、有效值、相位都相同的 3 个单相交流电源按一定方式组合起来的。(　　)

6. 三相负载作星形连接时，无论负载对称与否，线电流必定等于负载的相电流。(　　)

7. 三相负载的相电流是指电源相线上的电流。(　　)

8. 在对称负载的三相交流电路中，中性线上的电流为零。(　　)

9. 三相对称负载作三角形连接时，线电流超前相电流 30°。(　　)

10. 一台三相电动机，每个绕组的额定电压是 220 V，三相电源的线电压是 380 V，则这台动机的绕组应接成三角形。(　　)

11. 一台三相电动机，若三相电源的线电压为 220 V，则这台电动机的绕组应接成星形。（　）

12. 一个三相负载，其每相阻抗大小均相等，这个负载必为对称的。（　）

13. 三相负载三角形连接，测得各相电流值都相等，则各相负载必对称。（　）

14. 三相照明负载必须采用三角形接法。（　）

15. 负载星形连接的三相正弦交流电路中，线电流与相电流大小相等。（　）

16. 负载作星形连接时，负载越对称，中性线电流越小。（　）

17. 三相对称负载作三角形连接时，线电流超前相电流 30°。（　）

18. 在同一电源下，负载作星形连接时的线电压等于作三角形连接时的线电压。（　）

19. 同一台交流发电机的三相绕组，作星形连接时的线电压是作三角形连接时的线电压的$\sqrt{3}$倍。（　）

20. 三相对称负载作星形连接或三角形连接时，其功率的表达式均为 $P=\sqrt{3}U_{\mathrm{L}}I_{\mathrm{L}}\cos\varphi$。（　）

21. 把应作星形连接的电动机接成三角形，电动机不会烧毁。（　）

22. 线电压的有效值是各相电压有效值的$\sqrt{3}$倍。（　）

23. 三相负载对称时，总功率为一相功率的 3 倍。（　）

四、问答题

1. 三相四线制供电系统中，中性线的作用是什么？在什么情况下可以去掉中性线？

2. 一台三相电动机，每个绕组的额定电压都是 220 V。现有 2 种电源，它们的线电压分别为 380 V 和 220 V，请问该三相电动机绕组应如何连接？

3. 一台三相异步电动机启动时三相绕组接成星形，正常运转后又将绕组接成三角形，为什么不直接接成三角形启动？

五、计算题

1. 某线路供电电压为 110 kV，试求该线路的相电压的有效值和最大值。

2. 已知对称三相电动势 U 相的瞬时值表达式为 $e_{\mathrm{U}}=220\sqrt{2}\sin(314t-60°)$ V，试写出其他两相的瞬时值表达式。

3. 一个三角形连接的电动机，其每相绕组的电阻为 40 Ω，感抗为 30 Ω，现将其接在线电压为 380 V 的三相电源上，消耗的功率为 5.5 kW，求该负载的相电流、线电流和功率因数。

4. 电阻为 9 Ω、感抗为 12 Ω 的三相负载作星形连接，在线电压为 380 V 的电源作用下，其负载的相电流、线电流、有功功率、无功功率和视在功率分别为多少？

5. 对称三相感性负载在线电压为 220 V 的对称三相电源作用下，通过的线电流为 20.8 A，输入有功功率为 5.5 kW，求负载的功率因数。

6. 在线电压等于 380 V 的三相四线制电路中，若三相对称负载的每相电阻 $R=15\ \Omega$，感抗 $X_L=20\ \Omega$，求电路中的有功功率、无功功率、视在功率和功率因数。

第五章 磁路与变压器

学习目标

- 了解磁路的概念及基本物理量。
- 理解变压器的应用。
- 了解变压器的基本结构和工作原理。
- 掌握变压器的运行特性。
- 了解特殊变压器的原理。

学习电磁铁和变压器时，不仅有电路的问题，而且还有磁路的问题。只有同时掌握了电路问题和磁路问题的基本理论，才能对它们做全面的方析。通过本章的学习，应使学生了解磁场的基本物理量以及铁磁材料的性质和磁路欧姆定律，还要了解变压器的基本结构和工作原理、运行特性及特殊变压器。

第一节　磁路的基本知识和交流铁芯线圈

一、磁路的基本物理量

1. 磁感应强度 B

磁感应强度 B 是表示磁场内某点的磁场强弱及方向的物理量。它是一个空间矢量，其方向与该点磁力线切线方向一致，与产生该磁场的电流之间的方向关系符合右手螺旋定则。若磁场内各点的磁感应强度大小相等、方向相同，则称此磁场为均匀磁场。在国际单位制(SI)中，磁感应强度的单位是特[斯拉](T)。

2. 磁通 Φ

在均匀磁场中，磁感应强度 B(如果不是均匀磁场，则取 B 的平均值)与垂直于磁场方向的面积 S 的乘积，称为通过该面积的磁通 Φ，即

$$\Phi=BS \quad 或 \quad B=\frac{\Phi}{S} \tag{5-1}$$

由此可见，磁感应强度 B 在数值上等于垂直磁场方向单位面积 S 上通过的磁通，故磁感应强度又称磁通密度。在国际单位制中，磁通的单位是韦[伯](Wb)。

3. 磁场强度 H

磁场强度 H 是计算磁场时所引用的一个物理量，也是一个矢量，通过它来确定磁场与电流之间的关系，即

$$\oint H \cdot dl = \sum I \tag{5-2}$$

式(5-2)是安培环路定律,又称全电流定律的数学表达式,它是计算磁路的基本公式。其中,$\oint H \cdot dl$ 是磁场强度矢量 H 沿任意闭合回线 l(常取磁通作为闭合回线)的线积分;$\sum I$ 是穿过该闭合回线所围面积的电流代数和,单位为安/米(A/m)。

4. 磁导率 μ

磁导率 μ 是用来表示磁场介质磁性的物理量,即用来衡量物质导磁性能的物理量。它与磁场强度的乘积等于磁感应强度,即

$$B=\mu H \tag{5-3}$$

磁导率的单位是亨/米(H/m)。真空磁导率 $\mu_0=4\pi\times10^{-7}$ H/m。任意一种物质的磁导率与真空磁导率的比值称为相对磁导率,用 μ_r 表示,即

$$\mu_r=\frac{\mu}{\mu_0} \tag{5-4}$$

磁场内某一点的磁场强度 H 只与电流大小、线圈匝数以及该点的几何位置有关,而与磁场介质的磁导率无关;但磁感应强度则与磁场媒质的磁导率有关,当线圈内的介质不同时,则磁导率也不同,即在相同的电流值下,同一点的磁感应强度的大小就不同,线圈内的磁通也就不同。

二、磁性材料和磁路的欧姆定律

1. 磁性材料的磁性能

自然界的所有物质按其磁导率的大小,可分为磁性材料和非磁性材料两大类。磁性材料的导磁性能好,磁导率大,如铁、钢、镍、钴等;非磁性材料的导磁性能差,磁导率小,如铜、铝、纸、空气等。

磁性材料是制造变压器、电机、电器等各种电气设备的主要材料,其磁性能对电磁器件的性能和工作状态有很大影响。磁性材料的磁性能主要表现为高导磁性、磁饱和性及磁滞性。

(1)高导磁性

磁性材料具有很强的导磁能力,在外磁场作用下,其内部的磁感应强度会大大增强,相对磁导率可达几百、几千甚至几万。这是因为磁性材料不同于其他物质,有其内部特殊性。在磁性材料的内部存在许多磁化小区,称为磁畴,每个磁畴就像一块磁铁。在无外磁场作用时,这些磁畴的排列是不规则的,对外不显示磁性,如图 5-1(a)所示。在一定强度的外磁场作用下,这些磁畴将顺着外磁场的方向趋向规则排列,对外显示磁性,产生一个附加磁场,使磁性材料内的磁感应强度大大增强,如图 5-1(b)所示。这种现象称为磁性材料被磁化。非铁磁材料没有磁畴结构,所以不具有磁化特性。

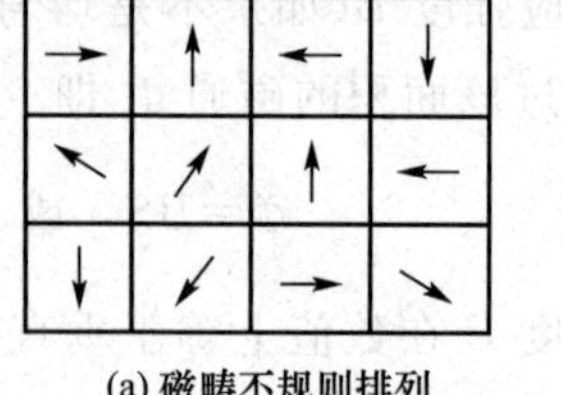

(a) 磁畴不规则排列

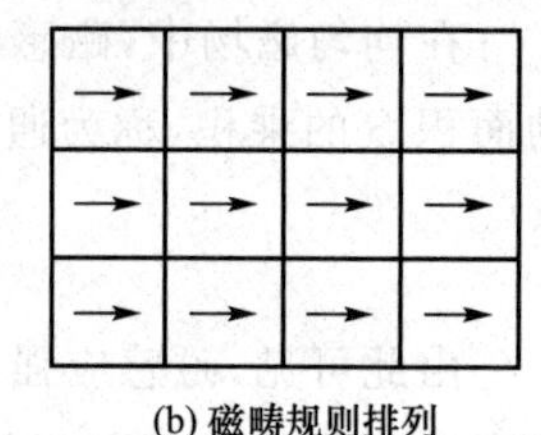

(b) 磁畴规则排列

图 5-1　磁性物质的磁化

磁性材料的磁性能被广泛地应用于电工设备中，如电机、变压器及各种铁磁元件的线圈中都放有铁芯。通电线圈中放入铁芯后，即使通入不大的励磁电流，磁场也会大大增强，因为此时的磁场是线圈产生的磁场和铁芯被磁化后产生的附加磁场的叠加，这就解决了既要磁通大，又要励磁电流小的矛盾。利用优质的磁性材料可使同一容量电机的重量和体积大大减轻和减小。

(2)磁饱和性

在磁性材料的磁化过程中，随着励磁电流的增大，外磁场和附加磁场都将增大，但当励磁电流增大到一定值时，几乎所有的磁畴都与外磁场的方向一致，附加磁场就不再随励磁电流的增大而继续增强，整个磁化磁场的磁感应强度 B_J 接近饱和，这种现象称为磁饱和现象，如图 5-2所示。

磁性材料的磁化特性可用磁化曲线 $B=f(H)$来表示，磁性材料的磁化曲线如图 5-2 所示。其中，B_0 是在外磁场作用下如果磁场内不存在磁性材料时的磁感应强度，若将 B_J 曲线和 B_0 直线的纵坐标相加，便得出 B–H 磁化曲线。此曲线可分成三段：Oa 段的 B 与 H 差不多成正比增加；ab 段的 B 增加较缓慢，增加速度下降；b 以后部分的 B 增加很小，逐渐趋于饱和。

当有磁性材料存在时，B 与 H 不成正比，所以磁性材的磁导率 μ 不是常数，将随着 H 的变化而变化。图 5-3 所示为 $\mu=f(H)$曲线。由于磁通 Φ 与 B 成正比，产生磁通的励磁电流 I 与 H 成正比，所以在有磁性材料的情况下，Φ 与 I 也不成正比。不同的磁性材料，其磁化曲线也不相同。

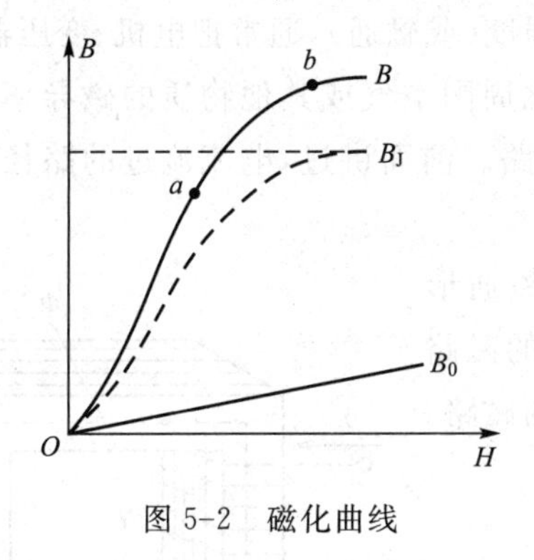

图 5-2 磁化曲线

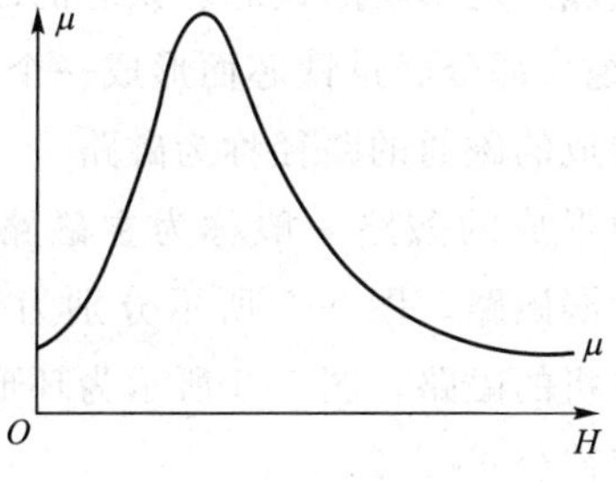

图 5-3 $\mu=f(H)$曲线

(3)磁滞性

当磁性线圈中通有交变电流时，则磁性材料将受到交变磁化。在电流交变的一个周期中，磁感应强度 B 随磁场强度 H 变化的关系如图 5-4 所示。由图可见，当磁场强度 H 减小时，磁感应强度 B 并不沿着原来这条曲线回降，而是沿着一条比它高的曲线缓慢下降。这种磁感应强度滞后于磁场强度变化的性质称为磁性物质的磁滞性。当线圈电流减小到零，磁场强度 H 也减小到零时，磁感应强度 B 并不等于零而仍然有一定的值，磁性材料仍然保有一定的磁性，这部分剩余的磁性称为剩磁，用 B_r 表示

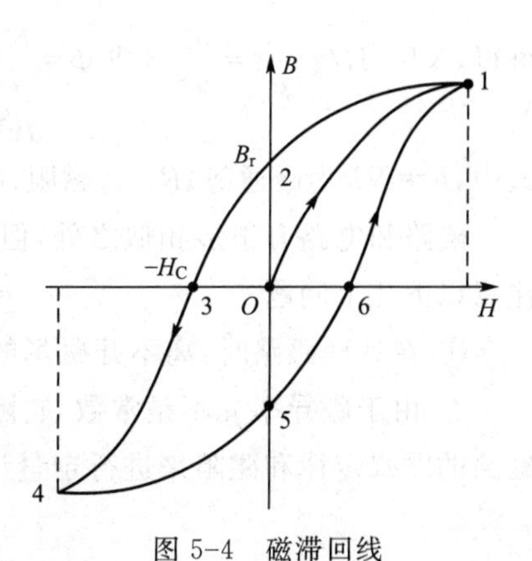

图 5-4 磁滞回线

(见图 5-4)。如果要去掉剩磁,使 $B=0$,必须施加反方向磁场强度($-H_C$),H_C 的大小称为矫顽磁力,它表示铁磁材料反抗退磁的能力。在磁性材料反复磁化的过程中,表示 B 与 H 变化关系的封闭曲线称为磁滞回线,如图 5-4 所示。

不同的磁性材料,其磁性能、磁化曲线和磁滞回线也不相同。磁性材料按其磁性能可分为软磁材料、硬磁材料(又称永磁材料)和矩磁材料 3 种类型。

软磁材料的剩磁和矫顽磁力较小,磁滞回线形状较窄,所包围的面积较小,但磁化曲线较陡,即剩磁率较高。它既容易磁化,又容易退磁,常见的软磁材料有纯铁、铸铁、硅钢、玻莫合金以及非金属软磁铁氧体等。一般用于有交变磁场的场合,如用来制造镇流器、变压器、电动机以及各种中、高频电磁元件的铁芯等。非金属软磁铁氧体在电子技术中应用也很广泛,如计算机的磁芯、磁鼓及录音机的磁带、磁头等。

硬磁材料的剩磁和矫顽磁力较大,磁滞回线形状较宽,所包围的面积较大,适用于制作永久磁铁,如扬声器、耳机、电话机、录音机以及各种磁电式仪表中的永久磁铁都是硬磁材料制成的,常见的硬磁材料有碳钢、钴钢及铁镍铝钴合金等;近年来稀土永磁材料发展很快,像稀土钴、稀土钕铁硼等,其矫顽磁力更大。

矩磁材料的磁滞回线近似于矩形,剩磁很大,接近饱和磁感应强度,稳定性良好;但矫顽磁力较小,易于翻转。常在计算机和控制系统中用作记忆元件、逻辑元件和开关元件,矩磁材料有镁锰铁氧体及某些铁镍合金等。

2. 磁路的欧姆定律

为了使较小的励磁电流产生足够大的磁感应强度(或磁通),通常把电机、变压器等元件中的磁性材料做成一定形状的铁芯。铁芯的磁导率比周围空气或其他物质的磁导率要高很多,因此,磁通的绝大部分经过铁芯而形成一个闭合通路。前面讲过,电流流过的路径称为电路,而这种人为造成的磁通的路径称为磁路。

由主磁通形成的磁路一般称为主磁路;由漏磁通形成的磁路称为漏磁路。图 5-5 所示分别为变压器的磁路和两极直流电机的磁路。图 5-5 所示为环形线圈的磁路。根据全电流定律公式(5-2)

$$\oint H \cdot \mathrm{d}l = \sum I$$

可得,$NI=Hl=\dfrac{B}{\mu}l=\dfrac{\Phi}{\mu S}l$,或 $\Phi=\dfrac{NI}{\dfrac{l}{\mu S}}=\dfrac{F}{R_m}$

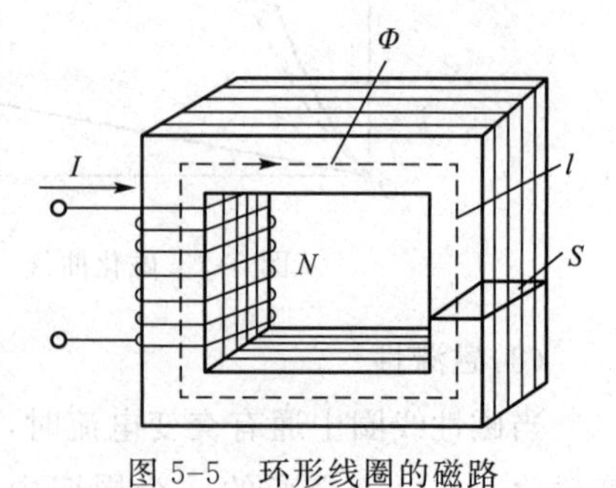

图 5-5 环形线圈的磁路

式中,$F=NI$ 为磁通势;R_m 为磁阻;l 为磁路的平均长度;S 为磁路的横截面积。

磁路和电路有很多相似之处,但它们的实质不同,分析和处理磁路比电路时复杂得多,应注意以下几个问题:

① 在处理磁路时,离不开磁场的概念,一般都要考虑漏磁通。

② 由于磁导率 μ 不是常数,它随工作状态即励磁电流而变化,所以一般不提倡直接应用磁路的欧姆定律和磁阻来进行定量计算,但在许多场合可用于定性分析。

三、交流铁芯线圈电路

铁芯线圈分直流铁芯线圈和交流铁芯线圈两种。直流铁芯线圈由直流电来励磁，产生的磁通是恒定的，在线圈和铁芯中不会感应出电动势，线圈中的电流由外加电压和线圈本身的电阻来决定，功率损耗也只有线圈电阻上的损耗，分析比较简单，如直流电动机的励磁线圈、电磁吸盘及各种直流电器的线圈；交流铁芯线圈由交流电来励磁，产生的磁通是交变的，其电磁关系及功率消耗和直流铁芯线圈不一样，比较复杂，如变压器、交流电动机和其他交流电气设备等。

1. 电磁关系

图 5-6 是交流铁芯线圈电路，设线圈的匝数为 N，当在线圈两端加上正弦交流电压 u 时，就有交变励磁电流 i 流过，在交变磁动势 Ni 的作用下将产生交变的磁通，其绝大部分通过铁芯而闭合，称为主磁通或工作磁通 Φ。还有很小部分从附近空气或其他非导磁媒质中通过而闭合，称为漏磁通 Φ_σ。这两种交变的磁通分别在线圈中产生主磁电动势 e 和漏磁电动势 e_σ，其方向由右手螺旋定则决定。

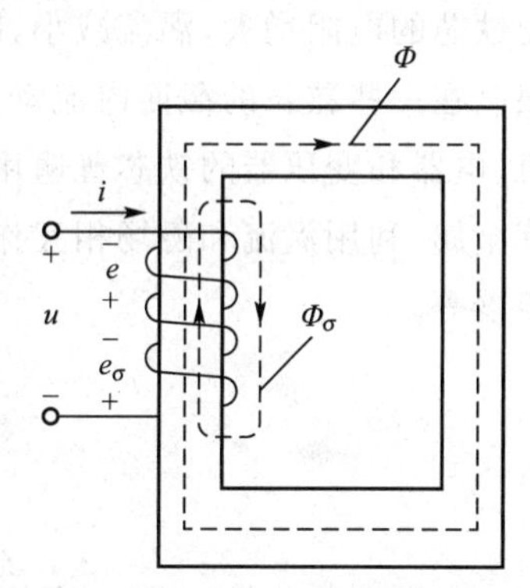

图 5-6　交流铁芯线圈电路

设线圈电阻为 R，由基尔霍夫电压定律可得铁芯线圈中的电压、电流与电动势之间的关系为：

$$u=iR-e-e_\sigma \tag{5-5}$$

这就是交流铁芯线圈的电压平衡方程式。

由于铁芯线圈电阻 R 上的电压降 iR 和漏磁通电动势 e_σ 都很小，与主磁通电动势 e 比较，均可忽略不计，故上式可写成：$u=-e$

设主磁通 $\Phi=\Phi_m\sin\omega t$，则

$$e=-N\frac{d\Phi}{dt}=-N\omega\Phi_m\cos\omega t=2\pi fN\Phi_m\sin(\omega t-90°)=E_m\sin(\omega t-90°)$$

式中，$E_m=2\pi fN\Phi_m$，是主磁通电动势 e 的最大值，而有效值则为：

$$E=\frac{E_m}{\sqrt{2}}=4.44fN\Phi_m \tag{5-6}$$

所以，外加电压的有效值为　$U\approx E=4.44fN\Phi_m=4.44fNB_mS$　(5-7)

式中，Φ_m 的单位是韦[伯](Wb)；f 的单位是赫[兹](Hz)；U 的单位是伏[特](V)。

由此可看出，在忽略线圈电阻和漏磁通的条件下，当线圈匝数 N 和电源频率 f 一定时，铁芯中的磁通最大值与外加电压有效值 U 成正比，而与铁芯的材料及尺寸无关，也就是说，当线圈匝数 N、外加电压有效值 U 和频率 f 都一定时，铁芯中的磁通最大值 Φ_m 将保持基本不变。

2. 功率损耗

在交流铁芯线圈电路中，除在线圈电阻上有功率损耗 RI^2（又称铜损 ΔP_{Cu}）外，铁芯中也会有功率损耗（又称铁损 ΔP_{Fe}），铁损又包括磁滞损耗 ΔP_h 和涡流损耗 ΔP_e 两部分。

(1)磁滞损耗 ΔP_h

铁磁材料交变磁化时产生的铁损称为磁滞损耗。它是由铁磁材料内部磁畴反复转向，磁

畴间相互摩擦引起铁芯发热而造成的损耗。可以证明，铁芯单位体积内每周期产生的磁滞损耗与磁滞回线所包围的面积成正比。为了减小磁滞损耗，交流铁芯均由软磁材料制成，如硅钢等。

(2)涡流损耗 ΔP_e

铁磁材料不仅有导磁能力，同时也有导电能力，因而在交变磁通的作用下铁芯内将产生感应电动势和感应电流，这种感应电流称为涡流，它在垂直于磁通方向的半圆内围绕磁力线呈旋涡状环流着，如图 5-7 (a)所示。涡流使铁芯发热，其功率损耗称为涡流损耗。

为了减小涡流.可采用硅钢片叠成的铁芯，它不仅有较高的磁导率，还有较大的电阻率，可使铁芯的电阻增大，涡流减小，同时硅钢片的两面涂有绝缘漆，使各片之间互相绝缘，可把涡流限制在一些狭长的截面内流动，从而减小了涡流损失，如图 5-7(b)所示。所以，各种交流电机、电器和变压器的铁芯普遍用硅钢片叠成。涡流也有其好的一面，如利用涡流的热效应来冶炼金属，利用涡流和磁场相互作用而产生电磁力的原理来制造感应式仪器、滑差电机和涡流测矩器等。

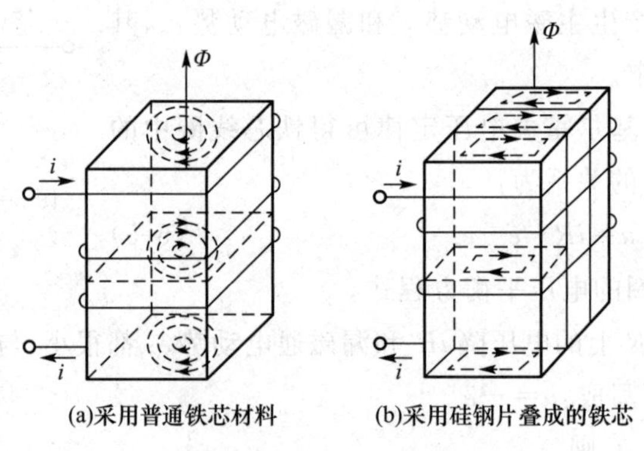

(a)采用普通铁芯材料　　(b)采用硅钢片叠成的铁芯

图 5-7　铁芯中的涡流

综上所述，交流铁芯线圈电路的功率损耗为

$$P=\Delta P_{Cu}+\Delta P_{Fe}=\Delta P_{Cu}+\Delta P_h+\Delta P_e \tag{5-8}$$

第二节　变压器的应用

变压器是一种静止的电气设备，它利用电磁感应原理将某一数值的交流电转换为同一频率另一数值的交流电。变压器具有变换电压、电流和阻抗的功能，是电力系统的重要设备，在电能的传输、分配和安全使用上意义重大；在电气控制系统、电子技术领域、焊接技术领域，变压器也起着举足轻重的作用。

一、变压器在电力系统的应用

在电力传输过程中，当输送功率及负载功率因数一定时，电压越高，输电线路上的电流就越小，可以达到减小线路压降和能量损耗、减少输电线的截面积、节省材料的目的。因此，在输电时必须利用变压器将电压升高，而在用电时，为了保证用电安全，满足用电设备的要求，又要利用变压器将电压降低。图 5-8 所示为电力系统的一种结构图，其中 B_1、B_2、B_3 均为电力变压器。

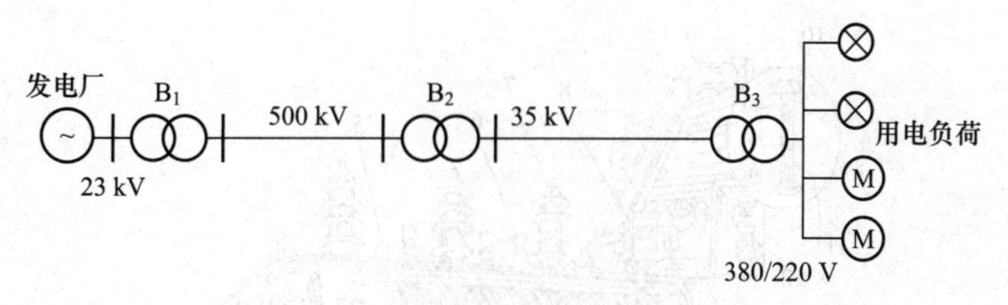

图 5-8　常用电力系统的结构图

发电厂发出的电能(23 kV)通过变压器升压(500 kV),由远距离的高压输电线输送,最后再使用变压器降压(380/220 V),分配给各个用户。

电气测量时,利用仪用变压器(电压互感器、电流互感器)的变压、变流作用,可以扩大对交流电压、电流的测量范围。

电子设备中,不仅可采用变压器提供所需要的多种数值的电压,还可利用变压器耦合电路传送信号,实现阻抗匹配。

二、变压器在日常生活中的应用

手机充电器和直流稳压电源是生活中常用的设备,其作用是将工频交流电转换为数值较小的直流电,变压器是手机充电器和直流稳压电源中体积最大、最重要的组成部分,其工作原理若用电压波形图的变换表示,则如图 5-9 所示。

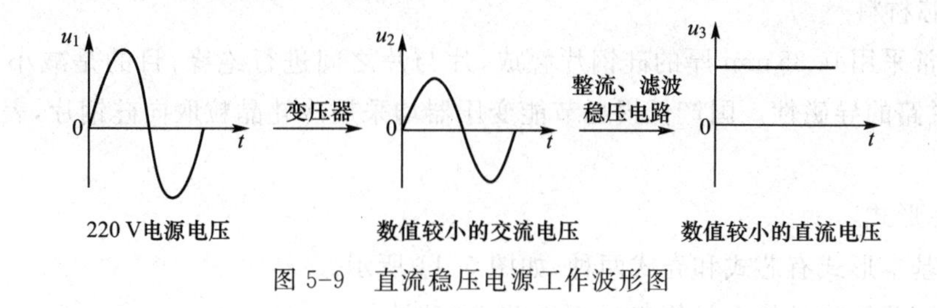

图 5-9　直流稳压电源工作波形图

第三节　变压器的基本结构和工作原理

一、变压器的基本结构

变压器的主要部件是铁芯和绕组,铁芯是磁路部分,绕组是电路部分。铁芯和绕组构成变压器的主体,它们装配在一起,称为变压器的器身。对于电力变压器,还有油箱和绝缘套管等辅助设备,图 5-10 所示为三相油浸式变压器的结构示意图。

1. 铁芯

铁芯是变压器的磁路部分,由铁芯柱(柱上套装绕组)和铁轭(连接铁芯以形成闭合磁路)组成。

小型变压器铁芯截面为矩形或正方形,大型变压器铁芯截面为阶梯形,这是为了充分利用空间。

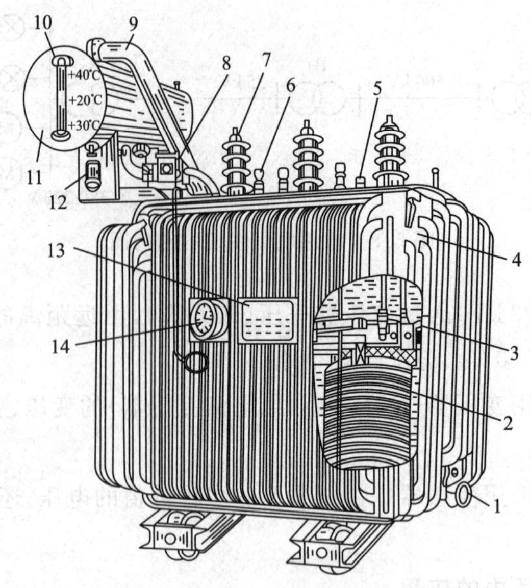

图 5-10　三相油浸式变压器的结构示意图

1—放油阀门；2—绕组；3—铁芯；4—油箱；5—分接开关；6—低压套管；7—高压套管；
8—气体继电器；9—安全气道；10—油位计；11—储油柜；12—吸湿器；
13—铭牌；14—信号式温度计

(1) 铁芯材料

铁芯通常采用 0.35 mm 厚的硅钢片叠成，片与片之间进行绝缘，目的是减小涡流和磁滞损耗，提高磁路的导磁性。国产低损耗节能变压器均采用冷轧晶粒取向硅钢片，表面采用氧化膜绝缘。

(2)铁芯形式

铁芯的基本形式有芯式和壳式两种，如图 5-11 所示。

芯式变压器结构的特点是绕组包围铁芯，这种铁芯结构比较简单，适用于电压较高的变压器。我国生产的单相和三相电力变压器多采用芯式结构铁芯。

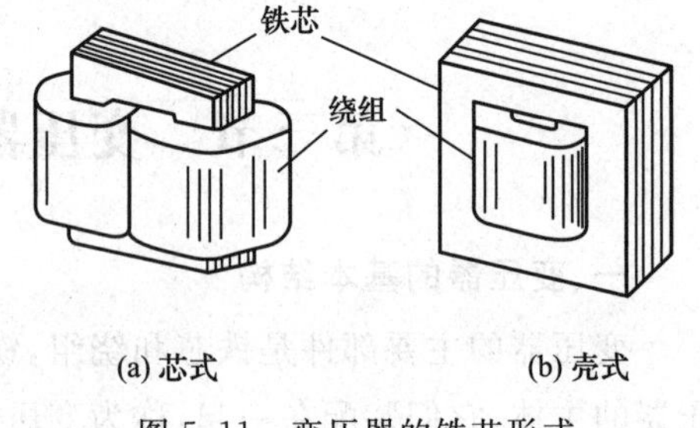

图 5-11　变压器的铁芯形式

壳式变压器结构的特点是绕组被铁芯包围，这种铁芯结构散热比较容易，机械强度比较高，适用于电流较大的变压器，如电焊变压器和电炉变压器等。小容量的电源变压器也采用壳式铁芯结构。

近年来，出现了一种渐开线式铁芯，它的铁芯柱是由硅钢片卷成渐开线的形状，然后叠成圆柱形铁芯柱，叠装比较方便。渐开线式铁芯的铁扼是用带状硅钢片卷成的，容易实现生产机械化。渐开线式铁芯的三相磁路是对称的，优点是可以节省材料，缺点是空载电流较大。

2. 绕组

绕组是变压器的电路部分，采用铜线或铝线绕制而成，装配时低压绕组靠着铁芯，高压绕组套在低压绕组外面，高、低压绕组间设置有油道(或气道)，以加强绝缘和散热。高、低压绕组两端到铁轭之间都要衬垫端部绝缘板。

(1)绕组材料

小容量的变压器一般用具有绝缘作用的漆包线绕制而成，容量稍大的变压器则用扁铜线或扁铝线绕制而成。

(2)绕组形式

根据高压绕组和低压绕组的相对位置，变压器绕组可分为同芯式绕组和交迭式绕组两种形式，如图 5-12 所示。

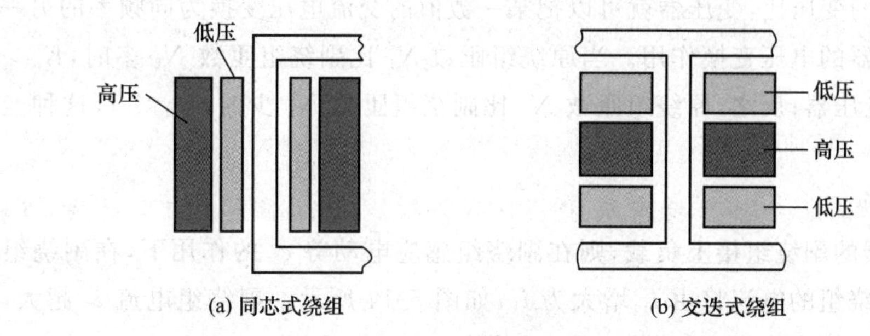

(a) 同芯式绕组　　(b) 交迭式绕组

图 5-12　绕组形式

同芯式绕组的高、低压绕组同心地套装在铁芯柱上，为了便于绝缘，一般将低压绕组套在里面，高压绕组套在外面，低压绕组与铁芯之间以及与高压绕组之间用绝缘隔开。同芯式绕组结构简单、制造方便，国产电力变压器均采用这种结构。

交叠式绕组的高、低压绕组都做成饼状，并且交替地套在铁芯柱上。为了便于绝缘，一般将低压绕组靠近铁扼，通常用于低电压、大电流的电焊以及电炉变压器。

二、变压器的工作原理

1. 电压变换

变压器的原绕组接交流电压 u_1 且副绕组开路时的运行状态称为空载运行，如图 5-13 所示。这时副绕组中的电流 $i_2=0$，开路电压用 u_{20} 表示。原绕组中通过的电流为空载电流 i_{10}，各量的参考方向如图 5-13 所示。图中 N_1 为原绕组的匝数，N_2 为副绕组的匝数。

由于副绕组开路，这时变压器的原绕组电路相当于一个交流铁芯线圈电路，通过的空载电流 i_{10} 就是励磁电流，且产生磁动势 $i_{10}N_1$，此磁动势在铁芯中产生的主磁通 Φ 通过闭合铁芯，既穿过原绕组，也穿过副绕组，于是在原绕组和副绕组中分别感应出电动势 e_1 和 e_2。e_1 和 e_2 的参考方向之间符合右手螺旋定则(见图 5-13)时，由法拉第电磁感应定律可得

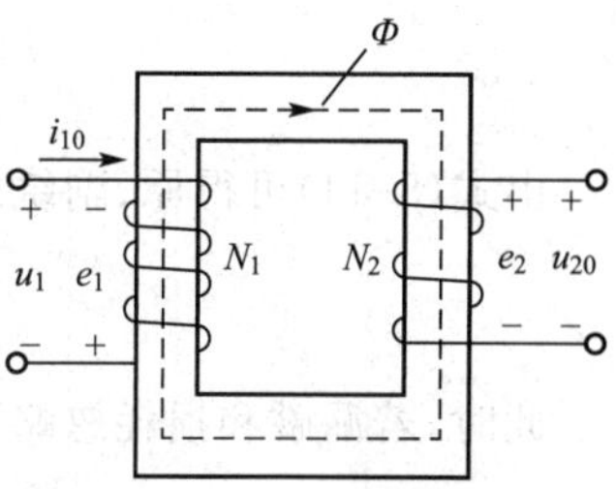

图 5-13　变压器的空载运行

$$e_1=-N_1\frac{\mathrm{d}\Phi}{\mathrm{d}t}\qquad e_2=-N_2\frac{\mathrm{d}\Phi}{\mathrm{d}t}\tag{5-9}$$

由式(5-7)可得 e_1 和 e_2 的有效值分别为

$$E_1=4.44fN_1\Phi_\mathrm{m}\qquad E_2=4.44fN_2\Phi_\mathrm{m}\tag{5-10}$$

式中，f 为交流电源的频率；Φ_m 为主磁通 Φ 的最大值。

由于铁芯线圈电阻 R 上的电压降 iR 和漏磁通电动势 e_σ 都很小，均可忽略不计，故原、副绕组中的电动势 e_1 和 e_2 的有效值近似等于原、副绕组上电压的有效值，即

$$U_1 \approx E_1 \qquad U_{20} \approx E_2$$

所以可得

$$\frac{U_1}{U_{20}} \approx \frac{E_1}{E_2} = \frac{N_1}{N_2} = K_u \tag{5-11}$$

由式(5-11)可知，变压器空载运行时，原、副绕组上电压的比值等于两者的匝数比，这个比值 K_u 称为变压器的变压比，变压器就可以把某一数值的交流电压变换为同频率的另一数值的电压，这就是变压器的电压变换作用。当原绕组匝数 N_1 比副绕组匝数 N_2 多时，$K_u > 1$，这种变压器称为降压变压器；反之，原绕组匝数 N_1 比副绕组匝数 N_2 少时，$K_u < 1$，这种变压器称为升压变压器。

2. 电流变换

如果变压器的副绕组接上负载，则在副绕组感应电动势 e_2 的作用下，在副绕组将产生电流 i_2。这时，原绕组的电流将由 i_{10} 增大为 i_1，如图 5-14 所示。副绕组电流 i_2 越大，原绕组电流 i_1 也就越大。由副绕组电流 i_2 产生的磁动势 i_2N_2 也要在铁芯中产生磁通，即这时变压器铁芯中的主磁通应由原、副绕组的磁动势共同产生。

由 $U_1 = E_1 = 4.44fN_1\Phi_m$ 可知，在原绕组的外加电压(电源电压 U_1)和频率 f 不变的情况下，主磁通 Φ_m 基本保持不变。因此，有负载时产生主磁通的原、副绕组的合成磁通势($i_1N_1 + i_2N_2$)应和空载时产生主磁通的原绕组的磁通势 $i_{10}N_1$ 基本相等，用公式表示，即

$$i_1N_1 + i_2N_2 = i_{10}N_1 \tag{5-12}$$

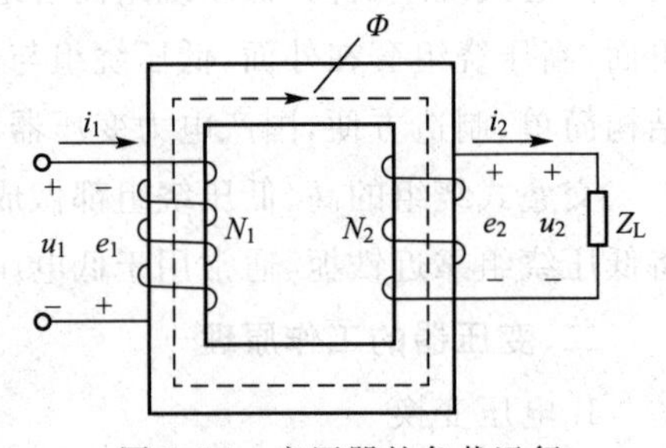

图 5-14　变压器的负载运行

如用相量表示，则为

$$\dot{I}_1N_1 + \dot{I}_2N_2 = \dot{I}_{10}N_1 \tag{5-13}$$

这一关系称为变压器的磁动势平衡方程式。

由于原绕组空载电流较小，约为额定电流的 10%，所以 $\dot{I}_{10}N_1$ 与 $\dot{I}_1N_1$ 相比，可忽略不计。即

$$\dot{I}_1N_1 \approx -\dot{I}_2N_2 \tag{5-14}$$

由式(5-14)可得原、副绕组电流有效值的关系为

$$\frac{I_1}{I_2} \approx \frac{N_2}{N_1} = \frac{1}{K_u} \tag{5-15}$$

此时，若漏磁和损耗忽略不计，则

$$\frac{U_1}{U_2} \approx \frac{N_1}{N_2} = K_u$$

从能量转换的角度来看，当副绕组接上负载后，出现电流 i_2，说明副绕组向负载输出电能，这些电能只能由原绕组从电源吸取，然后通过主磁通传递到副绕组。副绕组负载输出的电能越多，原绕组向电源吸取的电能也越多。因此，副绕组电流变化时，原绕组电流也会相应地变化。

【例 5-1】已知某变压器 $N_1=1000$，$N_2=200$，$U_1=200\,\mathrm{V}$，$I_2=10\,\mathrm{A}$。若为纯电阻负载，且漏磁和损耗忽略不计，求：U_2、I_1、输入功率 P_1 和输出功率 P_2。

解：因为
$$K_u=\frac{N_1}{N_2}=\frac{U_1}{U_2}=\frac{I_2}{I_1}=5,$$

所以
$$U_2=\frac{U_1}{K_u}=40\,\mathrm{V},\ I_1=\frac{I_2}{K_u}=2\,\mathrm{A}$$
$$P_1=U_1I_1=400\,\mathrm{W},\ P_2=U_2I_2=400\,\mathrm{W}$$

3. 阻抗变换

变压器除了有变压和变流的作用外，还有变换阻抗的作用，以实现阻抗匹配。图 5-15(a)所示的变压器原绕组接电源 u_1 副绕组的负载阻抗模为 $|Z|$，对于电源来说，图中点画线框内的电路可用另一个阻抗模 $|Z'|$ 来等效代替，如图 5-15 (b)所示。所谓等效，就是它们从电源吸取的电流和功率相等，即直接接在电源上的阻抗模 $|Z'|$ 和接在变压器副绕组的负载阻抗模为 $|Z|$ 是等效的。当忽略变压器的漏磁和损耗时，等效阻抗可通过下面计算得出。

$$|Z'|=\frac{U_1}{I_1}=\frac{U_1}{U_2}\times\frac{I_2}{I_1}\times\frac{U_2}{I_2}=\frac{N_1}{N_2}\times\frac{N_1}{N_2}\times|Z|=K_u^2|Z| \tag{5-16}$$

原、副绕组电压比 K_u(又称匝数比)不同时，负载阻抗模为 $|Z|$ 折算到原绕组的等效阻抗模 $|Z'|$ 也不同。通过选择合适的电压比 K_u，可以把实际负载阻抗模变换为所需的、比较合适的数值，这就是变压器的阻抗变换作用。在电子电路中，为了提高信号的传输功率，常用变压器将负载阻抗变换为适当的数值，即阻抗匹配。

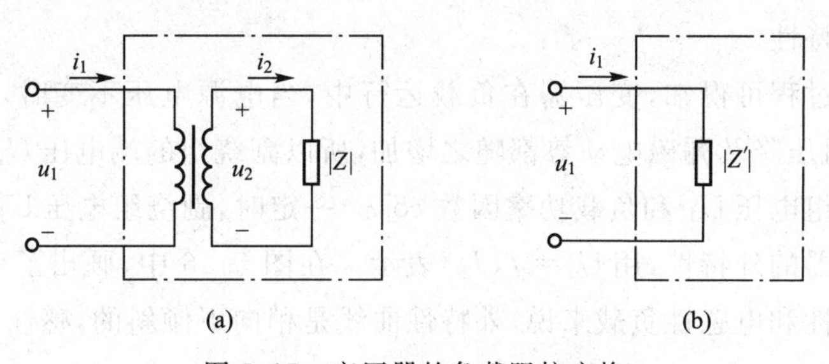

图 5-15　变压器的负载阻抗变换

第四节　变压器的运行特性

一、变压器的额定值

变压器的额定值通常标注在铭牌或书写在使用说明书中，主要有以下几种：

1. 额定电压 U_{1N} 和 U_{2N}

额定电压是根据变压器的绝缘强度和允许温升而规定的正常工作电压有效值，单位为伏或千伏。变压器的额定电压有原绕组额定电压 U_{1N} 和副绕组额定电压 U_{2N}。U_{1N} 指原绕组应加的电源电压，U_{2N} 指原绕组加 U_{1N} 时副绕组空载时的电压。三相变压器原、副绕组的额定电压 U_{1N} 和 U_{2N}，均为其线电压。

2. 额定电流 I_{1N}和 I_{2N}

额定电流是指变压器长期工作时，根据其允许温升而规定的正常工作电流有效值，单位为安。变压器的额定电流有原绕组额定电流 I_{1N}和副绕组额定电流 I_{2N}。三相变压器原、副绕组的额定电流 I_{1N}和 I_{2N}均为其线电流。

3. 额定容量 S_N

变压器的额定容量 S_N 是指变压器副绕组 U_{2N}和 I_{2N}的乘积，单位为伏安或千伏安。额定容量反映了变压器传递电功率的能力，它与变压器的实际输出功率是不同的。变压器实际使用时的输出功率取决于副绕组负载的大小和性质。

对于单相变压器来说，$S_N=U_{2N}I_{2N}$ (5-17)

对于三相变压器来说，$S_N=\sqrt{3}U_{2N}I_{2N}$ (5-18)

4. 额定频率 f_N

额定频率 f_N 是指变压器应接入的电源频率。我国电力系统工业用电的标准频率为 50 Hz。改变电源的频率会使变压器的某些电磁参数、损耗和效率发生变化，影响其正常工作。

5. 额定温升 τ_N

变压器的额定温升 τ_N 是指在基本环境温度（+40℃）下，规定变压器在连续运行时，允许变压器的工作温度超出环境温度的最大温升。

此外，变压器铭牌上还标有其他一些额定值，这里不再详细列出。

二、变压器的外特性及效率

1. 变压器的外特性

从上面的分析过程可得知，变压器在负载运行中，当电源电压不变时，随着负载的增加，原、副绕组上的电阻压降及漏磁电动势都随之增加，所以副绕组的端电压 U_2 将下降。

当变压器原绕组电压 U_1 和负载功率因数 $\cos\varphi_2$ 一定时，副绕组电压 U_2 随负载电流 I_2 变化的曲线称为变压器的外特性，用 $U_2=f(I_2)$表示。在图 5-16 中，画出了变压器的两条外特性曲线。对于电阻性和电感性负载来说，外特性曲线是稍向下倾斜的，感性负载的功率因数越低，U_2 下降得越快。

从空载到额定负载，变压器外特性的变化程度可用曲线电压变化率 ΔU 来表示，即

$$\Delta U=\frac{U_{20}-U_2}{U_{20}}\times 100\% \tag{5-19}$$

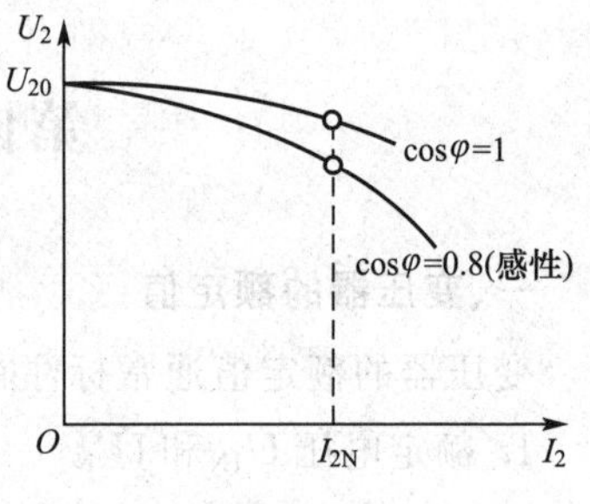

图 5-16 变压器的外特性

当负载变化时，通常希望电压 U_2 的变化越小越好，在一般变压器中，其电阻和漏磁感抗均很小，电压变化率较小，电力变压器的电压变化率一般在 5%左右，而小型变压器的电压变化率可达 20%。

2. 变压器的效率

与交流铁芯线圈的功率损耗一样，变压器的功率损耗包括铁芯中的铁损 ΔP_{Fe}和绕组上的铜损 ΔP_{Cu}两部分。铁损的大小与铁芯内磁感应强度的最大值 B_m 有关，而与负载的大小无关；铜损则与负载的大小有关。所以，输出功率将略小于输入功率，变压器的效率通常用输出

功率 P_2 与输入功率 P_1 之比来表示，即

$$\eta=\frac{P_2}{P_1}\times 100\%=\frac{P_2}{P_2+\Delta P_{\mathrm{Fe}}+\Delta P_{\mathrm{Cu}}}\times 100\% \tag{5-20}$$

变压器的功率损耗很小，所以效率很高，通常在95%以上。在一般电力变压器中，当负载为额定负载的50%～75%时，效率达到最大值。所以，应合理地选用变压器的容量，避免长期轻载运行或空载运行。

第五节　特殊变压器

一、自耦变压器

如果变压器的原、副绕组共用一个绕组，其中副绕组为原绕组的一部分，如图5-17所示，这种变压器称为自耦变压器。由于同一主磁通穿过原、副绕组，所以原、副绕组电压之比仍等于它们的匝数比，电流之比仍等于它们的匝数比的倒数，即

$$\frac{U_1}{U_{20}}\approx\frac{E_1}{E_2}=\frac{N_1}{N_2}=K_u,\ \frac{I_1}{I_2}\approx\frac{N_2}{N_1}=\frac{1}{K_u}$$

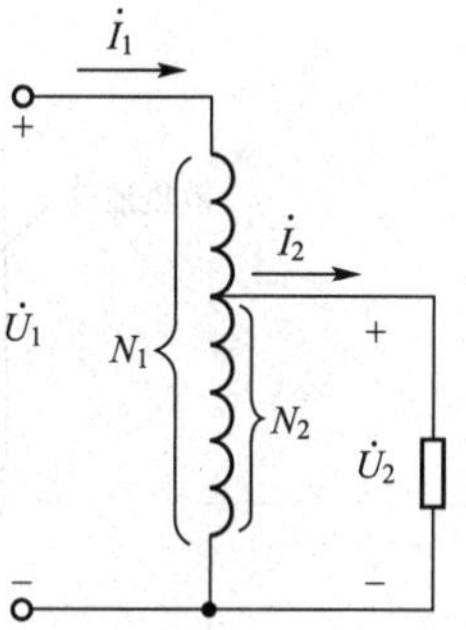

图5-17　自耦变压器的电路图

与普通变压器相比，自耦变压器用料少，重量轻，尺寸小，但由于原、副绕组之间既有磁的联系又有电的联系，故不能用于要求原、副绕组电路隔离的场合。在实用中，为了得到连续可调的交流电压，常将自耦变压器的铁芯做成圆形，副绕组抽头做成滑动触点，可以自由滑动，自耦变压器的外形、示意图和表示符号分别如图5-18(a)、(b)、(c)所示。当用手柄移动触点的位置时，就改变了副绕组的匝数，调节了输出电压的大小。这种自耦变压器又称调压器，常用于实验室中交流调压。使用自耦调压器时应注意以下几点：

① 原绕组输入端接电源相线，公共端接电源中性线。原、副绕组不能对调使用，否则可能会烧坏绕组，甚至造成电源短路。

② 接通电源前，先将滑动触点移至零位，接通电源后再逐渐转动手柄，将输出电压调到所需值。用完后，再将手柄转回零位，以备下次安全使用。

③ 输出电压无论多低，其电流不允许大于额定电流。

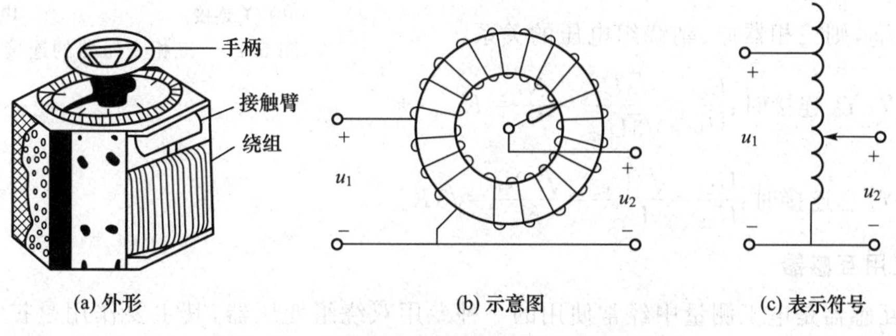

(a) 外形　(b) 示意图　(c) 表示符号

图5-18　自耦调压器外形、示意图和表示符号

二、三相电力变压器

在电力系统中,用于变换三相交流电压、输送电能的变压器,称为三相电力变压器,如图 5-19所示,其中图 5-19(a)为它的外形图,图 5-19(b)为它的电路图。它有 3 个芯柱,分别绕有一相的原、副绕组。由于三相原绕组所加的电压是对称的,因此三相磁通也是对称的,副绕组电压也是对称的。三相变压器的冷却方式通常都采用油冷式,铁芯和绕组都浸在装有绝缘油的油箱中,通过油管将热量散发于大气中。考虑到油会热胀冷缩,故在变压器油箱上置一储油柜和油位计。此外,还装有一根防爆管、一旦发生故障(例如短路事故),产生大量气体时,高压气体将冲破防爆管前端的塑料薄片而释放,从而避免变压器发生爆炸。

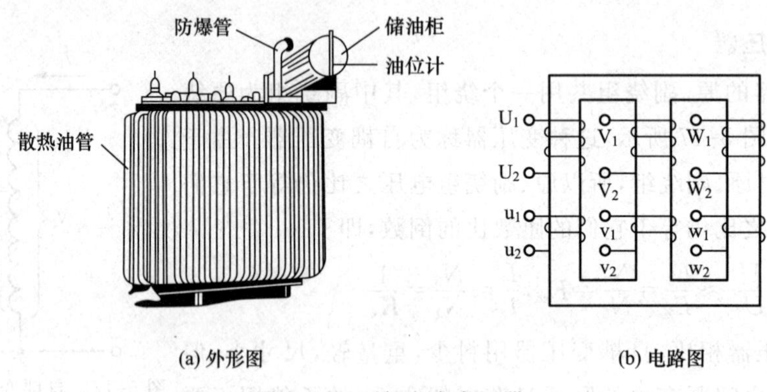

图 5-19 三相电力变压器

三相变压器的原、副绕组可以根据需要分别接成星形或三角形。三相电力变压器的常见连接方式是 Y/Y₀ 和 Y/△两种形式,如图 5-20 所示,其中图 5-20(a)为 Y/Y₀ 连接,图 5-20(b)为 Y/△连接。Y/Y₀ 连接不仅给用户提供了三相电源,同时还提供了单相电源,通常使用于动力负载和照明负载共用的三相四线制系统;Y/△连接的变压器主要用在变电站,作为降压或升压使用。

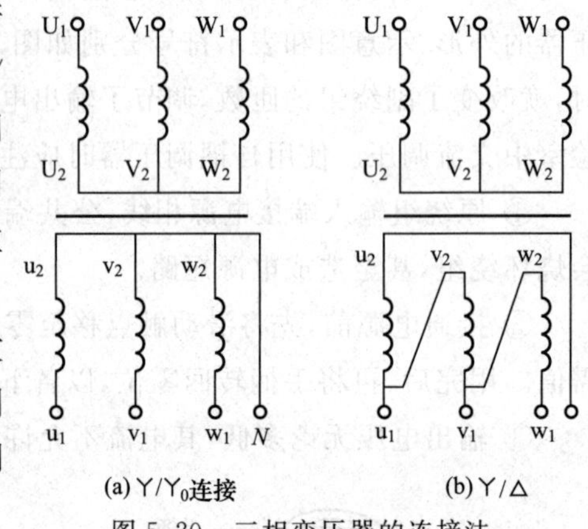

图 5-20 三相变压器的连接法

三相变压器原、副绕组电压的比值,不仅与匝数比有关,而且与连接有关。设原、副绕组的匝数分别为 N_1 和 N_2,线电压分别为 U_{L1} 和 U_{L2},相电压分别为 U_{P1} 和 U_{P2},则三相器原、副绕组电压的关系:

当为 Y/Y₀ 连接时:$\dfrac{U_{L1}}{U_{L2}}=\dfrac{\sqrt{3}U_{P1}}{\sqrt{3}U_{P2}}=\dfrac{N_1}{N_2}=K_u$

当为 Y/△连接时:$\dfrac{U_{L1}}{U_{L2}}=\dfrac{\sqrt{3}U_{P1}}{U_{P2}}=\dfrac{\sqrt{3}N_1}{N_2}=\sqrt{3}K_u$

三、仪用互感器

仪用互感器是电工测量中经常使用的一种专用双绕组变压器,其主要作用是扩大测量仪表的量程和控制、保护电路用的一种特殊用途的变压器。仪用互感器按用途不同分为电压互感器和电流互感器两种。

1. 电压互感器

电压互感器是常用来扩大电压测量范围的仪器，如图 5-21 所示。其中，图 5-21(a)为它的外形图 5-21(b)为它的电路图。其原绕组匝数(N_1)多，与被测的高压电网并联；副绕组匝数(N_2)少，与电压表或功率表的电压线圈连接。因为电压表或功率表的电压线圈电阻很大，所以电压互感器副绕组电流很小，近似于变压器的空载运行，根据电压变换原理可得：

$$U_1=\frac{N_1}{N_2}U_2=K_uU_2 \tag{5-21}$$

由式(5-21)可知，将测得的副绕组电压 U_2 乘以变压比 K_u，便是原绕组高压侧的电压 U_1，故可用低量程的电压表去测量高电压。通常，电压互感器不论其额定电压是多少，其副绕组额定电压皆为 100 V，可采用统一的 100 V 标准电压表。因此，在不同电压等级的电路中所用的电压互感器，其电压比是不同的，其原绕组的额定电压应选得与被测线路的电压等级相一致，例如 6000/100、10000/100 等。

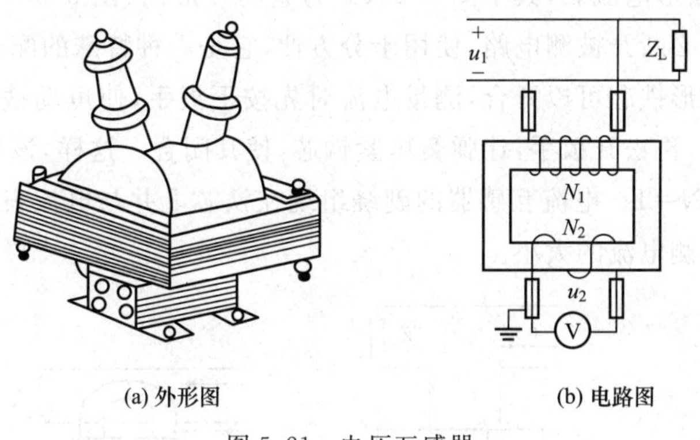

图 5-21　电压互感器

使用电压互感器时，其铁芯、金属外壳及副绕组的一端都必须可靠接地。因为当原、副绕组间的绝缘层损坏时，副绕组将出现高电压，若不接地，则危及运行人员的安全。此外，电压互感器的原、副绕组一般都装有熔断器作为短路保护，以免电压互感器副绕组发生短路事故后，极大的短路电流烧坏绕组。

2. 电流互感器

电流互感器是常用来扩大电流测量范围的仪器，如图 5-22 所示，其中，图 5-22(a)为它的外形图，(b)图为它的电路图。它的原绕组匝数(N_1)少，有的则直接将被测回路导线作原绕组，与被测量的主线路相串联，流过原绕组的电流为主线路的电流 I_1；它的副绕组匝数(N_2)较多，导线较细，与电流表或功率表的电流线圈串联，流过整个闭合的副绕组的电流为 I_2。根据电流变换原理可得：

$$I_1=\frac{N_2}{N_1}I_2=\frac{1}{K_u}I_2=K_iI_2 \tag{5-22}$$

式(5-22)可知，将测得的副绕组电流 I_2 乘以变流比 K_i，便是原绕组被测主线路的电流 I_1 的值，故可用低量程的电流表去测量大电流。通常电流互感器不论其额定电流是多少，其副绕组额定电流都为 5 A,可采用统一的 5 A 标准电流表。因此,在不同电流等级的电路中所用的电流互感器,其电流比是不同的,其原绕组的额定电流值应选得与被测主线路的最大工作电流值等级相一致,例如 30/5、50/5、100/5 等。

与电压互感器一样,使用电流互感器时,为了安全,其铁芯、金属外壳及副绕组的一端都必须可靠接地,以防止当原、副绕组间的绝缘层损坏时,副绕组将出现高电压,若不接地,则危及运行人员的安全。此外,电流互感器在运行中不允许其副绕组开路,因为它正常工作时,流过其原绕组的电流就是主电路的负载电流,其大小决定于供电线路上负载的大小,而与副绕组的电流几乎无关,这点和普通变压器是不同的。正常工作时,磁路的工作主磁通由原、副绕组的合成磁动势($\dot{I}_1N_1+\dot{I}_2N_2$)产生,因为磁动势 $\dot{I}_1N_1$ 和 $\dot{I}_1N_2$ 是相互抵消的,故合成磁动势和主磁通值都较小。当副绕组开路时,则 $\dot{I}_2$ 和 $\dot{I}_2N_2$ 都为零,合成磁动势变为 $\dot{I}_1N_1$,主磁通将急剧增加,使铁损剧增,铁芯过热而烧毁绕组;同时副绕组会感应出很高的过电压,危及绕组绝缘和工作人员的安全。

图 5-23 所示为钳形电流表,其中图 5-23(a)为它的外形图,图 5-23(b)图为它的电路图。用它来测量电流时不必断开被测电路,使用十分方便,它是一种特殊的配有电流互感器的电流表。电流互感器的钳形铁芯可以开合,测量电流时先按下扳手,使可动铁芯张开,将被测电流的导线放在铁芯中间,再松开扳手,让弹簧压紧铁芯,使其闭合。这样,该导线就成为电流互感器的原绕组,其匝数 $N=1$。电流互感器的副绕组绕在铁芯上并与电流表接成闭合回路,可从电流表上直接读出被测电流的大小。

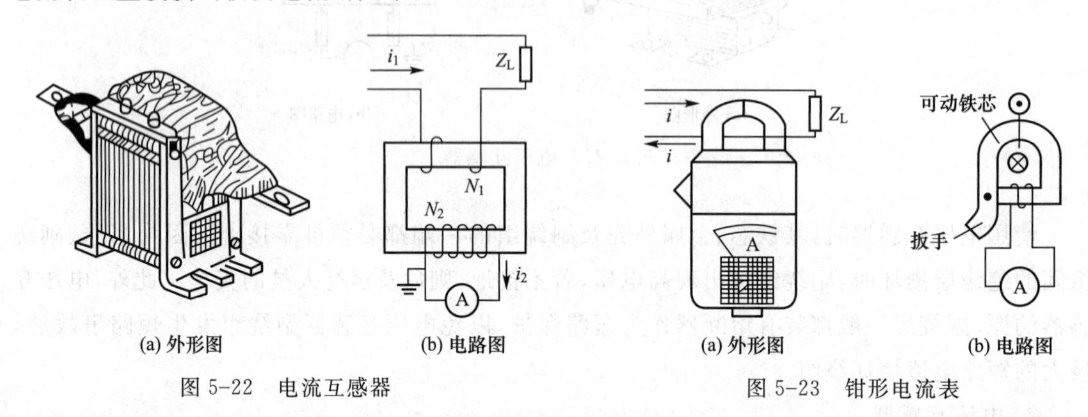

图 5-22 电流互感器

图 5-23 钳形电流表

四、变压器绕组的极性

1. 绕组的极性及同名端的概念

要正确使用变压器,就必须了解绕组的同名端(又称为同极性端)概念。绕组的同名端是绕组与绕组间、绕组与其他电气元件间正确连接的依据,并可用来分析原、副绕组间电压的相位关系。在变压器绕组接线及电子技术放大电路、振荡电路、脉冲输出电路等的接线与分析中,都要用到同名端的概念。

绕组的极性,是指绕组在任意瞬时两端产生的感应电动势的瞬时极性,它总是从绕组的相对瞬时电位的低电位端(常用符号“-”来表示)指向高电位端(常用符号“+”来表示)。两个磁耦合作用联系起来的绕组,如变压器的原、副绕组,当某一瞬时原绕组某一端点的瞬时电位相对于原绕组的另一端为正时，副绕组也必有一对应的端点，其瞬时电位相对于副绕组的另一端点也为正。我们把原、副绕组电位瞬时极性相同的端点称为同极性端，也称为同名端，通常用符号“·”表示。

2. 绕组的串联和并联

图 5-24(a)中的 1 和 3 是同名端。当电流从两个线圈的同名端流入(或流出)时，产生的磁通的方向相同；或者当磁通变化(增大或减小)时，在同名端感应电动势的极性也相同。在图 5-24 (b)和图 5-24(c)中，绕组中的电流正在增大，感应电动势的极性(或方向)如图中所示。

在使用变压器或者其他有磁耦合的互感线圈时，要注意线圈的正确连接。譬如，变压器的原绕组有相同的两个绕组，如图 5-24(a)中的 1-2 和 3-4。当接到 220 V 的电源上时，两绕组应串联(假设两个绕组的额定电压都力 110 V)，如图 5-24(b)所示；接到 110 V 的电源上时，两绕组应并联如图 5-24(c)所示。如果连接错误，譬如串联时将 2 和 4 两端接在一起，将 1 和 3 两端接电源，这样，两个绕组的磁通势就互相抵消，铁芯中不产生磁通，绕组中也就没有感应电动势，绕组中将流过很大的电流，把变压器烧毁。

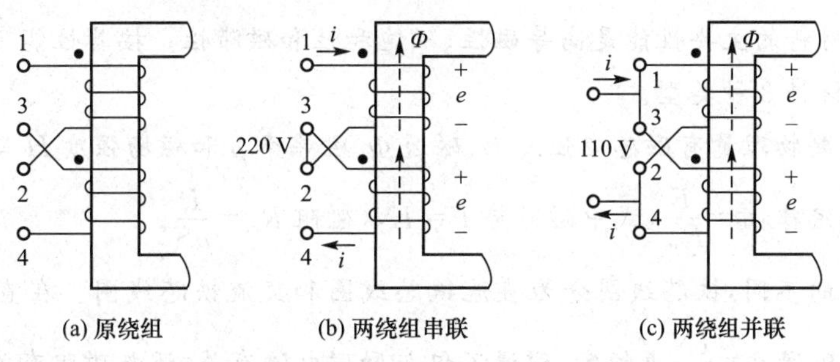

图 5-24　变压器原绕组的串联与并联

如果将其中一个线圈反绕，如图 5-25 所示，则 1 和 4 两端应为同名端。串联时应将 2 和 4 两端联在一起。可见，哪两端是同名端，还和线圈绕向有关。只要线圈绕向知道，同名端就不难定出。

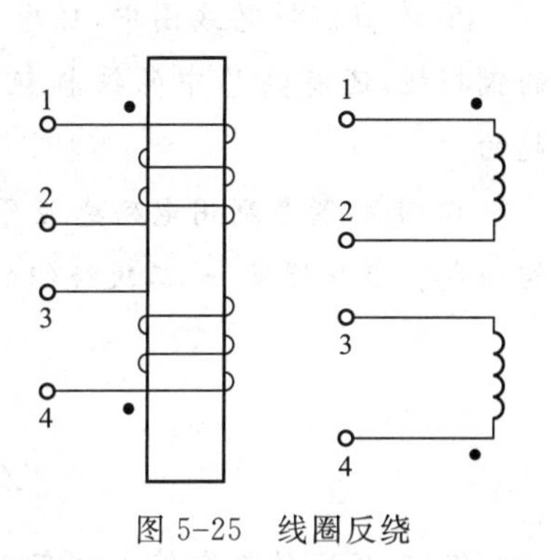

图 5-25　线圈反绕

3. 同名端的判断

已制成的变压器、互感器等设备，通常都无法从外观上看出绕组的绕向，若使用时要知道它的同名端，便可用实验法测定。

① 直流法：将变压器的两个绕组按图 5-26 所示连接，当开关 S 闭合瞬间，如电流表的指针正好指向绕组 A 的 1 端时，1 端的感应电动势极性为“+”，而电流表正向偏转，则绕组 A 的 1 端和绕组 B 的 3 端为同名端，这是因为当不断增大的电流正向偏转，说明绕组 B 的 3 端此时也为“+”，所以 1、3 端为同名端。如果电流表的指针反向偏转，则绕组 A 的 1 端和绕组 B 的 4 端为同名端。

② 交流法：把变压器的两个绕组的任意两端连在一起(如 2 端和 4 端)，在其中一个绕组(如 A 绕组)上接上一个较低的交流电压，如图 5-27 所示，再用交流电压表分别测量 U_{12}、U_{13}

和 U_{34}，若 $U_{13}=U_{12}-U_{34}$，则 1 端和 3 端为同名端；若 $U_{13}=U_{12}+U_{34}$，则 1 端和 3 端为异名端（即 1 端和 4 端为同名端），测量原理读者可自行分析。

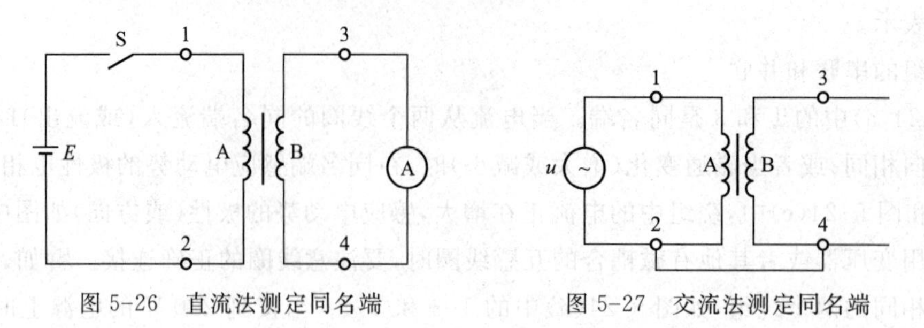

图 5-26　直流法测定同名端　　图 5-27　交流法测定同名端

小　结

① 在电气设备中，常采用铁磁材料做铁芯，使磁场集中分布于由铁芯构成的闭合路径内，形成磁路。铁磁材料的主要性能是高导磁性、磁饱和性和磁滞性。按其性能可分为软磁材料、硬磁材料和矩磁材料 3 种类型。

② 磁路的主要物理量有磁感应强度 B、磁通 Φ、磁导率 μ 和磁场强度 H 等。

③ 磁路欧姆定律：$\Phi=\dfrac{F}{R_m}$，式中磁通势 $F=IN$，磁阻 $R_m=\dfrac{L}{\mu S}$。

④ 根据电源的不同，铁芯线圈分为直流铁芯线圈和交流铁芯线圈。在直流铁芯线圈中，电流 $I=\dfrac{U}{R}$ 恒定，磁通 $\Phi=\dfrac{IN}{R_m}$ 也恒定，磁通不仅与励磁电流有关，还与磁阻有关。

⑤ 在直流铁芯线圈中，功率损耗只产生在线圈电阻上；而在交流铁芯线圈中，除了线圈中的铜损耗，还有铁芯中的铁损耗。铜损耗是由线圈电阻引起的，铁损耗是由磁滞和涡流引起的。

⑥ 变压器是利用电磁感应原理传输电能或信号的，由闭合铁芯和绕在其上的一、二次绕组组成。变压器按一、二次绕组的匝数比可以变换电压、变换电流和变换阻抗：

$$\frac{U_1}{U_2}\approx\frac{N_1}{N_2}=K_u,\ \frac{I_1}{I_2}\approx\frac{N_2}{N_1}=\frac{1}{K_u}$$

$$|Z'|=\frac{N_1}{N_2}\times\frac{N_1}{N_2}\times|Z|=K_u{}^2|Z|$$

⑦ 变压器的额定值主要有额定电压、额定电流、额定容量和额定频率。使用变压器时必须使一次侧额定电压符合电源电压，二次侧电压满足负载的要求，额定容量等于或略大于负载所需的视在功率，额定频率符合电源的频率和负载的要求。

变压器的外特性和电压变化率是评价供电质量的重要指标。变压器的外特性是指一次侧电压不变，二次侧电压随二次侧电流变化的曲线，对电阻性和电感性负载，是一条稍微向下倾斜的曲线；电压变化率：

$$\Delta U=\frac{U_{20}-U_2}{U_{20}}$$

变压器的效率：

$$\eta=\frac{P_2}{P_1}\times100\%=\frac{P_2}{P_2+\Delta P_{Fe}+\Delta P_{Cu}}100\%$$

变压器接近满载时效率很高，轻载时效率很低，应合理选择变压器的容量。

⑧ 自耦变压器的特点是一次侧与二次侧共用一个绕组，一、二次侧既有磁的联系又有电的联系。由自耦变压器构成的调压器，其二次侧绕组匝数可以通过滑动触点任意改变，因此二次侧电压可以平滑调节。

⑨ 仪器仪表中的小功率电源变压器常有多个绕组，各绕组之间的电压比仍为匝数比，一次绕组的电流和输入功率由各二次绕组的电流和功率决定。

变压器绕组并联时应把两对同名端分别联在一起，串联时应把一对异名端联在一起。确定同名端是看主磁通在每个绕组中产生感应电动势的极性，任一瞬时同为正极性(或同为负极性)的端点即为同名端，通常用符号"·"表示。

⑩ 三相电力变压器有3个一次绕组和2个二次绕组，可分别连成星形或三角形，常见的三相绕组接法有Y/Y_0和$Y/\triangle$两种，其一、二次绕组线电压的比值与绕组连接方式有关。作Y/Y_0连接时$\frac{U_{L1}}{U_{L2}}=K_u$；作$Y/\triangle$连接时，$\frac{U_{L1}}{U_{L2}}=\sqrt{3}K_u$。三相变压器的额定电压和额定电流是指线电压和线电流，额定容量$S_N=\sqrt{3}U_{2N}I_{2N}$。

⑪ 电压互感器用于测量高电压，一次绕组并联于待测电路，二次绕组连接电压表，不允许短路；电流互感器用于测量大电流，一次绕组串联于待测电路，二次绕组连接电流表，不允许开路。

习　　题

一、填空题

1. 一台接到电源频率固定的变压器，在忽略漏阻抗压降条件下，其主磁通的大小取决于________的大小，而与磁路的________基本无关，其主磁通与励磁电流成________关系。

2. 变压器铁芯导磁性能越好，其励磁电抗越________，励磁电流越________。

3. 变压器带负载运行时，若负载增大，其铁损耗将________，铜损耗将________(忽略漏阻抗压降的影响)。

4. 当变压器负载一定，电源电压下降，则空载电流I_0________，铁损耗P_{Fe}________。

5. 一台2 kV·A，400/100 V的单相变压器，低压侧加100 V，高压侧开路，测得，$I_0=2$ A；$P_0=20$ W；当高压侧加400 V，低压侧开路，测得$I_0=$________ A，$P_0=$________ W。

6. 变压器短路阻抗越大，其电压变化率就________，短路电流就________。

7. 变压器等效电路中的X_m是对应于________电抗，R_m是表示________电阻。

8. 三相变压器的连接组别不仅与绕组的________和________有关，而且还与三相绕组的________有关。

9. 变压器空载运行时功率因数很低，这是由于________。

二、判断题

1. 一台变压器一次电压不变，二次侧接电阻性负载或接电感性负载，如负载电流相等，则

两种情况下，二次电压也相等。 ( )

2. 变压器在一次侧外加额定电压不变的条件下，二次电流大，导致一次电流也大，因此变压器的主磁通也大。 ( )

3. 变压器的漏抗是个常数，而其励磁电抗却随磁路的饱和而减少。 ( )

4. 自耦变压器由于存在传导功率，因此其设计容量小于铭牌的额定容量。 ( )

5. 使用电压互感器时其二次侧不允许短路，而使用电流互感器时二次侧则不允许开路。 ( )

三、单项选择题

1. 变压器空载电流小的原因是( )。

A. 一次绕组匝数多，电阻很大 B. 一次绕组的漏抗很大

C. 变压器的励磁阻抗很大 D. 变压器铁芯的电阻很大

2. 空载损耗( )。

A. 全部为铜损耗 B. 全部为铁损耗

C. 主要为铜损耗 D. 主要为铁损耗

3. 一台变压器一次侧接在额定电压的电源上，当二次侧带纯电阻负载时，则从一次侧输入的功率( )。

A. 只包含有功功率 B. 只包含无功功率

C. 既有有功功率，又有无功功率 D. 为零

4. 变压器中，不考虑漏阻抗压降和饱和的影响，若一次电压不变，铁芯不变，而将匝数增加，则励磁电流( )。

A. 增加 B. 减少 C. 不变 D. 基本不变

四、简答题

1. 变压器是怎样实现变压的？为什么能变电压，而不能变频率？

2. 变压器铁芯的作用是什么？为什么要用 0.35 mm 厚、表面涂有绝缘漆的硅钢片叠成？

3. 变压器一次绕组若接在直流电源上，二次侧会有稳定的直流电压吗，为什么？

4. 一台 380 V/220 V 的单相变压器，如不慎将 380 V 加在低压绕组上，会产生什么现象？

5. 为什么要把变压器的磁通分成主磁通和漏磁通，它们有哪些区别？并指出空载和负载时产生各磁通的磁动势。

6. 变压器空载电流的性质和作用如何，其大小与哪些因素有关？

7. 当变压器一次绕组匝数比设计值减少而其他条件不变时，铁芯饱和程度、空载电流大小、铁损耗、二次感应电动势和变比都将如何变化？

8. 一台频率为 60 Hz 的变压器接在 50 Hz 的电源上运行，其他条件都不变，问主磁通、空载电流、铁损耗和漏抗有何变化？为什么？

9. 变压器的励磁电抗和漏电抗各对应于什么磁通，对已制成的变压器，它们是否是常数？当电源电压降至额定值的一半时，它们如何变化？这两个电抗大好还是小好，为什么？并比较这两个电抗的大小。

第六章 三相异步电动机

学习目标

- 掌握三相异步电动机的结构；
- 掌握三相异步电动机的工作原理；
- 掌握三相异步电动机的机械特性；
- 掌握三相异步电动机的启动、制动与调速方法。

交流电动机可分为异步电动机和同步电动机两大类。异步电动机主要用作各种生产机械。异步电动机具有结构简单，制造、使用和维护方便、运行可靠，价格便宜及效率较高等优点，但也存在以下缺点：

① 功率因数较差。因为在运行时需从电网吸取感性无功电流来建立磁场，从而降低了电网功率因数。

② 启动和调速性能较差。但近年来，随着电力电子技术、自动控制技术及计算机应用技术的发展，异步电动机的调速性能有了实质性的进展。因此，在国民经济发展中，异步电动机得到了更为广泛的应用。例如，在工业生产中，异步电动机用于拖动中小型轧钢设备、各种金属切削机床、轻工机械和矿山机械等；在农业生产中，异步电动机用于拖动水泵、脱粒机、粉碎机以及其他农副产品的加工机械；在民用电器方面，电风扇、洗衣机、电冰箱、空调机等也都是用异步电动机来拖动。

异步电动机也可作为发电机使用，但一般只用于小型水力发电和风力发电等特殊场合。

异步电动机按相数分，主要分为三相、两相和单相异步电动机，三相异步电动机是当前工农业生产中应用最普遍的电动机；两相异步电动机通常用作控制电动机；而单相异步电动机由于容量较小、性能较差，一般应用在实验室和家用电器中。

本章主要介绍三相异步电动机的基本构造、转动原理、运行特性及启动、反转、调速、制动的方法和常见的故障及处理方法。

第一节　三相异步电动机的结构

三相异步电动机的结构主要由定子和转子两大部分组成。转子装存定子腔内，定、转子之间有一缝隙，称为气隙。图 6-1 所示为异步电动机的结构图。

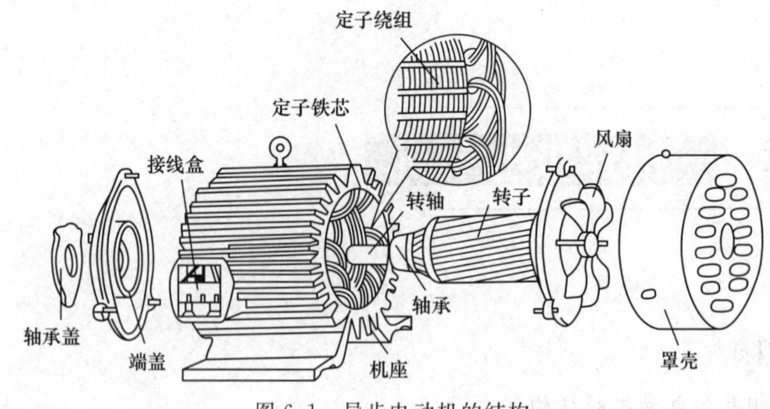

图 6-1　异步电动机的结构

一、定子部分

定子子部分主要由定子铁芯、定子绕组和机座三部分组成。

定子铁芯是电机磁路的一部分，为减少铁芯损耗，一般由 0.5 mm 厚的导磁性能较好的硅钢片叠成，安放在机座内。定子铁芯叠片冲有嵌放绕组的槽，故又称为冲片。中、小型电动机的定子铁芯和转子铁芯都采用整圆冲片，如图 6-2 和图 6-3 所示。大、中型电动机常采用扇形冲片拼成一个圆。为了冷却铁芯，在大容量电动机中，定子铁芯分成很多段，每两段之间留有径向通风槽，作为冷却空气的通道。

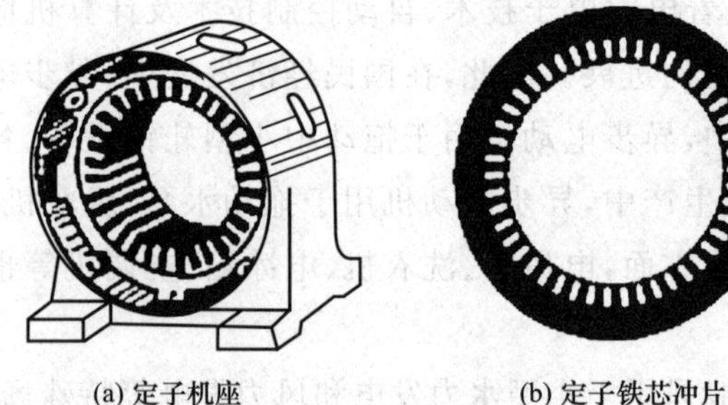
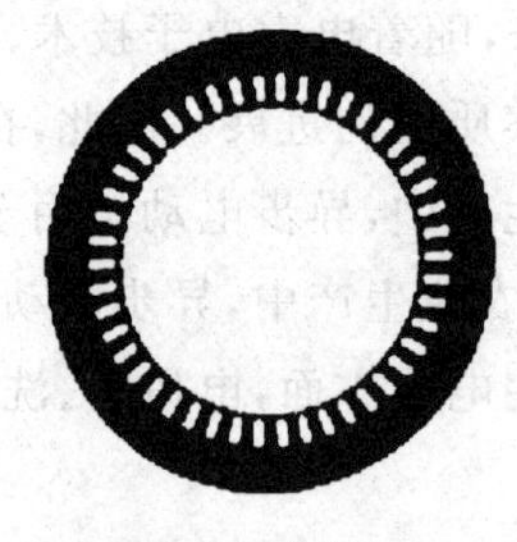
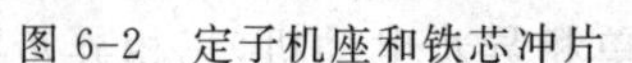
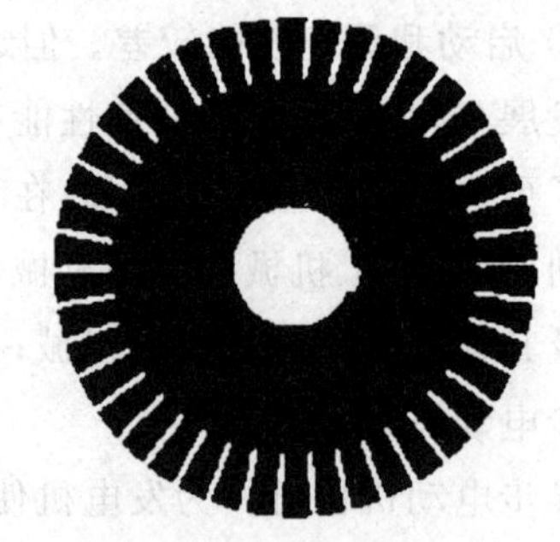

(a) 定子机座　(b) 定子铁芯冲片

图 6-2　定子机座和铁芯冲片　　图 6-3　转子铁芯冲片

定子绕组是电动机的电路部分，它嵌放在定子铁芯的内圆槽内。定子绕组分单层和双层两种。一般小型异步电动机采用单层绕组，大、中型异步电动机采用双层绕组。

机座的作用是固定和支撑定子铁芯及端盖，因此，机座应有较好的机械强度和刚度。中、小型电动机一般用铸铁机座，大型电动机的机座则用钢板焊接而成。

二、转子部分

转子主要由转子铁芯、转子绕组和转轴三部分组成。整个转子靠端盖和轴承支撑着。转子的主要作用是产生感应电流，形成电磁转矩，以实现机电能量的转换。

转子铁芯是电动机磁路的一部分，一般也用 0.5 mm 厚的硅钢片叠成，转子铁芯叠片冲有嵌放绕组的槽，如图 6-3 所示。转于铁芯固定在转轴或转子支架上。

根据转子绕组的结构形式，异步电动机分为笼形转子和绕线转子两种。

1. 笼形转子

在转子铁芯的每一个槽中，插入一根裸导条，在铁芯两端分别用两个短路环把导条连接成一个整体，形成一个自身闭合的多相对称短路绕组。如果去掉转子铁芯，整个绕组犹如一个“松鼠笼子”，由此得名笼形转子，如图 6-4 所示。中、小型电动机的笼形转子一般都采用铸铝的，如图 6-4 (b)所示。大型电动机则采用铜导条，如图 6-4 (a)所示。

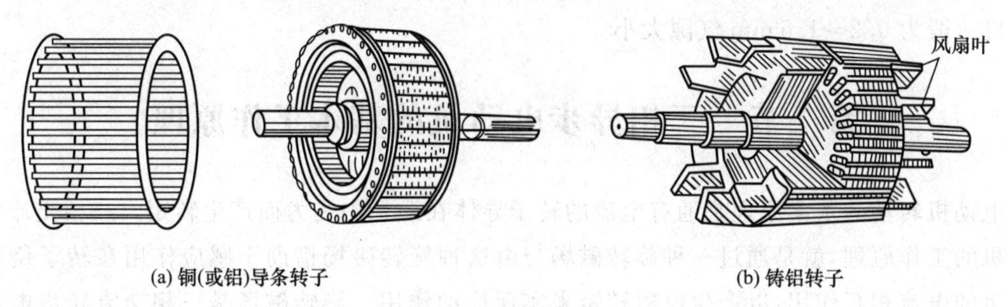

图 6-4　笼形转子

2. 绕线转子

绕线转子绕组与定子绕组相似，它是在绕线转子铁芯的槽内嵌有绝缘导线组成的三相绕组，一般为星形连接，3 个端头分别接在与转轴绝缘的 3 个滑环上，再经一套电刷引出来与外电路相连，如图 6-5 所示。

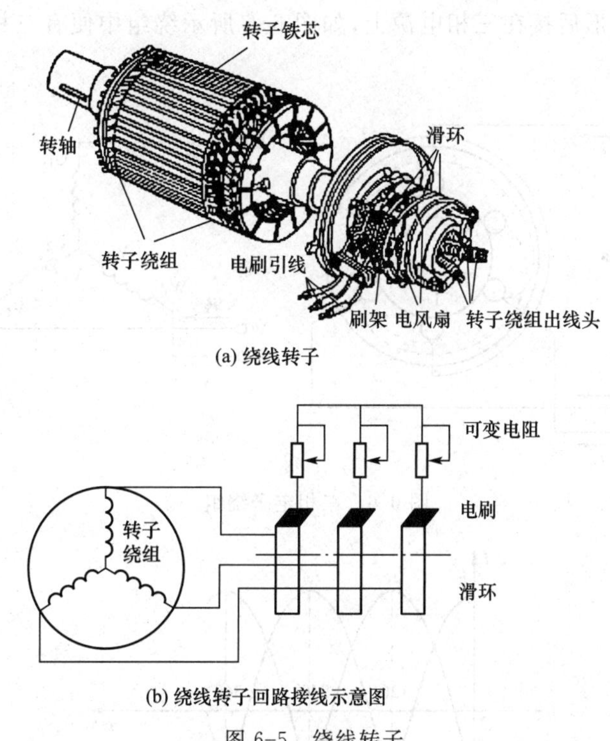

图 6-5　绕线转子

一般绕线转子电动机在转子回路中串电阻，若仅用于启动，则为减少电刷的摩擦损耗，还装有提刷装置。

转轴用强度和刚度较高的低碳钢制成。

三、气隙

异步电动机的气隙是均匀的,气隙大小对异步电动机的运行性能和参数影响较大。由于励磁电流由电网供给,气隙越大,励磁电流也就越大,而励磁电流又属无功性质,它要影响电网的功率因数,因此异步电动机的气隙大小往往为机械条件所能允许达到的最小数值,中、小型电动机一般为 0.2～1.5 mm 气隙大小。

第二节　三相异步电动机的基本工作原理

电动机转动的基本原理是通有电流的转子导体在磁场中受力而产生转矩。三相交流异步电动机的工作原理,就是通过一种旋转磁场与由这种旋转磁场借助于感应作用在转子绕组内所产生的电流相互作用,以产生电磁转矩来实现拖动作用。旋转磁场是三相交流异步电动机实现机电能量转换的前提,因此首先要研究旋转磁场的产生。

一、旋转磁场

1. 旋转磁场的产生

图 6-6 所示为一台三相笼形异步电动机的示意图。在定子铁芯里嵌放着对称的三相绕组 $U_1—U_2$、$V_1—V_2$、$W_1—W_2$,它们在空间位置是 V 相从 U 相后移 120°,W 相从 V 相后移 120°。若将三相绕组接成 Y 形后接在三相电源上,如图 6-6 所示绕组中便有三相对称电流流过,电流波形如图 6-7 所示。

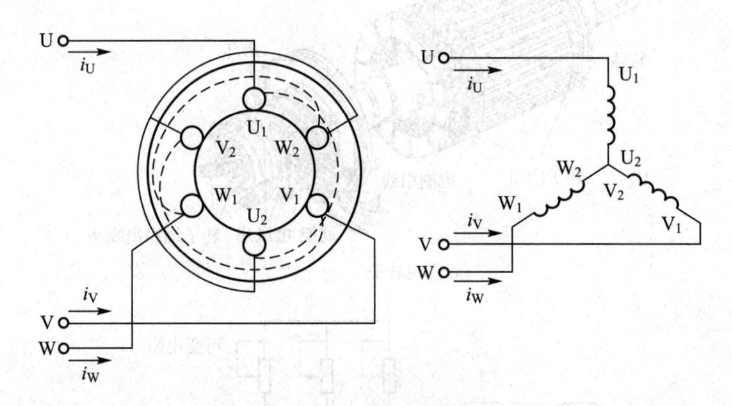

图 6-6　三相定子绕组

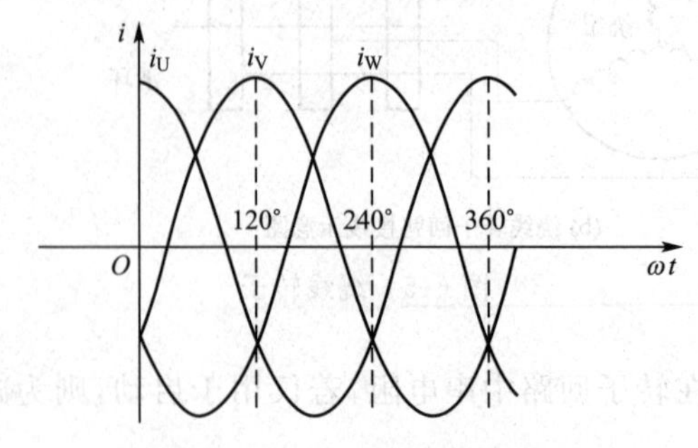

图 6-7　三相定子电流波形

三相定子绕组内流过的电流瞬时表达式为：

$$i_U = I_m \cos\omega t$$

$$i_V = I_m \cos(\omega t - 120°)$$

$$i_V = I_m \cos(\omega t - 240°)$$

通电后导体周围是存在磁场的。由于三相电流随时间的变化是连续的，且极为迅速，为了考察对称三相电流流入定子绕组后产生的合成磁场效应，选 $\omega t=0°$、120°、240°、340°几个特定瞬间分析，以窥全貌。规定电流的参考方向是从绕组首端流向末端。在波形的正半周其值为正，即电流实际方向与参考方向一致，是从首端流入末端流出；在负半周时其值为负，电流实际方向是从末端流入首端流出。

当 $\omega t=0$ 瞬间，$i_U=I_m$，$i_V=i_W=-\frac{I_m}{2}$将各相电流方向表示在线圈剖面图上。U 相电流为正，自首端 U_1 流入，末端 U_2 流出；V、W 两相均为负值，从末端 V_2、W_2 流入，首端 V_1、W_1 流出。三相绕组里电流所产生的合成磁场方向根据右手螺旋定则确定。从整个磁感线图像看和一对磁极产生的磁场一样。如同 S 极在左，N 极在右，如图 6-8(a)所示。

用同样的方法绘出 $\omega t=120°$、240°、360°等瞬间的电流方向，即磁感应线分布情况，分别如图 6-8 (b)、(c)、(d) 所示。可见，对称三相电流通入对称三相绕组后所建立的合成磁场，不是静止不动的，也不是方向交变的，而是犹如一对磁极旋转产生的磁场，即旋转磁场。

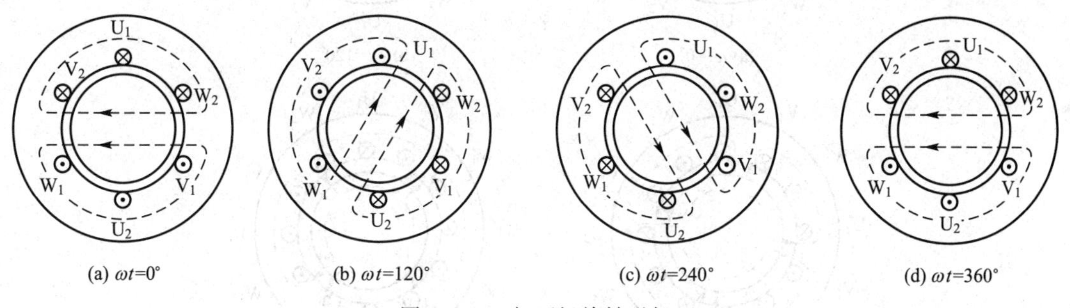

图 6-8　三相两极旋转磁场

2. 旋转磁场的转向

图 6-8(a)所示的瞬间，U 相电流 $i_U=+I_m$，这时旋转磁场的轴线恰好与 U_1U_2 绕组的轴线相重合。由图 6-7 可知，$\omega t=120°$时，$i_V=+I_m$；$\omega t=240°$时，$i_W=+I_m$，电流出现最大值的顺序为 U→V→W。当三相电流按相序变化时，旋转磁场的轴线依次从 U 相绕组相继转到 V、W 相绕组的轴线上，如图 6-8 (b)、(c)、(d) 所示。可见，旋转磁场的转向决定于通入绕组的三相电流的相序。若改变旋转磁场的转向，只要改变定子三相绕组中电流的相序即可。如图 6-9 所示，电源三相端子的相序未变，如果将电动机同三相电源连接的三根导线中任意两根对调一下位置，例如将 V 相和

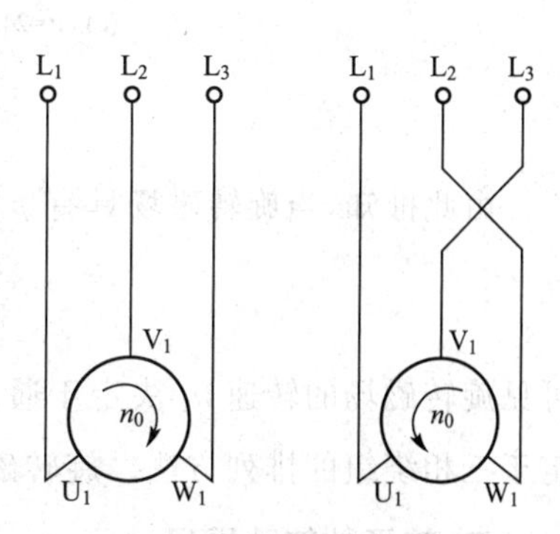

图 6-9　改变旋转磁场的转向

W 相对调，旋转磁场则因此反转。

3. 旋转磁场的极数和转速

以上得到的旋转磁场是一对磁极，极对数 $p=1$。此时当定子电流从 $\omega t=0°$ 到 $360°$ 交变一次（一个周期），磁场在空间也恰好旋转一转。若电流每秒交变 f_1 次，那么两极旋转磁场转速为 $n_1=f_1$ r/s$=60f_1$ r/min。

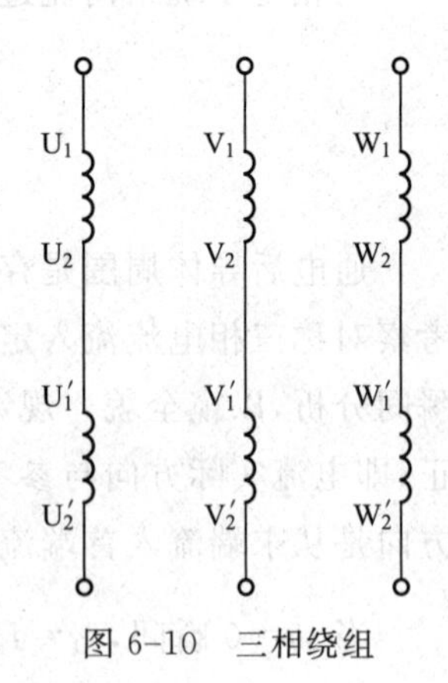

图 6-10　三相绕组

如果每相都有两个线圈串联组成，例如 U 相由 U_1U_2，$U_1'U_2'$ 串联，如图 6-10 所示，每个线圈的跨距为 1/4 圆周。采用与前面同样的分析方法，可以得到如图 6-11 所示的四极旋转磁场，即 $p=2$。但是，当电流变化一次时，磁场仅转过 1/2 转，转速 $n_1=\dfrac{60f_1}{2}$ r/min。

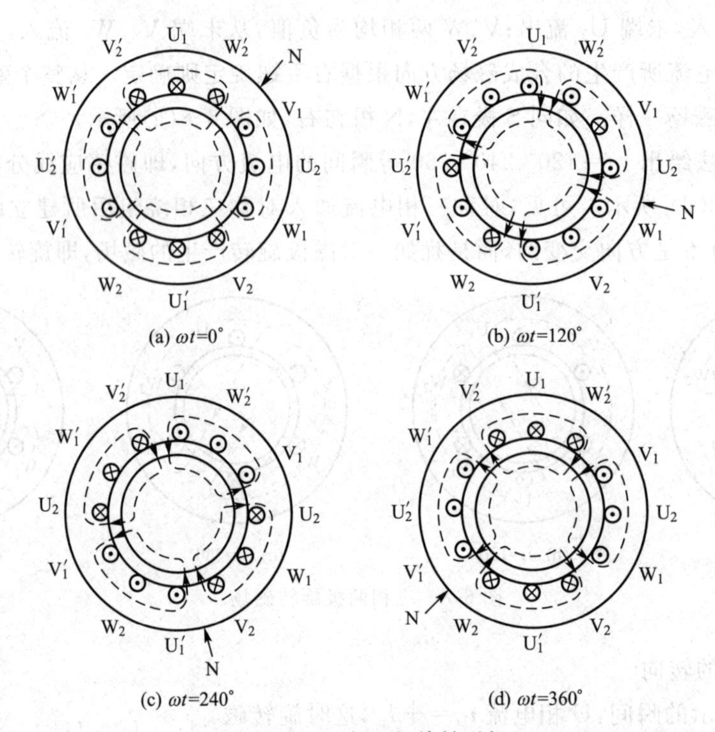

图 6-11　三相四极旋转磁场

由此推知，当旋转磁场具有 p 对磁极时，磁场的速度为

$$n_1=\frac{60f_1}{p} \tag{6-1}$$

可见旋转磁场的转速 n_1 决定于通入定子电流的频率 f_1 和磁场的极对数 p，而极对数 p 又决定于三相绕组的排列方法。旋转磁场的转速 n_1 称为同步转速。

二、转子的转动原理

1. 电磁转矩的产生

图 6-12 所示为一台三相笼形异步电动机内部结构示意图。在定子铁芯里嵌放着对称的

三相绕组 $U_1—U_2$、$V_1—V_2$、$W_1—W_2$。转子槽内放有导条，导体两端用短路环短接起来，形成一个笼形的闭合绕组。定子三相绕组可接成星形，也可以接成三角形。

由旋转磁场理论分析可知，如果定子对称三相绕组被施以对称的三相电压，就有对称的三相电流流过，并且会在电动机的气隙中形成一个旋转的磁场，这个磁场的转速 n_1 称为同步转速。

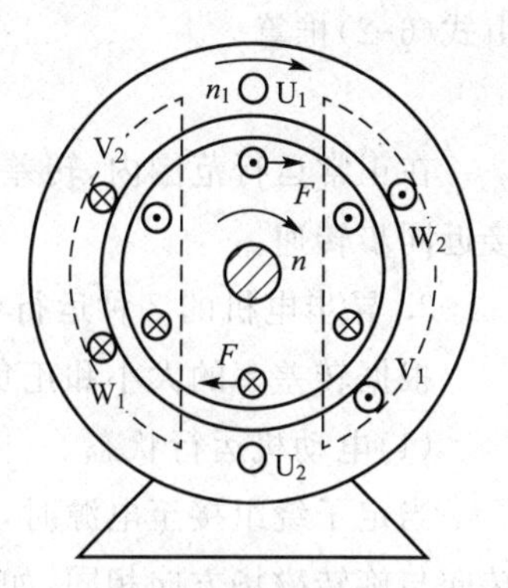

图 6-12 笼形异步电动机内部结构示意图

转向与三相绕组的排列以及三相电流的相序有关，图中 U、V、W 相以顺时针方向排列，当定子绕组中通入 U、V、W 相序的三相电流时，定子旋转磁场为顺时针转向。由于转子是静止的，转子与旋转磁场之间有相对运动，转子导体因切割定子磁场而产生感应电动势，因转子绕组自身闭合，转子绕组内便有电流流过。转子有功电流与转子感应电动势同相位，其方向可由“右手定则”确定。载有有功分量电流的转子绕组在定子旋转磁场作用下，将产生电磁力 F，其方向由“左手定则”确定。电磁力对转轴形成一个电磁转矩，其作用方向与旋转磁场方向一致，拖着转子顺着旋转磁场的旋转方向旋转，将输入的电能变成旋转的机械能。如果电动机轴上带有机械负载，则机械负载随着电动机的旋转而旋转，电动机对机械负载做功。

综上分析可知，三相异步电动机转动的基本工作原理如下：

① 三相对称绕组中通入三相对称电流产生圆形旋转磁场。

② 转子导体切割旋转磁场感应电动势和电流。

③ 转子载流导体在磁场中受到电磁力的作用，从而形成电磁转矩，驱使电动机转子转动。

异步电动机的旋转方向始终与旋转磁场的旋转方向一致，而旋转磁场的方向又取决于异步电动机的三相电流相序，因此，三相异步电动机的转向与电流的相序一致。要改变转向，只需改变电流的相序即可，即任意对调电动机的两根电源线，便可使电动机反转。

异步电动机的转速恒小于旋转磁场转速 n_1，因为只有这样，转子绕组才能产生电磁转矩，使电动机旋转。如果 $n=n_1$，转子绕组与定子磁场之间便无相对运动，则转子绕组中无感应电动势和感应电流产生，可见 $n<n_1$ 是异步电动机工作的必要条件。由于电动机转速 n 与旋转磁场转速 n_1 不同步，故称为异步电动机。又因为异步电动机转子电流是通过电磁感应作用产生的，所以又称为感应电动机。

2. 转差率

同步转速 s 与转子转速 n 之差 (n_1-n) 和同步转速 n_1 的比值称为转差率，用字母 s 表示，即

$$s=\frac{n_1-n}{n_1} \tag{6-2}$$

转差率 s 是异步电动机的一个基本物理量，它反映异步电动机的各种运行情况。对异步电动机而言，当转子尚未转动（如启动瞬间）时，$n=0$ ，此时转差率 $s=1$；当转子转速接近同步转速（空载运行）时，$n\approx n_1$，此时转差率 $s\approx 0$，由此可见，作为异步电动机，转速在 $0\sim n_1$ 范围内变化，其转差率 s 在 $0\sim 1$ 范围内变化。

异步电动机负载越大，转速就越慢，其转差率就越大；反之，负载越小，转速就越快，其转差率就越小。故转差率直接反映了转子转速的快慢或电动机负载的大小。异步电动机的转速可由式(6-2)推算

$$n=(1-s)n_1 \tag{6-3}$$

在正常运行范围内，转差率的数值很小，一般在0.01～0.06之间，即异步电动机的转速很接近同步转速。

3. 异步电机的3种运行状态

根据转差率的大小和正负，异步电机有3种运行状态。

(1)电动机运行状态

当定子绕组接至电源时，转子就会在电磁转矩的驱动下旋转，电磁转矩即为驱动转矩，其转向与旋转磁场方向相同，如图6-13(b)所示。此时，电动机从电网取得电功率转变成机械功率，由转轴传输给负载。电动机的转速范围为$n_{>}n>0$，其转差率范围为$0<s<1$。

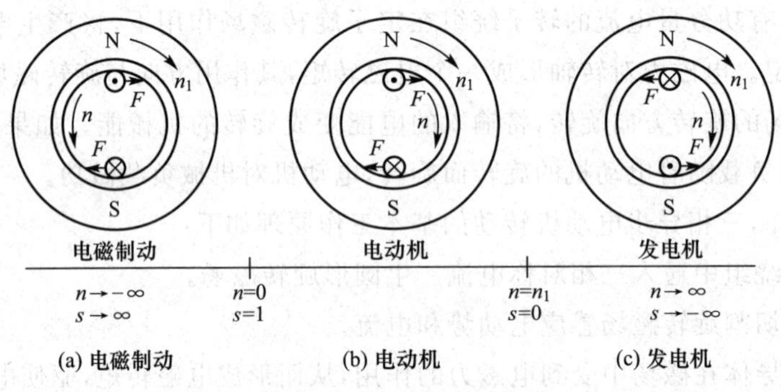

图6-13 异步电动机的3种工作状态

(2)发电机运行状态

异步电动机定子绕组仍接至电源，该电动机的转轴不再接机械负载，而用一台原动机拖动异步电动机的转子以大于同步转速($n>n_1$)并顺旋转磁场方向旋转，如图6-13(c)所示。显然，此时电磁转矩方向与转子转向相反，起着制动作用，为制动转矩。为克服电磁转矩的制动作用而使转子继续旋转，并保持$n>n_1$，电动机必须不断从原动机吸收机械功率，把机械功率转变为输出的电功率，因此成为发电机运行状态。此时，$n>n_1$，则转差率$s<0$。

(3)电磁制动运行状态

异步电动机定子绕组仍接至电源，如果用外力拖着电动机逆着旋转磁场的旋转方向转动。此时电磁转矩与电动机旋转方向相反，起制动作用。电动机定子仍从电网吸收电功率，同时转子从外力吸收机械功率，这两部分功率都在电动机内部以损耗的方式转化成热能消耗掉。这种运行状态称为电磁制动运行状态。此种情况下，n为负值，即$n<0$，则转差率$s>1$。

由此可知，区分这3种运行状态的依据是转差率s的大小：

(1)当$0<s<1$时为电动机运行状态。

(2)当$-\infty<s<0$时为发电机运行状态。

(3)当$1<s<+\infty$时为电磁制动运行状态。

综上所述，异步电机可以作电动机运行，也可以作发电机运行和电磁制动运行，但一般作电动机运行，异步发电机很少使用。电磁制动是异步电动机在完成某一生产过程中出现的短时运行状态。例如，起重机下放重物时，为了安全、平稳，需限制下放速度时，就使异步电动机短时处于电磁制动状态。

【例 6-1】 有一台三相交流异步电动机，其额定转速 $n_N=735\ \text{r/min}$，电源频率 $f_1=50\ \text{Hz}$。试求：电动机的极对数 p 和额定负载时的转差率 s_N。

解：因异步电动机额定运行时转速很接近同步转速，而同步转速对应于不同的极对数 p 有固定的数值。已知：$n_N=735\ \text{r/min}$，所以同步转速 $n_1=750\ \text{r/min}$。

电动机的极对数 $p=\dfrac{60f_1}{n_1}=\dfrac{60\times50}{750}=4$

转差率 $s_N=\dfrac{n_1-n_N}{n_1}=\dfrac{750-735}{750}=0.02$

三、三相交流异步电动机电路分析

从电磁关系来看，异步电动机和变压器相似，定子绕组相当于变压器的一次绕组，从电源吸取电流和功率；转子绕组（一般是短接的）相当于二次绕组，通过电磁感应产生电动势和电流。当转子电流增加时，根据磁动势平衡关系，定子电流也会相应增加。与变压器不同的是，异步电动机的转子在电磁转矩的作用下是旋转的。旋转磁场与定、转子绕组的相对速度不同，因此三相异步电动机电路分析会复杂一些。如图 6-14 所示，取一相定子、转子绕组来分析。

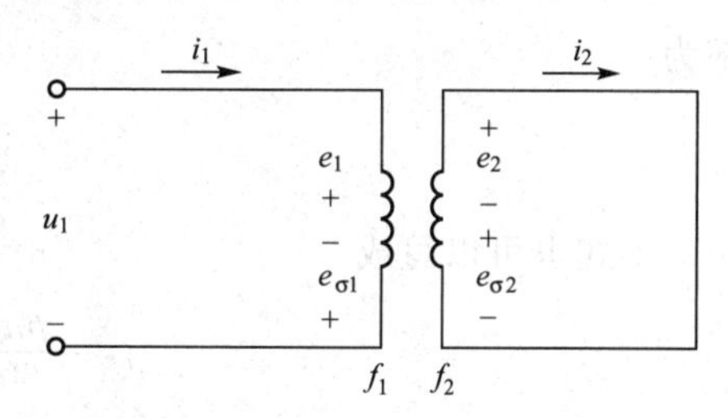

图 6-14　三相异步电动机的每相电路

1. 定子电路

定子每相绕组的电动势平衡方程式为

$$u=(-e_1)+(-e_{\sigma1})+R_1i_1 \tag{6-4}$$

式中，e_1 为定子每相绕组的感应电动势。

三相异步电动机的旋转磁场在气隙空间近似呈正弦分布，并以同步转速 n_1 旋转。由电磁感应定律可推出在定子绕组中感应电动势 e_1 的有效值为

$$E_1=4.44f_1K_1N_1\Phi \tag{6-5}$$

式中，Φ 为异步电动机的每极磁通；K_1 为定子绕组的绕组系数，与定子绕组（分布、短距）结构相关，一般 K_1 略小于 1；N_1 为定子相绕组一条支路串联总匝数；f_1 为定子电动势 e_1 的频率，因为旋转磁场切割定子绕组的速度为 n_1，所以 e_1 的频率

$$f_1=\frac{pn_1}{60} \tag{6-6}$$

即与电源或定子电流的频率相等。

与变压器一次绕组电路一样，定子绕组的电阻压降 R_1i_1 和漏磁电动势 $e_{\sigma1}$ 也可以忽略不计。于是得出

$$u\approx-e_1 \qquad \dot{U}\approx-\dot{E}_1$$

和 $$U_1 \approx E_1 = 4.44 f_1 K_1 N_1 \Phi \tag{6-7}$$

即当忽略定子绕组的电阻及漏磁通影响时，定子每相绕组的感应电动势与外加电压相平衡。

异步电动机三相定子绕组接通电源后，每极磁通

$$\Phi = \frac{E_1}{4.44 f_1 K_1 N_1} \approx \frac{U_1}{4.44 f_1 K_1 N_1} \tag{6-8}$$

可见，影响旋转磁场每极磁通 Φ 大小的因素有两种：一种是电源因素、电压 U_1 和频率 f_1；另一种是结构因素 K_1 和 N_1。

2.转子电路

由于转子是转动的，转子电路的各个物理量都与电动机转速有直接关系。

(1)转子电动势 e_2 及其频率 f_2

与定子绕组的形式类似，旋转磁场切割转子绕组时，在转子绕组中的感应电动势有效值为

$$E_2 = 4.44 f_2 K_2 N_2 \Phi \tag{6-9}$$

式中，f_2 为转子电动势的频率。

当转子以转速 n 旋转时，旋转磁场与转子绕组的相对速度为 $n_1 - n$，所以转子电动势的频率为

$$f_2 = \frac{p(n_1 - n)}{60} \tag{6-10}$$

上式也可以写成

$$f_2 = \frac{pn_1}{60} \times \frac{n_1 - n}{n_1} = \frac{pn_1}{60} s = f_1 s \tag{6-11}$$

可见，转子电动势的频率 f_2 与转差率 s 有关，也就是与转速 n 有关。

当转子静止时(例如电动机接通电源而尚未运动，即启动瞬间)$n=0$，$s=1$。与定子绕组相同，磁场与转子绕组的相对速度为 n_1，则转子绕组感应电动势的有效值为

$$E_{20} = 4.44 f_2 K_2 N_2 \Phi = 4.44 s f_1 K_2 N_2 \Phi = 4.44 f_1 K_2 N_2 \Phi \tag{6-12}$$

可见，静止时转子电动势 E_{20} 的频率与定子电动势 E_1 频率相同，即 $f_2 = f_1$。

进一步推导

$$E_2 = 4.44 f_2 K_2 N_2 \Phi = 4.44 s f_1 K_2 N_2 \Phi = s 4.44 f_1 K_2 N_2 \Phi = s E_{20} \tag{6-13}$$

得出三相异步电动机旋转时，转子的感应电动势 E_2 和频率 f_2 都与转差率成正比。

(2)转子漏电动势 $e_{\sigma 2}$ 以及转子感抗 X_2

与定子电流一样，转子电流也会产生一定的仅与转子绕组相交链的漏磁通 $\Phi_{\sigma 2}$，并在转子绕组中感应转子漏电动势。漏磁通的磁路一般无饱和现象，是线性的，线圈的自感磁链与通过线圈的电流成正比，即 $\Psi = Li$；并且，它不参与机电能量转换，只在线路中产生压降。于是根据楞次定律 $e = -\frac{\mathrm{d}\Psi}{\mathrm{d}t}$，转子漏电动势为

$$e_{\sigma 2} = -L_{\sigma 2} \frac{\mathrm{d}i_2}{\mathrm{d}t} \tag{6-14}$$

式中，$L_{\sigma 2}$ 为转子漏电感系数。

用相量表示为

$$\dot{E}_{\sigma2}=-\mathrm{j}X_2\dot{I}_2 \tag{6-15}$$

式中，X_2 为转子每相绕组的漏磁感抗，它表征了转子漏磁通对电路的电磁效应。

转子每相绕组的电动势平衡方程为

$$e_2=(-e_{\sigma2})+R_2i_2=L_{\sigma2}\frac{\mathrm{d}i_2}{\mathrm{d}t}+R_2i_2 \tag{6-16}$$

用相量表示为

$$\dot{E}_2=-\dot{E}_{\sigma2}+R_2\dot{I}_2=R_2\dot{I}_2+\mathrm{j}X_2\dot{I}_2=(R_2+\mathrm{j}X_2)\dot{I}_2 \tag{6-17}$$

式中，R_2 为转子每相绕组的电阻。

进一步分析

$$X_2=\omega_2L_{\sigma2}=2\pi f_2L_{\sigma2}=s2\pi f_1L_{\sigma2} \tag{6-18}$$

当 $n=0$ 时，$s=1$，转子感抗为

$$X_2=X_{20}=2\pi f_1L_{\sigma2} \tag{6-19}$$

可见转子感抗 X_2 也与转差率 s 成正比。

(3)转子电流和转子功率因数

由转子电动势平衡方程式(6-17)可得转子电路的阻抗为

$$Z_2=R_2+\mathrm{j}X_2=R_2+\mathrm{j}sX_{20} \tag{6-20}$$

转子电路的电流和功率因数为

$$I_2=\frac{E_2}{|Z_2|}=\frac{sE_{20}}{\sqrt{R_2^2+(sX_{20})^2}} \tag{6-21}$$

$$\cos\varphi_2=\frac{R_2}{|Z_2|}=\frac{R_2}{\sqrt{R_2^2+(sX_{20})^2}} \tag{6-22}$$

可见，转子的电流和功率因数也与转差率 s 有关。当 $n\approx n_1$，$s\approx0$ 时，$I_2\approx0$，$\cos\varphi_2\approx1$；随着转速 n 下降，s 增大，E_2 增加。在 s 较小时 $R_2\geqslant sX_{20}$，$I_2\approx\frac{sE_{20}}{R_2}$，所以 I_2 几乎随 s 线性增加，$\cos\varphi_2$ 则降低；当 $n=0$，$s=1$ 时，$E_2=E_{20}$，$X_2=X_{20}$，转子电流很大，功率因数 $\cos\varphi_2$ 却很低。异步电动机转子电流和功率因数与转差率的关系可用图 6-15 所示的曲线表示。

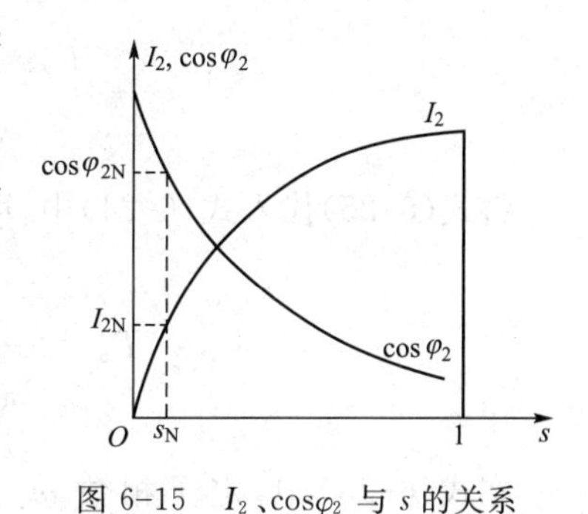

图 6-15　I_2、$\cos\varphi_2$ 与 s 的关系

第三节　三相异步电动机的机械特性

一、三相异步电动机机械特性的 3 种表达式

三相异步电动机的机械特性也是指电动机的转速 n 与电磁转矩 T_{em} 之间的关系，即 $n=f(T_{em})$。因为异步电动机的转速 n 与转差率 s 之间存在着一定的关系，所以异步电动机的机械特性通常用 $T_{em}=f(s)$ 表示。

三相异步电动机的电磁转矩有 3 种表达式，分别为物理表达式、参数表达式和实用表达

式，下面分别进行介绍。

1. 物理表达式

由电磁功率表达式以及转子电动势公式，可推得

$$T_{em}=\frac{P_{em}}{\Omega_1}=\frac{m_1E'_2I'_2\cos\varphi_2}{2\pi\dfrac{n_1}{60}}=\frac{m_1\times4.44f_1N_1k_{W1}\Phi_0I'_2\cos\varphi_2}{2\pi\dfrac{f_1}{p}}$$

$$=\frac{4.44m_1pN_1k_{W1}}{2\pi}\Phi_0I'_2\cos\varphi_2=C_T\Phi_0I'_2\cos\varphi_2 \tag{6-23}$$

式中，$C_T=\dfrac{4.44m_1pN_1k_{W1}}{2\pi}$为转矩常数，对于已制成的异步电动机，$C_T$ 为一常数。

式(6-23)表明，异步电动机的电磁转矩是由主磁通 Φ_0 与转子电流的有功分量 $I'_2\cos\varphi_2$ 相互作用产生的，形式上与直流电动机的转矩表达式 $T_{em}=C_T\Phi I_a$ 相似(其中 I_a 为电枢电流)，它是电磁力定律在异步电动机中的具体体现。

物理表达式虽然反映了异步电动机电磁转矩产生的物理本质，但并没有直接反映出电磁转矩与电动机参数之间的关系，更没有明显地表示电磁转矩与转速之间的关系，因此，分析或计算异步电动机的机械特性时，一般不采用物理表达式，而是采用下面介绍的参数表达式。

2. 参数表达式

异步电动机的电磁转矩为

$$T_{em}=\frac{P_{em}}{\Omega_1}=\frac{m_1I'_2R'_2/s}{2\pi f_1/p} \tag{6-24}$$

式 6-24 中 Ω_1 为电动机运转的机械角速度。

根据简化等效电路得到

$$I'_2=\frac{U_1}{\sqrt{\left(R_1+\dfrac{R'_2}{s}\right)^2+(X_1+X'_2)^2}} \tag{6-25}$$

将式(6-25)代入式(6-24)中，可以得到异步电动机机械特性的参数表达式

$$T_{em}=\frac{m_1pU_1{}^2\dfrac{R'_2}{s}}{2\pi f_1\left[\left(R_1+\dfrac{R'_2}{s}\right)^2+(X_1+X'_2)^2\right]} \tag{6-26}$$

在式(6-26)中，定子相数 m_1、极对数 p、定子相电压 U_1、电源频率 f_1、定子每相绕组电阻 R_1 和漏抗 X_1、折算到定子侧的转子电阻 R'和漏抗 X'_2 等都是不随转差率 s 变化的常量。当电动机的转差率 s(或转速 n)变化时可由式(6-26)算出相应的电磁转矩 T_{em}，因而可以画出如图 6-16 所示的机械特性曲线。

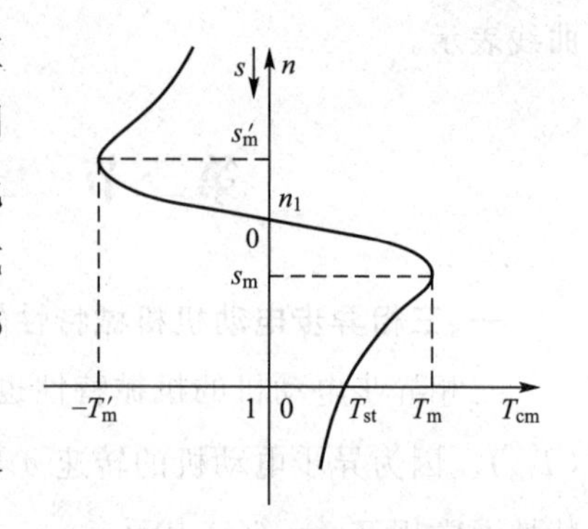

图 6-16　三相异步电动机的机械特性曲线

当同步转速 n_1 为正时，机械特性曲线跨第一、二、四象限。在第一象限时，$n_1>n>0$，$0<s<1$，n、T_{em} 均为正值，电机处于电动机运行状态；在第二象限时，$n>n_1$，$s<0$，n 为正

值，T_{em}为负值，电机处于发电机运行状态；在第四象限时，$n<0$，$s>1$，n 为负值，T_{em}为正值，电动机处于电磁制动运行状态。

在机械特性曲线上，转矩有两个最大值，一个出现在电动状态，另一个出现在发电状态。最大转矩 T_m 和对应的转差率 s_m（称为临界转差率）可以通过对式(6-26)求导数$\frac{dT_{em}}{ds}$，并令$\frac{dT_{em}}{ds}=0$

求得

$$s_m=\pm\frac{R'_2}{\sqrt{R_1^2+(X_1+X'_2)^2}} \tag{6-27}$$

$$T_m=\pm\frac{m_1pU_1^2}{4\pi f_1\left[\pm R_1+\sqrt{R_1^2+(X_1+X'_2)^2}\right]} \tag{6-28}$$

式中，“+”号对应电动状态；“−”号对应发电状态。

通常 $R_1\ll(X_1+X'_2)$，故式(6-27)、式(6-28)可以近似为

$$s_m\approx\pm\frac{R'_2}{X_1+X'} \tag{6-29}$$

$$T_m\approx\pm\frac{m_1pU_1^2}{4\pi f_1(X_1+X'_2)} \tag{6-30}$$

由式(6-29)、式(6-30)可以得出：

① T_m 与 U_1^2 成正比，而 s_m 与 U_1 无关。

② s_m 与 R'_2 成正比，而 T_m 与 R'_2 无关。

③ T_m 和 s_m 都近似地与$(X_1+X'_2)$成反比。

以上三点结论对后面研究电动机的人为机械特性是非常有用的。

最大电磁转矩对电动机来说具有重要意义。电动机运行时，若负载转矩短时突然增大，且大于最大电磁转矩，则电动机将因为承载不了而停转。为了保证电动机不会因短时过载而停转，一般电动机都具有一定的过载能力。显然，最大电磁转矩越大，电动机短时过载能力越强，因此把最大电磁转矩与额定转矩之比称为电动机的过载能力，用 λ_T 表示，即

$$\lambda_T=\frac{T_m}{T_N} \tag{6-31}$$

λ_T 是表征电动机运行性能的重要参数，它反映了电动机短时过载能力的大小。一般电动机的过载能力 $\lambda_T=1.6\sim2.2$，起重、冶金机械专用电动机的 $\lambda_T=2.2\sim2.8$。

除了最大转矩 T_m 以外，机械特性曲线（见图 6-16）上还反映了异步电动机的另一个重要参数，即启动转矩 T_m，它是异步电动机接至电源开始启动瞬间的电磁转矩。将 $s=1$（$n=0$ 时）代入式(6-26)得启动转矩为

$$T_{st}=\frac{m_1pU_1^2R'_2}{2\pi f_1[(R_1+R'_2)^2+(X_1+X'_2)^2]} \tag{6-32}$$

由式(6-32)可以得出：

① T_{st}与 U_1^2 成正比。

② 电抗参数($X_1+X'_2$)越大,T_{st}越小。

③ 在一定范围内 R'_2 时,T_{st}增大。

由于 S_m 随 R'_2 正比增大,而 T_m 与 R'_2 无关,所以绕线转子异步电动机可以在转子回路串入适当的电阻 R'_{st},使 $S_m=1$,如图 6-17 所示。这时启动转矩 $T'_{st}=T_m$。

可见,绕线转子异步电动机可以通过转子回路串电阻的方法增大启动转矩,改善启动性能。

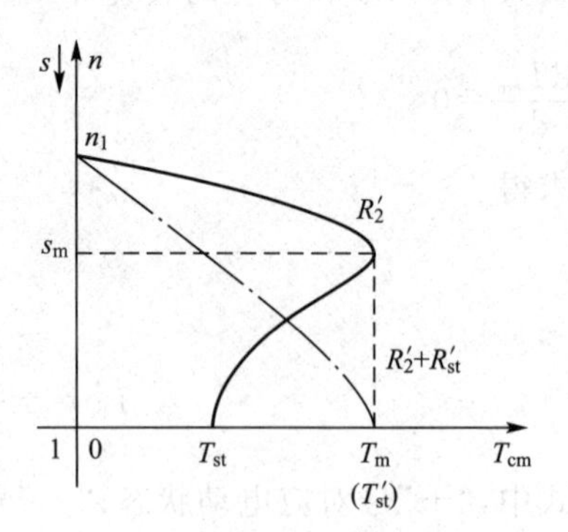

图 6-17　异步电动机转子回路串电阻使 $T'_{st}=T_m$

对于笼形异步电动机,无法在转子回路中串电阻,启动转矩大小只能在设计时考虑,在额定电压下,其 T_{st}是一个恒值。T_{st}与 T_N 之比称为启动转矩倍数,用 k_{st}表示,即

$$k_{st}=\frac{T_{st}}{T_N} \tag{6-33}$$

k_{st}是表征笼形异步电动机性能的另一个重要参数,它反映了电动机启动能力的大小。显然,只有当启动转矩大于负载转矩,即 $T_{st}>T_L$ 时,电动机才能启动。一般笼形异步电动机的 $k_{st}=1.0\sim2.0$,起重和冶金专用的笼形异步电动机的 $k_{st}=2.8\sim4.0$。

3. 实用表达式

机械特性的参数表达式清楚地表示了转矩与转差率、参数之间的关系,用它分析各种参数对机械特性的影响是很方便的。但是,针对电力拖动系统中的具体电动机而言,其参数是未知的,欲求得其机械特性的参数表达式显然是困难的。因此,希望能够利用电动机的技术数据和铭牌数据求得电动机的机械特性,即机械特性的实用表达式。

在忽略 R_1 的条件下,用电磁转矩公式(6-26)除以最大转矩公式(6-30),并考虑到临界转差率公式(6-29),化简后可得电动机机械特性的实用表达式

$$T_{em}=\frac{2T_m}{\dfrac{s}{s_m}+\dfrac{s_m}{s}} \tag{6-34}$$

式(6-34)中的 T_m 和 S_m 可由电动机额定数据方便地求得,因此式(6-34)在工程计算中是非常实用的机械特性表达式。

二、三相异步电动机的固有机械特性和人为机械特性

1. 固有机械特性

三相异步电动机的固有机械特性是指电动机在额定电压和额定频率下,按规定的接线方式接线,定子和转子电路不外接电阻或电抗时的机械特性。当电机处于电动机运行状态时,其固有机械特性如图 6-18 所示。下面对固有机械特性上的几个特殊点进行说明。

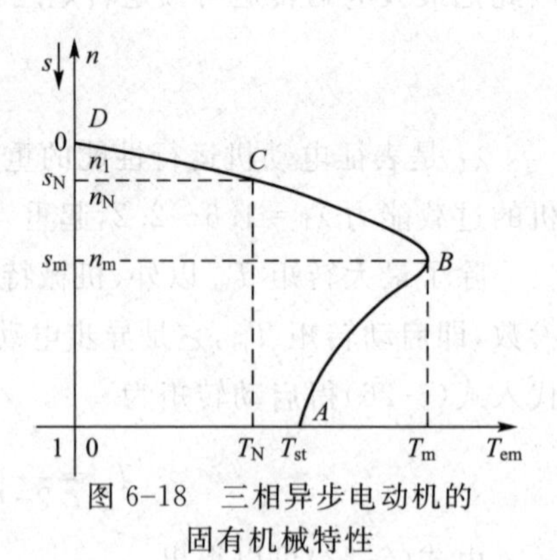

图 6-18　三相异步电动机的固有机械特性

(1)启动点 A

电动机接通电源开始启动瞬间,其工作点位于 A 点,此时:$n=0$, $s=1$,$T_{em}=T_{st}$,定子电流 $I_1=I_{st}=(4\sim7)I_N$,

其中 I_N 为额定电流。

(2)最大转矩点 B

B 点是机械特性曲线中线性段($D-B$)与非线性段($B-A$)的分界点，此时：$s=s_m$，$T_{em}=T_m$。通常情况下，电动机在线性段上工作是稳定的，而在非线性段上工作是不稳定的，所以 B 点也是电动机稳定运行的临界点，临界转差率 s_m 也是由此而得名。

(3)额定运行点 C

电动机额定运行时，工作点位于 C 点，此时：$n=n_N$，$s=s_N$，$T_{em}=T_N$，$I_1=I_N$。额定运行时转差率很小，一般 $s_N=0.01\sim0.06$，所以电动机的额定转速 n_N 略小于同步转速 n_1，这也说明了固有特性的线性段为硬特性。

(4)同步转速点 D

D 点是电动机的理想空载点，即转子转速达到了同步转速。此时 $n=n_1$，$s=0$ $T_{em}=0$，转子电流 $I_2=0$，显然，如果没有外界转矩的作用，异步电动机本身不可能达到同步转速点。

2. 人为机械特性

三相异步电动机的人为机械特性是指人为地改变电源参数或电动机参数而得到的机械特性。由电磁转矩的参数表达式(6-26)可知，可以改变的电源参数有：电压 U_1 和频率 f_1；可以改变的电动机参数有极对数 p、定子电路参数 R_1 和 X_1、转子电路参数 R' 和 X'_2 等。所以，三相异步电动机的人为机械特性种类很多，这里介绍两种常见的人为机械特性。

(1)降低定子电压时的人为机械特性

由前面的分析可知，当定子电压 U_1 降低时，T_{em}(包括 T_{st} 和 T_m)与 U_1^2 成正比减小，s_m 和 n_1 与 U_1 无关而保持不变，所以可得 U_1 下降后的人为机械特性如图 6-19 所示。

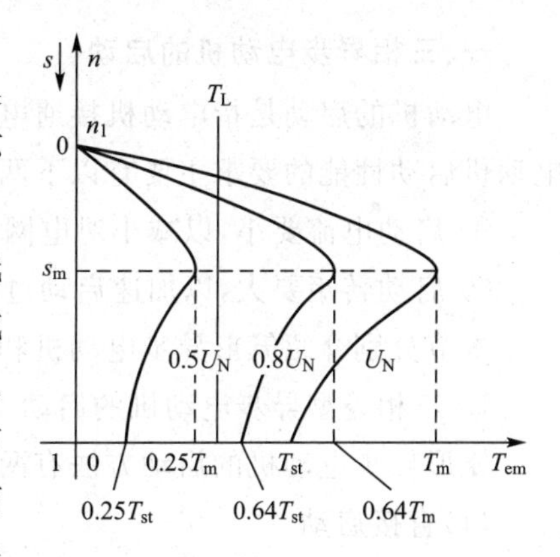

图 6-19　异步电动机降压是的人为机械特性

由图 6-19 可见，降低电压后的人为机械特性，其线性段的斜率变大，即特性变软 T_{st} 和 T_m 均按 U_1^2 关系减小，即电动机的启动转矩倍数和过载能力均显著下降。如果电动机在额定负载下运行，U_1 降低后将导致 n 下降，s 增大，转子电流将因转子电动势的增大而增大，从而引起定子电流增大，导致电动机过载。长期欠压过载运行，必然使电动机过热，电动机的使用寿命缩短。另外电压下降过多，可能出现最大转矩小于负载转矩，这时电动机将停转。

(2)转子电路串接对称电阻时的人为机械特性

在绕线转子异步电动机的转子三相电路中，可以串接三相对称电阻 R_S，如图 6-20(a)所示，由前面的分析可知，此时 n_1、T_m 不变，而 s_m 则随外接电阻 R_S 的增大而增大。其人为机械特性如图 6-20 (b)所示。

由图 6-20(b)可见，在一定范围内增加转子电阻，可以增大电动机的启动转矩。当所串接的电阻(如图中的 R_{S3})使其 $s_m=1$ 时，对应的启动转矩将达到最大转矩，如果再增大转子电阻，启动转矩反而会减小。另外，转子串接对称电阻后，其机械特性曲线线性段的斜率增大，特性变软。

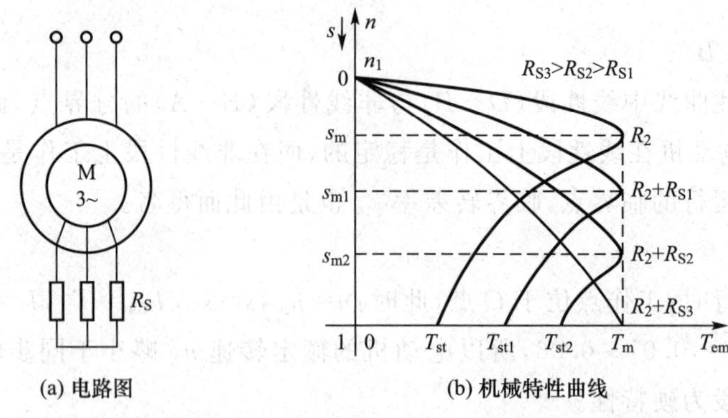

图 6-20　绕线转子异步电动机转子电路串接对称电阻

转子电路串接对称电阻适用于绕线转子异步电动机的启动、制动和调速，这些内容将在以后内容中讨论。

除了上述两种人为机械特性外，关于改变电源频率、改变定子绕组极对数的人为机械特性，将在异步电动机调速一节中介绍。

第四节　三相异步电动机的启动、制动与调速方法

一、三相异步电动机的启动

电动机的启动是指电动机接通电源后，由静止状态加速到稳定运行状态的过程。对异步电动机启动性能的要求主要有以下两点：

① 启动电流要小，以减小对电网的冲击。

② 启动转矩要大，以加速启动过程，缩短启动时间。

本节分别介绍笼形异步电动机和绕线转子异步电动机的启动方法。

1. 三相笼型异步电动机的启动

笼形异步电动机的启动方法有两种：直接启动和降压启动，下面分别进行介绍。

(1)直接启动

直接启动也称全压启动。启动时，电动机定子绕组直接接入额定电压的电网上。这是一种最简单的启动方法，不需要复杂的启动设备，但是，它的启动性能恰好与所要求的相反。

① 启动电流 I_{st} 大。对于普通笼形异步电动机，启动电流倍数 $k_I=I_{st}/I_N=4\sim7$。启动电流大的原因是：启动时 $n=0$，$s=1$，转子电动势很大，所以转子电流很大，根据磁动势平衡关系，定子电流也必然很大。

② 启动转矩 T_{st} 不大。对于普通笼形异步电动机，启动转矩倍数 $k_{st}=T_{st}/T_N=1\sim2$。

启动时，为什么启动电流大而启动转矩并不大呢？这可以通过机械特性物理表达式 T_{em} $C_T\Phi_0 I'_2\cos\varphi_2$（见式 6-23）来说明。

首先，启动时的转差率（$s=1$）远大于正常运行时的转差率（$s=0.01\sim0.06$），启动时转子电路的功率因数角 $\varphi_2=\arctan\dfrac{sX'_2}{R'_2}$ 很大，转子的功率因数 $\cos\varphi_2$ 很低（一般只有 0.3 左右），因

此，启动时虽然 I'_2 大，但其有功分量 $I'_2\cos\varphi_2$ 并不大，所以启动转矩不大。

其次，由于启动电流大，定子绕组漏抗压降大，使定子绕组感应电动势 E_1 减小，导致对应的气隙磁通量 Φ 减小(启动瞬间 Φ 约为额定值的一半)，这是造成启动转矩不大的另一个原因。

通过以上分析可见，笼形异步电动机直接启动时，启动电流大，而启动转矩不大，这样的启动性能是不理想的。过大的启动电流对电网电压的波动及电动机本身均会带来不利影响，因此，直接启动一般只在小容量电动机中使用，如 7.5 kW 以下的电动机可采用直接启动。对于容量较大的电动机可以采用降压启动方法。

(2)降压启动

降压启动的目的是限制启动电流。启动时，通过启动设备使加到电动机上的电压小于额定电压，待电动机转速上升到一定数值时，再使电动机承受额定电压，保证电动机在额定电压下稳定工作。下面介绍两种常见的降压启动方法。

① Y-△降压启动。即星形-三角形降压启动，只适用于正常运行时定子绕组为三角形连接的电动机。启动接线原理图如图 6-21 所示。启动时先将开关 Q_2 投向“启动”侧，将定子绕组接成星形(Y)连接，然后合上开关 Q_1 进行启动。此时，定子每相绕组电压为额定电压的 $\frac{1}{\sqrt{3}}$，从而实现了降压启动。待转速上升至一定数值时，将 Q_2 投向“运行”侧，恢复定子绕组为三角形(△)连接，使电动机在全压下运行。

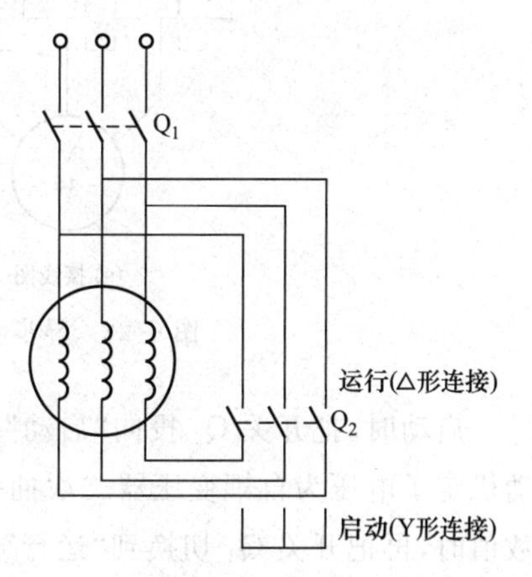

图 6-21　异步电动机 Y-△降压启动原理接线图

设电动机额定电压为 U_N，每相漏阻抗为 Z_S，由简化等效电路可得：

Y 形连接时的启动电流为

$$I_{stY}=\frac{U_N/\sqrt{3}}{Z_S}$$

△形连接时的启动电流(线电流)，即直接启动电流为

$$I_{st\triangle}=\sqrt{3}\frac{U_N}{Z_S}$$

于是得到启动电流减小的倍数为

$$\frac{I_{stY}}{I_{st\triangle}}=\frac{1}{3}$$

根据 $T_{st}\propto U_1^2$，可得启动转矩减小的倍数为

$$\frac{T_{stY}}{T_{st\triangle}}=\left(\frac{U_N/\sqrt{3}}{U_N}\right)^2=\frac{1}{3}$$

可见，Y-△降压启动时，启动电流和启动转矩都降为直接启动时的 $\frac{1}{3}$。

Y-△降压启动操作方便，启动设备简单，应用较为广泛，但它仅适用于正常运行时定子绕

组做三角形连接的电动机，因此作一般用途的小型异步电动机，当容量大于 4 kW 时，定子绕组都采用三角形连接。由于启动转矩为直接启动时的$\frac{1}{3}$，这种启动方法多用于空载或轻载启动。

② 自耦变压器降压启动。这种启动方法是通过自耦变压器把电压降低后再加到电动机定子绕组上，以达到减小启动电流的目的，其接线原理图如图 6-22(a)所示。

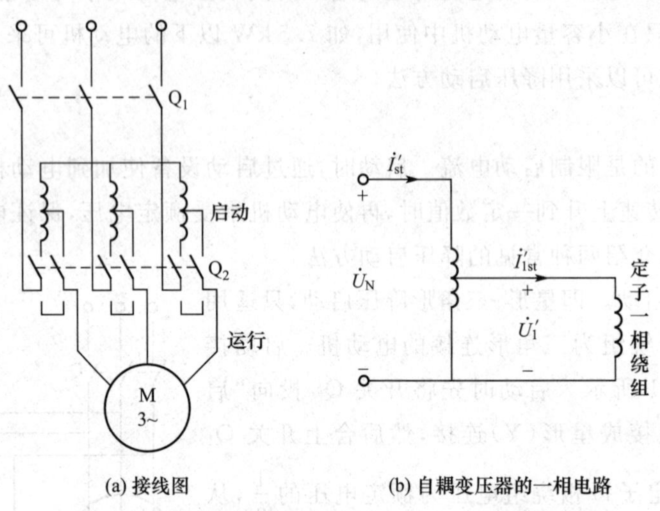

图 6-22　异步电动机的自耦变压器降压启动原理线路图

启动时，把开关 Q_2 投向“启动”侧，并合上开关 Q_1，这时自耦变压器一次绕组加全压，而电动机定子电压为自耦变压器二次抽头部分的电压，电动机在低压下启动。待转速上升至一定数值时，再把开关 Q_2 切换到“运行”侧，切除自耦变压器，电动机在全压下运行。

自耦变压器降压启动时的一相电路如图 6-22(b)所示。U_N 是自耦变压器一次相电压，也是电动机直接启动时的额定相电压；U'_1是自耦变压器的二次相电压，也是电动机降压启动时的相电压。设自耦变压器的变比为 k，则

$$k=\frac{U_N}{U'_1}=\frac{I'_{1st}}{I'_{st}}$$

式中，I'_{1st}是自耦变压器的二次电流，也是电压降至 U'_1后流过定子绕组的启动电流；I'_{st}是自耦变压器的一次电流，也是降压后电网供给的启动电流。设电动机的短路阻抗为 Z_S，则直接启动时的启动电流为

$$I_{st}=\frac{U_N}{Z_S} \tag{6-35}$$

降压后自耦变压器二次侧供给电动机的启动电流为

$$I'_{1st}=\frac{U'_1}{Z_S}=\frac{U_N/k}{Z_S} \tag{6-36}$$

自耦变压器的一次电流，即电网提供的启动电流为

$$I_{st}=\frac{1}{k}I'_{1st}=\frac{1}{k^2}\cdot\frac{U_N}{Z_S} \tag{6-37}$$

由式(6-35)、式(6-37)可得电网提供的启动电流减小倍数为

$$\frac{I'_{st}}{I_{st}}=\frac{1}{k^2} \tag{6-38}$$

启动转矩减小倍数为

$$\frac{T'_{st}}{T_{st}}=\left(\frac{U'_1}{U_N}\right)^2=\frac{1}{k^2} \tag{6-39}$$

式(6-38)、式(6-39)表明，采用自耦变压器降压启动时，启动电流和启动转矩都降低到直接启动时的$\frac{1}{k^2}$。

自耦变压器降压启动适用于容量较大的低压电动机，这种方法可获得较大的启动转矩，且自耦变压器二次侧一般有3个抽头，可以根据需要选用，故这种启动方法在10 kW以上的三相异步电动机中得到广泛应用。

启动用自耦变压器有QJ2和QJ3，两个系列。QJ2型的3个抽头比(即$\frac{1}{k}$)分别为55%、64%、73%；QJ3型的3个抽头比分别为40%、60%和80%。

(3)深槽式及双笼形异步电动机

从以上对笼形异步电动机的启动分析可见，直接启动时，启动电流太大；降压启动时，虽然减小了启动电流，但启动转矩也随之减小。根据异步电动机转子串电阻的人为机械特性[见图6-20(b)]可知，在一定范围内增大转子电阻，可以增大启动转矩，同时可以分析出，转子电阻增大还将减小启动电流，因此，较大的转子电阻可以改善启动性能。但是，电动机正常运行时，希望转子电阻小一些，这样可以减小转子铜损耗，提高电动机的效率。怎样才能使笼形异步电动机在启动时具有较大的转子电阻，而在正常运行时转子电阻又自动减小呢？深槽式和双笼形异步电动机就可实现这一目的。

深槽式异步电动机的转子槽形深而窄，通常槽深与槽宽之比大到10～12或以上。当转子导条中流过电流时，槽漏磁通的分布如图6-23(a)所示。由图可见，与导条底部相交链的漏磁通比槽口部分相交链的漏磁通多得多，因此若将导条看成是由若干个沿槽高划分的小导体(小薄片)并联而成，则越靠近槽底的小导体具有越大的漏电抗，而越接近槽口部分的小导体的漏电抗越小。在电动机启动时，由于转子电流的频率较高，$f_2=f_1=50$ Hz，转子导条的漏电抗较大，因此，各小导体中电流的分配将主要决定于漏电抗，漏电抗越大则电流越小。这样在由气隙主磁通所感应的相同电动势的作用下，导条中靠近槽底处的电流密度将很小，而越靠近槽口则越大，因此沿槽高的电流密度分布如图6-23 (b)所示，这种现象称为电流的集肤效应，由于电流好像是被挤到槽口处，所以又称集肤效应。集肤效应的效果相当于减小了导条的高度和截面[见图6-23 (c)]，增大了转子电阻，从而满足了启动的要求。

当启动完毕，电动机正常运行时，由于转子电流频率很低，一般为1～3 Hz，转子导条的漏电抗比转子电阻小得多，因此前述各小导体中电流的分配将主要决定于电阻。由于各小导体电阻相等，导条中的电流将均匀分布，集肤效应基本消失，转子导条电阻恢复(减小)为自身的直流电阻。可见，正常运行时，转子电阻能自动变小，从而满足了减小转子铜损耗，提高电动机效率的要求。

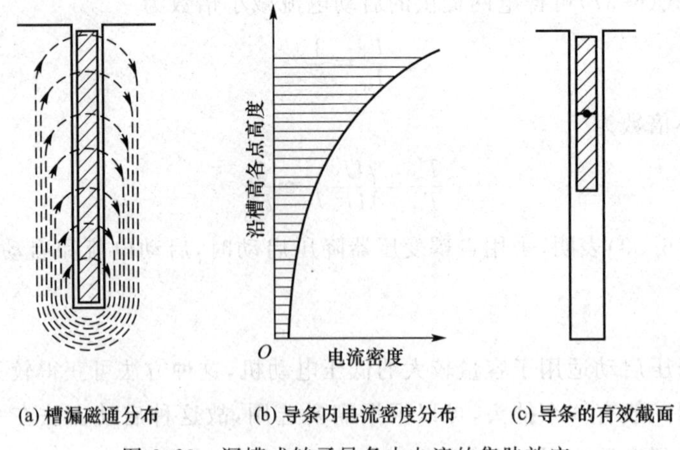

(a) 槽漏磁通分布　(b) 导条内电流密度分布　(c) 导条的有效截面

图 6-23　深槽式转子导条中电流的集肤效应

双笼形异步电动机的转子上有两套笼，即上笼和下笼，如图 6-24(a)所示。上笼导条截面积较小，并用黄铜或铝青铜等电阻系数较大的材料制成，电阻较大；下笼导条的截面积较大，并用电阻系数较小的紫铜制成，电阻较小。双笼形电动机也常用铸铝转子，如图 6-24 (b)所示。显然下笼交链要比上笼多得多，因此下笼的漏电抗也比上笼的大得多。

启动时，转子电流频率较高，转子漏电抗大于电阻，上、下笼的电流分配主要取决于漏电抗，由于下笼的漏电抗比上笼的大得多，电流主要从上笼流过。因此，启动时上笼起主要作用，由于它的电阻较大，可以产生较大的启动转矩，限制启动电流，所以常把上笼称为启动笼。

正常运行时，转子电流频率很低，转子漏电抗远比电阻小，上、下笼的电流分配取决于电阻，于是电流大部分从电阻较小的下笼流过，产生正常运行时的电磁转矩，所以把下笼称为运行笼。

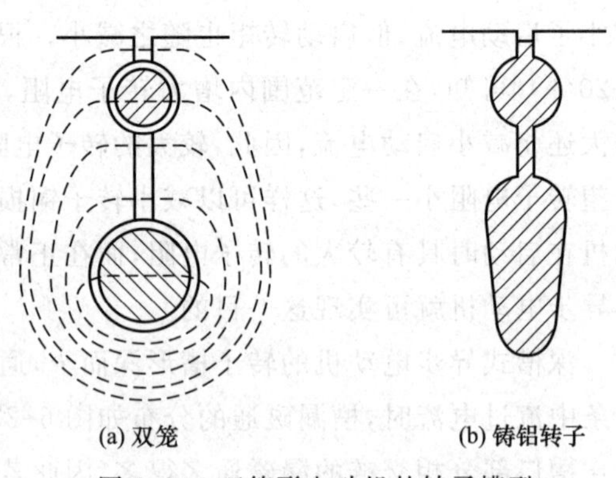
(a) 双笼　(b) 铸铝转子

图 6-24　双笼形电动机的转子槽型

双笼形异步电动机的机械特性曲线可以看成是上、下笼两条特性曲线的合成，改变上、下笼的参数就可以得到不同的机械特性曲线，以满足不同的负载要求，这是双笼形异步电动机的一个突出优点。

双笼形异步电动机的启动性能比深槽异步电动机好，但深槽异步电动机结构简单，制造成本较低。它们的共同缺点是转子漏电抗较普通笼形电动机大，因此功率因数和过载能力都比普通笼形异步电动机低。

2. 三相绕线转子异步电动机的启动

三相笼形异步电动机直接启动时，启动电流大，启动转矩不大；降压启动时，虽然减小了启动电流，但启动转矩也随电压的平方关系减小，因此笼形异步电动机只能用于空载或轻载启动。

绕线转子异步电动机，若转子回路串入适当的电阻，既能限制启动电流，又能增大启动转矩，同时克服了笼型异步电动机启动电流大、启动转矩不大的缺点，这种启动方法适用于大、中容量异步电动机重载启动。绕线转子异步电动机的启动分为转子串电阻和转子串频敏变阻器两种启动方法。

(1)转子串电阻启动

为了在整个启动过程中得到较大的加速转矩，并使启动过程比较平滑，应在转子回路中串入多级对称电阻。启动时，随着转速的升高，逐段切除启动电阻，这与直流电动机电枢串电阻启动类似，称为电阻分级启动。

(2)转子串接频敏变阻器启动

绕线转子异步电动机采用转子串接电阻启动时，若想在启动过程中保持有较大的启动转矩且启动平稳，则必须采用较多的启动级数，这必然导致启动设备复杂化。为了克服这个问题，可以采用频敏变阻器启动。频敏变阻器是一个铁损耗很大的三相电抗器，从结构上看，它好像一个没有二次绕组的三相芯式变压器，它的铁芯是较厚的钢板叠成。3 个绕组分别绕在 3 个铁芯柱上并作星形连接，然后接到转子滑环上，如图 6-25(a)所示。图 6-25(b)所示为频敏变阻器每相的等效电路，其中 R_1 为频敏电阻器绕组的电阻；X_m 为带铁芯绕组的电抗；R_m 为反映铁损耗的等效电阻。因为频敏变阻器的铁芯用厚钢板制成，所以铁损耗较大，对应的 R_m 也较大。

因为频敏变阻器的等效电阻 R_m 是随转子电流频率的变化而自动变化的，因此称为“频敏”变阻器，它相当于一种无触点的变阻器。在启动过程中，它能自动、无级地减小电阻。如果参数选择适当，可以在启动过程中保持转矩近似不变，使启动过程平稳、快速。这时电动机的机械特性如图 6-24(c)曲线 2 所示。曲线 1 是电动机的固有机械特性。

频敏变阻器的结构简单，运行可靠，使用维护方便，因此应用广泛。

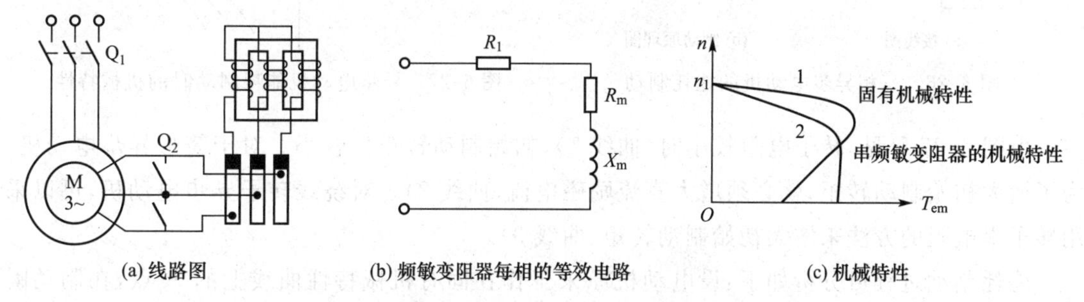

图 6-25　三相绕线异步电动机转子串频敏变阻器启动

二、三相异步电动机的制动

三相异步电动机除了运行于电动状态外，还时常运行于制动状态。运行于电动状态时，T_{em}与 n 方向相同，T_{em}是驱动转矩，电动机从电网吸收电能并转换成机械能从轴上输出，其机械特性位于第一或第三象限。运行于制动状态时，T_{em}与 n 方向相反，是制动转矩，电动机从轴上吸收机械能并转换成电能，该电能或消耗在电动机内部，或反馈于电网，其机械特性位于第二或第四象限。

异步电动机制动的目的是使电力拖动系统快速停车或者使拖动系统尽快减速，对于位能性负载，制动运行可获得稳定的下降速度。

异步电动机制动的方法有能耗制动、反接制动和回馈制动3种。

1. 能耗制动

异步电动机的能耗制动接线图如图6-26(a)所示。制动时，开关Q_1断开，电动机脱离电网，同时开关Q_2闭合，在定子绕组中通入直流电流(称为直流励磁电流)，于是定子绕组便产生一个恒定的磁场。转子因惯性而继续旋转并切割该恒定磁场，转子导体中便产生感应电动势及感应电流。由图6-26(b)可以判定，转子感应电流与恒定磁场作用产生的电磁转矩为制动转矩，因此转速迅速下降，当转速下降至零时，转子感应电动势和感应电流均为零，制动过程结束。制动期间，转子的动能转变为电能消耗在转子回路的电阻上，故称为能耗制动。

异步电动机能耗制动机械特性表达式的推导比较复杂，其曲线形状与接到交流电网上正常运行时的机械特性是相似的，只是它要通过坐标原点，如图6-27所示。图中曲线1和曲线2具有相同的转子电阻，但曲线2比曲线1具有较大的直流励磁电流；曲线1和曲线3具有相同的直流励磁电流，但曲线3比曲线1具有较大的转子电阻。

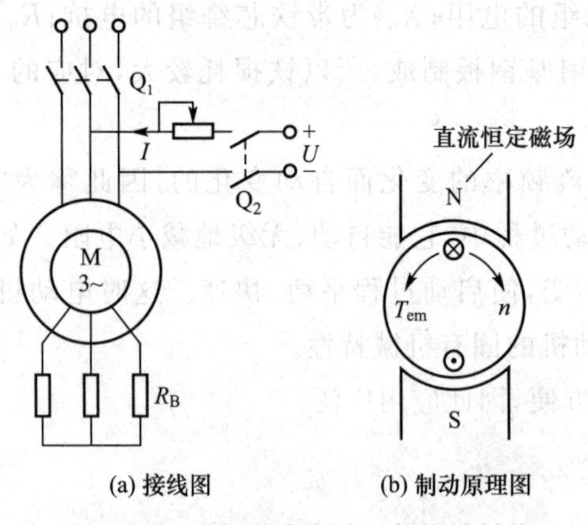

图6-26　三相异步电动机的能耗制动

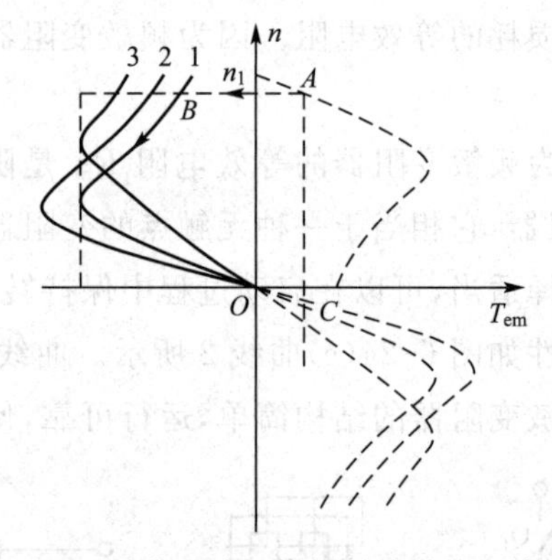

图6-27　异步电动机能耗制动时的机械特性

由图6-27可见，转子电阻较小时(曲线1)，初始制动转矩比较小。对于笼形异步电动机，为了增大初始制动转矩，就必须增大直流励磁电流(曲线2)。对绕线转子异步电动机，可以采用转子串电阻的方法来增大初始制动转矩(曲线3)。

能耗制动过程可分析如下：设电动机原来工作在固有机械特性曲线上的A点，在制动瞬间，因转速不突变，工作点便由A点平移至能耗制动特性(如曲线1)上的B点，在制动转矩的作用下，电动机开始减速，工作点沿曲线1变化，直到原点，$n=0$，$T_{em}=0$，如果拖动的是反抗性负载，则电动机便停转，实现了快速制动停车；如果是位能性负载，当转速过零时，若要停车，必须立即用机械抱闸将电动机轴刹住，否则电动机将在位能性负载转矩的倒拉下反转，直到进入第四象限中的C点$T_{em}=T_L$，系统处于稳定的能耗制动运行状态，这时重物保持匀速下降。C点称为能耗制动运行点。由图6-27可见，改变制动电阻R_B或直流励磁电流的大小，可以获得不同的稳定下降速度。

能耗制动广泛应用于要求平稳准确停车的场合，也可应用于起重机一类带位能性负载的机械上，用来限制重物下降的速度，使重物保持匀速下降。

2. 反接制动

当异步电动机转子的旋转方向与定子磁场的旋转方向相反时，电动机便处于反接制动状态。它有两种情况：一是在电动状态下突然将电源两相反接，使定子旋转磁场的方向由原来的顺转子转向改为逆转子转向，这种情况下的制动称为定子两相反接的反接制动；二是保持定子磁场的转向不变，而转子在位能负载作用下进入倒拉反转，这种情况下的制动称为倒拉反转的反接制动。

设电动机处于电动状态运行，其工作点为固有机械特性曲线上的 A 点，如图 6-28(b)所示。当把定子两相绕组出线端对调时[图 6-28 (a)]，由于改变了定子电压的相序，所以定子旋转磁场方向改变了，由原来的逆时针方向变为顺时针方向，电磁转矩方向也随之改变，变为制动性质，其机械特性曲线变为图 6-28 (b)中曲线 2，其对应的理想空载转速为 $-n_1$。

在定子两相反接瞬间，转速来不及变化，工作点由 A 点平移到 B 点，这时系统在制动的电磁转矩和负载转矩共同作用下迅速减速，工作点沿曲线 2 移动，当到达 C 点时，转速为零，制动过程结束。如果要停车，应立即切断电源，否则电动机将反向启动。

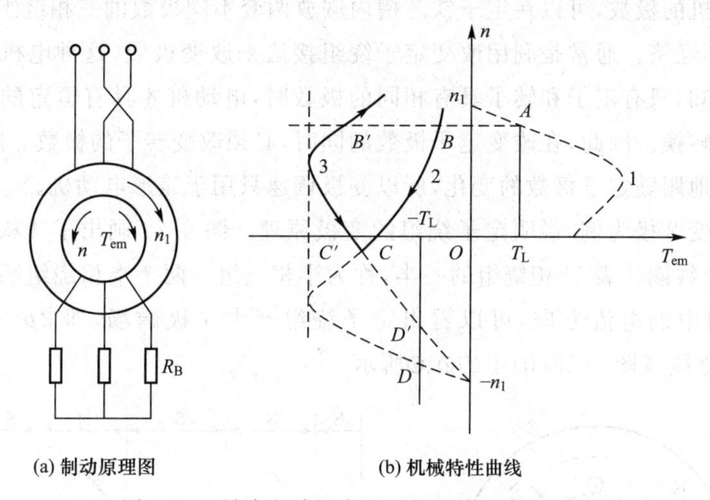

(a) 制动原理图　　(b) 机械特性曲线

图 6-28　异步电动机定子两相反接的反接制动

对于绕线转子异步电动机，为了限制制动瞬间电流以及增大电磁制动转矩，通常在定子两相反接的同时，在转子回路中串接制动电阻 R_B，这时对应的机械特性如图 6-28(b)中的曲线 3 所示。定子两相反接的反接制动是指从反接开始至转速为零这一段制动过程，即图 6-28 (b)中曲线 2 的 BC 段或曲线 3 的 $B'C'$段。

反接制动的优点是操作简单，制动效果好。在一些频繁正、反转的机械中多采用反接制动。

3. 回馈制动

若异步电动机在电动状态运行时，由于某种原因，使电动机的转速超过了同步转速(转向不变)，这时电动机便处于回馈制动状态。

要使电动机转子的转速超过同步转速($n>n_1$)，那么转子必须在外力矩的作用下，即转轴须输入机械能。因此，回馈制动状态实际上就是将轴上的机械能转变成电能并回馈到电网的电机的发电运行状态。

三、三相异步电动机的调速

根据异步电动机的转速公式

$$n=n_1(1-s)=\frac{60f_1}{p}(1-s)$$

可知，异步电动机有下列3种基本调速方法：

① 改变定子极对数 p 调速。

② 改变电源频率 f_1 调速。

③ 改变转差率 s 调速。

其中，改变转差率 s 调速，包括绕线转子电动机的转子串接电阻调速、串级调速及定子调压调速。本节介绍上述各种调速方法的基本原理、运行特性和调速性能。

1. 变极调速

在电源频率 f_1 不变的条件下，改变电动机的极对数 p，电动机的同步转速 n_1 就会变化，极对数增加一倍，同步转速就降低一半，电动机的转速也几乎下降一半，从而实现转速的调节。

要改变电动机的极数，可以在定子铁芯槽内嵌放两套不同极数的三相绕组，从制造的角度看，这种方法很不经济。通常是利用改变定子绕组接法来改变极数，这种电机称为多速电机。由电机学原理可知，只有定子和转子具有相同的极数时，电动机才具有恒定的电磁转矩，才能实现机电能量的转换。因此，在改变定子极数的同时，必须改变转子的极数。因笼形电动机的转子极数能自动地跟随定子极数的变化，所以变极调速只用于笼形电动机。

下面以4极变2极为例，说明定子绕组的变极原理。图6-29画出了4极电机U相绕组的2个线圈，每个线圈代表U相绕组的一半，称为半相绕组。两个半相绕组顺向串联（头尾相接）时，根据线圈中的电流方向，可以看出定子绕组产生4极磁场，即 $2p=4$，磁场方向如图6-29(a)中的虚线或图6-29(b)中的⊗、⊙所示。

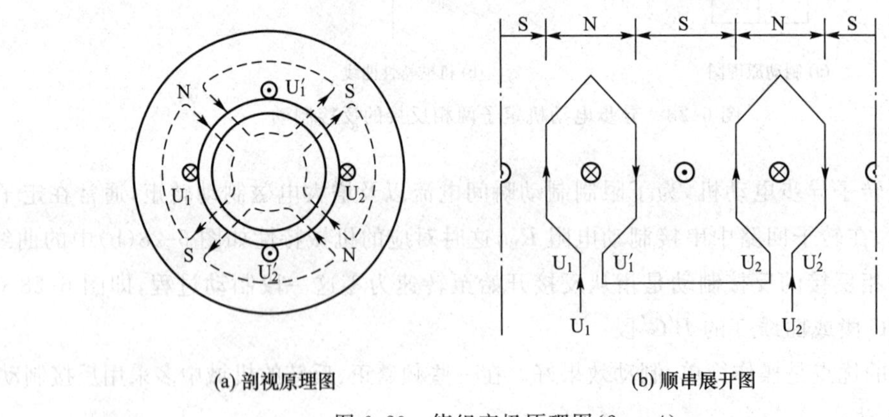

图6-29　绕组变极原理图（$2p=4$）

2. 变频调速

(1)变频原理

变频调速是采用一套专门的交流变频装置来实现的。如图6-30所示，由整流器将50 Hz

的三相交流电经整流变换为直流，再由逆变器变换为频率 f_1、电压有效值 U_1 均可调的三相交流电提供给电动机。

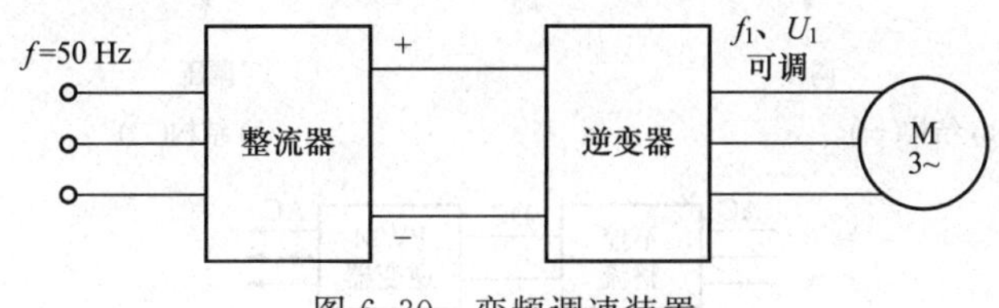

图 6-30　变频调速装置

变频调速有两种方式：

① 在 $f_1 < f_{1N}$，即低于额定转速时，应得 $\frac{U_1}{f_1}$ 的比值不变，也就是两者要成比例配合调节。由 $U_1 = 4.44 f_1 N_1 \Phi$ 和 $T = C_T \Phi I_a$ 两式可知，这时磁通和转矩近似不变，接近恒转矩调节。

如果把转速调低时，$U_1 = U_{1N}$ 保持不变，在减小 f_1 时，磁通 Φ 将大于额定值，使励磁电流增大，功率因数降低。磁密及铁耗增大，导致电动机过热，这是不允许的。

② 在 $f_1 > f_{1N}$，即高于额定转速时，应保持 $U_1 \approx U_{1N}$。这时磁通 Φ 将小于额定值，电源频率越高，转速越高，磁通越小，按照电流为额定值所产生转矩 T 也越小，近似为恒功率调速。

变频调速可在较宽范围内实现平滑的无级调速，且有硬的机械特性。随着变频技术的发展，变频电源可靠性的提高和成本的降低，这种调速方法将成为异步电动机主要和理想的调速方法而得到更广泛的应用。

(2)变频装置简介

要实现异步电动机的变频调速，必须有能够同时改变电压和频率的供电电源。现有的交流供电电源都是恒压、恒频的，所以必须通过变频装置才能获得变压、变频电源。变频装置可分为间接变频和直接变频两类，间接变频装置先将工频交流电通过整流器变成直流，然后再经过逆变器将直流变成可控频率的交流，通常称为交—直—交变频装置，直接变频装置则将工频交流一次变换成可控频率的交流，没有中间直流环节，也称为交—交变频装置。目前应用较多的是间接变频装置。

① 间接变频装置(交—直—交变频装置)。图 6-31 所示为间接变频装置的主要构成环节。按照不同的控制方式，它又可分为图 6-32 中的(a)、(b)、(c)三种。

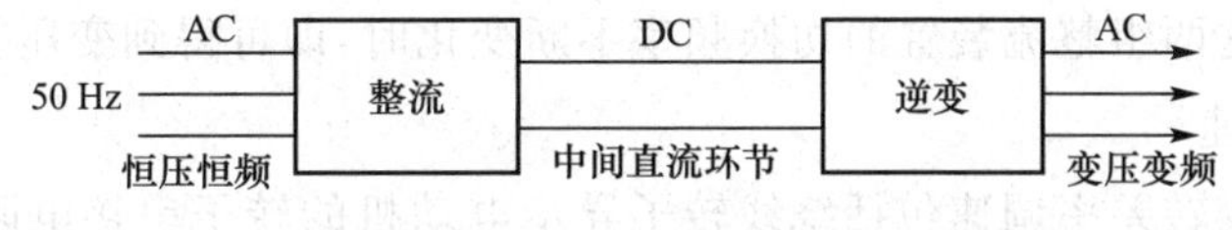

图 6-31　间接变频装置(交—直—交变频装置)

图 6-32 (a)是用可控整流器变压，用逆变器变频的交—直—交变频装置。调压和调频分别在两个环节上进行，两者要在控制电路上协调配合。这种装置结构简单、控制方便，但是，由于输入环节采用可控整流器，当电压和频率调得较低时，电网端的功率因数较低；输出环节多用晶闸管组成的三相六拍逆变器(每周换流六次)，输出的谐波较大。这是此类变频装置的主要缺点。

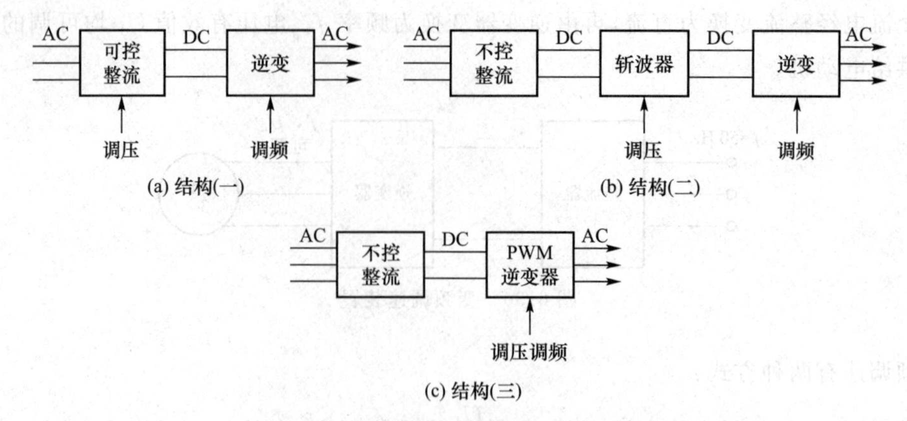

(a) 结构(一)　(b) 结构(二)

(c) 结构(三)

图 6-32　间接变频装置的各种结构形式

图 6-32 (b)是用不可控整流器整流、斩波器变压、逆变器变频的交—直—交变频装置。整流器采用二极管不可控整流器，增设斩波器进行脉宽调压。这样虽然多了一个环节，但输入功率因数高，克服了图 6-32 (a)的第一个缺点。输出逆变环节不变，仍有谐波较大的问题。

图 6-32 (c)是用不可控整流器整流、脉宽调制(PWM)逆变器同时变压变频的交—直—交变频装置。用不控整流，则输入端功率因数高；用 PWM 逆变，则谐波可以减少。这样可以克服图 6-32 (a)装置的两个缺点。

② 直接变频装置(交-交变频装置)。直接变频装置的结构如图 6-33 所示，它只用一个变换环节就可以把恒压恒频的交流电源变换成变压变频电源。这种变频装置输出的每一相都是一个两组晶闸管整流装置反并联的可逆线路(见图 6-34)。正、反两组按一定周期相互切换，在负载上就获得交变的输出电压 u_0。

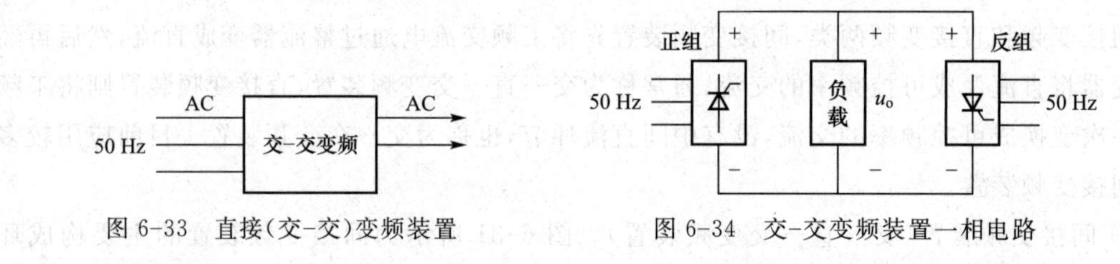

图 6-33　直接(交-交)变频装置　图 6-34　交-交变频装置一相电路

u_0 的幅值取决于各组整流装置的控制角，u_0 的频率取决于两组整流装置的切换频率。当整流器的控制角和这两组整流装置的切换频率不断变化时，即可得到变压变频的交流电源。

3. 变转差率调速

异步电动机的变转差率调速包括绕线转子异步电动机的转子串接电阻调速、串级调速及异步电动机的定子调压调速等。

(1)绕线转子电动机的转子串接电阻调速

绕线转子电动机的转子回路串接对称电阻时的机械特性如图 6-35 所示。

从机械特性上看，转子串入附加电阻时，T_m 与 n_1 不变，但 n 减小，特性斜率增大。当负载转矩一定时，工作点的转差率随转子串联电阻的增大而增大，电动机的转速随转子串联电阻的增大而减小。

这种调速方法的优点是：设备简单、易于实现。缺点是：调速是有级的，不平滑；低速时转差率较大，造成转子铜损耗增大，运行效率降低，机械特性变软，当负载转矩波动时将引起较大的转速变化，所以低速时静差率较大。这种调速方法多应用在起重机一类对调速性能要求不高的恒转矩负载上。

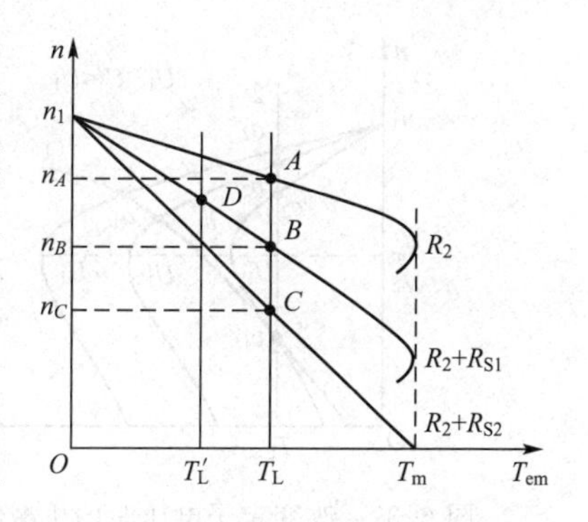

图 6-35　绕线转子电动机的转子回路串接对称电阻时的机械特性

(2)绕线转子电动机的串级调速

在负载转矩不变的条件下，异步电动机的电磁功率 $P_{em}=T_{em}\Omega_1=$常数(其中 Ω_1 为电动机运转的角速度)，转子铜损耗 $P_{Cu2}=sP_{em}$与转差率成正比，所以转子铜损耗又称转差功率。转子串接电阻调速时，转速调得越低，转差功率越大、输出功率越小、效率就越低，所以转子串接电阻调速很不经济。

如果在转子回路中不串接电阻，而是串接一个与转子电动势 $\dot{E}_{2s}$ 同频率的附加电动势 $\dot{E}_{ad}$(见图 6-36)，通过改变 $\dot{E}_{ad}$的幅值和相位，同样也可实现调速。这样，电动机在低速运行时，转子中的转差功率只有小部分被转子绕组本身电阻所消耗，而其余大部分被附加电动势 $\dot{E}_{ad}$所吸收，利用产生 $\dot{E}_{ad}$的装置可以把这部分转差功率回馈到电网，使电动机在低速运行时仍具较高的效率。这种在绕线转子异步电动机转子回路串接附加电动势的调速方法称为串级调速。

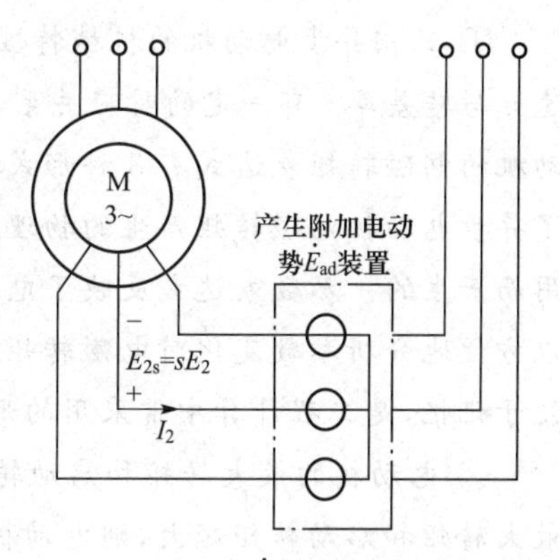

图 6-36　转子串 $\dot{E}_{ad}$的串级调速原理图

串级调速完全克服了转子串电阻调速的缺点，它具有高效率、无级平滑调速、较硬的低速机械特性等优点。

(3)调压调速

改变定子电压时的异步电动机机械特性曲线如图 6-37 所示。当定子电压降低时，电动机的同步转速 n_1 和临界转差率 S_m 均不变，但电动机的最大电磁转矩和启动转矩均随着电压平方关系减小：对于通风机负载(图 6-37 中特性 1)，电动机在全段机械特性上都能稳定运行，在不同电压下的稳定工作点分别为 a_1、b_1、c_1，即降低定子电压可以获得较低的稳定运行速度。对于恒转矩负载(6-37 中特性 2)，电动机只能在机械特性的线性段($0<S<S_m$)稳定运行，在不同电压时的稳定工作点分别为 a_2、b_2、c_2，显然电动机的调速范围很窄。

异步电动机的调压调速通常应用在专门设计的具有较大转子电阻的高转差率异步电动机上，这种电动机的机械特性如图 6-38 所示。由图可见，即使恒转矩负载，改变电压也能获得较宽的调速范围。但是，这种电动机在低速时的机械特性太软，其静差率和运行稳定性往往不能满足生产工艺的要求。因此，现代的调压调速系统通常采用速度反馈的闭环控制，以提高低速时机械特性的硬度，从而在满足一定静差率条件下，获得较宽的调速范围，同时保证电动机具有一定的过载能力。

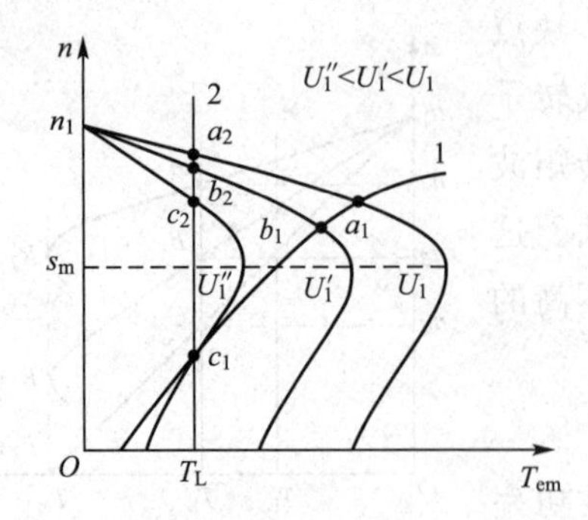

图 6-37 改变定子电压时的机械特性曲线

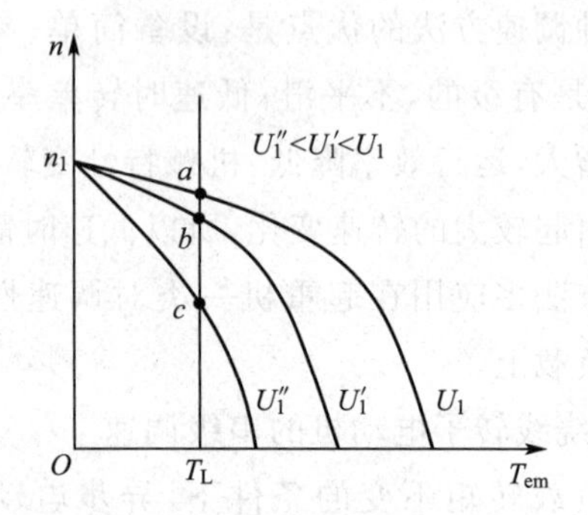

图 6-38 高转差率电动机改变定子

小 结

① 三相异步电动机的机械特性是指电动机的转速 n 与电磁转矩 T_{em} 之间的关系。由于转速 n 与转差率 s 有一定的对应关系，所以机械特性也常用 $T_{em}=f(s)$ 的形式表示。三相异步电动机的电磁转矩表达式有 3 种形式：物理表达式、参数表达式和实用表达式。物理表达式反映了异步电动机电磁转矩产生的物理本质，说明了电磁转矩是由主磁通和转子有功电流相互作用而产生的。参数表达式反映了电磁转矩与电源参数及电动机参数之间的关系，利用该式可以方便地分析参数变化对电磁转矩的影响和对各种人为机械特性的影响。实用表达式简单、便于记忆，是工程计算中常采用的形式。

② 电动机的最大转矩和启动转矩是反映电动机的过载能力和启动性能的两个重要指标，最大转矩和启动转矩越大，则电动机的过载能力越强，启动性能越好.

③ 三相异步电动机的机械特性是一条非线性曲线，一般情况下，以最大转矩（或临界转差率）为分界点，其线性段为稳定运行区，而非线性段为不稳定运行区。固有机械特性的线性段属于硬特性，额定工作点的转速略低于同步转速。人为机械特性曲线的形状可用参数表达式分析得出，分析时关键要抓住最大转矩、临界转差率及启动转矩这 3 个量随参数的变化规律。

④ 小容量的三相异步电动机可以采用直接启动，容量较大的笼形电动机可以采用降压启动。降压启动分为 Y—△降压启动和自耦变压器降压启动。Y—△降压启动只适用于三角形连接的电动机，其启动电流和启动转矩均降为直接启动时的 1/3，它适用于轻载启动。自耦变压器降压启动时，启动电流和启动转矩均降为直接启动时的 $1/k^2$（k 为自耦变压器的变比），它适用于带较大的负载启动。

⑤ 绕线转子异步电动机可采用转子串接电阻或频敏变阻器启动，其启动转矩大、启动电流小，它适用于中、大型异步电动机的重载启动。

⑥ 三相异步电动机也有 3 种制动状态：能耗制动、反接制动（电源两相反接和倒拉反转）和回馈制动。

⑦ 三相异步电动机的调速方法有变极调速、变频调速和变转差率调速。其中，变转差率调速包括绕线转子异步电动机的转子串接电阻调速、串级调速和降压调速。变极调速是通过改变定子绕组接线方式来改变电动机极数，从而实现电动机转速的变化。变极调速为有级调速。

习　题

一、填空题

1. 拖动恒转矩负载运行的三相异步电动机，其转差率 s 在________范围内时，电动机都能稳定运行。

2. 三相异步电动机的过载能力是指________。

3. 星形-三角形降限启动时，启动电流和启动转矩各降为直接启动时的________倍。

4. 三相异步电动机进行能耗制动时，直流励磁电流越大，则初始制动转矩越________。

二、判断题

1. 由公式 $T_{em}=C_T\Phi_0 I_2'\cos\varphi_2$ 可知，电磁转矩与转子电流成正比，因为直接启动时的启动电流很大，所以启动转矩也很大。（　　）

2. 深槽式与双笼形三相异步电动机，启动时由于集肤效应而增大了转子电阻，因此具有较高的启动转矩倍数。（　　）

3. 三相绕线转子异步电动机转子回路串入电阻可以增大启动转矩，串入电阻值越大，启动转矩也越大。（　　）

4. 三相绕线转子异步电动机提升位能性恒转矩负载，当转子回路串接适当的电阻值时，重物将停在空中。（　　）

5. 三相异步电动机的变极调速只能用在笼形转子电动机上。（　　）

三、选择题

1. 与固有机械特性相比，人为机械特性上的最大电磁转矩减小，临界转差率没变，则该机械特性是异步电动机的（　　）。

A. 转子串接电阻的人为机械特性　　B. 降低电压的人为机械特性

C. 定子串电阻的人为机械特性

2. 一台三相笼形异步电动机的数据为 $P_N=20\ \text{kW}$，$U_N=380\ \text{V}$，$\lambda_T=1.15$，$k_I=6$，定子绕组为三角形连接：当拖动额定负载转矩启动时，若供电变压器允许启动电流不超过 $12I_N$，最好的启动方法是（　　）。

A. 直接启动　　B. Y-△降压启动　　C. 自耦变压器降压启动

3. 一台三相异步电动机拖动额定转矩负载运行时，若电源电压下降了10%，这时电动机的电磁转矩（　　）。

A. $T_{em}=T_N$　　B. $T_{em}=0.81T_N$　　C. $T_{em}=0.9T_N$

4. 三相绕线转子异步电动机拖动起重机的主钩，提升重物时电动机运行于正向电动状态，当在转子回路串接三相对称电阻下放重物时，电动机运行状态是（　　）。

A. 能耗制动运行　　B. 反向回馈制动运行　　C. 倒拉反转运行

5. 三相异步电动机拖动恒转矩负载，当进行变极调速时，应采用的连接方式为（　　）。

A. Y-YY　　B. △-YY　　C. 顺串 Y-反串 Y

四、简答题

1. 何谓三相异步电动机的固有机械特性和人为机械特性？

2. 三相异步电动机的定子电压、转子电阻及定、转子漏电抗对最大转矩、临界转差率及启动转矩有何影响？

3. 一台额定频率为60 Hz的三相异步电动机，用在频率为50 Hz的电源上(电压大小不变)，问电动机的最大转矩和启动转矩有何变化？

4. 三相异步电动机在额定负载下运行，如果电源电压低于其额定电压，则电动机的转速、主磁通及定、转子电流将如何变化？

5. 为什么通常把三相异步电动机机械特性的直线段认为是稳定运行段；而把机械特性的曲线段认为是不稳定运行段？曲线段是否有稳定运行点？

6. 三相异步电动机当降低定子电压、转子串接对称电阻时的人为机械特性各有什么特点？

7. 三相异步电动机直接启动时，为什么启动电流很大，而启动转矩却不大？

8. 三相笼形异步电动机在什么条件下可以直接启动？不能直接启动时，应采用什么方法启动？

9. 三相笼形异步电动机采用自耦变压器降压启动时，启动电流和启动转矩与自耦变压器的变比有什么关系？

10. 什么是三相异步电动机的Y-△降压启动？它与直接启动相比，启动转矩和启动电流有何变化？

11. 三相绕线转子异步电动机转子回路串接适当的电阻时，为什么启动电流减小，而启动转矩增大？如果串接电抗器，会有同样的结果吗？为什么？

12. 为使三相异步电动机快速停车，可采用哪几种制动方法？如何改变制动的强弱？试用机械特性说明其制动过程。

13. 当三相异步电动机拖动位能性负载时，为了限制负载下降时的速度，可采用哪几种制动方法？如何改变制动运行时的速度？各制动运行时的能量关系如何？

14. 三相异步电动机怎样实现变极调速？变极调速时为什么要改变定子电源的相序？

15. 三相异步电动机采用Y-YY连接和△-YY连接变极时，其机械特性有何变化？对于切削机床一类的恒功率负载，应采用哪种接法的变极线路来实现调速才比较合理？

16. 三相异步电动机变频调速时，其机械特性有何变化？

17. 三相异步电动机在基频以下和基频以上变频调速时，应按什么规律来控制定子电压？为什么？

18. 三相绕线转子异步电动机转子串接电阻调速时，为什么低速时的机械特性变软？为什么轻载时的调速范围不大？

19. 三相绕线转子异步电动机转子串接电抗能否实现调速？这时的机械特性有何变化？

第七章 直流电机

学习目标

- 掌握直流电机的基本结构；
- 掌握直流电机的工作原理；
- 掌握直流电机铭牌与分类；
- 掌握直流电动机的使用；
- 掌握直流电动机常见故障及处理方法。

直流电机可分为直流发电机和直流电动机。直流发电机将机械能转换成直流电能，为需要直流电的机械提供直流电源，如同步电动机的直流励磁电源、直流电焊、电解、电镀、直流电动机等。随着电力电子技术的发展，大功率晶闸管可控整流电源已逐步取代直流发电机。直流电动机将直流电能转换成机械能。与交流电动机比较，直流电动机的优点是启动转矩较大，调速范围宽并能平滑调速，因此被广泛用于对启动和调速性能要求较高的生产机械上，如轧钢机、龙门刨床、起重机械、电机车等。但是，直流电动机结构复杂，维修困难，体积较大，价格高。

本章主要讨论直流电机的基本结构、工作原理；直流电动机的机械特性及启动、制动、调速、反转的原理和基本方法；介绍直流电动机常见故障及处理方法。

第一节　直流电机的基本结构

直流电机可作为电动机运行，也可作为发电机运行。不管是电动机还是发电机其结构基本是相同的，即都有可旋转部分和静止部分。可旋转部分称为转子，静止部分称为定子。小型直流电机的结构图和剖面图如图 7-1 所示。

一、定子部分

定子主要由主磁极、机座、换向磁极、电刷装置和端盖组成，如图 7-2 所示。

主磁极的作用是产生恒定且有一定空间分布形状的气隙磁通密度：主磁极由主磁极铁芯和放置在铁芯上的励磁绕组构成。主磁极铁芯分成极身和极靴，极靴的作用是使气隙磁通密度的空间分布均匀并减小气隙磁阻，同时极靴对励磁绕组也起支撑作用：为减小涡流损耗，主磁极铁芯是用 0.5～1.5 mm 厚的低碳钢板冲成一定形状，用铆钉把冲片铆紧，然后再固定在机座上：主磁极上的线圈是用来产生主磁通的，称为励磁绕组。主磁极的结构如图 7-3 所示。

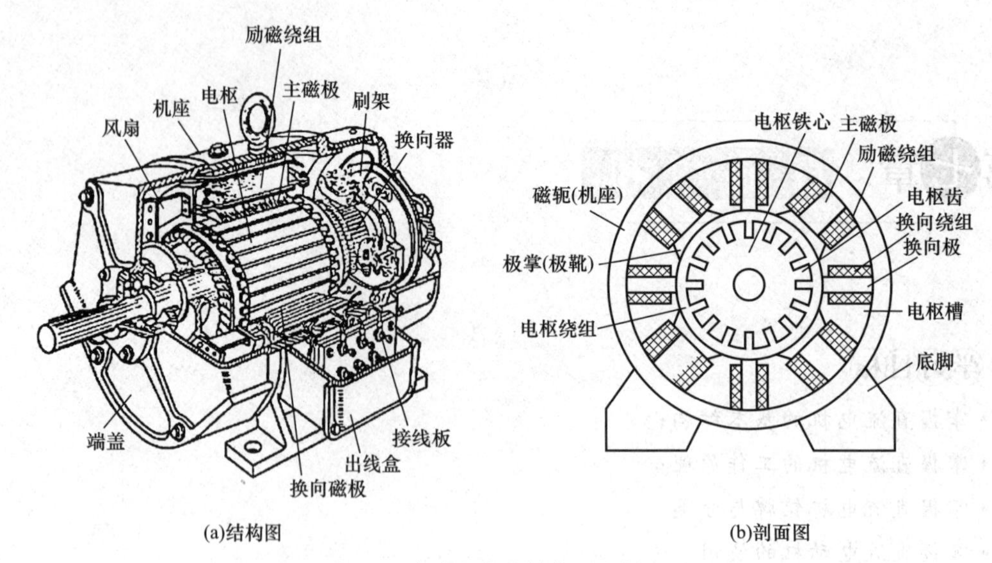

图 7-1　直流电机的结构图和剖面图

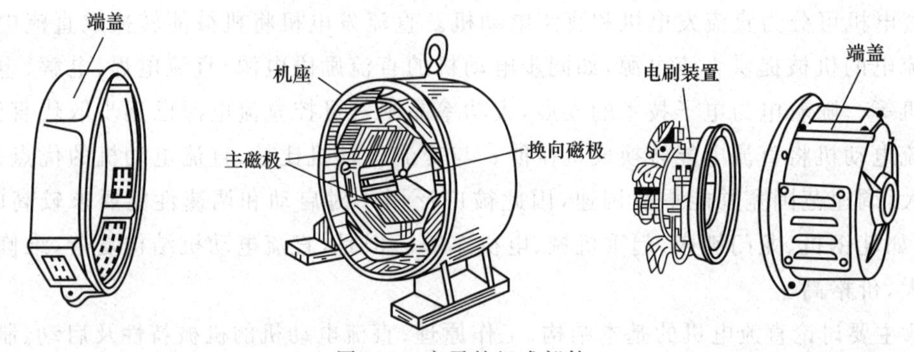

图 7-2　定子的组成部件

当给励磁绕组通入直流电时，各主磁极均产生一定极性，相邻两主磁极的极性是 N、S 交替出现的。

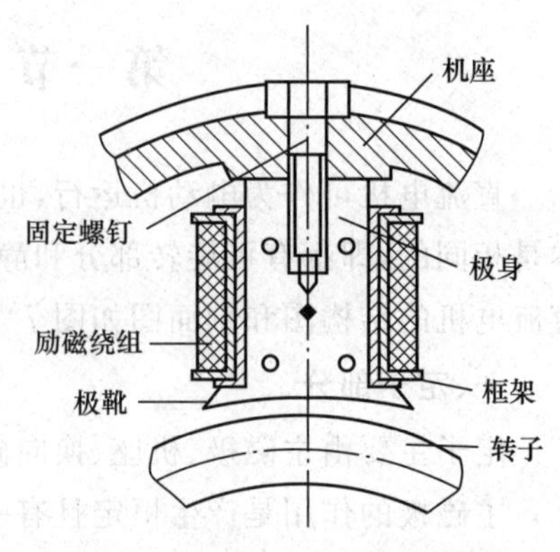

图 7-3　直流电机主磁极的结构

直流电机的机座有两种形式：一种为整体机座；另一种为叠片机座。整体机座用导磁效果较好的铸钢材料制成，该种机座能同时起到导磁和机械支撑作用。由于机座起导磁作用，因此机座是主磁路的一部分，称为定子铁轭。主磁极、换向极及端盖均固定在机座上，机座起机械支撑作用。一般直流电机均采用整体机座。叠片机座是用薄钢板冲片叠压成定子铁轭，再把定子铁轭固定在一个专起支撑作用的机座里，这样定子铁轭和机座是分开的，机座只起支撑作用，可用普通钢板制成。叠片机座主要用于主磁通变化快，调速范围较高的场合。

换向极又称附加极，其结构如图 7-4 所示，其作用是改善直流电机的换向，一般电机容量超过 1 kW 时均应安装换向极。

换向极的铁芯比主磁极的简单，一般用整块钢板制成，在其上放置换向极绕组，换向极安装在相邻的两主磁极之间。

电刷装置是直流电机的重要组成部分。通过该装置把电机电枢中的电流与外部静止电路相连或把外部电源与电机电枢相连，电刷装置与换向片一起完成机械整流，把电枢中的交变电流变成电刷上的直流或把外部电路中的直流变换为电枢中的交流。电刷的结构如图 7-5 所示。

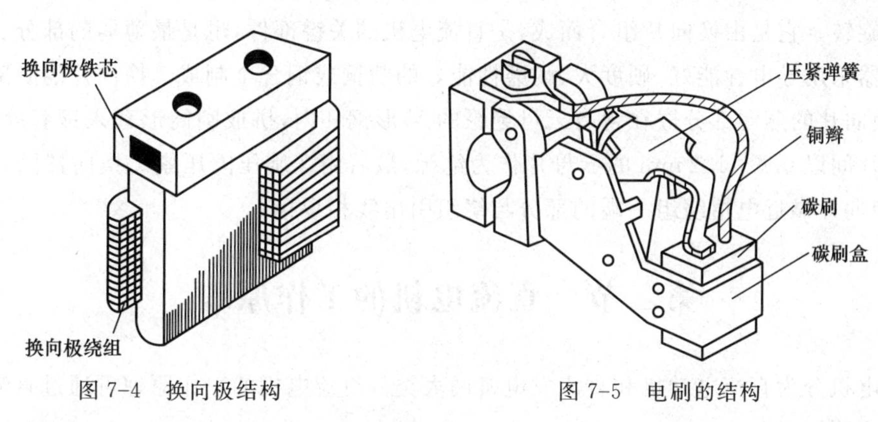

图 7-4　换向极结构　　　　图 7-5　电刷的结构

电机中的端盖主要起支撑作用。端盖固定于机座上，其上放置轴承支撑直流电机的转轴，使直流电机能够旋转。

二、转子部分

直流电机的转子是电机的转动部分，由电枢铁芯、电枢绕组、换向器、电机转轴和轴承等部分组成。

电枢铁芯是主磁路的一部分，同时对放置在其上的电枢绕组起支撑作用。为减少当电机旋转时铁芯中的磁通方向发生变化引起的磁滞损耗和涡流损耗，电枢铁芯通常用 0.5 mm 厚的低硅钢片或冷轧硅钢片冲压成形，为减小损耗而在硅钢片的两侧涂绝缘漆，为放置绕组而在硅钢片上冲出转子槽。冲制好的硅钢片叠装成电枢铁芯。图 7-6 所示为小型直流电机的电枢冲片形状和电枢铁芯装配图。

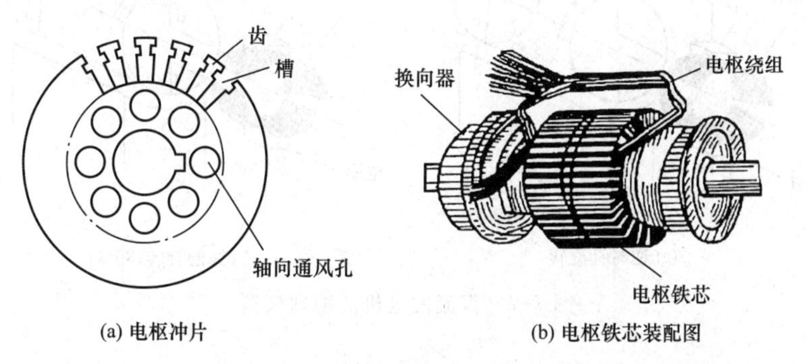

(a) 电枢冲片　　　　(b) 电枢铁芯装配图

图 7-6　电枢冲片和电枢铁芯装配图

电枢绕组是直流电机的重要组成部分。绕组由带绝缘的导体绕制而成，对于小型电机常采用铜导线绕制，对于大中型电机常采用成形线圈。在电机中每一个线圈称为一个元件，多个元件有规律地连接起来形成电枢绕组。绕制好的绕组或成形绕组放置在电枢铁芯上的槽内，放置在铁芯槽内的直线部分在电机运转时将产生感应电动势，称为元件的有效部分；在电枢槽两端把有效部分连接起来的部分称为端接部分，仅起连接作用，在电机运行过程中不产生感应电动势。

换向器又称整流子，对于发电机，换向器的作用是把电枢绕组中的交变电动势转变为直流电动势向外部输出直流电压；对于电动机，它是把外界供给的直流电流转变为绕组中的交变电流以使其旋转。它是由换向片组合而成，是直流电机的关键部件，也是最薄弱的部分。

换向器采用导电性能好、硬度大、耐磨性能好的紫铜或铜合金制成。换向片的底部做成燕尾形状，换向片的燕尾部分嵌在含有云母绝缘的V形钢环内，拼成圆筒形套入钢套筒上，相邻的两换向片间以0.6～1.2 mm的云母片作为绝缘，最后用螺旋压圈压紧。换向器固定在转轴的一端；换向片靠近电枢绕组一端的部分与绕组引出线相焊接。

第二节　直流电机的工作原理

直流电机分为直流电动机和直流发电机两大类。直流电机的工作原理可通过直流电机的模型进行说明。

一、直流发电机的工作原理

图7-7所示为直流发电机的物理模型。其中N、S为磁极，固定不动，称为直流电机的定子。abcd是固定在可旋转导磁圆柱体上的线圈，线圈连同导磁圆柱体是直流电机可转动部分，称为电机转子（又称电枢）。线圈的首末端a、d连接到两个相互绝缘并可随线圈一同转动的导电片上，该导电片称为换向器。转子线圈与外电路的连接是通过放置在换向器上固定不动的电刷进行的。在定子与转子间有间隙存在，称为空气隙，简称气隙。

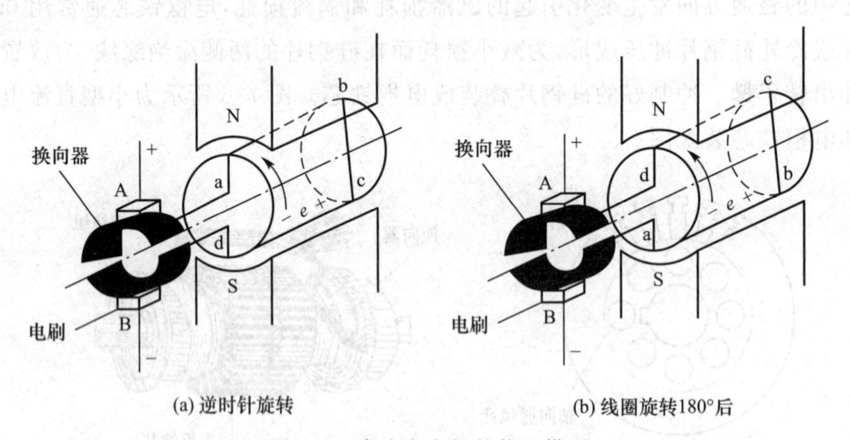

图7-7　直流发电机的物理模型

在模型中，当有原动机拖动转子以一定的转速逆时针旋转时，根据电磁感应定律可知，在线圈abcd中将产生感应电动势。每边导体感应电动势的大小可通过下式求得

$$e=B_x l\upsilon \tag{7-1}$$

式中，B_x 为导体所在处的磁通密度，单位为 Wb/m^2；l 为导体 ab 或 cd 的有效长度，单位为 m；υ 为导体 ab 或 cd 与 B_x 间的相对线速度，单位为 m/s；e 为导体感应电动势，单位为 V。

导体中感应电动势的方向可用右手定则确定。在逆时针旋转情况下，如图 7-7 (a)所示，导体 ab 在 N 极下，感应电动势的极性为 a 点高电位，b 点低电位；导体 cd 在 S 极下，感应电动势的极性为 c 点高电位，d 点低电位，在此状态下电刷 A 的极性为正，电刷 B 的极性为负。当线圈旋转 180°后，如图 7-7 (b)所示，导体 ab 在 S 极下，感应电动势的极性为 a 点低电位，b 点高电位，而导体 cd 则在 N 极下，感应电动势的极性为 c 点低电位，d 点高电位。此时，虽然导体中的感应电动势方向已改变，但由于原来与电刷 A 接触的换向器已经与电刷 B 接触，而与电刷 B 接触的换向器同时换到与电刷 A 接触，因此电刷 A 的极性仍为正，电刷 B 的极性仍为负。

从图 7-7 中可看出，和电刷 A 接触的导体总是位于 N 极下，和电刷 B 接触的导体总是在 S 极下，因此电刷 A 的极性总为正，而电刷 B 的极性总为负，在电刷两端可获得直流电动势。

实际直流发电机的电枢根据实际应用情况需要有多个线圈。线圈分布于电枢铁芯表面的不同位置，并按照一定的规律连接起来，构成电机的电枢绕组。磁极也是根据需要 N、S 极交替放置多对。

二、直流电动机的工作原理

把电刷 A、B 接到一直流电源上，电刷 A 接电源的正极，电刷 B 接电源的负极，此时在电枢线圈中将有电流流过。

如图 7-8(a)所示，设线圈的 ab 边位于 N 极下，线圈的 cd 边位于 S 极下，根据毕奥-萨伐尔电磁力定律可知，导体每边所受电磁力的大小为

$$F=B_x lI \tag{7-2}$$

式中，B_x 为导体所在处的磁通密度，单位为 Wb/m^2；l 为导体 ab 或 cd 的有效长度，单位为 m；I 为导体中流过的电流，单位为 A；F 为电磁力，单位为 N。

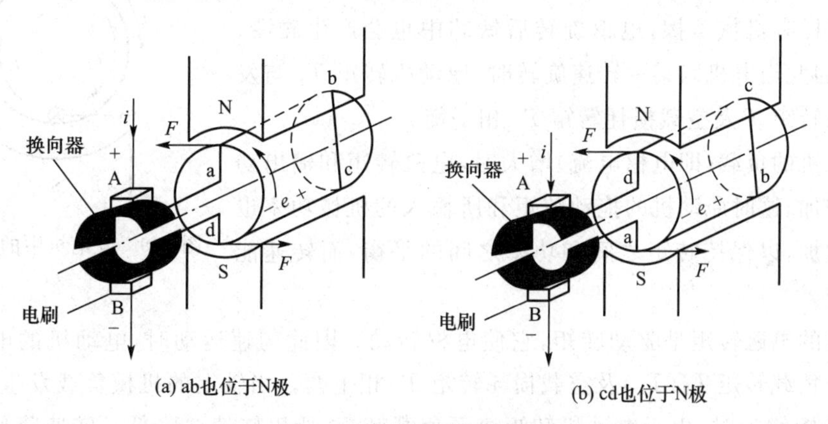

图 7-8 直流电动机的模型

导体受力方向由左手定则确定。在图 7-8(a)所示的情况下，位于 N 极下的导体 ab 受力方向为从右向左，而位于 S 极下的导体 cd 受力方向为从左向右。该电磁力与转子半径之积即

为电磁转矩，该转矩的方向为逆时针。当电磁转矩大于阻力矩时，线圈按逆时针方向旋转。当电枢旋转到图 7-8(b)所示位置时，原位于 S 极下的导体 cd 转到 N 极下，其受力方向变为从右向左：而原位于 N 极下的导体 ab 转到 S 极下，导体 ab 受力方向变为从左向右，该转矩的方向仍为逆时针方向，线圈在此转矩作用下继续按逆时针方向旋转。这样虽然导体中流通的电流为交变的，但 N 极下的导体受力方向和 S 极下导体所受力的方向并未发生变化，电动机在此方向不变的转矩作用下转动。

同直流发电机相同，实际的直流电动机的电枢并非单一线圈，磁极也并非一对。

三、直流电动机中的反电动势

电动机电枢绕组通电后在磁场中受力而转动，这是问题的一方面。另一方面，当电枢在磁场转动时，线圈中也要产生感应电动势，根据磁场方向和电枢旋转方向用右手定则判定，这个电动势的方向与外加电压或电流的方向总是相反，有阻止电流流入电枢绕组中的作用，所以称为反电动势。它与发电机的电动势不同，后者是电源电动势，由此产生电流。

四、发电机和电动机中的电磁转矩

直流电机电枢绕组中的电流与磁通相互作用产生电磁力和电磁转矩。直流电机的电磁转矩用下式表示

$$T=C_{\mathrm{T}}\Phi I_{\mathrm{a}} \tag{7-3}$$

式中，I_a 为电枢电流，单位为安[培](A)；Φ 为每极磁通量，单位为韦[伯](Wb)；C_T 是与电动机结构有关的常数，单位牛·米(N·m)。

直流发电机和直流电动机两者的电磁转矩的作用是不同的。

当直流发电机向负载输出电功率时，负载电流流过电枢线圈，根据前面分析可知，发电机中的电动势方向和电流方向相同，如图 7-9 所示。由于载流导体在磁场中要受到电磁力的作用，用左手定则判断，电枢转子便受到一个电磁转矩 T 的作用。由图 7-9 可知，电磁转矩 T 和外转矩 T_1(原动机拖动转矩)方向相反，也与转速方向相反，所以电磁转矩 T 为制动转矩。直流发电机同样有机械摩擦，电枢旋转后铁芯中也会产生磁滞、涡流损耗，因此当电机以某一转速旋转时，原动机转矩 T_1 与发电机的电磁转矩 T 及空载损耗转矩 T_0 相平衡。

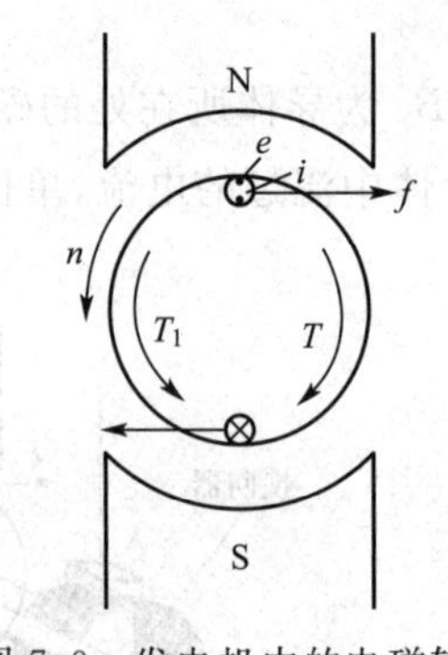

图 7-9　发电机中的电磁转矩

当发电机的负载(即电枢电流)增大时，电磁转矩和输出功率也随之增加，这时原动机的拖动转矩和所输入的机械功率也必须相应增加，以保持转矩之间和功率之间的平衡，而转速能够基本不变。

电动机的电磁转矩是驱动转矩，它使电枢转动。因此匀速运动时，电动机的电磁转矩 T 必须与机械负载转矩 $T_2(T_L)$ 及空载损耗转矩 T_0 相平衡。当轴上的机械负载发生变化时，例如当负载转矩增加时，由于电动机转矩小于负载转矩，所以转速要降低。转速降低使电动势(反电动势)减小，从而使电枢电流增加，电磁转矩增大。这个转速降低，电磁转矩增大的过程，一直进行到满足新的转矩平衡条件为止，电动机以较低的转速匀速运行。这时的电枢电流已大于原先的，也就是说从电源输入的功率增加了(电源电压保持不变)。

通过以上分析还可以看出，电动机的稳态转矩是决定于负载的，如果不带负载，轴上输出转矩就等于零，电动机只能产生克服自身空载转矩的电磁转矩。电动机的稳态转矩能够自动地与静止负载转矩相平衡，而不需要通过任何操作去调节电压、电阻或磁通，这种可贵的性能是其他一些原动机（如内燃机、蒸汽机）所不具备的。

综上所述，直流发电机和直流电动机是直流电机在不同外界条件下的两种运行状态，即发电机运行状态和电动机运行状态。归纳为两点：

① 发电机和电动机中都存在感应电动势和电磁转矩，而且感应电动势和电磁转矩的表达式相同，即 $E_a=C_E\Phi n$（C_E 为与电动机结构有关的常数），$T=C_T\Phi I_a$，但 E_a、T 在两种运行状态中的作用却相反。对比如表 7-1 所示。

表 7-1　发电机和电动机运行状态对比

发电机运行	电动机运行状态
E_a 和 I 方向相同	E_a 和 I 方向相反
E_a 为正电动势	E_a 为反电动势
T 为制动转矩	T 为驱动转矩

② 发电机和电动机中都同时存在以下两种平衡关系：

- 电压平衡方程式：反映了直流电机与外部电源或外电路的联系。
- 转矩平衡方程式：反映了直流电机与外部机械的联系。

这两种平衡关系在两种运行状态中也是不同的，如图 7-10(a)、(b)所示。比较如下：

发电机运行：$U_a=E_a-I_aR_a\ (E_a>U_a)$；$T_1=T+T_0$（$T_1$ 为原动机输入转矩）

电动机运行：$U_a=E_a+I_aR_a\ (E_a<U_a)$；$T_2=T-T_0$（$T_2$ 为电动机轴上输出转矩）

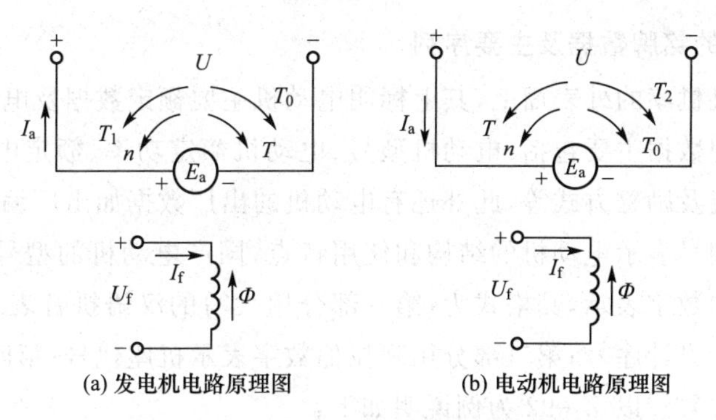

图 7-10　发电机及电动机电路原理图

第三节　直流电动机的铭牌和分类

一、直流电动机的分类

直流电动机可按结构、用途、容量大小和励磁方式的不同进行分类，这里介绍按励磁方式分类方法。如图 7-11 所示，直流电动机按照励磁方式可分为他励、并励、串励、复励 4 种。

他励直流电动机的励磁绕组由单独的电源供电，如图 7-11(a)所示，主磁场与电枢电流无关。

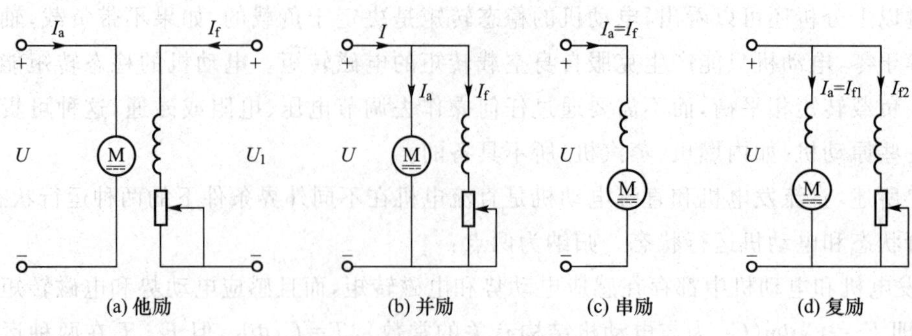

图 7-11 按励磁方式分类接线图

并励直流电动机的励磁绕组与电枢绕组并联，由同一个电源供电，如图 7-11(b)所示，电源电流 I 的大小等于电枢电流 I_a 与励磁电流 I_f 的和。

$$I=I_a+I_f \tag{7-4}$$

串励直流电动机的励磁绕组与电枢绕组串联，由一个电源供电，如图 7-11(c)所示，励磁电流 I_f 与电枢电流 I_a 相同

$$I_a=I_f \tag{7-5}$$

复励直流电动机的励磁绕组分为两部分：一部分为并励绕组与电枢绕组并联；一部分为串励绕组与电枢绕组串联，如图 7-11(d)所示。

本书只讨论比较常用的并励电动机和他励电动机，其他两种直流电动机的特性和使用，读者可参考有关书籍。

二、直流电动机的铭牌数据及主要序列

铭牌钉在电动机机座的外表面上，其上标明电动机主要额定数据及电动机产品数据，供用户使用时参考。铭牌数据主要包括：电动机型号、电动机额定功率、额定电压、额定电流、额定转速和额定励磁电流及励磁方式等，此外还有电动机的出厂数据如出厂编号、出厂日期等。

电动机的产品型号表示电动机的结构和使用特点，国产电动机的型号一般采用大写的汉语拼音字母和阿拉伯数字表示，其格式为：第一部分用大写的汉语拼音表示产品代号；第二部分用阿拉伯数字表示设计序号；第三部分用阿拉伯数字表示机座代号；第四部分用阿拉伯数字表示电枢铁芯长度代号。以 Z_2-92 为例说明如下：

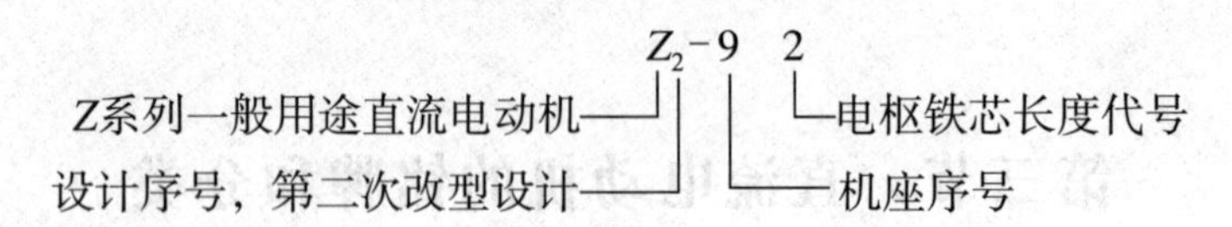

第一部分字符的含义如下：

① Z 系列：一般用途直流电动机(如 Z_2、Z_3、Z_4 等系列)。

② ZJ 系列：精密机床用直流电动机。

③ ZT 系列：广调速直流电动机。

④ ZQ 系列：直流牵引电动机。

⑤ ZH 系列：船用直流电动机。

⑥ ZA 系列:防爆安全型直流电动机。

⑦ ZKJ 系列:挖掘机用直流电动机。

⑧ ZZJ 系列:冶金起重机用直流电动机。

电动机铭牌上所标的数据称为额定数据,具体含义如下:

① 额定功率 P_N:指在额定条件下电动机所能供给的功率。对于电动机额定功率是指电动机轴上输出的额定机械功率;对于发电机是指电刷间输出的额定电功率。额定功率的单位为 kW。

② 额定电压 U_N:指在额定工况条件下,电机出线端的平均电压。对于电动机是指输入额定电压,对于发电机是指输出额定电压。额定电压的单位为 V。

③ 额定电流 I_N:指电动机在额定电压情况下,运行于额定功率时对应的电流值。额定电流的单位为 A。

④ 额定转速 n_N:指对应于额定电压、额定电流,电动机运行在额定功率时所对应的转速。额定转速的单位为 r/min。

⑤ 额定励磁电流 I_{fN}:指对应于额定电压、额定电流、额定转速及额定功率时的励磁电流。额励磁电流的单位为 A。

⑥ 励磁方式:指直流电动机的励磁绕组与其电枢绕组的连接方式。根据电枢绕组与励磁绕组的连接方式不同,直流电动机励磁有并励、串励和复励等方式。

此外,电动机的铭牌上还标有其他数据,如励磁电压、出厂日期、出厂编号等。

在电动机运行时,若所有的物理量均与其额定值相同,则称电动机运行于额定状态。若电动机的运行电流小于额定电流,称电动机为欠载运行;若电动机的运行电流大于额定电流,则称电动机为过载运行。电动机长期欠载运行使电动机的额定功率不能全部发挥作用,造成浪费;长期过载运行会缩短电动机的使用寿命,因此长期过载和欠载运行都不好。电动机最好运行于额定状态或额定状态附近,此时电动机的运行效率、工作性能等均比较好。

第四节 直流电动机的机械特性

直流电动机的机械特性是指电枢电压、励磁电流、电枢电路电阻为恒值的条件下,即电动机处于稳态运行时,其转速 n 与电磁转矩 T 之间的关系,$n=f(T_{em})$。由于转速和转矩都是机械量,所以将其称为机械特性。电动机的机械特性对分析电力拖动系统的运行是非常重要的。

图 7-12 所示为他励直流电动机的电路原理图。图中 U 为外加电压,E_a 是电枢电动势,I_a 是电枢电流,R_P 是电枢回路串联电阻,I_f 是励磁电流,r_f 是励磁绕组电阻,R_{Pf} 是励磁调节电阻。按图中标明的各个量的正方向,可以列出电枢回路电压平衡方程式

$$U=E_a+RI_a \tag{7-6}$$

式中,$R=R_a+R_P$,为电枢回路总电阻。将电枢电动势 $E_a=C_E\Phi n$ 和电磁转矩 $T=C_T\Phi I_a$ 代入式(7-6)中,可得他励直流电动机的机械特性方程式

$$n=\frac{U}{C_E\Phi}-\frac{R}{C_EC_T\Phi^2}T_{em}=n_0-KT_{em}=n_0-\Delta n \tag{7-7}$$

式中，$n_0=\dfrac{U}{C_E\Phi}$为电磁转矩 $T_{em}=0$ 时的转速，称为理想空载转速；$K=\dfrac{R}{C_EC_T\Phi^2}$为机械特性的斜率，$\Delta n=KT=\dfrac{R}{C_EC_T\Phi^2}T_{em}$为转速降。

由式(7-7)可知，当 U、Φ、R 为常数时，他励直流电动机的机械特性是一条以 K 为斜率向下倾斜的直线，如图 7-13 所示。

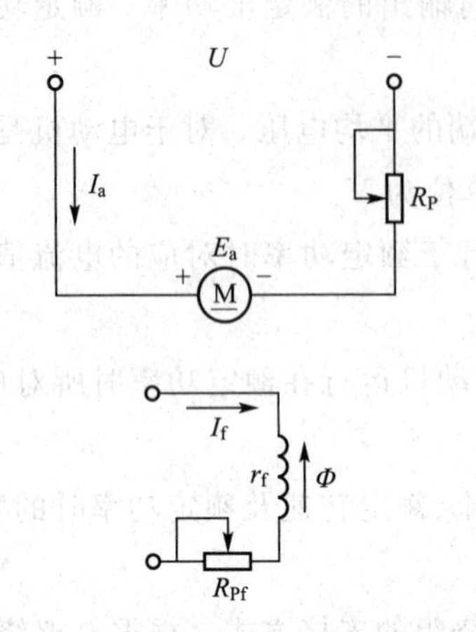

图 7-12　他励直流电动机电路原理图

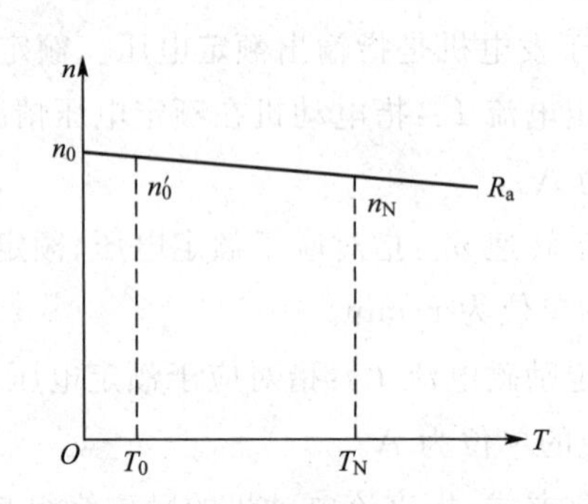

图 7-13　他励直流电动机机械特性

必须指出，电动机的实际空载转速 n_0' 比理想空载转速 n_0 略低。这是因为电动机由于摩擦等原因存在一定的空载转矩。空载运行时，电磁转矩不可能为零，它必须克服空载转矩，即 $T=T_0$，故实际空载转速应为

$$n_0'=\frac{U}{C_E\Phi}-\frac{R}{C_EC_T\Phi^2}T_0$$

事实上，式(7-7)中的电枢回路电阻 R，端电压 U 和励磁磁通 Φ 都可以根据实际需要进行调节。每调节一个参数可对应得到一条机械特性，所以可以得到多条机械特性。其中，当 $U=U_N$、$\Phi=\Phi_N$、$R=R_a(R_P=0)$时的机械特性称为电动机的固有机械特性。图 7-13 即是他励直流电动机的固有特性，它是按照制造厂给出的铭牌数据和接线方式得到的机械特性。把调 U、Φ、R 参数后得到的机械特性称为人为机械特性。

固有特性上的转速降为 $\Delta n=\dfrac{R}{C_EC_T\Phi^2}T_{em}$，由于 R_a 很小，负载增大使电枢电流 I_a 增大时，R_a 上的压降 R_aI_a 增加很少，因此转速下降很少，固有特性是一条略微向下倾斜的硬特性。

并励直流电动机励磁电流为 $I_f=\dfrac{U}{R_f}$。在额定电压作用下，当励磁回路电阻 R_f（包括励磁绕组的电阻 r_f 和励磁调节电阻 R_{Pf}）保持不变时，励磁电流 I_f 和由它产生的磁通 Φ 也保持不变，即 $\Phi=$常数。并且，由于励磁电流很小，对电枢电流 I_a 影响不大，$I_a=I-I_f\approx I$，和他励电动机一样，认为其磁通 Φ 不受负载变化的影响，因此并励和他励直流电动机的机械特性差别不大。

第五节 直流电动机的使用

与交流电动机一样，直流电动机作为驱动元件时，生产机械也有对启动、制动和调速性能的要求。他励直流电动机在拖动中应用较为广泛，故以他励电动机为例介绍直流电动机的启动、制动调速及改变转向等基本原理和方法。

一、直流电动机的启动

电动机的启动是指电动机接通电源后，由静止状态加速到稳定运行状态的过程。电动机在启动瞬间（$n=0$）的电磁转矩称为启动转矩，启动瞬间的电枢电流称为启动电流，分别用 T_{st} 和 I_{st} 表示。启动转矩为

$$T_{st}=C_T\Phi I_{st} \tag{7-8}$$

如果他励直流电动机在额定电压下直接启动，由于启动瞬间转速 $n=0$，电枢电动势 $E_a=0$，故启动电流为

$$I_{st}=\frac{U_N}{R_a} \tag{7-9}$$

因为电枢电阻 R_a 很小，所以直接启动电流将达到很大的数值，通常可达到额定电流的10～20倍。过大的启动电流会引起电网电压下降，影响电网上其他用户的正常用电；使电动机的换向严重恶化，甚至会烧坏电动机；同时过大的冲击转矩会损坏电枢绕组和传动机构。因此，除了个别容量很小的电动机外，一般直流电动机是不允许直接启动的。

对直流电动机的启动，一般有如下要求：

① 要有足够大的启动转矩。

② 启动电流要限制在一定的范围内。

③ 启动设备要简单、可靠。

为了限制启动电流，他励直流电动机通常采用电枢回路串电阻启动或降低电枢电压启动。无论采用哪种启动方法，启动时都应保证电动机的磁通达到最大值。这是因为在同样的电流下，Φ 大，则 T_{st} 大；而在同样的转矩下，Φ 大，则 I_{st} 可以小一些。

1. 电枢回路串电阻启动

电枢回路串电阻启动，主要应用于小容量直流电动机中。启动时，在电枢回路中串入启动变阻器，随着转速的升高，逐渐切除变阻器的电阻，启动完毕切除全部启动电阻。

电阻回路串电阻启动时的启动电流为

$$I_{st}=\frac{U_N}{R_a+R_{st}} \tag{7-10}$$

式中，R_{st} 值应使 I_{st} 不大于允许值。对于普通直流电动机，一般要求 $I_{st}\leqslant(1.5\sim2)I_N$。

图7-14所示为三点启动器与并励电动机的接线图。启动时，把手柄从触点0拉到触点1上时，电动机开始启动，此时全部电阻串在电枢回路内。把手柄移过一个触点，即切除一段电阻，当把手柄移至触点5时，启动电阻就被全部切除了，此时电磁铁YA把手柄吸住：在正常运行中，如果电源停电或励磁回路断开，则电磁铁YA失去吸力，手柄上的弹簧把手柄拉回到启

动位置 0 点，以起保护作用。

2. 降压启动

当直流电源电压可调时，可以采用降压方法启动。启动时，以较低的电源电压启动电动机，启动电流便随电压的降低而正比减小。随着电动机转速的上升，反电动势逐渐增大，再逐渐提高电源电压，使启动电流和启动转矩保持在一定的数值上，从而保证电动机按需要的加速度升速。

可调压的直流电源，在过去多采用直流的发电机-电动机组，即每一台电动机专门由一台直流发电机供电。当调节发电机的励磁电流时，便可改变发电机的输出电压，从而改变加在电动机电枢两端的电压。近年来，随着晶闸管技术的发展，直流发电机已经被晶闸管整流电源所取代。

降压启动虽然需要专用电源，设备投资较大，但它启动平稳，启动过程中能量损耗小，因而得到了广泛应用。

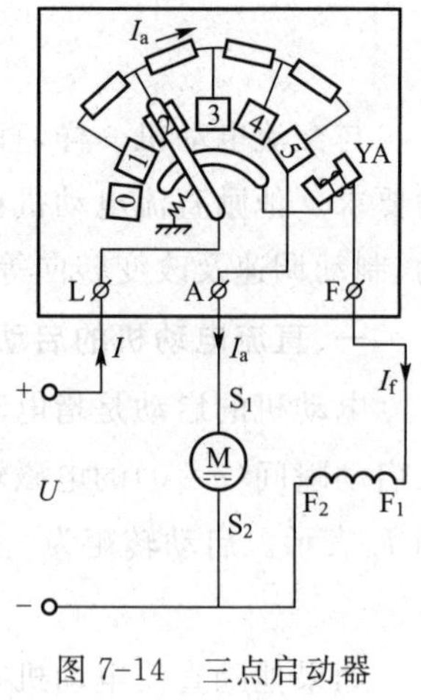

图 7-14　三点启动器及其接线图

二、直流电动机的制动

根据电磁转矩 T_{em} 和转速 n 方向之间的关系，可以把电动机分为两种运行状态。当 T_{em} 与 n 方向相同时，称为电动运行状态，简称电动状态；当 T_{em} 与 n 方向相反时，称为制动运行状态，简称制动状态。电动状态时，电磁转矩为驱动转矩，电动机将电能转换成机械能；制动状态时，电磁转矩为制动转矩，电动机将机械能转换成电能。

在电力拖动系统中，电动机经常需要工作在制动状态。例如，许多生产机械工作时，往往需要快速停车或者由高速运行迅速转为低速运行，这就要求电动机进行制动；对于像起重机等位能性负载的工作机构，为了获得稳定的下放速度，电动机也必须运行在制动状态。因此，电动机的制动运行也是十分重要的。

他励直流电动机的制动有能耗制动、反接制动和回馈制动 3 种方式，下面分别进行介绍。

1. 能耗制动

图 7-15 所示为能耗制动的接线图。开关 Q 接电源侧为电动状态运行，此时电枢电流 I_a、电枢电动势 E_a、转速 n 及驱动性质的电磁转矩 T_{em} 的方向如图所示。当需要制动时，将开关 Q 投向制动电阻 R_B 上，电动机便进入能耗制动状态。

初始制动时，因为磁通保持不变，电枢存在惯性，其转速 n 不能马上降为 0，而是保持原来的方向旋转，于是 n 和 E_a 的方向均不改变。但是，由 E_a 在闭合的回路内产生电枢电流 I_{aB} 却与电动状态时电枢电流 I_a 的方向相反，由此而产生的电磁转矩 T_{emB} 也与电动状态时 T_{em} 的方向相反，变为制动转矩，于是电动机处于制动运行。制动运行时，电动机靠生产机械惯性力的拖动而发电，将生产机械储存的动能转换成电能，并消耗在电阻（R_a+R_B）上，直到电动机停止转动为止，所以这种制动方式称为能耗制动。

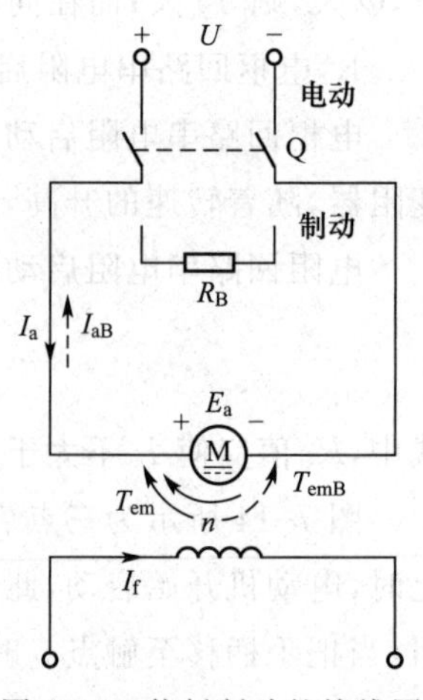

图 7-15　能耗制动的接线图

2. 反接制动

反接制动分为电压反接制动和倒拉反转反接制动两种。

(1)电压反接制动

电压反接制动时的接线如图 7-16 所示。开关 Q 投向“电动”侧时,电枢接正极性的电源电压,此时电动机处于电动状态运行。进行制动时,开关 Q 投向“制动”侧,此时电枢回路串入制动电阻 R_B 后,接上极性相反的电源电压,即电枢电压由原来的正值变为负值。此时,在电枢回路内,U 与 E_a 顺向串联,共同产生很大的反向电流

$$I_{aB}=\frac{-U_N-E_a}{R_a+R_B}=-\frac{U_N+E_a}{R_a+R_B} \tag{7-11}$$

反向的电枢电流 I_{aB} 产生很大的反向电磁转矩 T_{emB},从而产生很强的制动作用,这就是电压反接制动。

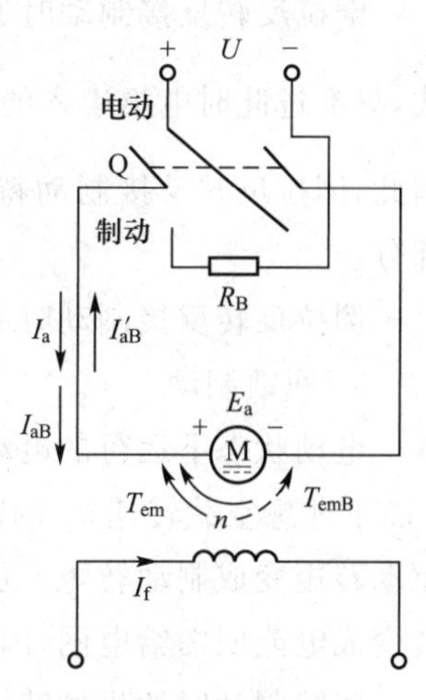

图 7-16　电压反接制动时的接线

(2)倒拉反转反接制动

倒拉反转反接制动只适用于位能性恒转矩负载。现以起重机下放重物为例进行说明。

图 7-17(a)所示为正向电动状态(提升重物)时电动机的各物理量方向,此时电动机工作在固有机械特性[见图 7-17 (c)]上的 A 点。如果在电枢回路中串入一个较大的电阻 R_B 便可实现倒拉反转反接制动。串入 R_B 将得到一条斜率较大的人为机械特性,如图 7-17 (c)中的直线 n_0D 所示。制动过程如下:串电阻瞬间,因转速不能突变,所以工作点由固有机械特性上的 A 点沿水平方向跳跃到人为机械特性上的 B 点,此时电磁转矩 T_B 小于负载转矩 T_L,于是电动机开始减速,工作点沿人为机械特性由 B 点向 C 点变化,到达 C 点时,$n=0$,电磁转矩为堵转转矩 T_K,因 T_K 仍小于负载转矩 T_L,所以在重物的重力作用下电动机将反向旋转,即下放重物。因为励磁不变,所以 E_a 随 n 的反向而改变方向,由图 7-17(b)所示可以看出 I_a 的方向不变,故 T_{em} 的方向也不变。这样,电动机反转后,电磁转矩为制动转矩,电动机处于制动状态,如图 7-17 (c)中的 CD 段所示。随着电动机反向转速的增加,E_a 增大,电枢电流 I_a 和制动的电磁转矩 T_{em} 也相应增大,当到达 D 点时,电磁转矩与负载转矩平衡,电动机便以稳定的转速匀速下放重物。电动机串入的电阻 R_B 越大,最后稳定的转速越快,下放重物的速度也越快。

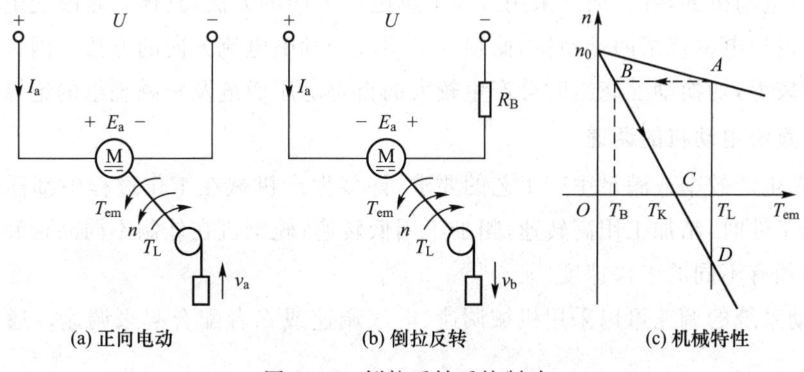

图 7-17　倒拉反转反接制动

电枢回路串入较大的电阻后，电动机能出现反转制动运行，主要是位能负载的倒拉作用。又因为此时的 E_a 与 U 也是顺向串联，共同产生电枢电流，这一点与电压反接制动相似，因此把这种制动称为倒拉反转反接制动。

倒拉反转反接制动时的机械特性方程式就是电动状态时电枢串电阻的人为机械特性方程式，只不过此时电枢串入的电阻值较大，使得 $\frac{R_a+R_B}{C_E C_T \Phi_N^2} T_L > n_0$，即 $n = n_0 - \frac{R_a+R_B}{C_E C_T \Phi_N^2} T_L < 0$ 而已。因此，倒拉反转反接制动特性曲线是电动状态电枢串电阻人为机械特性在第四象限的延伸部分。

倒拉反转反接制动时的能量关系和电压反接制动时相同。

3. 回馈制动

电动状态下运行的电动机，在某种条件下（如电动机拖动的机车下坡时）会出现运行转速 n 高于理想空载转速 n_0 的情况，此时 $E_a > U$，电枢电流反向，电磁转矩的方向也随之改变：由驱动转矩变成制动转矩。从能量传递方向看，电动机处于发电状态，将机车下坡时失去的位能转变成电能回馈给电网，因此这种状态称为回馈制动状态。

回馈制动时的机械特性方程式与电动状态时相同，只是运行在特性曲线上不同的区段而已。当电动机拖动机车下坡出现回馈制动（正向回馈制动）时，其机械特性位于第二象限，如图 7-18 中的 n_0A 段。当电动机拖动起重机下放重物出现回馈制动（反向回馈制动）时，其机械特性位于第四象限，如图 7-18 中的 $-n_0B$ 段。图 7-18 中的 A 点是电动机处于正向回馈制动稳定运行点，表示机车以恒定的速度下坡。图 7-18 中的 B 点是电动机处于反向回馈制动稳定运行点，表示重物匀速下放。

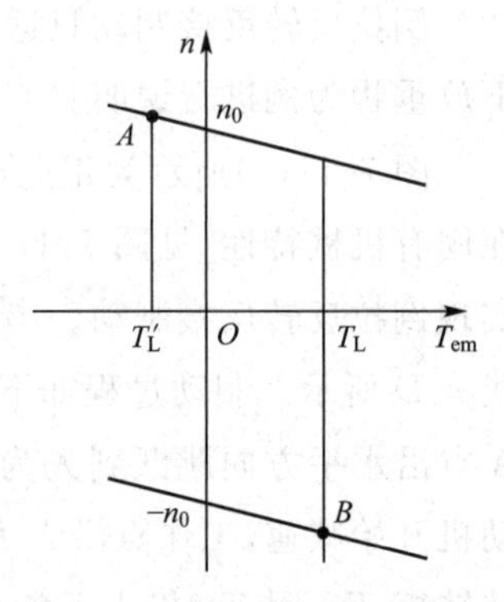

图 7-18　回馈制动机械特性

回馈制动时，由于有功率回馈到电网，因此与能耗制动和反接制动相比，回馈制动是比较经济的。

三、直流电动机的反转

许多生产机械要求电动机做正反转运行，如起重机的升、降，轧钢机对工件的往、返压延，龙门刨床的前进与后退等。直流电动机的转向是由电枢电流方向和主磁场方向确定的，要改变其转向，一是改变电枢电流的方向，二是改变励磁电流的方向（即改变主磁场的方向）。如果同时改变电枢电流和励磁电流的方向，则电动机的转向不会改变。

改变直流电动机的转向，通常采用改变电枢电流方向的方法，具体就是改变电枢两端的电压极性，或者说把电枢绕组两端换接，而很少采用改变励磁电流方向的方法。因为励磁绕组匝数较多，电感较大，切换励磁绕组时会产生较大的自感电压而危及励磁绕组的绝缘。

四、他励直流电动机的调速

为了提高生产效率或满足生产工艺的要求，许多生产机械在工作过程中都需要调速。例如，车床切削工件时，精加工用高转速，粗加工用低转速；轧钢机在轧制不同品种和不同厚度的钢材时，也必须有不同的工作速度。

电力拖动系统的调速可以采用机械调速、电气调速或二者配合起来调速。通过改变传动机构速度比进行调速的方法称为机械调速；通过改变电动机参数进行调速的方法称为电气调速。本节只介绍他励直流电动机的电气调速。

改变电动机的参数就是人为地改变电动机的机械特性，从而使负载工作点发生变化，转速随之变化。可见，在调速前后，电动机必然运行在不同的机械特性上。如果机械特性不变，因负载变化而引起电动机转速的改变，则不能称为调速。

根据他励直流电动机的转速公式

$$n=\frac{U-I_a(R_a+R_S)}{C_E\Phi} \tag{7-12}$$

可知，当电枢电流 I_a 不变时(即在一定的负载下)，只要改变电枢电压 U、电枢回路串联电阻 R_S 及励磁磁通 Φ 三者之中的任意一个量，就可改变转速 n。因此，他励直流电动机具有 3 种调速方法：调压调速、电枢串电阻调速和调磁调速。

1. 评价调速的指标

评价调速性能好坏的指标有以下 4 个：

(1)调速范围

调速范围指电动机在额定负载下可能运行的最高转速 n_{max} 与最低转速 n_{min} 之比，通常用 D 表示，即

$$D=\frac{n_{max}}{n_{min}} \tag{7-13}$$

不同的生产机械对电动机的调速范围有不同的要求。要扩大调速范围，必须尽可能地提高电动机的最高转速和降低电动机的最低转速。电动机的最高转速受到电动机的机械强度、换向条件、电压等级等方面的限制，而最低转速则受到低速运行时转速的相对稳定性的限制。

(2)静差率(相对稳定性)

转速的相对稳定性是指负载变化时，转速变化的程度。转速变化小，其相对稳定性好。转速的相对稳定性用静差率 $\delta\%$ 表示。当电动机在某一机械特性上运行时，由理想空载增加到额定负载，电动机的转速降 $\Delta n_N=n_0-n_N$ 与理想空载转速 n_0 之比，就称为静差率，用百分数表

$$\delta\%=\frac{n_0-n_N}{n_0}\times100\%=\frac{\Delta n_N}{n_0}\times100\% \tag{7-14}$$

显然，电动机的机械特性越硬，其静差率越小，转速的相对稳定性就越高。但是，静差率的大小不仅仅是由机械特性的硬度决定的，还与理想空载转速的大小有关。例如，图 7-19 中的两条相互平行的机械特性曲线 2、3，它们的硬度相同，额定转速降也相等，即 $\Delta n_2=\Delta n_3$，但由于它们的理想空载转速不等，$n_{02}>n_{03}$，所以它们的静差率不等，$\delta_2\%<\delta_3\%$。可见，转速、硬度相同的两条机械特性，理想空载转速越低，其静差率越大。

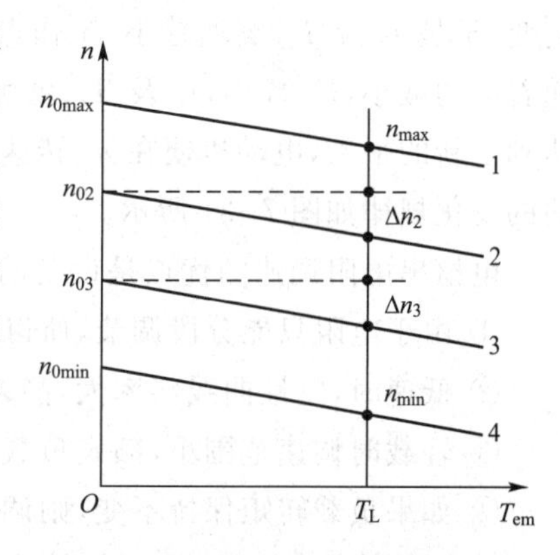

图 7-19 不同机械特性的静差率

静差率与调速范围两个指标是相互制约的，设图 7-19 中曲线 1 和曲线 4 为电动机最高转和最低转速时的机械特性，则电动机的调速范围 D 与最低转速时的静差率

关系为

$$D=\frac{n_{\max}}{n_{\min}}=\frac{n_{\max}}{n_{0\min}-\Delta n_{\mathrm{N}}}=\frac{n_{\max}}{\frac{\Delta n_{\mathrm{N}}}{\delta}-\Delta n_{\mathrm{N}}}=\frac{n_{\max}\delta}{\Delta n_{\mathrm{N}}(1-\delta)} \tag{7-15}$$

式中，Δn_{N} 为最低转速机械特性上的转速降；δ 为最低转速时的静差率，即系统的最大静差率。

由式(7-15)可知，若对静差率这一指标要求过高，即 δ 值越小，则调速范围 D 就越小；反之，若要求调速范围 D 越大，则静差率 δ 也越大，转速的相对稳定性越差。

不同的生产机械，对静差率的要求不同，普通车床要求 $\delta \leqslant 30\%$，而高精度的造纸机则要求 $\delta \leqslant 0.1\%$。在保证一定静差率指标的前提下，要扩大调速范围，就必须减小转速降 Δn_{N}，也就是说，必须提高机械特性的硬度。

(3)调速的平滑性

在一定的调速范围内，调速的级数越多，就认为调速越平滑，相邻两级转速之比称为平滑系数，用 φ 表示，则

$$\varphi=\frac{n_i}{n_{i-1}} \tag{7-16}$$

φ 值越接近 1，则平滑性越好，当 $\varphi=1$ 时，称为无级调速，即转速可以连续调节。调速不连续时，级数有限，称为有级调速。

(4)调速的经济性

调速的经济性主要指调速设备的投资、运行效率及维修费用等。

2. 调速方法

(1)电枢回路串电阻调速

电枢回路串电阻调速的原理及调速过程可用图 7-20 说明。

设电动机拖动恒转矩负载在固有机械特性上 A 点运行，其转速为 n_{N}。若电枢回路中串入电阻 R_{S1}，刚达到新的稳态后，工作点变为人为机械特性上的 B 点，转速下降到 n_1。从图中可以看出，串入的电阻值越大，稳态转速就越低。

现以转速由 n_{N} 降至 n_1 为例，说明其调速过程。电动机原来在 A 点稳定运行时，$T_{\mathrm{em}}=T_{\mathrm{L}}$，$n=n_{\mathrm{N}}$，当串入 R_{S1} 后，电动机的机械特性变为直线 n_0B，因串电阻瞬间转速不突变，故 E_{a} 不突变，于是 I_{a} 及 T_{em} 突然减小，工作点平移到 A' 点。在 A' 点，$T_{\mathrm{em}}<T_{\mathrm{L}}$，所以电动机开始减速，随着 n 的减小，E_{a} 减小，I_{a} 及 T_{em} 增大，即工作点沿 $A'B$ 方向移动，当到达 B 点时，$T_{\mathrm{em}}=T_{\mathrm{L}}$，达到了新的平衡，电动机便在 n_1 转速下稳定运行。调速过程中转速 n 和电流 i_{a}(或 T_{em})随时间的变化规律如图 7-21 所示。

电枢串电阻调速的优点是设备简单，操作方便。缺点是：

① 由于电阻只能分段调节，所以调速的平滑性差。

② 低速时，特性曲线斜率大，静差率大，所以转速的相对稳定性差。

③ 轻载时调速范围小，额定负载时调速范围一般为 $D \leqslant 2$。

④ 如果负载转矩保持不变，则调速前和调速后因磁通不变而使电动机的 I_{a} 及 T_{em} 不变，输入功率也不变($P_1=U_{\mathrm{N}}I_{\mathrm{a}}$)，但输出功率却随转速的下降而减小($P_2 \propto T_{\mathrm{L}}n$)，减小的部分被串联的电阻消耗掉了，所以损耗较大，效率较低。而且转速越低，所串电阻越大，损耗越大，效

率越低，所以这种调速方法是不太经济的。

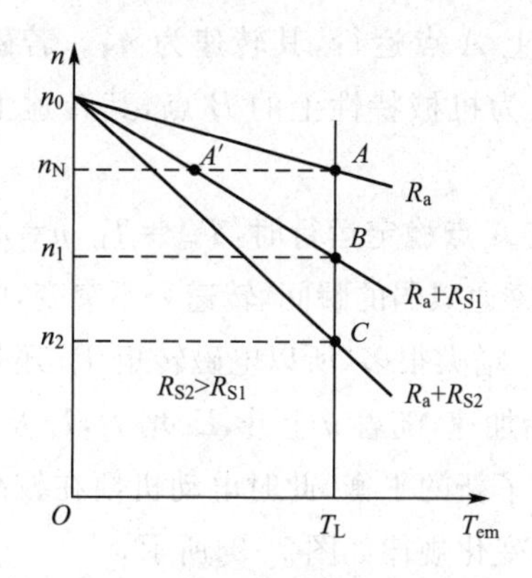

图 7-20　电枢回路串电阻调速

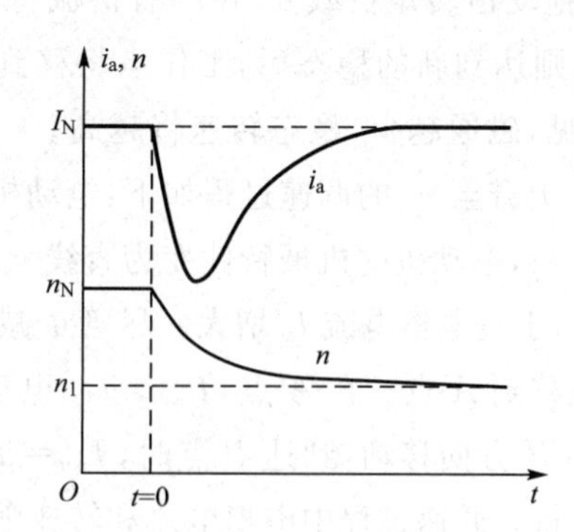

图 7-21　恒转矩负载时电枢回路串电阻调速过程中转速和电流的变化曲线

因此，电枢串电阻调速多用于对调速性能要求不高的生产机械上，如起重机、电车等。

(2)降低电源电压调速

电动机的工作电压不允许超过额定电压，因此电枢电压只能在额定电压以下进行调节。降低电源电压调速的原理及调速过程可用图 7-22 说明。

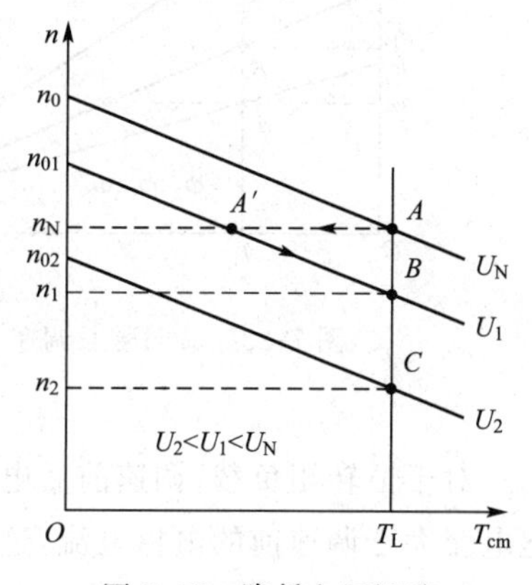

图 7-22　降低电压调速

设电动机拖动恒转矩负载 T_L 在固有机械特性上 A 点运行，其转速为 n_N。若电源电压由 U_N 下降至 U_1，则达到新的稳态后，工作点将移到对应人为机械特性曲线上的 B 点，其转速下降为 n_1。从图中可以看出，电压越低，稳态转速也越低。

转速由 n_N 下降至 n_1 的调速过程如下：电动机原来在 A 点稳定运行时，$T_{em}=T_L$，$n=n_N$。当电压降至 U_1 后，电动机的机械特性变为直线 $n_{01}B$。在降压瞬间，转速 n 不突变，E_a 不突变，所以 I_a 及 T_{em} 突然减小，工作点平移到 A' 点。在 A' 点，$T_{em}<T_L$，电动机开始减速，随着 n 减小，E_a 减小，I_a 及 T_{em} 增大，工作点沿 $A'B$ 方向移动，到达 B 点时，达到了新的平衡：$T_{em}=T_L$，此时电动机便在较低转速 n_1 下稳定运行。降压调速过程与电枢串电阻调速过程类似，调速过程中转速和电枢电流(或转矩)随时间的变化曲线也与图 7-21 类似。

降压调速的优点是：

① 电源电压能够平滑调节，可以实现无级调速。

② 调速前后机械特性的斜率不变，硬度较高，负载变化时，速度稳定性好。

③ 无论轻载还是重载，调速范围都相同，一般可达 $D=2.5\sim12$。

④ 电能损耗较小。

降压调速的缺点是：需要一套电压可连续调节的直流电源。

(3)减弱磁通调速

额定运行的电动机，其磁路已基本饱和，即使励磁电流增加很大，磁通也增加很少，从电动机的性能考虑也不允许磁路过饱和。因此，改变磁通只能从额定值往下调，调节磁通调速即是弱磁调速。其调速原理及调速过程可用图 7-23 说明。

设电动机拖动恒转矩负载 T_L 在固有机械特性曲线上 A 点运行，其转速为 n_N。若磁通由 Φ_N 减小至 Φ_1，则达到新的稳态后，工作点将移到对应人为机械特性上的 B 点，其转速上升为 n_1。从图中可见，磁通越少，稳态转速将越高。

转速由 n_N 上升至 n_1 的调速过程如下：电动机原来在 A 点稳定运行时，$T_{em}=T_L$，$n=n_N$。当磁通减弱到 Φ_1 后，电动机的机械特性变为直线 $n_{01}B$。在磁通减弱的瞬间，转速 n 不突变，电动势 E_a 随 Φ 而减小，于是电枢电流 I_a 增大。尽管 Φ 减小，但 I_a 增大很多，所以电磁转矩 T_{em} 还是增大的，因此工作点移到 A' 点。在 A' 点，$T_{em}>T_L$，电动机开始加速，随着 n 上升，E_a 增大，I_a 及 T_{em} 减小，工作点沿 $A'B$ 方向移动，到达 B 点时，$T_{em}=T_L$，出现了新的平衡，此时电动机便在较高的转速 n_1 下稳定运行。调速过程中电枢电流和转速随时间的变化规律如图 7-24所示。

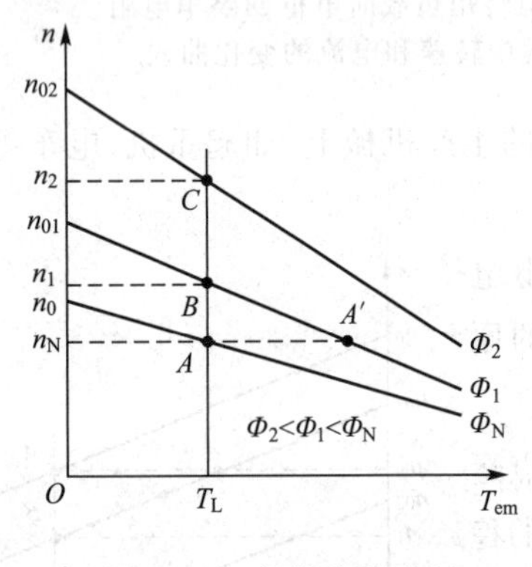

图 7-23　减弱磁通调速

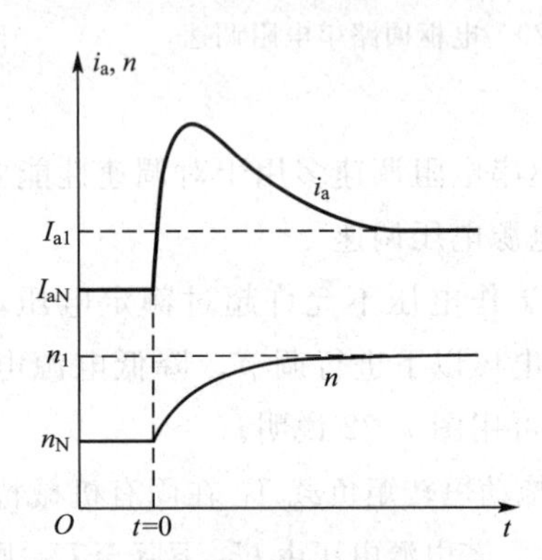

图 7-24　恒转矩负载时减弱磁通调速过程中转速和电流的变化曲线

对于恒转矩负载，调速前后电动机的电磁转矩不变，因为磁通减小，所以调速后的稳态电枢电流大于调速前的电枢电流，这一点与前两种调速方法不同。当忽略电枢反应影响和较小的电阻压降 R_aI_a 的变化时，可近似认为转速与磁通成反比变化。

弱磁调速的优点：由于在电流较小的励磁回路中进行调节，因而控制方便，能量损耗小；设备简单，而且调速平滑性好；虽然弱磁升速后电枢电流增大，电动机的输入功率增大，但由于转速升高，输出功率也增大，电动机的效率基本不变，因此弱磁调速的经济性是比较好的。

弱磁调速的缺点：机械特性的斜率变大，特性变软；转速的升高受到电动机换向能力和机械强度的限制，因此升速范围不可能很大，一般 $D\leqslant 2$。

为了扩大调速范围，常常把降压和弱磁两种调速方法结合起来。在额定转速以下采用降压调速，在额定转速以上采用弱磁调速。

第六节　直流电动机的常见故障及处理方法

与交流异步电动机不同，直流电动机有换向器。换向器是直流电动机中最易出现故障的部件，而且维修困难；其次是定子、转子绕组易出现故障。

本节分别介绍换向器和定子、转子绕组常见故障及处理方法。

一、换向故障

直流电动机的换向故障主要有换向产生火花，严重时出现环火、换向器受损、电刷损坏等。

1. 换向产生火花

火花是电刷与换向器间的电弧放电现象，是换向不良的明显标志。微小火花不会损坏电动机，火花严重时可能产生环火，会造成电枢绕组部分或全部短路而损坏电动机。产生火花的原因可分三类：电磁原因、机械原因和负载与环境原因。

① 电磁原因。主要有3种，一是换向元件合成电动势不为零，使换向元件产生附加电流，换向时电刷间电流密度增大，元件的电磁能以火花的形式释放出来；二是电枢绕组开焊或匝间短路，使电路不对称，造成严重火花；三是电刷不在磁极轴线上，使换向元件处在主极区内，感应电动势，造成换向时产生火花。

② 机械原因。机械原因很多，换向器偏心或变形、换向器表面粗糙、换向片突出变形、片间绝缘突出等都会造成电刷与换向器的接触不良产生火花；电枢动平衡不好，振动等原因造成电刷与换向器的接触不良产生火花；电刷与刷握的间隙不合适，电刷压力不当，电刷材质也不合适等，影响滑动接触产生火花。

③ 负载与环境原因。主要有严重过载，带冲击性负载等而造成换向困难产生火花。环境湿度、温度过高或过低，油雾、有害气体、粉尘量过高等破坏换向器表面氧化膜的平衡而影响正常滑动接触产生火花。

根据不同的原因，可采取不同的处理方法：

① 电磁原因的处理方法。检查换向极的励磁绕组是是否正常励磁；处理电枢绕组的短路和开焊；将电刷移动至磁极轴线上。

② 机械原因的处理方法。车圆、车光换向器，保证电刷与换向器的良好接触；校平衡消振；调整刷握间隙和弹簧压力；选择合适牌号的电刷。

③ 负载与环境原因的处理方法。使负载在电动机的额定范围内，否则更换更合适功率的电动机。改善环境条件，加强通风，避免温度过高，防止油雾、粉尘和潮气进入电动机，使换向器表面的氧化膜保持平衡。

2. 环火

环火是恶性事故，出现环火时，正、负极电刷之间有电弧飞越，换向器表面出现一圈弧光，此时电弧的高温和具有的能量不仅会严重损坏换向器和电刷，而且会造成电枢绕组的短路，并且危及操作和维修人员的安全。

环火产生的主要原因：换向片的片间绝缘被击穿；换向器表面不清洁；短路或带严重的冲击负载；换向器片间电压过高；严重换向不良电枢绕组开焊等。

处理故障的方法：更换片间绝缘；注意维护保养，保持清洁；清除短路、开焊和过电压；改善换向。

二、绕组故障及原因

绕组包括定子绕组和转子绕组。定子绕组有主极励磁绕组、换向极励磁绕组和补偿绕组。转子绕组就是电枢绕组。

运行时绕组常见故障有：绕组过热、匝间短路、接地、绝缘电阻下降以及极性错接等。产生故障的主要原因是：

① 绕组过热。通风散热不良；过载和匝间短路。

② 匝间短路。匝间绝缘老化；长期过载运行；过电压以及受到冲撞损坏使匝间绝缘受损。

③ 定子绕组。绝缘受损是最常见的；线圈、铁芯等的槽口尖毛刺对地击穿；绕组受潮，绝缘电阻过低等。

④ 绝缘电阻下降。绕组绝缘受潮，绝缘表面积有粉尘、油污以及化学腐蚀气体影响等。

⑤ 励磁绕组极性错接，使电动机的电磁转矩减小，启动困难。

⑥ 换向极绕组极性错接，会造成换向困难，换向火花大。

小　结

本章介绍了直流电机的基本结构、工作原理；分析了直流电动机机械特性及使用方法，常见故障及处理方法。要点如下：

① 直流电机主要由定子、转子两部分组成。定子主极励磁绕组、换向极绕组通入直流电建立恒定磁场。转子电枢绕组经过换向器和电刷与电源接通，在电机中，换向器的作用是保证同一磁极下的绕组的电流方向不变。

② 载流的电枢绕组在主极磁场的作用下，产生电磁力和电磁转矩，驱动转子旋转。电磁转矩的大小与每极磁通 Φ 和电枢电流 I_a 的乘积成正比，$T=K_T\Phi I_a$，方向由左手定则确定。

③ 电枢绕组切割主极磁场，在绕组中感应电动势，$E_a=K_E\Phi n$，其方向由右手定则确定。

④ 直流电动机按励磁方式可分为他励、并励、串励和复励。他励和并励有较硬的机械特性，其特性表达式为

$$n=\frac{U}{K_E\Phi}-\frac{R}{K_EK_T\Phi^2}T$$

直流电动机在启动和运行时，都不允许失去励磁。

⑤ 直流电动机的反转，可改变励磁方向和电枢电流的方向来实现，但两者不能同时改变。

⑥ 直流电动机不允许直接启动（只有小功率的电动机可以），通常采用降压启动（适用于他励电动机）和电枢串电阻启动。

⑦ 直流电动机的调速方法有 3 种：变压调速和电枢回路串电阻调速，转速从额定转速向下调节；变励磁调速，转速从额定转速向上调节。

⑧ 换向器是直流电动机出现故障最多的部件，常见故障有换向产生火花和环火，产生的原因有电磁、机械和负载与环境三方面。

习　题

简答题

1. 直流电动机的磁场是恒定的，为什么电枢铁芯却要用相互绝缘的硅钢片叠成？

2. 直流电动机中换向器的作用是什么？将换向器换成滑环，电动机能旋转吗？为什么？

3. 如何改变并励直流电动机的转向？

4. 改变串励直流电动机电源极性能改变旋转方向吗？

5. 直流电动机是如何转动起来的？

6. 直流电动机和三相交流电动机直接启动电流大的原因是否相同？为什么？

7. 并励直流电动机能否采用调压调速？

8. 为什么改变励磁调速时，需减小负载转矩？什么情况下可以带恒转矩负载？

9. 负载转矩不变，电动机采用电枢回路串电阻调速后，电流如何变化？为什么？

10. 直流电动机的制动有哪些方法？这些方法的共同特点是什么？

11. 换向产生火花的原因有几类？

第八章 特种电机

学习目标

- 了解单相异步电动机的原理、结构及应用。
- 了解伺服电动机的结构及应用。
- 掌握测速发电机的原理、结构及应用。
- 掌握自整角机、步进电动机的原理、结构及应用。

随着科学技术的不断发展，特种电机已经成为现代工业自动化系统、现代科学技术和现代军事装备等众多领域中必不可少的重要元件。特种电机在自动控制系统和计算装置中分别作为执行、放大、计算和信号转换元件。它是在普通旋转电机的基础上发展起来的。从基本原理来说与普通旋转电机并无本质区别。普通旋转电机的主要任务是完成能量的转换，对它们的要求主要是各种运行状态下的性能指标。而特种电机的主要任务是完成控制信号前传递和转换。因此，对它的基本要求是高精确度、高灵敏度和高可靠性。

特种电机的种类繁多，根据它们在自动控制系统中的作用可分为执行元件和测量元件。执行元件又称功率元件，它将电信号转换成轴上的角位移或角速度、直线位移或线速度，并带动控制对象运动，主要有交流、直流伺服电动机、步进电动机、各种微型同步电动机和直线电动机等。测量元件又称信号元件，用来测量机械转角、转差角和转速，主要有旋转变压器、自整角机和交流、直流测速发电机等。

第一节 单相异步电动机

单相异步电动机由单相电源供电，它广泛应用于家用电器和医疗器械上，如电风扇、电冰箱、洗衣机、空调设备和医疗器械中都使用单相异步电动机作为原动机。

从结构上看，单相异步电动机与三相笼形异步电动机相似，其转子也为笼形，只是定子绕组为一单相工作绕组，但通常为启动的需要，定子上除了有工作绕组外，还设有启动绕组。其作用是产生启动转矩，一般只在启动时接入，当转速达到 70%～85%的同步转速时，由离心开关将其从电源自动切除，所以正常工作时只有工作绕组在电源上运行。但也有一些电容或电阻电动机，在运行时将启动绕组接于电源上，这实质上相当于一台两相电动机，但由于它接在单相电源上，故仍称为单相异步电动机。下面分别介绍单相异步电动机的基本工作原理和主要类型。图 8-1 所示为单相异步电动机的结构示意图。

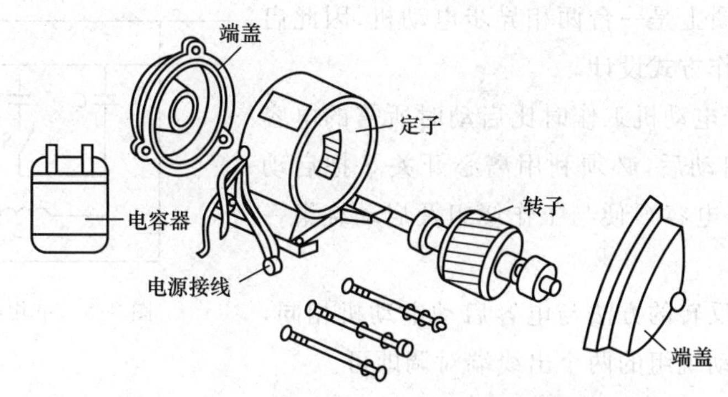

图 8-1 单相异步电动机的结构示意图

1. 单相异步电动机的主要类型

为了使单相异步电动机能够产生启动转矩，关键是如何在启动时在电动机内部形成一个旋转磁场。根据获得旋转磁场方式的不同，单相异步电动机可分为分相启动电动机和罩极电动机两种类型。

(1)分相启动电动机

在分析交流绕组磁动势时曾得出一个结论，只要在空间不同相的绕组中通入时间上不同相的电流，就能产生一个旋转磁场，分相启动电动机就是根据这一原理设计的。

分相启动电动机包括电容启动电动机、电容电动机和电阻启动电动机。

① 电容启动电动机。定子上有两个绕组：一个称为工作绕组(或称为主绕组)，用 1 表示；另一个称为启动绕组(或称为辅助绕组)，用 2 表示。两绕组在空间相差 90°。

在启动绕组回路中串接启动电容 C，作电流分相用，并通过离心开关 S 或继电器触点 S 与工作绕组并联在同一单相电源上，如图 8-2(a)所示。因工作绕组呈阻感性，$\dot{I}_1$ 滞后于 $\dot{U}$。若适当选择电容 C，使流过启动绕组的电流 $\dot{I}_{st}$ 超前 $\dot{I}_1$ 90°，如图 8-2(b)所示，这就相当于在时间相位上互差 90°的两相电流流入在空间相差 90°的两相绕组中，便在气隙中产生旋转磁场，并在该磁场作用下产生电磁转矩使电动机转动。

这种电动机的启动绕组是按短时工作设计的，所以当电动机转速达 70%～85%同步转速时，启动绕组和启动电容器 C 就在离心开关 S 作用下自动退出工作，这时电动机就在工作绕组单独作用下运行。

欲改变电容启动电动机的转向，只需将工作绕组或启动绕组的两个出线端对调，也就是改变启动时旋转磁场的旋转方向即可。

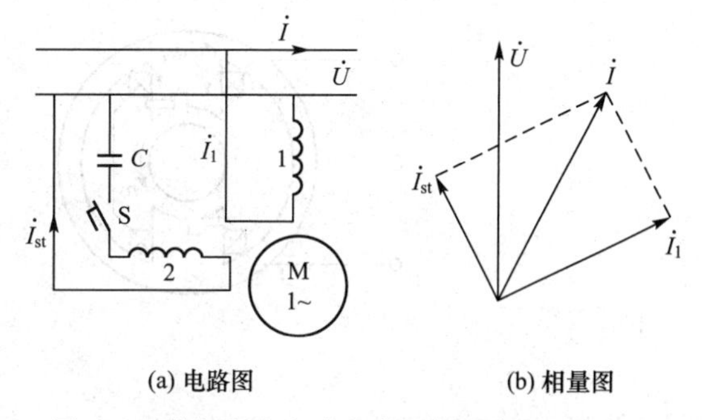

图 8-2 单相电容启动电动机的电路图和相量图

② 电容电动机。在启动绕组中串入电容后，不仅能产生较大的启动转矩，而且运行时还能改善电动机的功率因数和提高过载能力。为了改善单相异步电动机的运行性能，电动机启动后，可不切除串有电容器的启动绕组，这种电动机称为电容电动机，如图 8-3 所示。

电容电动机实质上是一台两相异步电动机，因此启动绕组应按长期工作方式设计。

必须指出，由于电动机工作时比启动时所需的电容小，所以在电动机启动后，必须利用离心开关 S 把启动电容 C_{st} 切除。工作电容 C 便与工作绕组及启动绕组一起参与运行。

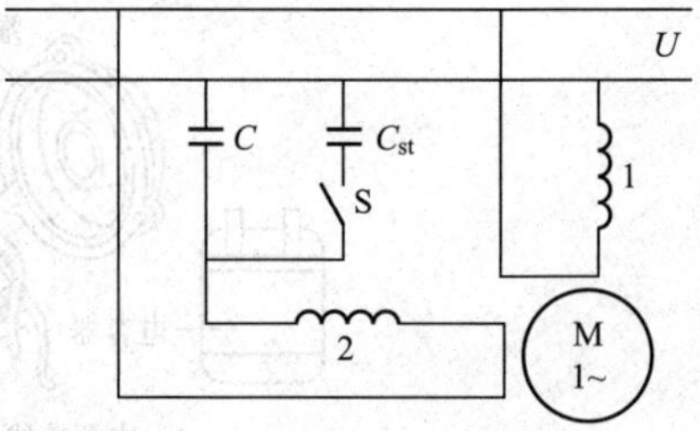

图 8-3　单相电容电动机

使电容电动机反转的方法与电容启动电动机相同，即把工作绕组或启动绕组的两个出线端对调即可。

③ 电阻启动电动机。其启动绕组的电流不用串联电容而用串联电阻的方法来分相，但由于此时 $\dot{I}_1$ 与 $\dot{I}_{st}$ 之间的相位差较小，因此其启动转矩较小，只适用于空载或轻载启动的场合。

(2)罩极电动机

罩极电动机的定子一般都采用凸极式的，工作绕组集中绕制，套在定子磁极上。在极靴表面的 $\frac{1}{3}\sim\frac{1}{4}$ 处开有一个小槽，并用短路铜环把这部分磁极罩起来，故称为罩极电动机。短路铜环起了启动绕组的作用，称为启动绕组。罩极电动机的转子仍做成笼形，绕组接线图如图 8-4(a)所示。

当工作绕组通入单相交流电流后，将产生脉动磁通，其中一部分磁通 $\dot{\Phi}_1$ 不穿过短路铜环，另一部磁通 $\dot{\Phi}_2$ 则穿过短路铜环。由于 $\dot{\Phi}_1$ 与 $\dot{\Phi}_2$ 都是由工作绕组中的电流产生的，故 $\dot{\Phi}_1$ 与 $\dot{\Phi}_2$ 同相位并且 $\dot{\Phi}_1>\dot{\Phi}_2$。由脉动磁通 $\dot{\Phi}_2$ 在短路环中产生感应电动势 $\dot{E}_2$，它滞后 $\dot{\Phi}_2$ 90°。由于短路铜环闭合，在短路铜环中就有滞后于 $\dot{E}_2$ 为 φ 角的电流/产生，它又产生与 $\dot{I}_2$ 同相的磁通 $\dot{\Phi}_2'$，它也穿链于短路环，因此罩极部分穿链的总磁通为 $\dot{\Phi}_3=\dot{\Phi}_2+\dot{\Phi}_2'$，如图 8-4(b)所示。由此可见，未罩极部分磁通 $\dot{\Phi}_1$，与被罩极部分 $\dot{\Phi}_3$，不仅在空间而且在时间上均有相位差，因此它们的合成磁场将是一个由超前相转向滞后相的旋转磁场(即由未罩极部分转向罩极部分)，由此产生电磁转矩，其方向也为由未罩极转向罩极部分。

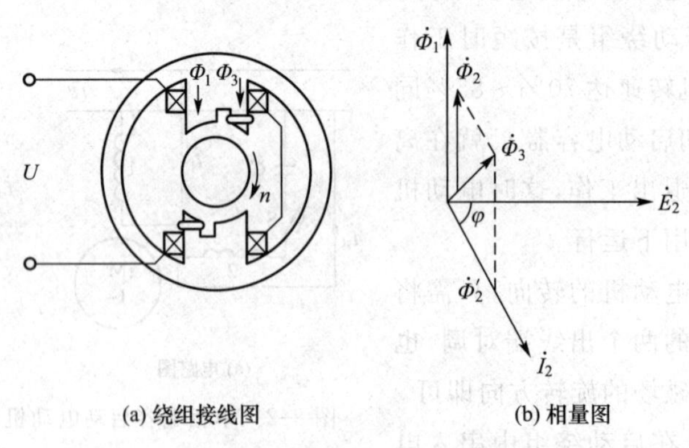

(a) 绕组接线图　(b) 相量图

图 8-4　单相罩极电动机的绕组接线图和相量图

2. 单相异步电动机的应用

单相异步电动机与三相异步电动机相比，其单位容量的体积大，且效率及功率因数均较低，过载能力也较差。因此，单相异步电动机只做成微型的，功率一般在几瓦至几百瓦之间。单相异步电动机由单相电源供电，因此它广泛用于家用电器、医疗器械及轻工设备中。电容启动电动机和电容电动机启动转矩比较大，容量可做到几十到几百瓦，常用于吊风扇、空气压缩机、电冰箱和空调设备中。罩极电动机结构简单，制造方便，但启动转矩小，多用于小型电风扇、电动机模型和电唱机中，容量一般在 40 W 以下。

由于单相异步电动机有一系列优点，所以它的使用领域越来越广泛。限于篇幅，这里仅对单相异步电动机应用于电风扇的情况加以介绍。

电风扇是利用电动机带动风叶旋转来加速空气流动的一种常用的电动器具。它由风叶、扇头、支撑结构和控制器四部分组成。在常用单相交流电风扇中，一般使用单相罩极异步电动机和单相电容运转异步电动机。这是因为电动机在电风扇中的基本作月是驱动风叶旋转，因此它的功率要求和主要尺寸都取决于风叶的功率消耗。一般风叶的功率消耗与它转速的三次方成比例关系，因此启动时功率要求较低。随着转速的增加，功率消耗迅速增加，而以上两种电动机较适宜于拖动此类负载。

家用电扇一般都要求能调速，单相异步电动机的调速方法有变极调速、降压调速（又分为串联电抗器、串联电容器、自耦变压器和串联晶闸管调压调速等方法）、抽头调速等。电风扇用电动机调速的方法目前常用的有串电抗器法和抽头调速法。

(1)串电抗器调速法

这种调速方法将电抗器与电动机定子绕组串联，通电时，利用在电抗器上产生的电压降使加到电动机定子绕组上的电压低于电源电压，从而达到降压调速的目的。因此，用串电抗器调速法时，电动机的转速只能由额定转速向低调速。图 8-5 所示为单相异步电动机串电抗器调速电路。

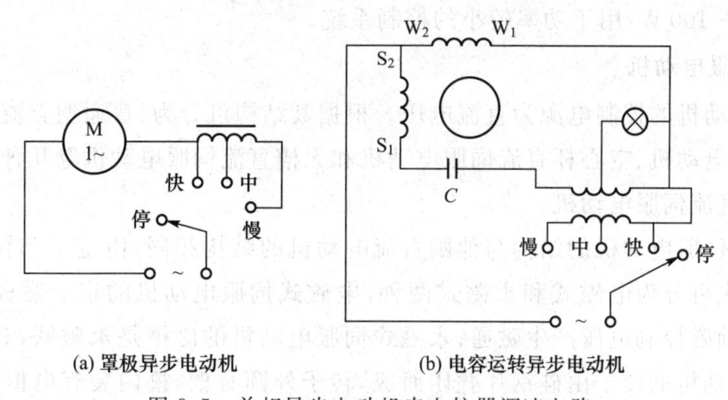

(a) 罩极异步电动机　(b) 电容运转异步电动机

图 8-5　单相异步电动机串电抗器调速电路

这种调速方法的优点是线路简单、操作方便；缺点是电压降低后，电动机的输出转矩和功率明显降低，因此只适用于转矩及功率都允许随转速降低而降低的场合。

(2)抽头调速法

电容运转异步电动机在调速范围不大时，普遍采用定子绕组抽头调速。此时定子槽中嵌有工作绕组 W_1W_2、启动绕组 S_1S_2 和调速绕组（又称中间绕组）D_1D_2。通过改变调速绕组与工作绕组、启动绕组的连接方式，调速气隙磁场大小及椭圆度来实现调速的目的。这种调速方法通常有 L 形接法和 T 形接法两种，如图 8-6 所示。

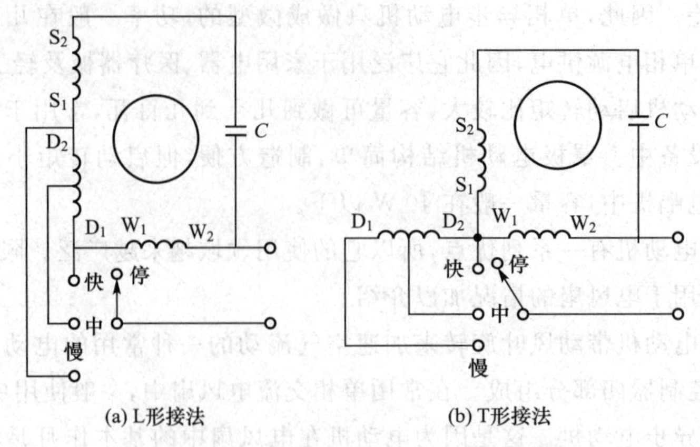

图 8-6　电容电动机绕组抽头调速接线图

与串电抗器调速比较,用绕组内部抽头调速不需要电抗器,故其优点是节省材料、耗电量少,缺点是绕组嵌线和接线比较复杂。

第二节　伺服电动机

伺服电动机又称执行电动机,它是控制电动机的一种,在控制系统中一般用作执行元件。伺服电动机可以把输入的电压信号变换成电动机轴上的角位移和角速度等机械信号输出。

按控制电压来分,伺服电动机可分为直流伺服电动机和交流伺服电动机两大类。直流伺服电动机的输出功率通常为1～600 W,用于功率较大的控制系统中。交流伺服电动机的输出功率一般为0.1～100 W,用于功率较小的控制系统。

一、直流伺服电动机

直流伺服电动机的控制电源为直流电压。根据其结构可分为:普通型直流伺服电动机、盘型电枢直流伺服电动机、空心杯直流伺服电动机和无槽直流伺服电动机等几种。

(1)普通型直流伺服电动机

普通型直流伺服电动机的结构与他励直流电动机的结构相同,由定子和转子两大部分组成:根据励磁方式可分为电磁式和永磁式两种,电磁式伺服电动机的定子磁极上装有励磁绕组,励磁绕组接励磁控制电压产生磁通;永磁式伺服电动机的磁极是永磁铁,其磁通是不可控的。直流伺服电动机的转子由硅钢片叠压而成,转子外圆有槽,槽内装有电枢绕组,绕组通过换向器和电刷与外边电枢控制电路相连接。为提高控制精度和响应速度,伺服电动机的电枢铁芯长度与直径之比比普通直流电动机要大,气隙也较小。

定子中的磁通和转子中的电流相互作用,产生电磁转矩驱动电枢转动,恰当地控制转子中电枢电流的方向和大小,就可以控制伺服电动机的转动方向和转动速度。电枢电流为零时,伺服电动机则停止不动。

(2)盘形电枢直流伺服电动机

盘形伺服电动机的定子由永磁铁和前后铁轭共同组成,磁铁可以在圆盘电枢的一侧,也可在其两侧。盘形伺服电动机的转子电枢由线圈沿转轴的径向圆周排列,并用环氧树脂浇注成盘形。盘形绕组中通过的电流是径向电流，而磁通为轴向的，径向电流与轴向磁通相互作用产生电磁转矩，使伺服电动机旋转。图 8-7 所示为盘形伺服电动机的结构示意图。

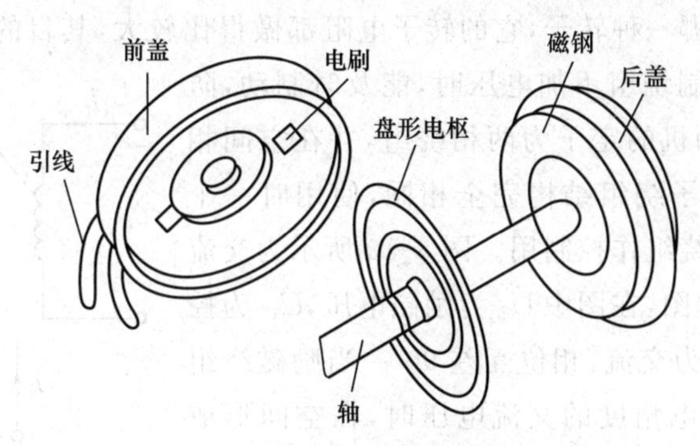

图 8-7 盘形伺服电动机的结构示意图

(3)空心杯电枢直流伺服电动机

空心杯电枢伺服电动机有两个定子：一个为由软磁材料构成内定子，另一个为由永磁材料构成的外定子，外定子产生磁通，内定子主要起导磁作用。空心杯伺服电动机的转子由单个成形线圈沿轴向排列成空心杯形，并用环氧树脂浇注成形。空心杯电枢直接装在转轴上，在内外定子间的气隙中旋转。图 8-8 所示为空心杯电枢伺服电动机的结构图。

(4)无槽直流伺服电动机

无槽直流伺服电动机与普通伺服电动机的区别是无槽伺服电动机的转子铁芯上不开元件槽，电枢组元件直接放置在铁芯的外表面，然后用环氧树脂浇注成形。图 8-9 所示为无槽电枢伺服电动机结构图。

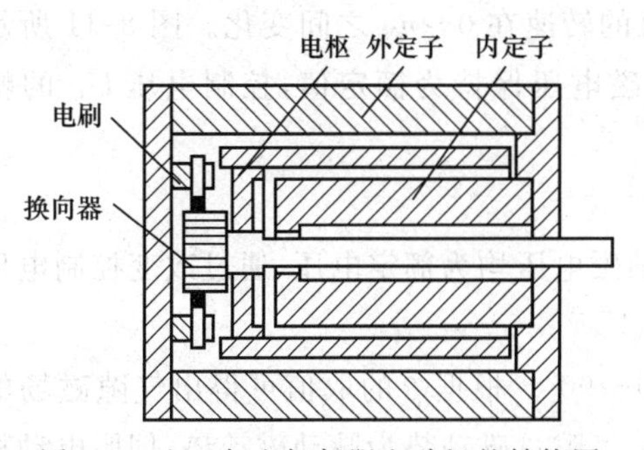

图 8-8 空心杯电枢伺服电动机的结构图

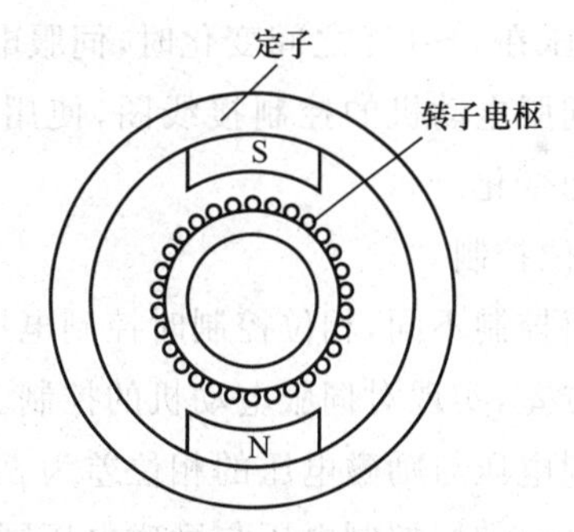

图 8-9 无槽电枢伺服电动机结构图

普通伺服电动机的转动惯量较大，适合于对动特性要求不高的控制系统中；其他类型的直流伺服电动机转动惯量小、电枢等效电感小，动态特性较好，适用于快速系统。

二、交流伺服电动机

控制系统对交流伺服电动机的要求：应当有宽的调速范围；防止自转，即当励磁电压不为零，控制电压为零时，其转速也应为零；机械特性应为线性并且动态特性要好。为达到上述要求，伺服电动机的转子电阻应当大，转动惯量应当小。

1. 交流伺服电动机的工作原理

交流伺服电动机是两相交流电机，由定子和转子两部分组成。交流伺服电动机的转子有笼形和杯形两种，无论哪一种转子，它的转子电阻都做得比较大，其目的是使转子在转动时产生制动转矩，使它在控制绕组不加电压时，能及时制动，防止自转。交流伺服电动机的定子为两相绕组，并在空间相差90°电角度。两个定子绕组结构完全相同，使用时一个绕组作励磁用，另一个绕组作控制用。图8-10所示为交流伺服电动机的工作原理图，在图中$\dot{U}_f$为励磁电压，$\dot{U}_C$为控制电压，这两个电压均为交流，相位互差90°。当励磁绕组和控制绕组均互差90°电角度的交流电压时，在空间形成圆旋转磁场（控制电压和励磁电压的幅值相等）或椭圆旋转磁场（控制电压和励磁电压幅值不等），转子在旋转磁场作用下旋转。当控制电压和励磁电压的幅值相等时，控制二者的相位差也能产生旋转磁场。

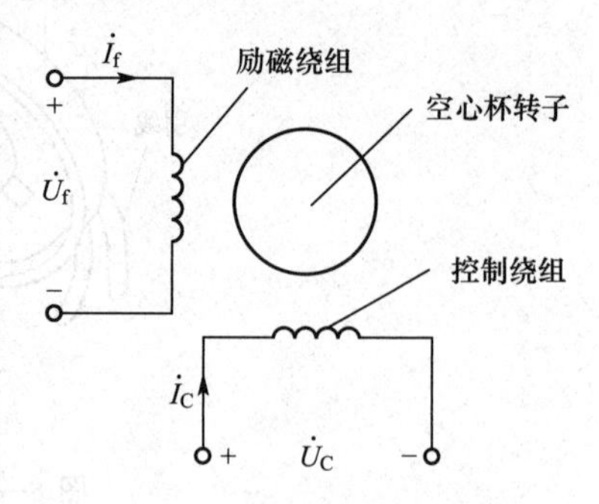

图8-10　交流伺服电动机的工作原理图

2. 交流伺服电动机的控制方式

交流伺服电动机的控制方式有3种：幅值控制、相位控制和幅相控制。

(1)幅值控制

控制电压和励磁电压保持相位差90°，只改变控制电压幅值，这种控制方法称为幅值控制。

当励磁电压为额定电压，控制电压为零时，伺服电动机转速为零，电机不转；当励磁电压为额定电压，控制电压也为额定电压时，伺服电动机转速最高，转矩最大；当励磁电压为额定电压，控制电压在$0\sim U_N$之间变化时，伺服电动机的转速在$0\sim n_N$之间变化。图8-11所示为幅相控制时伺服电动机的控制接线图，使用时励磁电压保持为额定值，控制电压U_C的幅值在$0\sim U_N$之间变化。

(2)相位控制

与幅值控制不同，相位控制时控制电压和励磁电压均为额定电压，通过改变控制电压和励磁电压相位差，实现对伺服电动机的控制。

设控制电压与励磁电压的相位差为β，$\beta=0\sim90°$。根据β的取值可得出气隙磁场的变化情况。当$\beta=0°$时，控制电压与励磁电压同相位，气隙总磁动势为脉动磁动势，伺服电动机转速为零不转动；当$\beta=90°$时，气隙总磁动势为圆旋转磁动势，伺服电动机转速最高，转矩也为最大；当$\beta=0\sim90°$变化时，磁动势从脉动磁动势变为椭圆旋转磁动势，最终变为圆旋转磁动势，伺服电动机的转速由低向高变化。β值越大，越接近圆旋转磁动势。

(3)幅相控制

幅相控制是对幅值和相位差都进行控制，通过改变控制电压的幅值及控制电压与励磁电压的相位差控制伺服电动机的转速。图8-11所示为幅相控制接线图，当控制电压的幅值改变时，电动机转速发生变化，此时励磁绕组中的电流随之发生变化，励磁电流的变化引起电容的端电压变化使控制电压与励磁电压之间的相位角β改变。

幅相控制的机械特性和调节特性不如幅值控制和相位控制，但由于其电路简单，不需要移相器，因此在实际应用中用得较多。

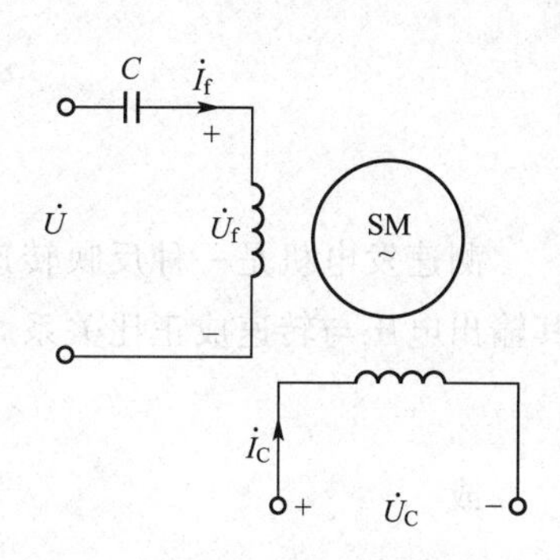

图 8-11 幅相控制接线图

三、伺服电动机的应用

伺服电动机一般作为执行元件，即伺服电动机在控制电压的作用下驱动工作机进行工作。它通常作为随动系统、遥测和遥控系统及各种增量运动控制系统的主传动元件。

在伺服系统中，使用较多的是速度控制和位置控制两种控制方式，图 8-12 所示为雷达天线工作原理图，系统是一个典型的位置控制随动系统。在该系统中，直流伺服电动机作为主传动电机拖动天线转动，被跟踪目标的位置经雷达天线系统检测并发出位置误差信号，此信号经放大后作为伺服电动机的控制信号，伺服电动机驱动天线跟踪目标。

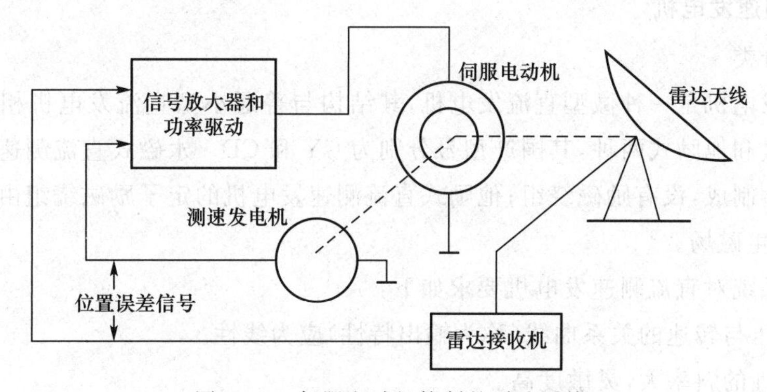

图 8-12 伺服电动机控制的雷达系统

磁盘存储器的磁头驱动机构和打印机的纸带驱动系统等也使用直流伺服电动机驱动。

交流数字伺服控制系统是发展比较快的伺服系统，它具有可靠性高、稳定性好、控制精度高、设计周期短和成本低的特点，得到广泛的应用。图 8-13 所示为应用数字伺服控制模块组成的数控机床伺服系统，系统中数字伺服控制器接收上位控制机发出的数字控制信号，经控制器的运算处理、位置检测、控制信号形成、功率放大等，驱动伺服电动机完成控制任务。

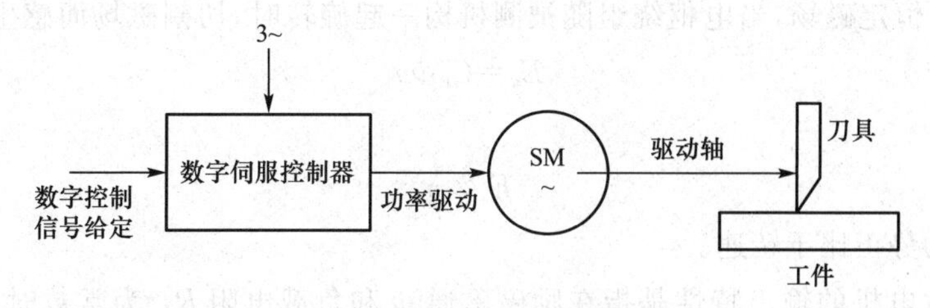

图 8-13 数控机床伺服系统

第三节 测速发电机

测速发电机是一种反映转速的信号元件，它将拖动系统的机械转速转变为电压信号输出，其输出电压与转速成正比关系，可用下式表示

$$U=Kn \tag{8-1}$$

或

$$U=K'\omega=K'\frac{d\theta}{dt} \tag{8-2}$$

式中，θ为测速发电机转子的转角（角位移）；K、K'为比例常数。

由式(8-2)可知，测速发电机的输出电压正比于转子转角对时间的微分。因此，在计算装置中可以用它作为微分或积分元件。在自动控制系统中，测速发电机主要用作测速元件、阻尼元件（或校正元件）和解算元件等。

一、直流测速发电机

1. 结构与分类

直流测速发电机是一种微型直流发电机，其结构与普通小型直流发电机相同。按励磁方式可分为永磁式和他励式两种，其国产型号分别为CY和CD。永磁式直流测速发电机的定子磁极由永久磁钢制成，没有励磁绕组；他励式直流测速发电机的定子励磁绕组由单独外部电源供电，通电时产生磁场。

自动控制系统对直流测速发电机要求如下：

① 输出电压与转速的关系曲线（称为输出特性）应为线性。

② 输出特性的斜率大，灵敏度高。

③ 输出特性受温度影响小。

④ 输出电压平稳，波动小；正、反两个方向输出特性的一致性好。

永磁式测速发电机具有结构简单，不需要励磁电源，使用方便，温度对磁场影响小等优点，应用较为广泛。

2. 工作原理

直流测速发电机的工作原理和普通直流发电机相同，如图8-14所示。在励磁绕组上加固定电压U_1，建立恒定磁场，当电枢绕组随被测机构一起旋转时，切割磁场而感生电动势

$$E_a=C_E\Phi n$$

当Φ为常数时

$$E_a\propto n$$

即电枢感应电动势正比于转速。

直流测速发电机的输出特性是指在励磁磁通Φ和负载电阻R_L为常数时，输出电压随转速变化的关系，即$U_2=f(n)$。测速发电机电刷两端接上负载电阻R_L后，R_L两端的电压U_2才是输出电压。由图8-14可知，负载时测速发电机的输出电压等于感应电动势减去它的内阻压降，即

$$U_2=E_a-I_aR_a \tag{8-3}$$

此式称为直流发电机电压平衡方程式。式中，R_a 为电枢回路的总电阻，它包括电枢绕组的电阻、电刷和换向器之间的接触电阻；I_a 为电枢总电流，且有

$$I_a=\frac{U_2}{R_L} \tag{8-4}$$

将式(8-4)代入式(8-3)得

$$U_2=E_a-\frac{U_2}{R_L}R_a$$

整理后得

$$U_2=\frac{E_a}{1+\frac{R_a}{R_L}} \tag{8-5}$$

式(8-5)表示负载时输出电压与转速的关系。当 Φ、R_a 及负载电阻 R_L 保持为常数时，输出电压 U_2 与转速成正比。

当负载电阻 R_L 不同时，直流测速发电机的输出特性的斜率也不同，它随着 R_L 的减小而变小。理想的输出特性是一组直线，如图 8-15 中虚线所示。实际上，测速发电机的输出特性 $U_2=f(n)$ 不是严格地呈线性特性，实际特性与要求的线性特性间存在误差，如图 8-15 中虚线所示。

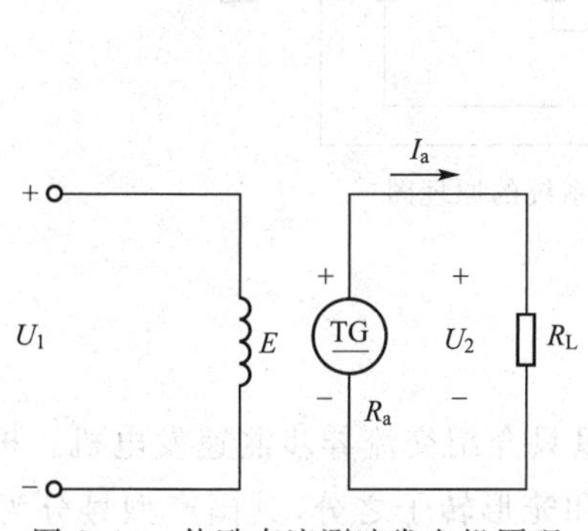

图 8-14 他励直流测速发电机原理

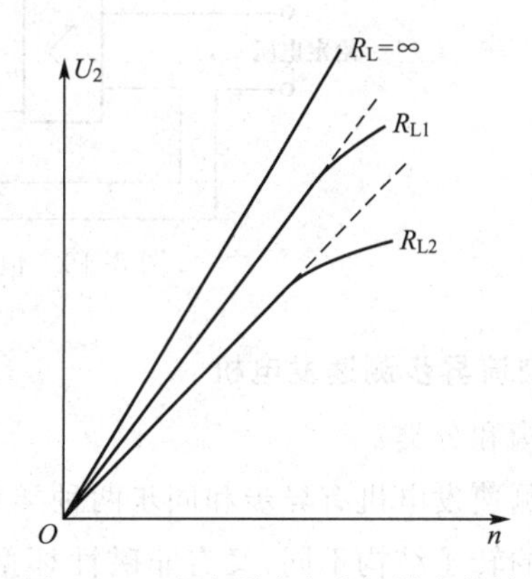

图 8-15 直流测速发电机输出特性

引起误差的原因主要有两方面：

① 温度影响。发电机周围环境温度的变化以及发电机本身发热，都会引起发电机绕组电阻的变化。特别是励磁绕组长期通电发热使得电阻值改变，从而引起励磁电流及磁通中的变化，造成线性误差。

② 电枢反应的影响。所谓电枢反应就是电枢电流 I_a 产生的磁场对磁极磁场的影响。它会使每极合成磁通 Φ 减小，即呈去磁作用。电枢电流 I_a 越大，磁通减小得越多。可以推断，当负载电阻 R_L 越小和转速 n 越高时，电枢电流 I_a 越大，磁通 Φ 就越小，线性误差也就越大。所以，在直流测速发电机的技术指标中列有“最小负载电阻和最大线性工作转速”的数据。

为了减小由温度变化而引起的磁通变化，实际使用时可在励磁回路中串联一个电阻值较大的附加电阻。附加电阻可用温度系数较低的康铜材料绕制而成，这样，当励磁绕组温度升高时，它的电阻值虽有增加，但励磁回路的总电阻值却变化甚微；另一方面设计时可使发电机磁

路处于较饱和状态，这样，即使电阻值变化引起的励磁电流变化时，发电机气隙磁通的变化也很小。为了减小电枢反应的去磁作用，对于他励式测速发电机，设计时可在定子上加装补偿绕组；适当增大电机气隙；在使用时尽可能采用大的负载电阻。

3. 应用

现以恒速控制系统为例，说明直流测速发电机的应用。图 8-16 所示为恒速控制系统的原理图。直流伺服电动机的负载是一个旋转机械。当负载转矩变化时，电动机的转速也随之改变。为了稳定拖动系统的转速，即使旋转机械在给定电压不变时保持恒速，在电动机和机械负载的同一轴上耦合一测速发电机，并将其输出电压与给定电压相减后加入放大器，经放大后供给直流伺服电动机：当负载转矩由于某种因素而减小时，电动机的转速便上升，此时测速发电机的输出电压增大，给定电压与输出电压的差值变小，经放大后加到直流电动机的电压减小，电动机减速；反之，若负载转矩偶然变大，则电动机转速下降，测速发电机输出电压减小，给定电压和输出电压的差值变大，经放大后加给电动机的电压变大，电动机加速。这样，尽管负载转矩发生扰动，但由于该系统的调节作用，使旋转机械的转速变化很小，近似于恒速。给定电压取自恒压电源，改变给定电压便能达到所希望的转速。

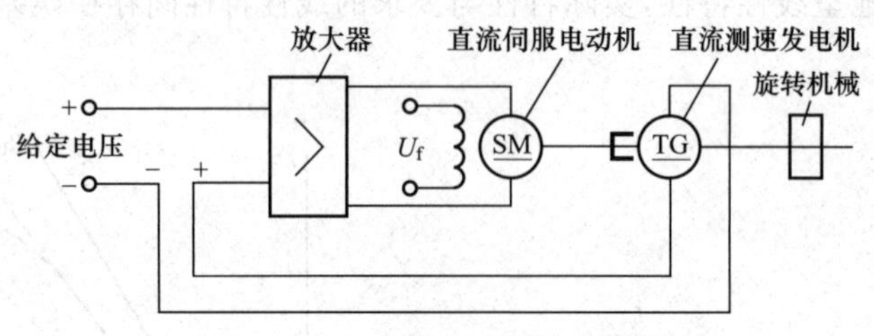

图 8-16　恒速控制系统的原理图

二、交流异步测速发电机

1. 结构和分类

交流测速发电机有异步和同步两种类型，这里只介绍交流异步测速发电机。根据异步测速发电机的转子结构不同，又有非磁性杯型转子和笼形转子之分，其国产型号分为 CK(空心杯转子)、CL(笼形转子)。笼形转子异步测速发电机输出斜率大，但特性差、误差大、转子惯量大，一般只用在精度要求不高的系统中。非磁性杯形转子异步测速发电机具有精度高、转子转动惯量小等优点，是目前广泛采用的一种测速发电机。下面着重介绍这种结构的交流测速发电机。

非磁性杯形转子异步测速发电机的基本结构与杯形转子的两相交流伺服电动机相同，其转子是一个薄壁非磁性杯，壁厚为 0.2～0.3 mm，通常用高电阻率的磷青铜、硅锰青铜或锡锌青铜制成。因为测速发电机在使用时其轴多与伺服电动机轴直接机械相连，故测速发电机转子转动惯量的大小对系统的快速响应影响较大。而杯形转子是空心的，其转动惯量非常小，使其对系统的影响尽量减小。在这种发电机的定子上分布有空间互差 90°电角度的两个绕组，其中一个为励磁绕组 N_1，另一个为输出绕组 N_2。如果在励磁绕组两端加上恒定的励磁电压 U_1，当发电机转动时，就可以从输出绕组两端得到一个其值与转速 n 成正比的输出电压 U_2，如图 8-17 所示。

2.工作原理

将杯形转子看成是一个笼形导条数目非常之多的笼形转子,交流异步测速发电机的工作原理可以用图8-18来说明。若在励磁绕组中加上频率为 f_1 的励磁电压 U_1,N_1 中便有电流通过,并在内外定子间的气隙中产生频率与电源频率 f_1 相同的脉振磁场和相应的脉振磁通 Φ_1。Φ_1 的轴线为励磁绕组 N_1 的轴线方向,设它为直轴。

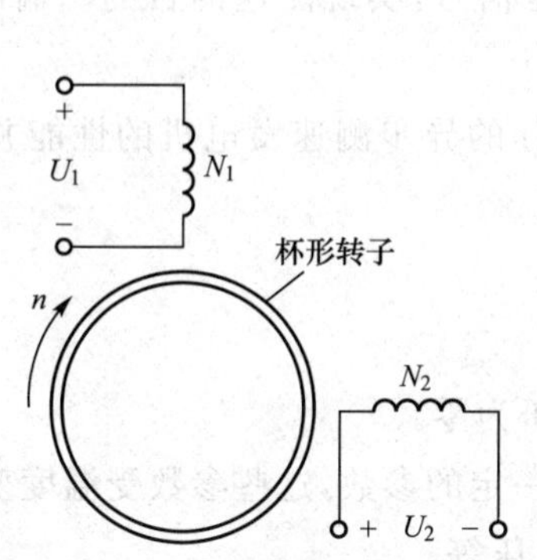

图8-17 交流异步测速发电机示意图

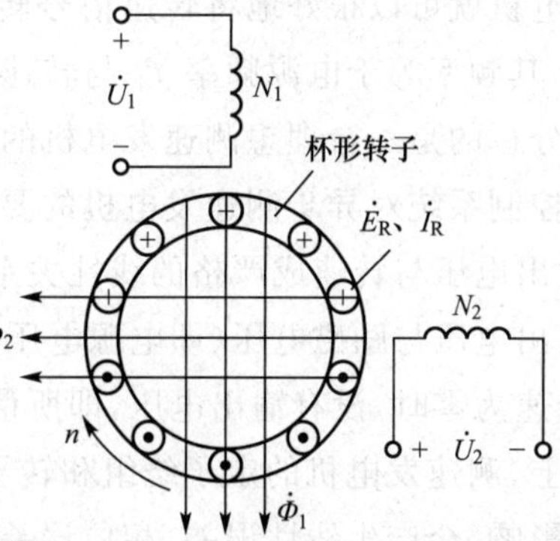

图8-18 交流异步测速发电机工作原理

① 当转子没被带动,即 $n=0$ 时,这个直轴脉振磁通 Φ_1 只能在 N_1 和空心非磁性杯形转子中感应出变压器电动势。由于输出绕组 N_2 的轴线与 N_1 的在空间位置上相差90°电角度,N_2 与直轴磁通没有匝链,故不产生感应电动势,输出电压 $U_2=0$。

忽略 N_1 的电阻 R_1 及漏抗 X_1 时,可得电源电压 U_1 与 N_1 的变压器电动势 E_1 的关系为

$$U_1 \approx E_1 \tag{8-6}$$

由于 $E_1 \propto \Phi_1$,故有

$$\Phi_1 \propto U_1 \tag{8-7}$$

当励磁电压 U_1 恒定时,Φ_1 也保持不变。

② 当转子被带动以 n 速旋转时,切割直轴磁通 Φ_1,并在转子杯中产生旋转电动势 E_R 和相应的转子电流 I_R。与直流发电机电枢电动势的情况类似,E_R 和 I_R 与磁通 Φ_1 及转速 n 成正比,即

$$I_R \propto E_R \propto \Phi_1 n \tag{8-8}$$

转子电流 I_R 也要产生磁通 Φ_2,两者也成正比,即

$$\Phi_2 \propto I_R$$

由式(8-7)和(8-8)可知

$$\Phi_2 \propto \Phi_1 n \propto U_1 n \tag{8-9}$$

不管转速如何,由于转子杯上半圆导体的电流方向与下半圆导体的电流方向总相反,所以转子电流 I_R 产生的磁通 Φ_2 在空间的方向(可按右手螺旋定则由转子电流的瞬时方向确定)总是与磁通 Φ_1 垂直,而与输出绕组 N_2 的轴线方向一致,如图8-18所示。这样当磁通 Φ_2 交变时,就要在输出绕组 N_2 中感应出电动势,这个电动势就产生测速发电机的输出电压 U_2,它的值正比于 Φ_2,即

$$U_2 \propto \Phi_2 \tag{8-10}$$

将式(8-9)代入式(8-10)得

$$U_2 \propto U_1 n \tag{8-11}$$

这就是说，当励磁绕组加上电源电压 U_1，转子被带动以转速 n 旋转时，测速发电机的输出绕组将产生输出电压 U_2，其值与转速 n 成正比。当转向相反时，由于转子杯中的感应电动势、电流及其产生的磁通的相位都与原来相反，因而输出电压 U_2 的相位也与原来相反。这样，异步测速发电机就可以很好地将转速信号转变为电压信号，实现测速的目的。输出电压 U_2 也是交变的，其频率等于电源频率 f_1 与转速无关。

以上分析的是一台理想测速发电机的情况，实际的异步测速发电机的性能并没有这么理想。自动控制系统对异步测速发电机的要求如下：

① 输出电压与转速成严格的线性关系。

② 输出电压与励磁电压(即电源电压)同相。

③ 转速为零时，没有输出电压，即所谓剩余电压为零。

实际上，测速发电机的定子绕组和转子杯都有一定的参数，这些参数受温度变化以及工艺等方面的影响.会产生线性误差、相位误差和剩余电压等。

3. 应用

测速发电机在自动控制系统和计算装置中可以作为测速元件、校正元件和解算元件。用作解算元件时，可以实现对某一函数的微分或积分，现举一用作积分元件的例子加以说明。

图 8-19 所示一异步测速发电机用于飞机自动驾驶仪上做校正飞机倾斜角的控制信号的积分电路示意图，倾斜角是由图中电位器的输出电压 U_o 校正的。该电路可实现输出电压 U_o 是输入电压信号 U_i 的积分。这个电路包括两部分：即由两相交流伺服电动机、异步测速发电机、交流放大器等组成的速度控制伺服系统及由输出用电位器组成的积分电路。

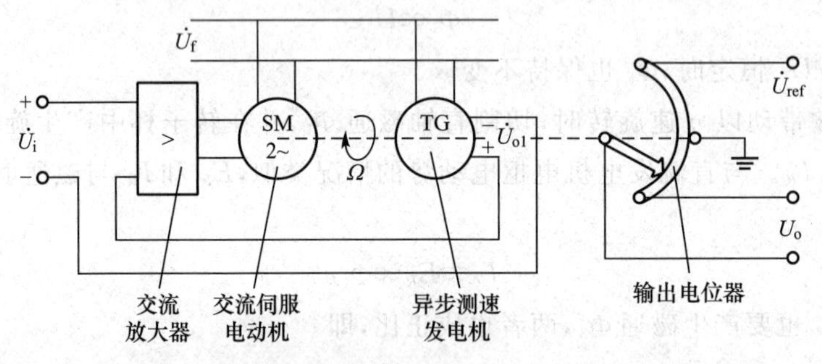

图 8-19　异步测速发电机用作积分元件示意图

异步测速发电机和电位器均由伺服电动机带动其转动。如果系统的角速度为 Ω，测速发电机的放大系数为 K，则其输出电压 $U_{01}=K\Omega$。这个 U_{01} 电压作为转速反馈信号在输入端与输入电压 U_i 相比较，其差值 ΔU 经交流放大器放大后，作为交流伺服电动机控制绕组的输入电压，由它控制伺服电动机的转速。设在 $0 \sim t_1$ 时间内系统(包括电位器在内)的转角为 θ，输出电压为 U_0。如果放大器的放大倍数足够大，输入信号相对输出信号非常小，可把交流放大器的输入信号看作零，即

$$U_i \propto U_{01} \propto \Omega$$

对上式两边进行积分可得

$$\int_0^{t_1} U_i \mathrm{d}t \propto \int_0^{t_1} \Omega \mathrm{d}t$$

以 $\Omega = \mathrm{d}\theta/\mathrm{d}t$ 代入上式后，可得电位器的输出电压

$$U_0 \propto \theta \propto \int_0^{t_1} U_i \mathrm{d}t \propto \int_0^{t_1} \Omega \mathrm{d}t$$

由此就得到电位器的输出电压 U_0 或系统的角位移 θ 与输入电压在时间段 $0 \sim t_1$ 的积分的函数关系。通过 U_0 可用来校正飞机的倾斜角。因为在这种情况下，如果飞机的自动驾驶仪没有把飞机调整到所需的飞行角度，飞机就会逐渐增高或降低，把高度误差通过该积分电路加以积分，其输出电压就能用来校正飞机倾斜角减小高度误差。

4. 选择时应注意的问题

交流测速发电机主要用于交流伺服系统和解算装置中。在选用时，应根据系统的频率、电压、工作转速的范围和具体用途来选择交流测速发电机的规格。用作解算元件时，应着重考虑精度要高，输出电压稳定性要好；用于一般转速检测或作阻尼元件时，应着重考虑输出斜率要大。与直流测速发电机比较，交流异步测速发电机的主要优点是：结构简单，运行可靠，维护容易；没有电刷和换向器，因而无滑动接触，输出特性稳定、精度高；摩擦力矩小，转动惯量小；正反转输出电压对称。主要缺点是：存在相位误差和剩余电压；输出斜率小；输出特性随负载性质（电阻、电感、电容）而有所不同。

当使用直流或交流测速发电机都能满足系统要求时，则需考虑它们的优缺点，全面权衡，合理选用。

第四节 自整角机

一、结构与分类

自整角机是一种能对角位移或角速度的偏差自动整步的控制电机。在自动控制系统中通常是两台或两台以上组合起来才能使用，不能单机使用。这种组合自整角机能将转轴上的转角变换为电信号，或将电信号变换为转轴的转角，使机械上互不相连的两根或几根转轴同步偏转或旋转，以实现角度的传输、变换和接收。

自整角机按电源的相数，可分为三相和单相两种，三相自整角机多用于功率较大的拖动系统中，构成所谓“电轴”，它不属控制电机。在自动控制系统中使用的自整角机，一般均为单相的。

自整角机按使用要求的不同，可分为力矩式和控制式两大类。控制式自整角机的功用是作为角度和位置的检测元件，它可将机械角度转换为电信号或将角度的数字量转变为电压模拟量，而且精确度较高。因此，控制式自整角机用于精密的闭环控制伺服系统中是很适宜的。力矩式自整角机的作用是直接达到转角随动的目的，即将机械角度变换为力矩输出，但无力矩放大作用，接收误差稍大，负载能力较差，其静态误差范围为 0.5°～2°。因此，力矩式自整角机只适用于轻负载转矩及精度要求不太高的开环控制伺服系统中。

自整角机的定子结构与绕线转子感应电动机相似，也是由定子和转子两大部分如图 8-20 所示。定子铁芯槽内嵌有三相对称绕组，它们接成星形，称为整步绕组；转子结构有凸极和隐极两种形式，如图 8-21 所示。转子铁芯上布置有单相或三相励磁绕组。转子绕组通过滑环、电刷装置与外电路连接。滑环通常由银铜合金制成，电刷采用焊银触点，以保证接触可靠。

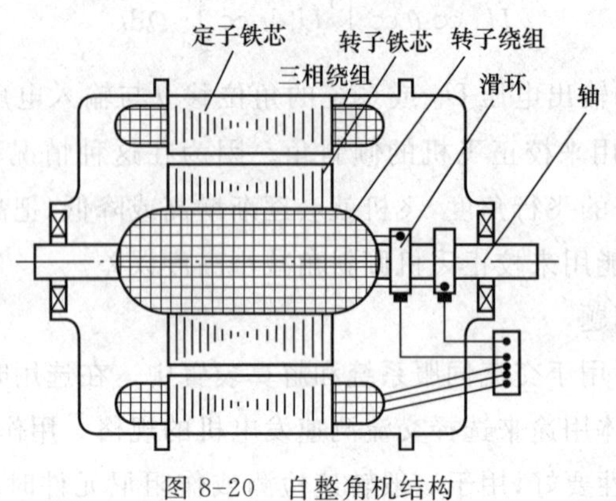

图 8-20　自整角机结构

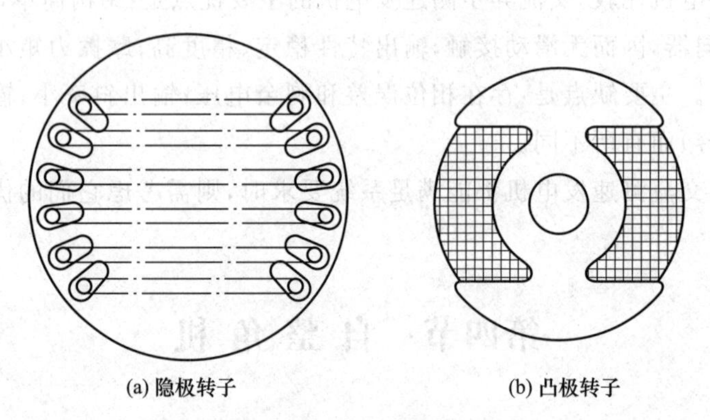

图 8-21　自整角机转子

二、力矩式自整角机

1. 工作原理

力矩式自整角机的接线图如图 8-22 所示，两台自整角机结构完全相同，一台作为发送机，另一台作为接收机。它们的转子励磁绕组接到同一单相交流电源，定子整步绕组则按相序对应连接。当在两机的励磁绕组中通入单相交流电流时，在两机的气隙中产生脉振磁场，该磁场将在整步绕组中感应出变压器电动势。当发送机和接收机的转子位置一致时，由于双方的整步绕组回路中的感应电动势大小相等，方向相反，所以回路中无电流流过，因而不产生整步转

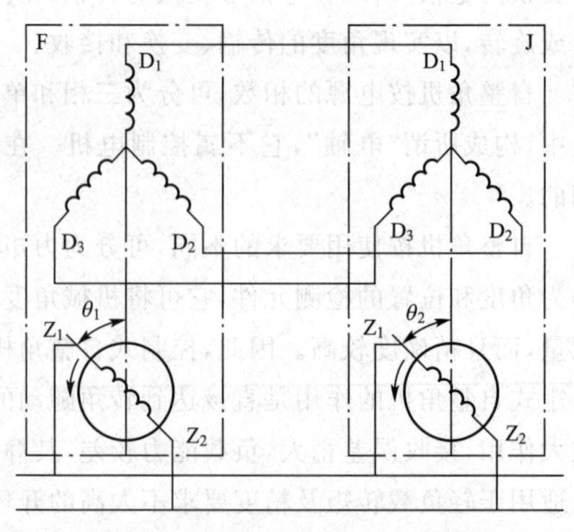

图 8-22　力矩式自整角机的接线图

矩,此时两机处于稳定的平衡位置。

如果发送机的转子从一致位置转一角度 θ_1 时,则在整步绕组回路中将出现差额电动势,从而引起均衡电流。此均衡电流与励磁绕组所建立的磁场相互作用而产生转矩,它们力图使两转子转到同一位置,起整步作用,即整步转矩。

发送机和接收机中的整步转矩大小相等而方向相反。例如,靠外力强制发送机转子逆时针方向转动 θ 角时,发送机为了保持转子原来的位置,所产生的整步转矩方向将是顺时针的;接收机中所产生的转矩则相反,即为逆时针方向,使转子向逆时针方向转动。由于发送机转子与主令轴相连,因此整步转矩只能使接收机跟随发送机转子转过 θ 角,使失调角等于零,差额电动势消失,整步转矩为零,系统进入新的协调位置,如图 8-22 中 $\theta_2=\theta_1$ 那样,从而实现了转角的传输。如果发送机转子是连续转动的,则接收机转子便跟着转动,这就实现了转角随动的目的。

2.应用

力矩式自整角机常应用于精度较低的指示系统,如液面的高低、阀门的开启度、电梯和矿井提升机的位置等,下面举例说明。

图 8-23 所示为用作测位器的力矩式自整角机。浮子随着液面的上升或下降,通过绳索带动自整角发送机转子转动,将液面位置转换成发送机转子的转角。自整角发送机和接收机之间通过导线可以远距离连接,于是自整角接收机转子就带动指针准确地跟随着发送机转子转角的变化而偏转,从而实现远距离的位置指示。

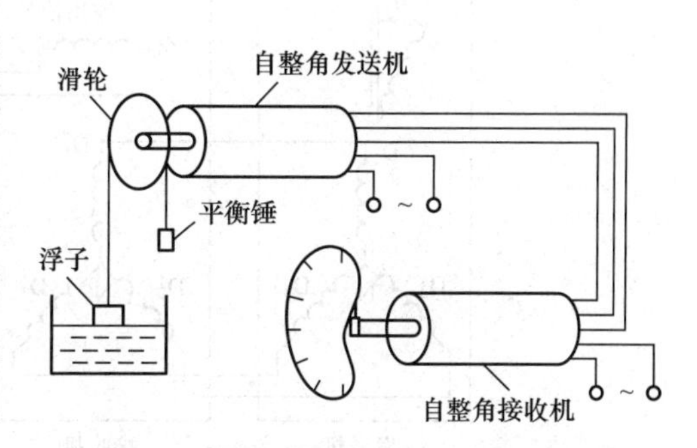

图 8-23　用作测位器的力矩式自整角机

三、控制式自整角机

1.工作原理

从前面分析可以看出,力矩式自整角机系统无力矩放大作用。由于一般自整角机容量较小,整步转矩也较小,因此只能带动指针、刻度盘等轻负载;而且它仅能组成开环的自整角机系统,系统精度不高。

为了提高同步随动系统的精度和负载能力,常把力矩式接收机的转子绕组从电源断开,使其在变压器状态下运行。这时接收机将角度传递变为电信号输出,然后通过放大去控制一台伺服电动机。伺服电动机一方面拖动负载(负载能力取决于系统中伺服电动机及放大器的功率),另一方面转动接收机转轴,一直到失调角等于零。这种间接通过伺服电动机来达到同步联系的系统称为同步随动系统,也称控制式自整角系统。在这种系统中,用来输出电信号的自整角接收机称为自整角变压器。

图 8-24 所示为控制式自整角机的接线图,它与图 8-23 有两点不同:一是图 8-24 中接收机转子绕组从单相电源断开,并能输出信号电压;二是转子绕组的轴线位置预先转过了 90°。

由于接收机的转子绕组已从电源断开,如接收机转子仍位于图 8-23 的起始位置,则当发送机转子从起始位置逆时针方向转 θ 角时,接收机定子磁通势也将从起始位置逆时针方向转过同样的角度 θ,转子输出绕组中感应的变压器电动势将为失调角 θ 的余弦函数。当 $\theta=0°$ 时,输出电压为最大，当θ增大时，输出电压按余弦规律减小。这就给使用带来不便，因随动系统总是希望当失调角为零时，输出电压为零，只有存在失调角时，才有输出电压，并使伺服电动机运转。此外，当发送机转子由起始位置向不同方向偏转时，失调角虽有正负之分，但因$\cos\theta=\cos(-\theta)$，输出电压都一样，便无法从自整角变压器的输出电压来判别发送机转子的实际偏转方向。为了消除上述不便，按图 8-22 所示将接收机转子预先转过 90°，这样自整角变压器转子绕组输出电压信号为

$$E=E_{m}\sin\theta \tag{8-12}$$

式中，E_{m}为接收机转子绕组感应电动势最大值。

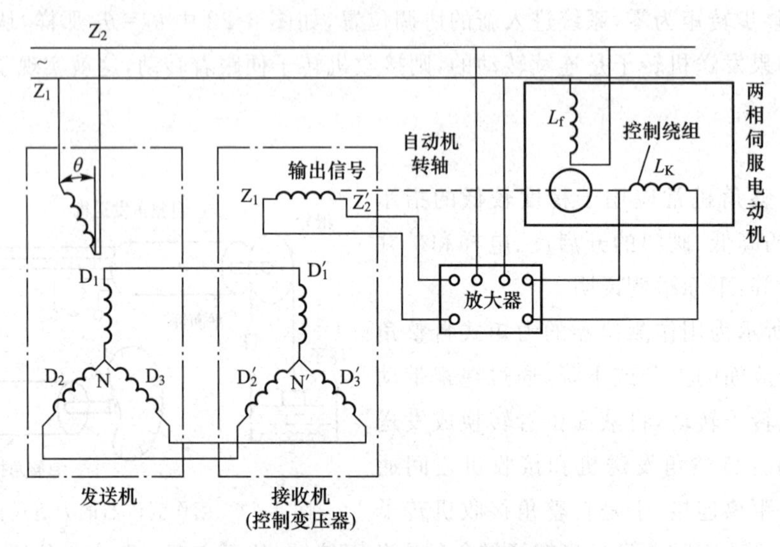

图 8-24　控制式自整角机的接线图

2. 应用

控制式自整角机适用于精度较高、负载较大的伺服系统。现以雷达俯仰角自动显示系统为例进行说明。

图 8-25 中，自整角发送机转轴直接与雷达天线的高低角（即俯仰角）耦合，因此雷达天线的高低角α，就是自整角发送机的转角；控制式自整角接收机转轴与由交流伺服电动机驱动的系统负载（刻度盘或火炮等负载）的轴相连，其转角用β表示。接收机转子绕组输出电动势E_{2}（有效值）与两轴的差角γ，即$\alpha-\beta$近似成正比，即

$$E_{2}\approx k(\alpha-\beta)=k\gamma \tag{8-13}$$

式中，k为常数。

E_{2}经放大器放大后送至交流伺服电动机的控制绕组，使电动机转动。可见，只要$\alpha\neq\beta$，即$\gamma\neq0$，就有$E_{2}\neq0$，伺服电动机便要转动，使γ减小，直至$\gamma=0$。如果α不断变化，系统就会使β跟着α变化，以保持$\gamma=0$，这样就达到了转角自动跟踪的目的。只要系统的功率足够大，接收轴上便可带动阻力矩很大的负载。发送机和接收机之间只需 3 根连线，便实现了远距离显示和操纵。

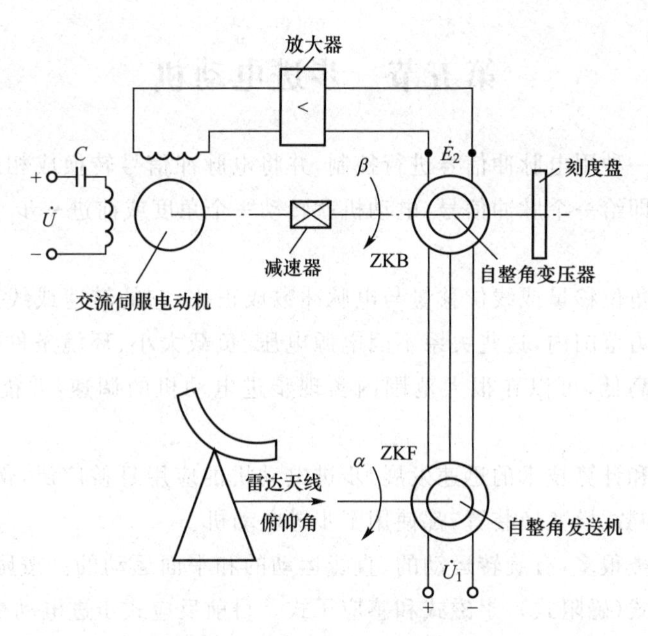

图 8-25 雷达俯仰角自动显示系统

四、误差概述及选用时应注意的问题

力矩式自整角机的整步转矩必须大于其接收机转轴的阻转矩(包括负载转矩和接收机本身的摩擦转矩等),这样才能拖动接收机转子跟着发送机转动,因此发送机和接收机之间必然存在一定的失调角,这个角度就是力矩式自整角机转角随动的误差。显然,失调角为 1°时,自整角机具有的整步转矩(称为比转矩)越大,则角误差越小。因为凸极结构会产生反应转矩,可增大比转矩,因此力矩式自整角机的转子多制成凸极式。

对于控制式自整角机,为了提高其精度,把发送机和接收机的转子都做成隐极式。但实际上,磁通势在空间不能做到真正的正弦分布。转子安装不同心,以致气隙不均匀,造成磁通密度偏离正弦分布以及整步绕阻阻抗不对称等,所有这些结构、工艺、材料等方面的原因,使失调角即 $\theta=0°$(协调位置)时,输出绕组中仍有电压存在,这个电压称为剩余电压。它破坏了式(8-12)的关系,造成转角随动误差。另外,当控制式自整角变压器转速较高时,还要考虑输出绕组切割整步绕组合成磁通而产生的速度电动势。速度电动势的存在,使得接收机转子最后在的位置不是 $\theta=0°$的地方,而是偏离协调位置某一角度,这就引起了速度误差。速度误差和转速成正比,并和电源频率成反比。对于转速较高的同步系统,为了减小速度误差,一方面选用高频自整角机,另一方面应当限制发送机和接收机的转速。

选用自整角机应注意以下问题:

① 自整角机的励磁电压和频率必须与使用的电源符合。若电源可任意选择,应选用电压较高、频率较高(一般是 400 Hz)的自整角机,其性能较好,体积较小。

② 相互连接使用的自整角机,其对应绕组的额定电压和频率必须相同。

③ 在电源容量允许的情况下,应选用输入阻抗较低的发送机,以便获得较大的负载能力。

④ 选用自整角变压器时,应选输入阻抗较高的产品,以减轻发送机的负载。

第五节 步进电动机

步进电动机是一种用电脉冲信号进行控制，并将电脉冲信号转换成相应的角位移或线位移的控制电动机。即给一个脉冲信号，电动机就转动一个角度或前进一步，因此这种电动机也称为脉冲电动机。

步进电动机的角位移量或线位移量与电脉冲数成正比，它的转速或线速度与电脉冲频率成正比。在负载能力范围内，这些关系不因电源电压、负载大小、环境条件的波动而变化。通过改变脉冲频率的高低，可以在很大范围内实现步进电动机的调速，并能快速启动、制动和反转。

随着电子技术和计算技术的迅速发展，步进电动机的应用日益广泛，例如数控机床、绘图机、自动记录仪表和数/模变换装置，都使用了步进电动机。

步进电动机种类很多，有旋转运动的、直线运动的和平面运动的。按励磁方式分类，步进电动机可分为反应式(磁阻式)、永磁式和感应子式。目前反应式步进电动机使用较为普遍，下面对这种电动机进行简要介绍。

一、工作原理

图 8-26 所示为一个三相反应式步进电动机的工作原理图，定子、转子铁芯由硅钢片叠成。定子有 6 个磁极，每两个径向相对的极上绕有一相控制绕组。转子只有 4 个齿，齿宽等于定子极靴宽，上面没有绕组。

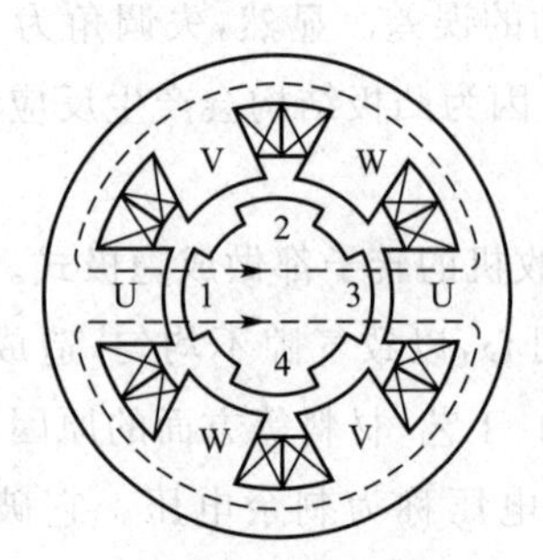

(a) 1和3的轴线与U极轴线对齐

(b) 2和4的轴线与V极轴线对齐

(c) 1和3的轴线与W极轴线对齐

图 8-26 三相反应式步进电动机的工作原理图

当 U 相控制绕组通电，而 V 相、W 相都不通电时，由于磁通具有走磁阻最小路径的特点，所以转子齿 1 和 3 的轴线与定子 U 极轴线对齐，如图 8-26 (a)所示。U 相断电、V 相通电时，转子便逆时针方向转过 30°，使转子齿 2 和 4 的轴线与定子 V 极轴线对齐，如图 8-26(b)所示。V 相断电、接通 W 相时，转子再转过 30°，转子齿 1 和 3 的轴线与 W 极轴线对齐，如图 8-26(c)所示。如此按 U—V—W—U……顺序不断接通和断开控制绕组，转子就会一步一步地按逆时针方向转动。步进电动机转速取决于控制绕组通电和断电的频率(输入的脉冲频率)，旋转方向取决于控制绕组轮流通电的顺序，若步进电动机通电次序改为 U—W—V—U……则步进电动机反向转动。

上述通电方式，称为三相单三拍。“单”是指每次只有一相控制绕组通电，“三拍”是指三次切换通电状况为一个循环，第四次切换就重复第一次通电的情况。步进电动机每拍转子所转过的角位移称为步距角。可见，三相单三拍通电方式时，步距角为30°。三相步进电动机除了单三拍通电方式外，还可工作在三相单、双六拍通电方式。这时通电顺序为U—UV—V—VW—W—WU—U……或为U—UW—W—WV—V—VU—U……即先接通U相控制绕组，然后再同时接通U、V相控制绕组；然后断开U相，使V相控制绕组单独接通；再同时接通V、W相，依此进行。对这种通电方式，定子三相控制绕组需经过6次换接才能完成一个循环，故称为“六拍”。同时这种通电方式，有时是单个控制绕组接通，有时又有两个控制绕组同时接通，因此称为单、双六拍。

对这种通电方式，步进电动机的步距角也有所不同。当U相控制绕组通电时，和单三拍运行的情况相同，转子齿1和3的轴线与定子U极轴线对齐，如图8-27(a)所示，当U、V相控制绕组同时接通时，转子的位置应兼顾到U、V两对极所形成的两路磁通，在气隙中所遇到的磁阻同样程度地达到最小。这时相邻两个U、V磁极与转子齿相作用的磁拉力大小相等且方向相反，使转子处于平衡。这样，当U相通电转到U、V两相通电时，转子只能逆时针方向转过15°，如图8-27(b)所示。当断开U相使V相单独接通时，在磁拉力作用下，转子继续逆时针方向转动，直到转子齿2和4的轴线与定子V极轴线对齐为止，如图8-27 (c)所示，这时转子又转过15°。如通电顺序改为U—UW—W—WV—V—VU—U……时，步进电动机将按顺时针方向转动。

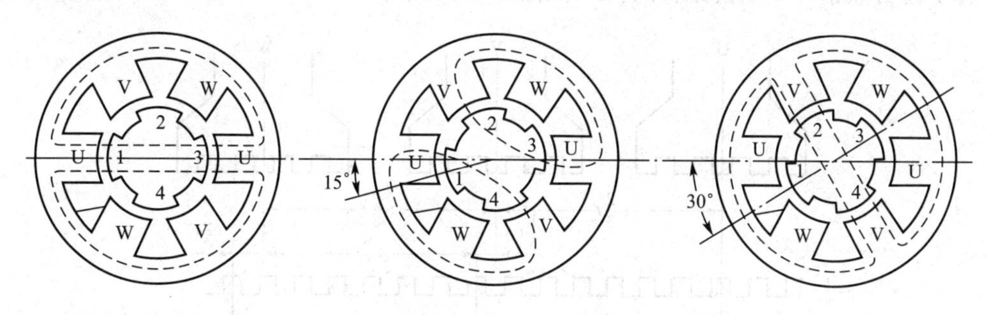

(a) 1和3的轴线与定子U极轴线对齐　　(b) U相通电转到U、V两相通电　　(c) 2和4的轴线与定子V极轴线对齐

图8-27　单双六拍运行时的三相反应式步进电动机

同一台步进电动机，因通电方式不同，运行时的步距角是不同的。采用单、双六拍通电方式时，步距角要比单三拍通电方式减小一半，即15°。

在实际使用时，还经常采用三相双三拍的运行方式，也就是按UV—VW—WU—UV……方式供电。这时与单三拍运行时一样，每一循环也是换接3次，总共有3种通电状态，但不同的是每次换接都同时有两相绕组通电。双三拍运行时，每一通电状态的转子位置和磁通路径与单双六拍相应的两相绕组同时接通时相同，如图8-27 (b)所示。分析可知，这时转子每步转过的角度与单三拍时相同，也是30°。

上述简单的三相反应式步进电动机的步距角太大，即每一步转过的角度太大，很难满足生产中所提出位移量要小的要求。下面介绍三相反应式步进电动机的一种典型结构。

在图8-28中，三相反应式步进电动机定子上有6个极，上面装有U、V、W三相控制绕组。

转子圆周上均匀分布若干个小齿，定子每个磁极极靴上也有若干个小齿。

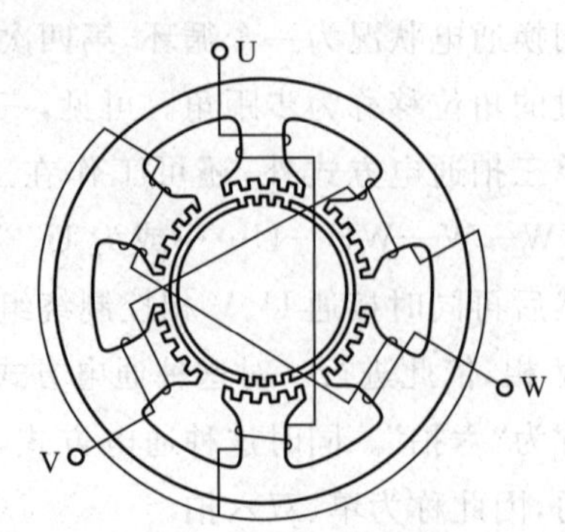

图 8-28　小步距角反应式步进电动机

根据步进电动机工作的要求，定、转子齿宽、齿距必须相等，定子和转子齿数要适当配合。即要求在 U 相一对极下，定、转子齿一一对齐时，下一相（V 相）所在一对极下的定、转子齿错开一个齿距的 m（相数）分之一，即为 t/m；再下一相（W 相）的一对极下定、转子齿错开 $2t/m$，并依此类推。

以转子齿数 $z_r=40$，相数 $m=3$，一相绕组通电时，在气隙圆周上形成的磁极数 $2p=2$，三相单三拍运行为例：

每一齿距的空间角为

$$\theta_Z=\frac{360^\circ}{z_r}=\frac{360^\circ}{40}=9^\circ$$

每一极距的空间角为

$$\theta_\tau=\frac{360^\circ}{2pm}=\frac{360^\circ}{2\times1\times3}=60^\circ$$

每一极距所占的齿数为

$$\frac{z_r}{2pm}=\frac{40}{2\times1\times3}=6\frac{2}{3}$$

由于每一极距所占的齿数不是整数，因此当 U—U 极下的定、转子齿对齐时，V 极的定子齿和转子齿必然错开 1/3 齿距，即为 3°，如图 8-29 所示。

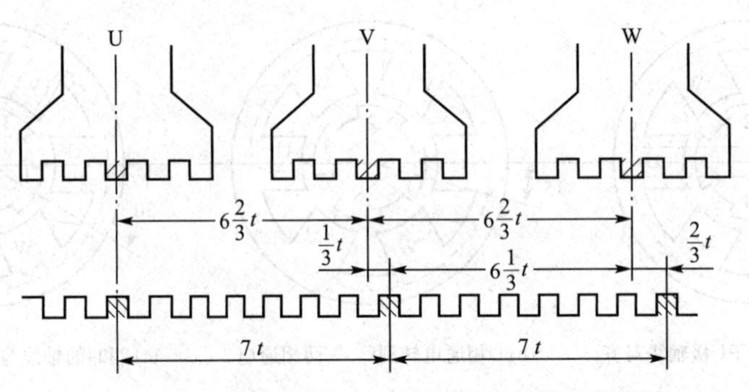

图 8-29　小步距角反应式步进电动机的展开图

由图 8-29 中可以看出，若断开 U 相控制绕组而接通 V 相控制绕组，这时步进电动机中产生沿 V—V 极轴线方向的磁场，因磁通沿磁阻最小路径而闭合，就使转子受到同步转矩的作用而转动，转子按逆时针方向转动 1/3 齿距（3°），直到使 V—V 极下的定子齿和转子齿对齐。相应地 U—U 极和 W—W 极下的定子齿又分别和转子齿相错 1/3 齿距。按此顺序连续不断地通电，转子便连续不断地一步一步转动。

若采用三相单、双六拍通电方式运行，即按 U—UV—V—VW—W—WU—U……顺序循环通电，同样，步距角也要减少一半，即每输入一个电脉冲，转子仅转动 1.5°。

由上面分析可知，步进电动机的转子每转过一个齿距，相当于空间转过 $\frac{360^\circ}{z_r}$，而每一拍转子转过的角度只是齿距角的 1/N，因此步距角 θ_s 为

$$\theta_s=\frac{360^\circ}{z_r N}=\frac{360^\circ}{40\times 3}=3^\circ$$

式中，N 为运行拍数。

如果脉冲频率很高，步进电动机控制绕组中送入的是连续脉冲，各相绕组不断地轮流通电，步进电动机不是一步一步地转动，而是连续不断地转动，它的转速与脉冲频率成正比。由 $\theta_s=\frac{360^\circ}{z_r N}$ 可知，每输入一个脉冲，转子转过的角度是整个圆周角的 $1/z_r N$，也就是转过 $1/z_r N$ 转，因此每分钟转子所转过的圆周数，即转速为

$$n=\frac{60f}{z_r N}$$

式中，n 为转速，单位是 r/min。

步进电动机可以做成三相的，也可以做成二相、四相、五相、六相或更多相数的。步进电动机的相数和转子齿数越多，则步距角口就越小，系统精度越高。但是相数越多，电源及电机结构就越复杂，成本也越高。因此，反应式步进电动机一般做到六相，个别的有更多相数。

二、驱动电源

步进电动机是由专用的驱动电源来供电的，驱动电源和步进电动机是一个有机的整体。步进电动机的运行性能是由步进电动机和驱动电源两者配合所反映出来的综合效果。

步进电动机的驱动电源，基本上包括变频信号源，脉冲分配器和脉冲放大器三部分，如图 8-30 所示。

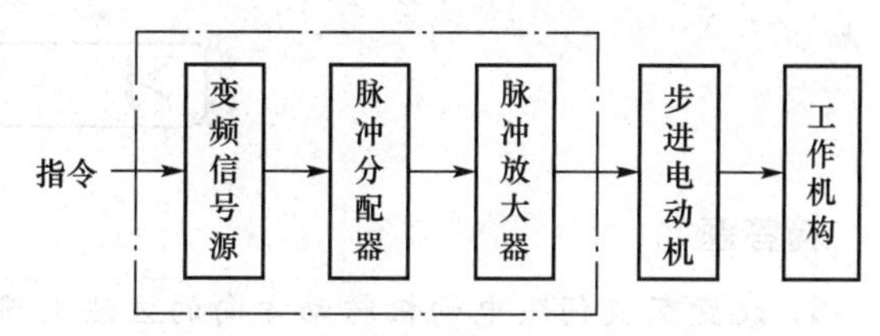

图 8-30　步进电动机的驱动电源

变频信号源是一个频率从 10 Hz 到几十千赫可连续变化的信号发生器。变频信号源可以采用多种线路，最常见的有多谐振荡器和单结晶体管构成的弛张振荡器两种。它们都是通过调节电阻及电容的大小来改变电容充放电的时间常数，以达到选取脉冲信号频率的目的。

脉冲分配器是由门电路和双稳态触发器组成的逻辑电路，它根据指令把脉冲信号按一定的逻辑关系加到放大器上，使步进电动机按一定的运行方式运转。

从脉冲分配器输出的电流只有几毫安，不能直接驱动步进电动机，因为步进电动机需要几安到几十安电流，因此在脉冲分配器后面都装有功率放大电路，用放大后的信号去推动步进电动机。

小　结

① 特种电机的主要任务是转换和传递控制信号。本章主要讨论伺服电动机、测速发电机、自整角机和步进电动机等几种控制电机，并对家用电器中常用的单相异步电动机结构、原理、特性及应用加以分析。

② 单相异步电动机可分为分相启动电动机和罩极电动机两大类型，可用调节电阻、电抗、变压器、晶闸管等方式，通过改变电压来调速。如果要改变分相启动电动机的转向，只需将辅

助绕组与主绕组相并联的端子对调即可；改变罩极的位置，罩极电动机的转向才能改变。

③伺服电动机最大特点是：有控制信号就旋转，无控制信号就停转，转速的大小与控制信号成正比。交流伺服电动机就是两相异步电动机，其转子结构有笼形转子和非磁性杯形转子两种。直流伺服电动机分为永磁式和电磁式。直流力矩电动机能够在长期堵转或低速运行时产生足够大的转矩，而且不需要经过齿轮减速而直接带动负载。

④ 测速发电机将拖动系统的机械转速转变为电压信号输出，其输出电压与转速成正比关系。直流测速发电机是一种微型直流发电机，其结构与普通小型直流发电机相同。非磁性杯形转子异步测速发电机具有精度高、转子转动惯量小等优点，是目前广泛采用的一种测速发电机。

⑤ 自整角机是一种能对角位移或角速度的偏差自动整步的控制电机。在自动控制系统中通常是两台或两台以上组合起来才能使用，不能单机使用。自整角机按使用要求的不同，可分为力矩式和控制式两大类。自整角机适用于轻负载转矩及精度要求不太高的开环控制伺服系统中。控制式自整角机用于精密的闭环控制伺服系统中是很适宜的。

⑥ 步进电动机是一种用电脉冲信号进行控制，并将电脉冲信号转换成相应的角位移或线位移的控制电机。步进电动机的角位移量或线位移量与电脉冲数成正比，它的转速或线速度与电脉冲频率成正比。

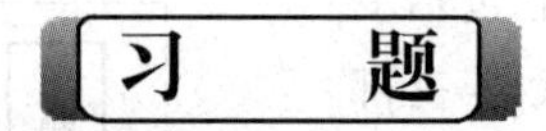

习　题

简答题

1. 改变交流伺服电动机转动方向的方法有哪些？

2. 交流测速发电机的转子静止时有无电压输出？转动时为何输出电压与转速成正比，但频率却与转速无关？何谓线性误差？

3. 为什么直流测速发电机的转速不得超过规定的最高转速？负载电阻不能小于给定值？

4. 单相异步电动机为什么没有启动转矩？

5. 什么是步进电动机的步矩角？一台步进电动机可以有两个步矩角，例如 3°/1.5°，这是什么意思？什么是单三拍、六拍和双三拍？

6. 直流伺服电动机在不带负载时，其调节特性有无死区？调节特性死区的大小与哪些因素有关？

第九章 工企供电与电气照明

学习目标

- 了解工企输电、配电系统的基本组成。
- 了解照明电路的基本计算。
- 掌握照明电路的设计与安装。

本章主要介绍发电、输电和配电系统的基本常识，照明电路的基本概念，常用电光源及灯具、照明电气附件的安装，照明电路常用导线的选择及敷设。

第一节 工企输电和配电

一、发电和输电

发电厂按照所利用的能源种类可分为水力、火力、风力、核子能、太阳能及沼气等几种。现在世界各国建造得最多的，主要是水力发电厂和火力发电厂。近 20 多年来，核电站也发展得很快。

各种发电厂中的发电机几乎都是三相交流发电机。我国生产的交流发电机的电压等级有 400 V/230 V 和 3.15 kV、6.3 kV、10.5 kV、13.8 kV、15.75 kV、18 kV 等多种。

大中型发电厂大多建在水力资源丰富的地区或产煤地区附近，距离用电地区往往是几十公里，几百公里甚至一千公里以上，所以发电厂生产的电能要用高压输电线输送到用电地区，然后再降压分配给各用户。电能从发电厂传输到用户，要通过导线系统，此系统称为电力网，图 9-1 所示为一种输电线路。

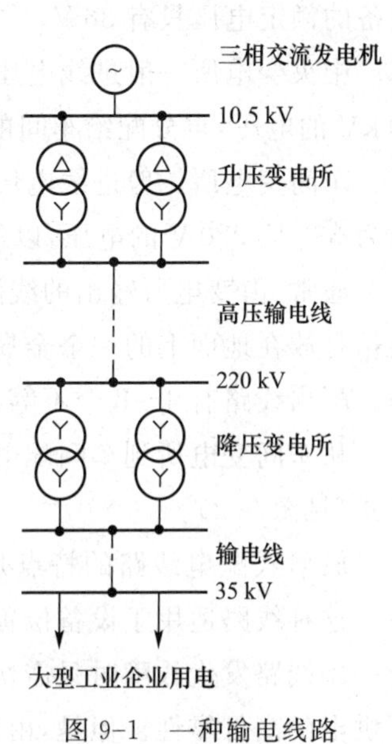

图 9-1 一种输电线路

电力网的供电质量可以由以下指标来评判：

① 电力网的供电电压要稳定。1983 年 8 月颁布的我国《全国供用电规则》规定用户受电端的电压变动幅度不得超过：

- 35 kV 及以上和对电压质量有特殊要求的用户为额定电压的±5%。
- 10 kV 及以下高压供电和低压电力用户为额定电压的±7%。

• 低压照明用户为额定电压的+5%、-10%。

② 交流电的波形畸变也是电能质量不佳的表现。高次谐波电流会使电动机发热量增加，也会影响电子设备的正常工作。高次谐波的最大允许值由电力部门另行规定。

③ 正常情况下，交流供电频率为50 Hz。如果频率发生上下波动，则交流电动机的转速也会上下波动。《全国供用电规则》规定，供电局供电频率的允许偏差为：

• 电网容量在300 kV及以上者，为±0.2 Hz。

• 电网容量在300 kV及以下者，为±0.5 Hz。

④ 供电可靠性也是供电质量的一个重要指标。对于不能停电的工厂、医院等重要用电场所应由两条线路供电。

为了节约电能，必须做到送电距离越远，输电线的电压就要越高。我国国家标准中规定输电线的额定电压为35 kV、110 kV、220 kV、330 kV和500 kV等。

二、配电系统

配电系统是工业企业和城乡居民供电的重要组成部分。下面以工业企业供电为例来阐述配电过程。

大型工业企业设有中央变电所和车间变电所。变电所内通常装有变压器、配电设备(包括开关和电工测量仪表等)以及控制设备(包括控制电器、电工测量仪表和信号器等)。中央变电所接收送来的电能，然后分配到各车间，再由车间变电所将电能分配给各配电箱，各配电箱再将电能输送给所管辖的用电设备。通常，工业企业配电系统主要由高压配电线路、变电所、低压配电线路等部分组成，如图9-2所示。高压配电线路的额定电压有3 kV、6 kV和10 kV三种，而低压配电线路的额定电压是380 V/220 V。这是因为工厂用电设备繁多，而且各设备所使用的额定电压相差甚大，如大功率电动机的额定电压可达3 000～6 000 V，而机床局部照明设备的额定电压只有36 V。

中央变电所一般进线电压为35 kV，它的任务是经过降压变压器，将35 kV的电压降为3～10 kV的电压，再分配给车间的高压用电设备和车间变电所。这属于高压配电线路。

车间变电所一般进线电压为3～10 kV，其任务是经过降压变压器，将3～10 kV的电压降低为380 V/220 V的电压，以供低压用电设备之用。

通常，由变电所输出的线路不会直接连接到用电设备，而是必须经过车间配电箱。车间配电箱是放在地面上的一个金属柜，其中装有刀开关和管状熔断器，起通断电源和短路保护作用。配出线路有4～8个不等。

从车间变电所到车间配电箱的线路就属于低压配电线路。其连接方式主要是放射式和树干式(见图9-2)。

放射式配电线路的特点是由车间变电所的低压配电屏引出若干独立线路到各个用电设备。这种线路适用于设备位置稳定但分散、设备容量大、对供电可靠性要求高的用电设备。由于一条线路发生故障时只需切断该线路进行检修，而不会影响其他线路的正常运行，从而保证了供电的高可靠性。但是，由于独立的干线太多，导致用线量和配电箱增多，因而初期投资大。

树干式配电线路的特点是由车间变电所的低压配电屏引出的线路同时向几个相邻的配电箱供电。这种线路适用于分布集中且位于变电所同一侧的用电设备或适用于对供电要求不高的用电设备。这种线路可以节约用线量，但是一旦有故障发生，受影响的负载比较多。这两种连接方式可以在同一线路中根据实际情况混合使用。

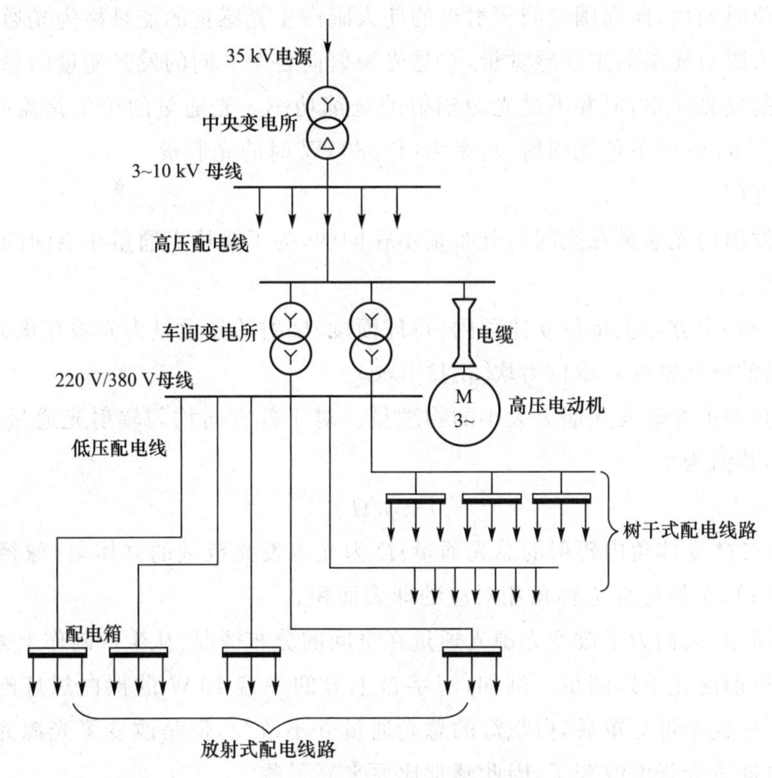

图 9-2　工业企业配电系统

由车间配电箱到用电设备的连接方式可分为独立连接和链状连接，如图 9-3 所示。通常，如果用电设备容量大于 4.5 kW，则采用独立连接方式，将用电设备单个接到配电箱上；如果用电设备容量小且相邻，则采用链状连接方式，但同一链状连接的设备不超过 3 个。

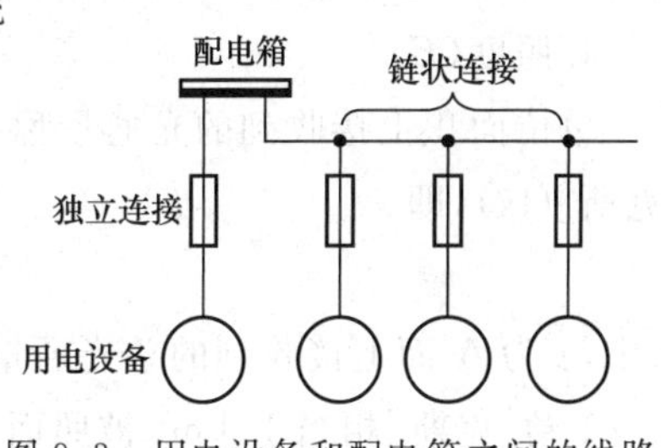

图 9-3　用电设备和配电箱之间的线路

第二节　照明用电

照明与人类的生产、生活有着十分密切的关系，而照明质量的高低对提高生产效率、保证生产安全、提高产品质量、保护人们的视力和身心健康等有着直接的影响。同时，电器照明已成为现代建筑技术和建筑装潢艺术中的一个重要组成部分。

一、照明技术的基础概念

1. 光谱

光源辐射的光由许多不同波长的单色光组成(光的波长一般在 380～780 mm 范围内)，把光线中不同强度的单色光，按波长长短依次排列，称为光源的光谱。

白炽灯是辐射连续光谱的光源，气体放电光源除辐射连续光谱外，还辐射较强的线状或带状光谱。

2. 光通量(ϕ)

光源在单位时间内,向周围空间辐射出的使人眼产生光感觉的能量称为光通量。换句话,光通量是一种人眼对光源的主观感觉量,它是光源射向各个方向的发光能量的总和,是人眼所感觉到的光源的发光功率,但并不是光源辐射的全部功率。光通量的单位是流明(lm)。1 lm 相当于波长为 555 nm 的单色光辐射、功率为(1/680)W 时的光通量。

3. 发光强度(I)

不同光源发出的光通量在空间的分布是不相同的,为了描述光通量在空间的分布情况,引出发光强度概念。

光源在某一特定方向上单位立体角内(每球面度)辐射的光通量为光源在该方面上的发光强度(又称光通的空间密度),单位为坎[德拉](cd)。

发光强度是表征光源发光能力大小的物理量。对于各方向均匀辐射光通量的光源,各方向的光强相等,其值为

$$I=\phi/\Omega \tag{9-1}$$

式中,ϕ 为光源在 Ω 立体角内辐射的总光通量;Ω 为光源发光范围的立体角(球径),且 $\Omega=A/R^2$,R 为球的半径,A 是与 Ω 立体角相对应的球表面积。

在日常生活中,人们为了改变光源光通量在空间的分布情况,从生产制作上采用了不同形式的灯罩进行所谓配光予以满足。例如,写字台上方的一盏 40 W 的裸白炽灯泡发出 350 lm 的光通量,装了搪瓷伞形灯罩后,白炽灯的总光通量并不改变,但是改变了光源光通量在空间的分布情况,也即发光强度改变了,因此感觉比原来亮了些。

4. 照度(E)

单位面积上接收到的光通量称为照度,是描述物体表面被照射程度的光学量。单位为勒[克斯](lx),即

$$E=\phi/A \tag{9-2}$$

式中,ϕ 为 A 面上接收到的总光通量;A 为被照面积。

1 勒[克斯]相当于 1 m^2 被照面上光通量为 1 lm 时的照度,即

$$1lx=1lm/m^2$$

一般情况下,当光源的大小比其到被照面的距离 R 小得多时,可将光源视为理想的电光源,这时被照面的照度与光源在该方向上的发光强度之间的关系可表示为

$$E=I\cos\alpha/R^2 \tag{9-3}$$

图 9-4 所示为照度与发光强度的关系,图中 α 为被照面法线与其中心到光源连线之间的夹角。

由式(9-3)和图 9-4 可知,在照明器光源一定的情况下,只要改变照明器的安装高度即可满足照度要求。

5. 亮度(L)

亮度是表示物体表面发光(或反光)强弱的光学量。发光体在给定方向单位投影面积上的发光强度,称为发光体在该方向上的亮度。单位是尼特(nt),或者是坎每平方米,用公式表

示为

$$L_a=\frac{I_a}{A\cos\alpha} \tag{9-4}$$

图 9-5 表示了亮度和发光强度之间的关系，图中仅是给定方向的视线与发光面法线间的夹角，A 为发光体的面积，I_a 为视线面上的发光强度。

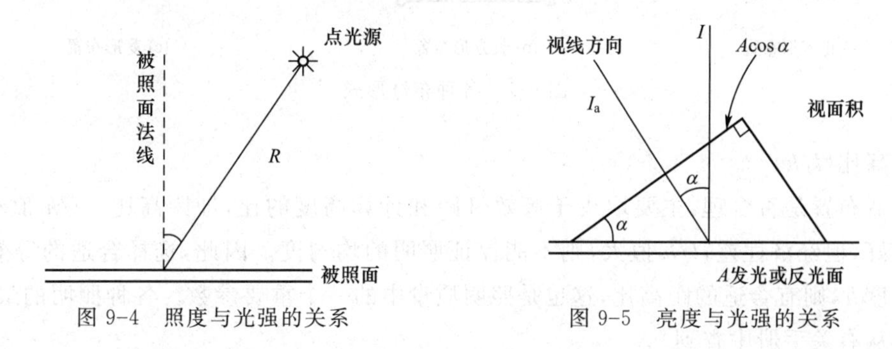

图 9-4　照度与光强的关系　　图 9-5　亮度与光强的关系

因物体表面在各个方向上的发光强度不一定相等，因而它在各个方向上的亮度也不一定相等。

6. 光源的发光效率

光源的发光效率简称光效，是描述光源质量和经济效益的光学量。光效就是光源在消耗单位能量的同时辐射出光通量的多少，单位是流明每瓦(lm/W)。显然光效越高越好。例如，40 W 荧光灯的光效约为 60 lm/W，而 40 W 的白炽灯光效约为 9 lm/W，因此同为 40 W 的光源，荧光灯比白炽灯亮得多。

二、照明电路的计算

照明电路的计算是一个较为复杂的问题，为了获得良好的照明质量，通常要考虑的因素有：合理的照度、照明的均匀度、限制眩光、照明的稳定性和光源的显色性等。下面只讨论几个简单参数的计算。

1. 照明器的悬挂高度(h)

照明器的悬挂高度指计算高度，它是电光源至工作面的垂直距离，即等于照明器离地悬挂高度减去工作面的高度，如图 9-6 所示。工作面的高度通常取 0.8 m。

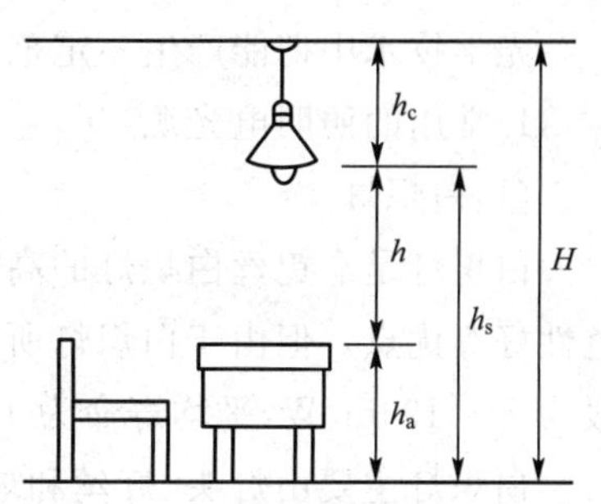

图 9-6　照明器悬挂高度示意图

H—房间层高；h_s—安装高度；

h_c—垂度；h—计算高度；

h_a—工作面高度

2. 等效灯距(l)

照明器的平面布置有图 9-7 所示几种方法，其等效灯距 l 的计算如下：

正方形布置时：　$l=l_1=l_2$

长方形布置时：　$l=\sqrt{l_1 l_2}$

菱形布置时：　$l=\sqrt{l_1 l_2}$

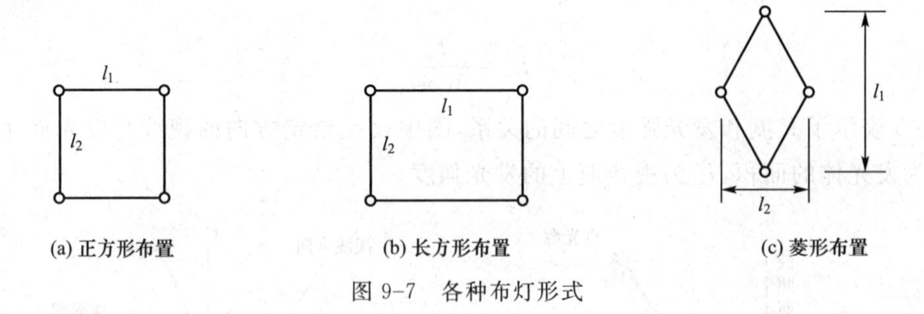

(a) 正方形布置　(b) 长方形布置　(c) 菱形布置

图 9-7　各种布灯形式

3. 距高比(l/h)

照明器布置是否合理,主要取决于等效灯距和计算高度的比,即距高比。l/h 值小,照明的均匀度好,但经济性差;l/h 值大,则不能保证照明的均匀度。因此,选择合适的等效灯距 l 和计算高度 h,则有合适的距高比,这也是照明质量中的一个重要参数。各种照明的最大允许距高比可从有关手册中查到。

照明器的布置除科学的排列和确定合适的距高比之外,还要考虑照明器距顶棚和照明器距墙边的距离。为了顶棚的照明均匀,应合理确定照明器距顶棚的垂悬距离 h_c(垂度)。对于漫射型照明器,h_c 与顶棚距工作面的高度(h_c+h)之比可取 0.25,对于半直型照明器,此比值可取 0.2。最旁边一列照明器与墙边的距离 d 应根据工作位置与墙的相对位置决定。如果靠墙边有工作位置时,可取 $d=(0.25\sim0.3)l$;若靠墙边是过道或无工作位置时,则可取 $d=(0.4\sim0.5)l$,l 为照明器的等效灯距。

三、电光源及其选择

光学技术中把能产生一定范围电磁波的物体称为光源。光源的分类如下:

1. 常用的照明电光源

(1)白炽灯

白炽灯是靠钨丝白炽灯的高温热辐射发光,具有体积小、结构简单、使用方便、造价低、显色性好等优点。但由于白炽灯所取电能仅有 10%左右转变为可见光,故它的发光频率低,一般为 7～ 19 lm/W,平均寿命为 1 000 h,且经不起震动。

白炽灯主要由灯头、灯丝和玻璃泡等组成。

白炽灯的灯丝对于白炽灯的工作性能具有极其重要的影响,它由高熔点低蒸发率的钨丝制成。由于钨丝的冷态电阻比热态电阻小得多,故此类灯瞬时启动电流很大。电源电压的变化对灯光寿命和光效影响很严重,当电压升高 5%时,白炽灯寿命将缩短 50%,因此电源电压的偏移不宜大于±2.5%。

(2)卤钨灯

卤钨灯是在白炽灯中充入卤族元素气体的电光源。它利用卤钨循环来提高发光效率,发光效率比白炽灯高 30%。因此,卤钨灯具有体积小、质量小、光色优良、显色性好、单个电源功率大等优点,因此在多种大面积照明场所得到广泛应用。

卤钨灯主要由钨灯丝、石英灯管、支架和电极等极成,如图 9-8 所示。

为了使卤钨循环能顺利进行,并提高其使用寿命,管型卤钨灯必须水平安装,其最大倾斜角不得大于±4°。正常工作时，灯管表面温度在600℃左右，应注意使用环境条件，并且不能与易燃物接近，也不允许采用任何人工冷却措施，否则将严重影响灯管的寿命。

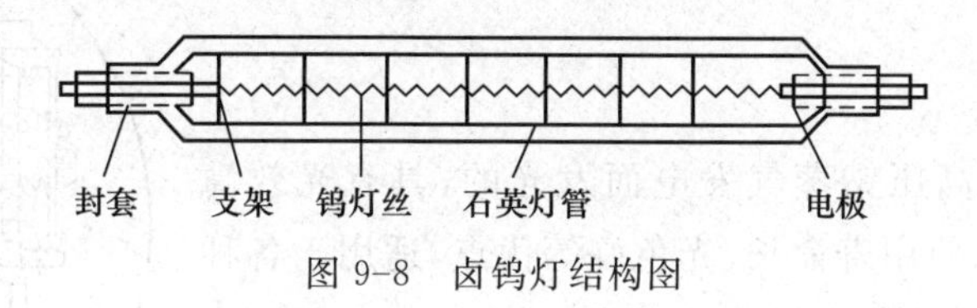

图9-8　卤钨灯结构图

因为卤钨灯的灯丝较长，抗震性能差，故不宜作移动式照明光源。

(3)荧光灯

荧光灯是靠汞蒸气放电时发出紫外线激励管内壁的荧光粉而发光的，是一种热阴极、低气压放电灯。它主要由灯管、镇流器和辉光启动器组成(见图9-9)，具有发光效率高、使用寿命长、光线柔和、发光面大、显色性好等优点。

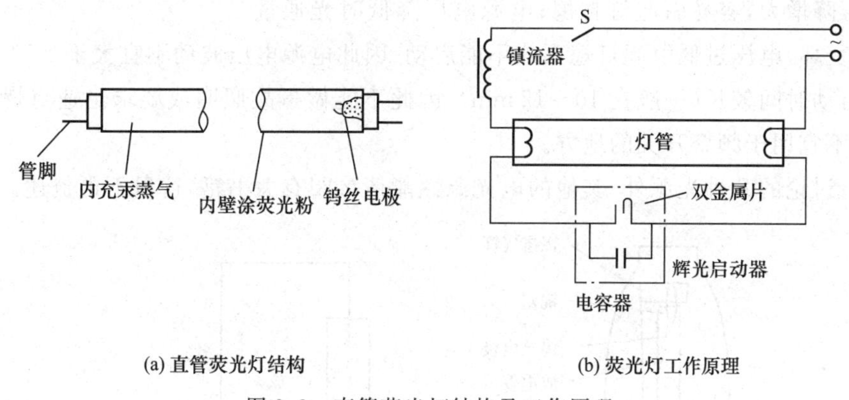

图9-9　直管荧光灯结构及工作原理

灯管由两个电极、内壁涂有荧光粉的玻璃管构成，管内抽成真空加入少量惰性气体，如氩气等。镇流器是带铁芯的线圈，启动时产生较高的感应电压帮助灯管点亮。由于灯管具有负的伏安特性，点亮后镇流器还起限流作用，保证灯管的稳定性。连接时和灯管串联，选用时与灯管功率配套。辉光启动器为充有氖气的玻璃泡，泡内两个电极，其中一个为双金属片，泡和灯管并联。荧光灯串联镇流器使用，功率因数很低(0.33～0.53)，频闪效应严重，不适用于频繁开关的场合。

(4)荧光高压汞灯

荧光高压汞灯有普通型、反射型、自镇流型和外镇流型几种。具有光效高、寿命长、体积小和单个光源功率大等优点，用于街道、公园和车间内外的照明。

荧光高压汞灯主要由灯头、放电管和玻璃外壳组成。主要部件是放电管，管内装有主辅电极并充有汞，由耐高温的石英玻璃制成。外壳与放电管之间抽成真空后充入一定的氮气。图9-10所示为自镇流型荧光高压汞灯的结构。

荧光高压汞灯在使用中电源电压波动不宜过大，当电压降低超过5%时灯会自动熄灭。在安装时应尽量让灯泡垂直安放，若水平点燃时，光通量输出减少7%，并且容易自熄。因其不能瞬时启动,故不能用于要求迅速点燃的照明场所。要求与相应规格的镇流器配套使用(自镇流式除外),否则影响灯的使用寿命。

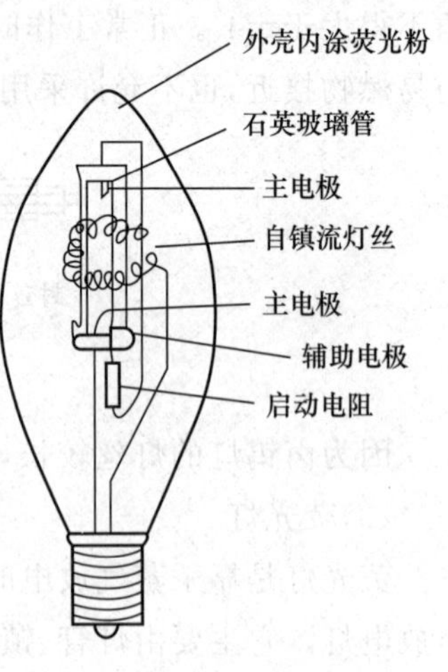

图 9-10 自镇流式荧光高压汞灯的结构

(5)高压钠灯

高压钠灯是利用高压钠蒸气发电而发光的,具有光效高(为荧光高压的 2 倍)、使用寿命长、光色好等优点,适用于各种街道、广场、车站、飞机场、体育场馆的照明。

高压钠灯主要由放电管,双金属片继电器和玻璃外壳等组成。如图 9-11 所示,放电管由耐高温的多晶氧化铝半透明陶瓷制成,管内充有适量钠、汞和氙等。放电管与椭圆玻璃外壳间抽成真空,灯头与普通白炽灯相同,故可以通用。

电源电压波动对高压钠灯的正常工作影响较大,电源电压升高时管压降增大,容易引起灯自熄;电源电压降低时光通量减少,光色变坏,电压过低引起灯熄灭或不能启动,因此电源电压波动不宜大于±5%。高压钠灯的再次启动时间较长(一般在 10～12 min),因此不能做事故照明或要求迅速点燃的照明场所,并且也不宜用于频繁开关的地方。

除以上讨论的几种光源外,其他的电光源性能请参阅有关书籍,这里不再赘述。

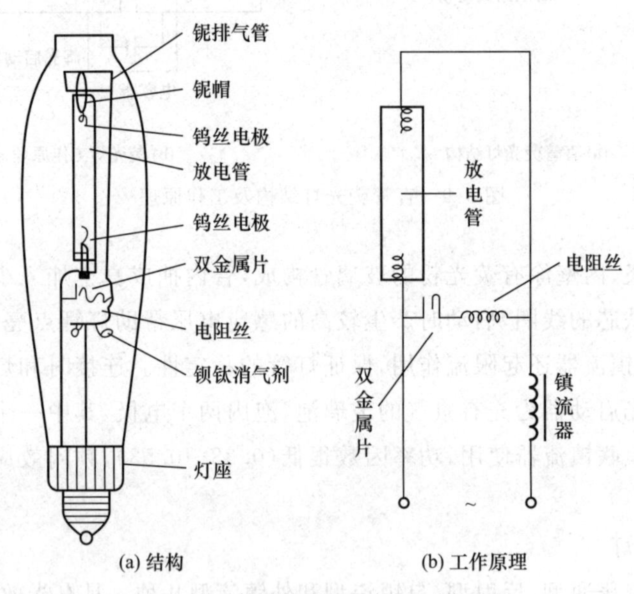

图 9-11 高压钠灯的结构和工作原理

2. 电光源的选择

照明电光源的选择应根据照明要求和使用场所的特点,参照各种电光源的主要性能特征,一般考虑如下:

① 对于照明开关频繁、需要及时点亮、需要调光的场所,或因频闪效应影响视觉效果以及需要防止电磁波干扰的场所,宜选用白炽灯或卤钨灯。

② 对于视看条件要求较好，识别颜色要求较高的场所，宜选用日光色荧光灯、白炽灯和卤钨灯。

③ 对于振动较大的场所，宜选用荧光高压汞灯或高压钠灯；需要大面积照明并且具有高挂条件的场所，宜选用金属卤化物灯或长弧氙灯。

④ 对于一般性的生产车间和辅助车间、车房和站房，以及非生产性建筑物、办公楼和宿舍、厂区道路等，优先考虑投资费用低廉的白炽灯和简座荧光灯。

⑤ 在同一场所，当选用的一种光源的光色较差时（显色指数低于 50），一般选用两种或多种光源混光的办法，加以改善。

⑥ 在选用光源时还应估计照明器的安装高度。白炽灯适用于 3～9 m 悬挂高度；荧光灯适用于 2～4 m 悬挂高度；荧光高压汞灯适用于 5～18 m 安装高度；卤钨灯适用于 6～24 m 安装高度。

第三节　照明电路的设计与安装

民用建筑用电设备分为动力和照明两大类，相应于用电设备和供电线路也分为动力线路和照明线路两大类。动力设备主要是电梯、水泵、冷库等大型电力设备，绝大多数属于三相负荷，也有些是较大容量的单相负荷。照明用电设备主要有供给工作照明、事故照明和生活照明的各种灯具；此外还有家用电器中的电视机、窗式空调机、电风扇、家用电冰箱、家用洗衣机以及日用电热电器，如电熨斗、电饭煲、电热水器等。它们虽然不是照明器具，但都是由照明线路供电，用电价格也和照明用电相同。它们都是体积都较小，功率也较小的电感性负载或电阻性负载。照明负荷基本上都是单相负荷，一般用交流 220 V 单相或三相供电；当负荷电流超过 40 A 时，宜采用 220 V/380 V 的三相四线制供电线路。

在民用建筑中，室内常用的导线主要为绝缘电线和绝缘电缆线；室外常用的是裸导线和绝缘电缆线。电缆是一种特殊的导线，它是将一根或数根绝缘导线组合成线芯，外面加上密闭的包扎层加以保护。常用的导线材料有铜和铝，以前因铝导线价格较为便宜而多用铝导线。与铝导线相比，铜导线具有导电能力好、机械强度高、安装方便、安全可靠等优点。随着我国国民经济的迅速发展，采用铜导线越来越普遍。

一、常用导线的选择

导线的种类很多，在设计与施工时要尽量做到安全可靠、便利经济、美观大方，一般常用的安装在室内的绝缘导线有橡胶绝缘导线和聚氯乙烯绝缘导线两种，其中聚氯乙烯绝缘导线型号和名称如表 9-1 所示。

表 9-1　常用的聚氯乙烯绝缘导线型号和名称

型号	导线名称
BV	铜芯聚氯乙烯绝缘导线
BLV	铝芯聚氯乙烯绝缘导线

续表

型号	导线名称
BVV	铜芯聚氯乙烯绝缘聚氯乙烯护套导线
BLVV	铝芯聚氯乙烯绝缘聚氯乙烯护套导线
BVR	铜芯聚氯乙烯绝缘软线
BLVR	铝芯聚氯乙烯绝缘软线

1. 导线和线缆截面积的选择应满足以下要求

① 有足够的机械强度，避免刮风、结冰或施工等原因被拉断。

② 长期通过负荷电流不应使导线过热，以避免损坏绝缘或造成短路失火事故；线路上电压损失不能过大，对于电力线路电压损失一般不能超过额定电压的 10%，对于照明线路电压损失一般不能超过额定电压的 5%。

2. 导线和线缆截面积的选择步骤

① 对于距离 $L \leqslant 200\,\text{m}$ 的低压电力供电线路，因其负荷电流较大，一般先按发热条件的计算方法来选择导线和线缆截面，然后用电压损失条件和机械强度条件进行校验。

② 对于距离 $L \geqslant 200\,\text{m}$ 的低压照明较长的供电线路，其电压水平要求较高，一般先按允许电压损失的计算方法来选择导线和线缆截面，然后按发热条件和机械强度条件进行校验。

③ 对于高压线路，一般先按经济电流密度来选择导线和线缆截面，然后用发热条件和电压损失条件进行校验。对于高压架空线路，还必须校验其机械强度。根据挡距，电工手册中规定了导线截面积的最小值，如按经济电流密度选出的导线截面大于此最小值，则能满足其机械强度的要求；如按经济电流密度选出的导线截面小于此最小值，则应按规定的最小值求选择截面。由于民用建筑主要由低压供配电线路供电，所以导线截面的选择计算方法主要采用发热条件的计算方法和电压损失的计算方法。

3. 常用导线截面的选择方法

① 发热条件选择导线的截面。由于负荷电流通过导线时会发热，使导线温度升高，而过高的温度将加速绝缘老化，甚至损坏绝缘，引起火灾。裸导线温度过高时将使导线接头处加速氧化，接触电阻增大，引起接头过热，造成断路事故。因此，规定了不同材料和绝缘导线的允许载流量，在这个允许值范围内运行，导线温度不会超过允许值。按发热条件选择导线截面，就是要求计算电流不超过长期允许的电流，即

$$I_N \geqslant I_{\Sigma C} \tag{9-5}$$

式中：I_N——不同截面的导线长期允许的额定电流；

$I_{\Sigma C}$—— 根据计算负荷求出的总计算电流。

$$\text{单相电路}\quad I_{\Sigma C}=\frac{S_{\Sigma C}}{U_N}\times 10^3 \tag{9-6}$$

$$\text{三相电路}\quad I_{\Sigma C}=\frac{S_{\Sigma C}}{\sqrt{3}U_N}\times 10^3 \tag{9-7}$$

式中：$S_{\Sigma C}$——视在计算总负荷；

U_N——电网额定线电压（三相电路）或相电压（单相电路）。

由于允许载流量与环境温度有关，所以选择导线截面时要注意导线安装地点的环境温度。专业设计手册中可查阅到各种导线与电缆在不同温度和敷设条件下的持续允许载流量。在选择电线截面时，通过导线的电流不允许超过这个规定值。表 9-2 列出了常用的 BV 电线允许载流量。

表 9-2　常用的 BV 电线载流量/A

截面积/mm^2	两根导线				管径/mm
	25℃	30℃	35℃	40℃	
2.5	24	22	20	18	16
4.0	31	28	26	24	16
6.0	41	38	35	32	20
10	56	52	48	44	25
16	72	67	62	56	32
25	95	88	82	75	32
截面积/mm^2	三根导线				管径/mm
	25℃	30℃	35℃	40℃	
2.5	21	19	18	16	16
4.0	28	26	24	22	20
6.0	36	33	31	28	25
10	49	45	42	38	32
16	65	60	56	51	32
25	85	79	73	67	40
截面积/mm^2	四根导线				管径/mm
	25℃	30℃	35℃	40℃	
2.5	19	17	16	15	20
4.0	25	23	21	18	20
6.0	32	29	27	25	25
10	44	41	38	34	32
16	57	53	49	45	40
25	75	70	64	59	40

② 电压损失条件选择导线的截面。电流流过输电导线时，由于线路中存在阻抗，必将产生电压损失。这里所讲的电压损失是指线路的始端电压与终端电压有效值的代数差，即$\Delta U=U_1-U_2$。由于用电设备端电压的偏移有一定的允许范围，所以要求线路的电压损失也有一定的允许值。如果线路上电压损失超过了允许值，就将影响用电设备的正常运行甚至损坏用电设备。为了保证电压损失在允许值范围内，可以通过增大导线或电缆的截面来解决。

由于电压等级不同，电压损失的绝对值 ΔU 并不能确切地反映电压损失的程度，工程上通常用 ΔU 与额定电压的百分比来表示电压损失的程度，即

$$\Delta U\%=\frac{(U_1-U_2)}{U_N}\times 100\% \tag{9-8}$$

在进行设计时，常常是给定了电压损失的允许值(通常为5%)，来选择导线或电缆的截面。

【例9-1】某车间照明负荷为10 kW，电压为220 V。全部用白炽灯，用单相穿管明敷线路供电。车间距变压器低压侧为80 m，试选择导线的截面积。(假设温度为40 ℃)

解:负荷电流为

$$I_{\Sigma C}=\frac{S_{\Sigma C}}{U_N}\times 10^3=\frac{P}{U_N\cos\varphi}\times 10^3=\frac{10\,000}{220}\text{ A}=45.45\text{ A}$$

按表9-2选择BV绝缘铜芯线，截面积为16 mm²，其安全载流量为56 A。电压损失要求$\Delta U=220\times 5\%\text{ V}=11\text{ V}$。现校验电压损耗为

$$\Delta U=IR=I\frac{\rho L}{S}=45.45\times\frac{0.0175\times 80}{16}\text{ V}=3.9\text{ V}$$

小于要求的11 V，因此应选用截面积为16 mm² 绝缘铜芯线。

【例9-2】有一座宿舍，照明负荷为12 kW，$\cos\varphi=0.7$，用220 V/380 V三相四线制电压供电。三相负载基本平衡，设负载离电源100 m，试选择明敷铜导线的截面积。(假设温度为40 ℃)

解:负荷线电流为

$$I_{\Sigma C}=\frac{S_{\Sigma C}}{\sqrt{3}U_N}\times 10^3=\frac{P}{\sqrt{3}U_N\cos\varphi}\times 10^3=\frac{12\,000}{\sqrt{3}\times 380\times 0.7}\text{ A}=26\text{ A}$$

按表9-2选择BV绝缘铜芯线，截面为10 mm²，其安全载流量为34 A。这时电压损失要求$\Delta U=220\times 5\%\text{ V}=11\text{ V}$。现校验电压损耗为

$$\Delta U=IR=I\frac{\rho L}{S}=26\times\frac{0.0175\times 100}{10}\text{ V}=4.4\text{ V}$$

符合电压损耗小于11 V的规定，因此选用截面积为10 mm² 绝缘铜芯线符合要求。

二、导线的敷设

照明线路分为室外敷设和室内敷设，二者义分别含有明敷和暗敷两种敷设方法。

1. 室外敷设

室外明敷通常采用架空敷设，即将导线通过绝缘、横担作支柱架在电杆上或沿街墙壁上架设。架空敷设的优点是投资小、材料容易解决、安装维护方便、便于发现和排除故障:不足之处是占地面积大、影响环境整齐和美化，易遭雷击、鸟害和机械碰伤。室外暗敷即把电缆暗敷于地下的敷设方式。它分为直接埋地敷设、穿管敷设和沿电缆沟或地下隧道敷设等方式。采用何种敷设方式，应从节省投资、方便施工、运行安全、易于维修和散热等方面考虑，目前情况下应首先考虑直接埋地的敷设方式。室外暗敷一次性投资大、发现和排除故障比较困难，但是用电缆供电可靠性却大大提高，而且电缆不占空间，因此对于大型民用建筑、重要的用电负荷、繁华的建筑群以及风景区的室外供电线路，往往采用电缆线路。

2. 室内敷设

室内明敷又叫明配线，就是沿墙壁、天花板表面及屋柱等敷设导线，明配线对应于明装配电箱(盒、盘)。室内暗敷又称暗配线，就是把导线穿管埋设在灰泥层下面、屋面板内、地板内和墙壁内等暗处敷设，暗配线对应于暗装配电箱(盒、盘)，室内暗敷线路中的导线均应穿塑料管或钢管保护。随着高层建筑的不断增多和建筑装饰标准的不断提高，暗配线工程将日益增多

并且日趋复杂，因此室内配线与建筑施工的配合也越来越密切。为了安全和布线美观，室内导线敷设的一般技术要求如下：

① 使用的导线其额定电压应大于线路的工作电压。导线的绝缘应符合线路安装方式和敷设环境的条件。

② 配线时应尽量避免导线接头。穿在管内或槽板内的导线在任何情况下不能有接头，必要时，可把接线头放在接线盒或灯头盒内。

③ 明敷线路在建筑物内应平行或垂直。平行敷设时，导线距地面一般要求不少于 2 m；垂直敷设时，若导线距地面低于 1.3 m，则应将导线穿在 PVC 管（硬质塑料管）或槽板内，以防止机械损伤。

④ 当导线穿楼板时，应设瓷管或 PVC 管加以保护。管的长度应从离楼板面 30 mm 高处到楼板下出口处为止。导线穿墙时要穿管保护，管的两端出线口伸出外墙面的距离不少于 20 mm，且户外端稍低于户内端。

⑤ 同一回路的几根导线可以穿在同一根 PVC 管内，但管内导线总截面积（包括外皮绝缘层）不应超过管内截面的 40%，以便施工及运行时散热。

⑥ 为了确保安全用电，室内电气管线和配电设备与其他用途的管道及设备应有一定的距离。

小　结

① 发电厂生产的电能要用高压输电线输送到用电地区，然后再降压分配给各用户。为了节约电能，必须做到送电距离越远，输电线的电压就要越高，此系统称为电力网。

② 工业企业配电系统主要由高压配电线路、变电所、低压配电线路等部分组成。

③ 从车间变电所到车间配电箱的线路就属于低压配电线路，其连接方式主要是放射式和树干式。由车间配电箱到用电设备的连接方式可分为独立连接和链状连接。

④ 照明电路的基本物理量有光通量、发光强度、照度、眩光等。电光源按其发光原理主要有热辐射光源、气体放电光源等。

⑤ 灯具的布置和安装，应从满足工作场所照度的均匀性、亮度的合理分布以及眩光的限制等去考虑布置方式和安装高度等要求。在民用建筑中，除了合理地选择和布置光源及灯具外，通常还采用各种灯具与建筑艺术手段的配合，构成各种形式的照明方式。

⑥ 安装在室内的绝缘导线有橡胶绝缘导线和聚氯乙烯绝缘导线两种，导线的选择主要有型号和截面积的选择。型号主要根据环境特征和敷设方式进行选择；截面积主要根据发热条件、允许电压损失和机械强度来选择。

习　题

简答题

1. 为什么远距离输电要采用高电压？

2. 如果要用一个单刀开关来控制电灯的亮灭，这个开关应该装在相线上还是中性线上？

3. 某学校照明负荷为 8 kW，全部用白炽灯，电压为 220 V，由 50 m 处的变压器供电，要求电压损失不超过 5%，试选择输电的铜导线的截面积。(假设温度为 40 ℃)

4. 有一单元共 8 户，每户照明负荷为 5 kW，$\cos\varphi=0.7$，用 220 V/380 V 三相四线制供电，三相负载基本平衡。设单元总需要系数为 0.4，用户离电源 100 m，要求电压损失不超过 5%。试选择穿 PVC 管的供电铜导线的截面积。(假设温度为 30 ℃)

第十章　继电接触控制电路

学习目标

- 了解常用低压电器的结构、动作原理以及它们的控制作用。
- 了解三相笼形步电动机直接启动控制电路的工作原理，包括点动控制和启停控制。
- 掌握三相笼形步电动机的正反转控制电路的工作原理。
- 掌握行程控制和时间控制电路的实际应用。

工农业生产中使用很多生产机械，它们的运动部件大多是由电动机带动的。因此，在生产过程中要对电动机进行自动控制，使生产机械各部件的动作按顺序进行，保证生产过程和加工工艺合乎预定要求。对电动机主要是控制它的启动、停止、正反转、调速及制动。

对电动机或其他电气设备的接通或断开，当前国内仍较多地采用按钮、接触器、继电器等控制电器来实施控制。这种控制系统一般称为继电接触器控制系统，它是一种有触点的断续控制，因为其中控制电器是断续动作的。

要懂得一个控制线路的原理，必须先要了解其中各个电器元件的结构、动作原理以及它们的控制作用。控制电器的种类繁多，主要分为手动的和自动的两大类。手动控制电器是由工作人员用手操纵的，例如组合开关、按钮等。自动控制电器则是按照指令、信号或某个物理量的变化而自动动作的，例如接触器、热继电器、时间继电器等，因此，本章将首先对这些常用的控制电器进行简要介绍。

在实际工农业生产中，大多是复杂的控制线路，但任何复杂的控制线路都是由一些基本的单元电路组成的。因此，本章主要介绍继电接触器控制系统中一些常用的基本控制环节和实用控制线路。

第一节　常用低压电器

一、主令电器

主令电器主要用来切换控制电路，用以控制电力拖动系统的启动与停止，以及改变系统的工作状态如正转与反转等。由于它是一种专门发送控制命令的电器，故称为主令电器。

主令电器应用广泛，种类繁多，按其作用分为按钮、行程开关、接近开关、万能转换开关、主令控制器以及其他如脚踏开关、倒顺开关、钮子开关等，本节仅介绍常用的几种。

1. 按钮

按钮是一种手动且能自动复位的主令电器，一般做成复合型。按钮的外形及结构如

图 10-1所示，它一般由按钮、复位弹簧、桥式动触点、静触点和外壳等组成。当常态（未受外力）时，在复位弹簧作用下，静触点 1、2 与桥式动触点 5 闭合，该对触点习惯上称为动断触点；静触点 3、4 与桥式动触点 5 分断，该对触点习惯上称为动合触点。当按下按钮时，桥式动触点 5 先和静触点 1、2 分断，然后和静触点 3、4 闭合，从而断开或接通控制电路。

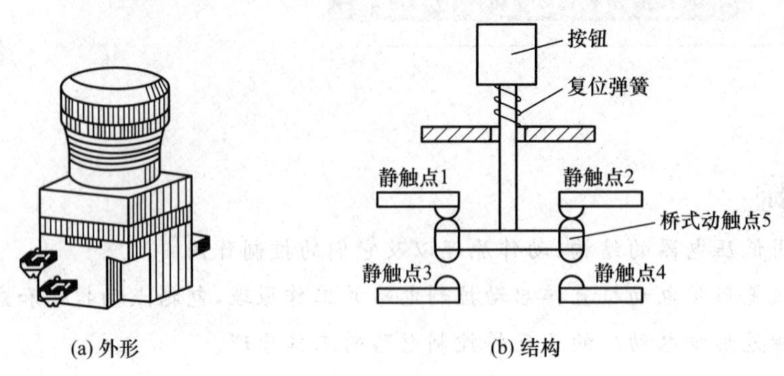

图 10-1　按钮的外形及结构

按钮常用的型号有 LA2、LA10、LA18、LA19、LA20、LA25 等系列。其中，LA2 系列是仍在使用的老产品；LA25 是全国统一设计的新型号，而且 LA25 和 LA18 系列采用积木式结构，其触点数目可按需要拼装，可装成一动合一动断至六动合六动断；LA19、LA20 系列有带指示灯和不带指示灯两种。按钮的图形符号如图 10-2 所示。

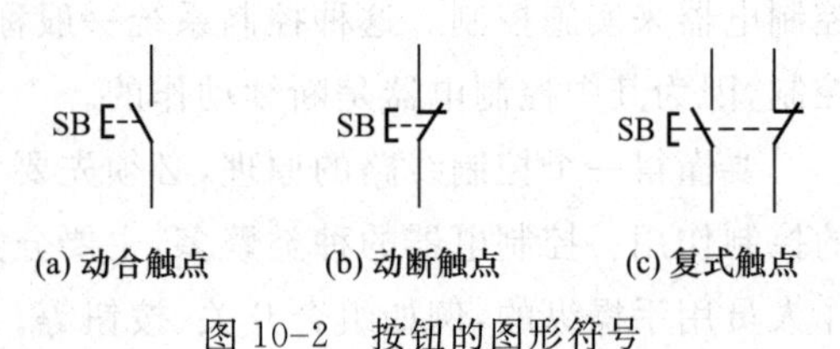

图 10-2　按钮的图形符号

按钮的主要技术要求有：规格、结构型式、触点对数和按钮颜色。常用的规格为交流额定电压 500 V、额定电流 5 A。不同的场合可以选用不同的结构型式，一般有以下几种：紧急式，装有突出的蘑菇形钮帽，以便紧急操作；旋钮式，通过旋转进行操作；指示灯式，在透明的按钮内装有信号灯，以显示电路的工作状态；钥匙式，为使用安全，用钥匙插入方可旋转操作。按钮的颜色，一般规定启动按钮是绿色的，停止按钮是红色的，其他还有黑、黄、白、蓝等，供不同场合使用。

2. 行程开关

行程开关又称限位开关，是一种利用生产机械的某些运动部件的碰撞来发出控制指令的电器。用于控制生产机械的运动方向、行程长短和位置保护。

从结构上看，行程开关可以分为三部分：操作机构、触点系统和外壳。操作机构接受机械设备发出的动作信号，并将此信号传递到触点系统。触点系统是开关的执行部分，它将操作机构传入的机械信号，通过本身的动作变换为电信号，输出到有关控制回路，使之做出必要的反应。LX19 系列行程开关外形如图 10-3 所示。

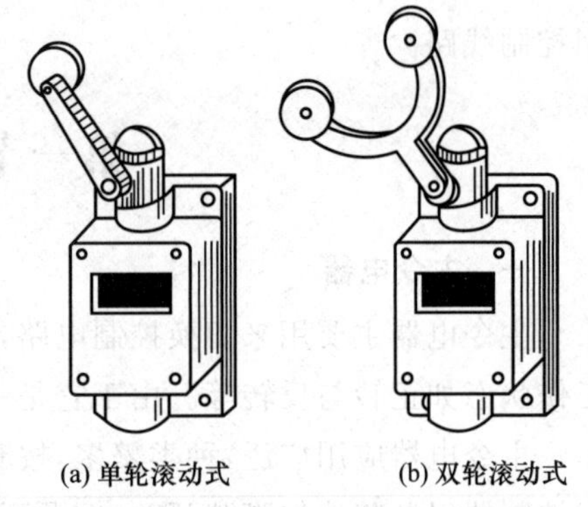

图 10-3　LX19 系列行程开关外形

行程开关的种类很多，从结构型式上看，有传动杆式、单轮滚动式、双轮滚动式、微动式等。图 10-4(a)、(b)分别为微动式和传动杆式行程开关的结构示意图。行程开关的动作原理与按钮类似，不同之处是行程开关用运动部件上的撞块来碰撞其推杆，使行程开关的触点动作。微动开关具有瞬时动作，微量动作行程和很小动作压力的特点；单轮和传动杆式行程开关可自动复位，而双轮行程开关不能自动复位。行程开关的图形符号如图 10-5 所示。

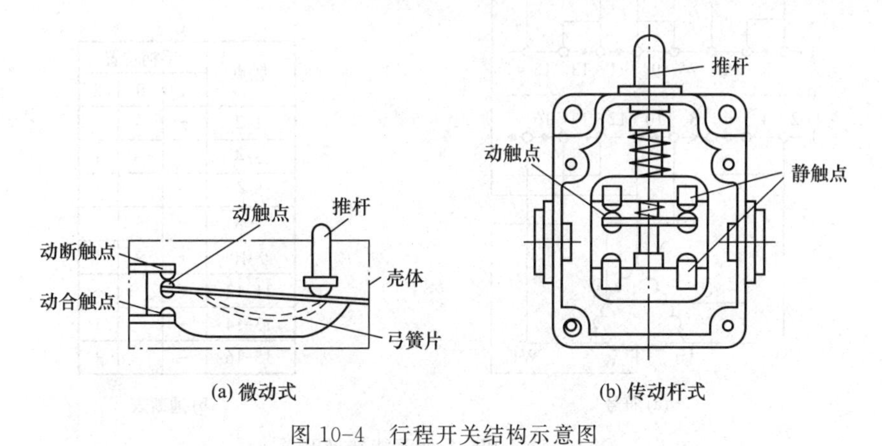

图 10-4　行程开关结构示意图

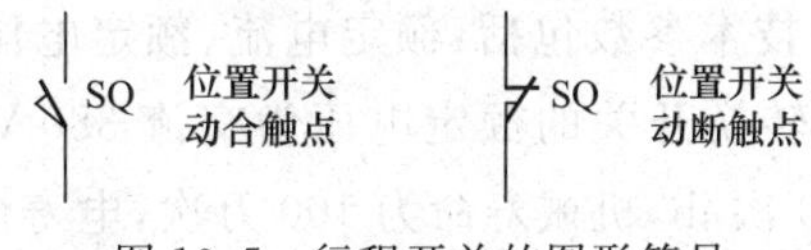

图 10-5　行程开关的图形符号

常用的行程开关型号有 LX19、LX31、LX32、LX33 以及 JLXK1 等系列。

3. 万能转换开关

万能转换开关是一种多挡式、控制多回路的主令电器。可用于各种配电装置的远距离控制、电气控制线路的换接，也可作为电压表、电流表的换相开关，还可作为小容量电动机的启动、调速和换向的控制。由于其换接线路多，用途广泛，故有“万能”之称。

常用的万能转换开关有 LW5、LW6 等系列。LW6 万能转换开关由触点座、面板、转轴、手柄等主要部件组成，它有 2～12 个操作位置，1～10 层触点座。每层底座可装 3 对触点，由底座中间且套在转轴上的凸轮来控制此 3 对触点的接通和断开。由于各层凸轮可制成不同的形状，因此用手柄将开关转到不同的位置，使各对触点按需要的变化规律接通或分断，以满足不同线路的控制需要。

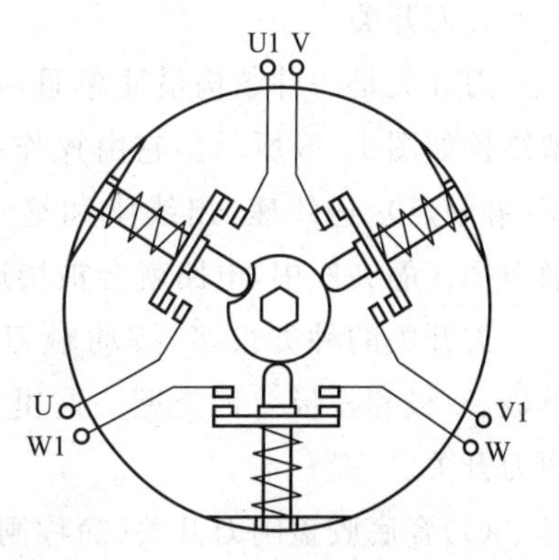

图 10-6　LW6 系列万能转换开关中某一层的结构

LW6 系列万能转换开关中某一层的结构如图 10-6 所示。万能转换开关的通断可由其图形符号或通断表获得。LW6 系列万能转换开关的符号如图 10-7(a)所示，虚线表示万能转换开关的手柄所处的位置，实黑点表示手柄旋到该位置时该对触点接通；若无实黑点则表示手柄旋到该位置时该对触点没有接通。LW6 系列万能转换开关的通断表如图 10-7(b)所示，在通断表中，触点接通以“+”表示，触点没有接通则以“–”表示。

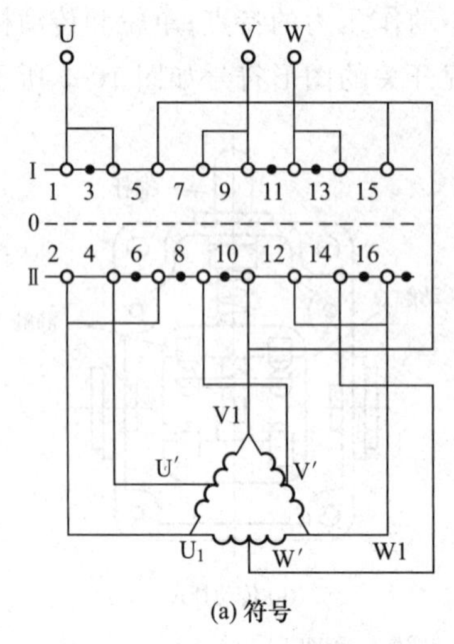

(a) 符号

触点	手柄位置		
	I	0	Ⅱ
1–2	+	–	–
3–4	–	–	+
5–6	–	–	+
7–8	–	–	
9–10	+	–	–
11–12	+	–	–
13–14	–	–	+
15–16	–	–	+

(b) 通断表

图 10-7　LW6 系列万能转换开关

LW 系列万能转换开关的技术参数包括：额定电流、额定电压、操作频率、机械寿命、电寿命等。其中，LW5 系列的万能转换开关的额定电压为交流 380 V 或直流 220 V，额定电流为 15 A，允许正常操作频率为 120 次/h，机械寿命为 100 万次，电寿命为 20 万次；LW6 系列的万能转换开关的额定电压为交流 380 V 或直流 220 V，额定电流为 5 A。

二、低压开关

低压开关主要用作隔离、转换以及接通和分断电路用。大多作为机床电路的电源开关、局部照明电路的控制，有时也可用于小容量电动机的启动、停止和正反转控制。

低压开关一般为非自动切换电器，常用的主要类型有刀开关、组合开关和自动开关等。

1. 刀开关

刀开关是一种结构最简单且应用最广泛的低压电器，其典型结构如图 10-8 所示。它由操作手柄、动触刀(动触点)、静夹座(静触点)、进线座、出线座和绝缘底板组成。推动手柄使动触刀插入静夹座中，电路就会被接通。

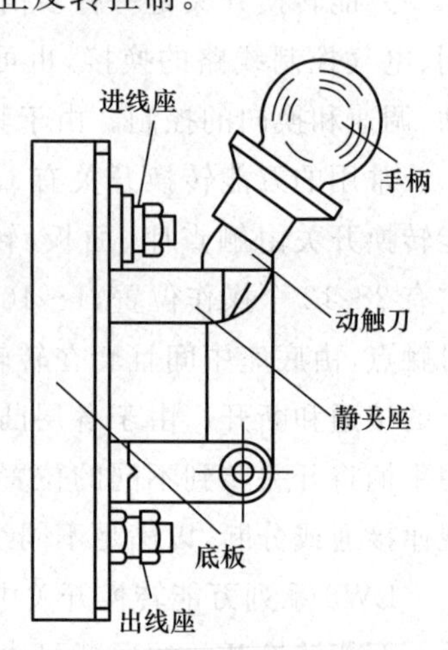

图 10-8　刀开关典型结构

刀开关的种类很多，按动触刀(刀片)数量的不同，可分为单极、双极和三极 3 种类型。这里只介绍两种带有熔断器的常用刀开关。

(1)瓷底胶盖闸刀开关(简称闸刀开关)

瓷底胶盖刀开关又称开启式负荷开关。与刀开关比较，此刀开关多了熔体和防护胶盖这两部分，如图 10-9(a)所示。闸刀开关的全部导电零件都固定在一块瓷底板上，上面用胶盖盖住，以防电弧或触及带电体伤人。胶盖上开有与动触刀数（极数）相同的槽，将各极隔开，防止极间飞弧导致电源短路，也便于动触刀上下运动与静夹座分合操作。闸刀开关内部装了熔体，当它所控制的电路发生短路故障时，可借熔体熔断，迅速切断故障电路，从而保护电路中其他用电设备。

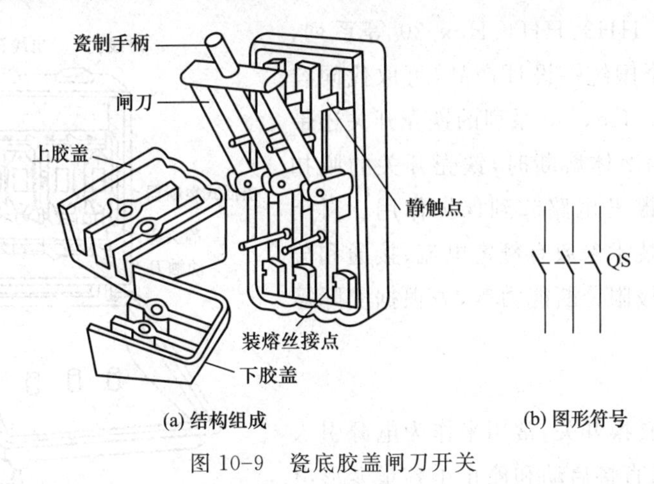

图 10-9　瓷底胶盖闸刀开关

HK 系列闸刀开关不设专门的灭弧装置，仅利用胶盖的遮护以防电弧灼伤人手，因此不宜带负载操作。闸刀开关主要用作电源的隔离开关，只在不带负载（用电设备不工作）的情况下切断和接通电源，以便在更换熔断器、检修用电设备或用电设备长期不工作时用来断开电源。

尽管闸刀开关不宜分断有负载的电路，适于通断有电压而无电流的电路，但因其结构简单、操作方便、价格便宜，在一般的照明电路和功率小于 5.5 kW 电动机的控制电路中仍可使用。用于照明电路时可选用额定电压 220 V 或 250 V，额定电流等于或大于电路最大工作电流的两极开关；用于电动机的直接启动时，可选用额定电压 380 V 或 500 V，额定电流等于或大于电动机额定电流 3 倍的三极开关。带一般性负载操作时，应动作迅速，使电弧较快地熄灭，这样一方面不易灼伤人手，同时也减少电弧对动触刀和静夹座的灼损。

安装闸刀开关时应注意，一般必须垂直安装在控制屏或开关板上，接通状态手柄应该朝上。安装正确，操作时作用在电弧上的电动力和热空气的上升方向一致，就能使电弧迅速拉长而熄灭。如果倒装，在分断状态手柄可能自功下落而引起误动作合闸，造成人身和设备事故。

接线时进线和出线不能接反，否则在更换熔丝时会发生触电事故。闸刀开关的符号如图 10-9(b)所示。

(2)铁壳开关

铁壳开关又称封闭式负荷开关，一般用于电力排灌、电热器、电气照明线路的配电设备中，作为不频繁接通和分断电路用。容量较小(额定电流为 60 A 及以下)的铁壳开关，还可用作异步电动机不频繁全压启动的控制开关，并可对电路进行短路保护。

铁壳开关的结构如图 10-10 所示，主要由触点系统(包括动触刀、静夹座)、操作机构(包括操作手柄、转轴、速断弹簧)、熔断器及外壳构成。其操作机构具有两个特点：一是采用储能合闸方式，即利用一根弹簧执行合闸和分闸功能，使开关的接通和分断的速度与手柄操作速度无关。二是设有连锁装置，它可以保证开关在合闸状态，开关盖不能打开；而当开关盖打开的时候，也不能合闸。这样即有助于充分发挥外壳的防护作用，又保证了更换熔丝等操作的安全。

常用的型号有 HH3、HH4、Hex-30 等系列，其中 HH4 系列为全国统一设计产品，可取代同容量其他系列老产品。Hex-30 系列的铁壳开关还带有断相保护，当一相熔体熔断时，铁壳开关的脱扣器动作，使其跳闸，断开电路起到保护作用。封闭式负荷开关的主要技术参数有额定电流、接通和分断能力及熔断器的极限分断能力等，需根据实际需要恰当选用。

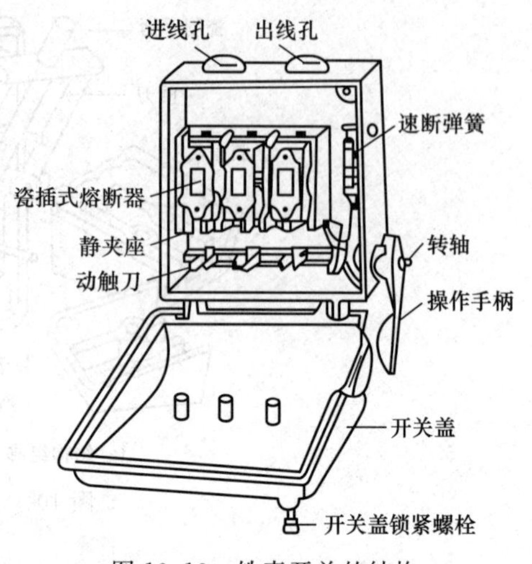

图 10-10　铁壳开关的结构

2. 组合开关

组合开关又称转换开关，常用来作为电源引入开关，也可以用它来直接启动和停止小容量笼形电动机或使电动机正反转，局部照明电路也常用它来控制。

组合开关的种类较多，它由装在同一根轴上的单个或多个单极旋转开关叠装在一起组成，有单极、双极、三极和多极结构，额定持续电流有 10 A、25 A、60 A、100 A 等多种。常用的有 HZ10 系列的结构，如图 10-11(a)所示，它有 3 对静触片，每个触片的一端固定在绝缘垫板上，另一端伸出盒外，连在接线柱上；3 个动触片套在装有手柄的绝缘转动轴上，转动转轴就可以将 3 个触点（彼此相差一定角度）同时接通或断开。图 10-11(b)所示为用组合开关来启动和停止异步电动机的接线图。

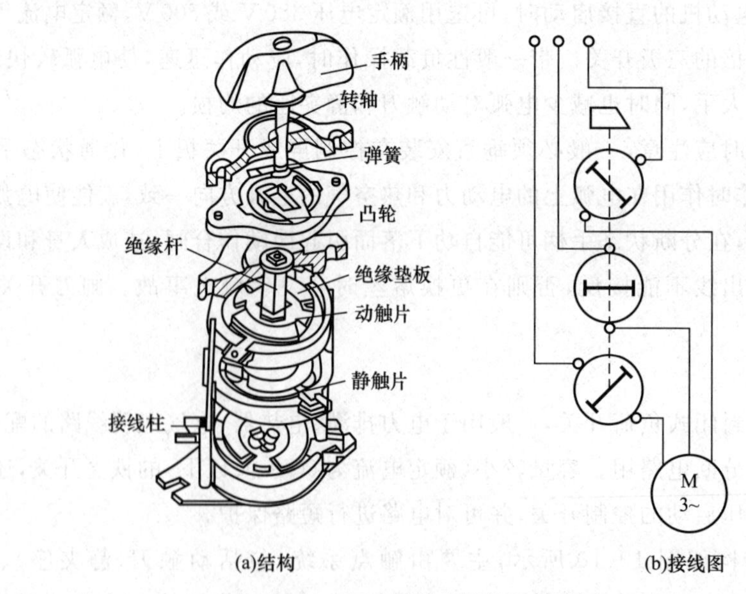

图 10-11　组合开关的结构及接线图

3. 自动开关

自动开关又称自动空气断路器，是低压配电网络和电力拖动系统中非常重要的一种电器，它集控制和多种保护功能于一身，除能完成接通和分断电路外，还能对电路或电气设备所发生的短路、严重过载及失电压等进行保护，也可用于不频繁地启动电动机。

以 DZ5-20 型自动空气开关为例，其外形及结构如图 10-12 所示。DZ5-20 型自动空气开关在结构上采用立体布置，操作机构在中间，壳顶部突出红色分断按钮和绿色接通按钮，通过储能弹簧连同杠杆机构实现接通和分断；壳内底座上部为热脱扣器，由热元件和双金属片构成，作过载保护，且有一电流调节盘，用以调节整定电流；下部为电磁脱扣器，由电流线圈和铁芯组成，作短路保护用，也有一个电流调节装置，用以调节瞬时脱扣整定电流；主触点系统在操作机构的下面，由动触点和静触点组成，用以接通和分断主电路的大电流并采用栅片灭弧；此外，还设有动合和动断辅助触点各一对，可作为信号指示或控制电路用；主、辅触点接线柱伸出壳外，便于接线。

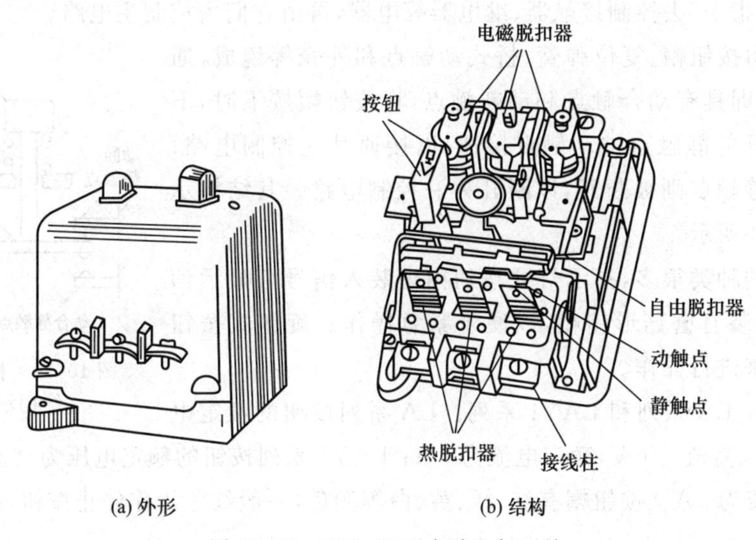

图 10-12　DZ5-20 型自动空气开关

自动空气断路器的结构型式很多，图 10-13 所示为一般原理图。主触点通常是由手动的操作机构来闭合的，开关的脱扣机构是一套连杆装置。当主触点闭合后就被锁钩锁住，如果电路中发生故障，脱扣机构就在有关脱扣器的作用下将锁钩脱开，于是主触点在释放弹簧的作用下迅速分断。脱扣器有过流脱扣器和欠电压脱扣器等，它们都是电磁铁。在正常情况下，过流脱扣器的衔铁是释放着的，一旦发生严重过载或短路故障时，与主电路串联的线圈就将产生较强的电磁吸力把衔铁往下吸而顶开锁钩，使主触点断开。欠电压脱扣器的工作恰恰相反，在电压正常时，吸住衔铁，主触点才得以闭合；一旦电压严重下降或断电时，衔铁就被释放而使主触点断开。当电源电压恢复正常时，必须重新合闸后才能工作，实现了失电压保护。常用的自动空气断路器有 DZ、DW 等系列。

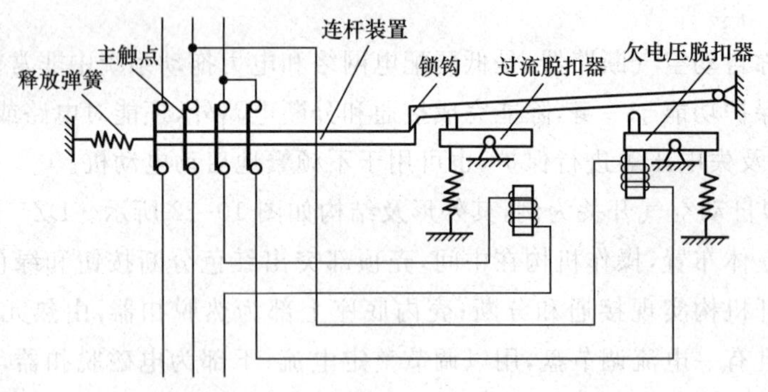

图 10–13 自动空气断路器的一般原理图

三、控制按钮

控制按钮是一种短时接通或断开小电流电路的电器，它不直接控制主电路的通断，而在控制电路中发出“指令”去控制接触器、继电器等电器，再由它们去控制主电路。

控制按钮由按钮帽、复位弹簧、桥式动触点和外壳等组成，通常做成复合式，即具有动合触点和动断触点，将按钮帽按下时，下面一对原来断开的静触点被动触点接通，以接通某一控制电路；而上面的一对静触点则被断开，以断开另一控制电路。其结构示意图如图 10–14 所示。

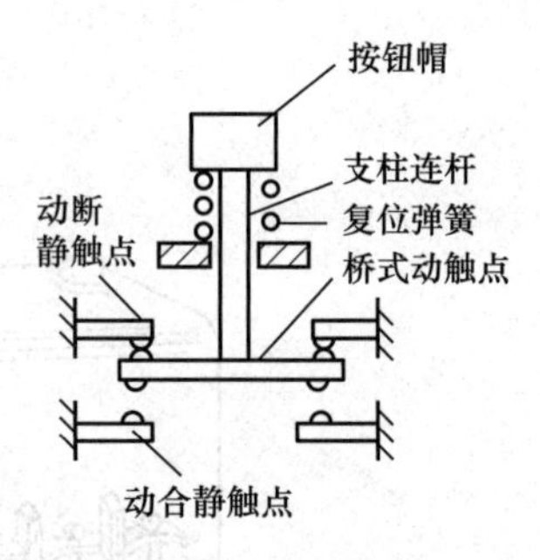

图 10–14 控制按钮的结构示意图

控制按钮的种类很多，指示灯式按钮内可装入信号灯显示信号；紧急式按钮装有蘑菇形钮帽，以便于紧急操作。旋钮式按钮用于扭动旋钮来进行操作。

常见按钮有 LA 系列和 LAY1 系列。LA 系列按钮的额定电压为交流 500 V、直流 440 V，额定电流为 5 A；LAY1 系列按钮的额定电压为交流 380 V、直流 220 V，额定电流为 5 A。按钮帽有红、绿、黄、白等颜色，一般红色用作停止按钮，绿色用作启动按钮。

控制按钮的型号含义和图形符号分别如图 10–15 (a)、(b)所示。

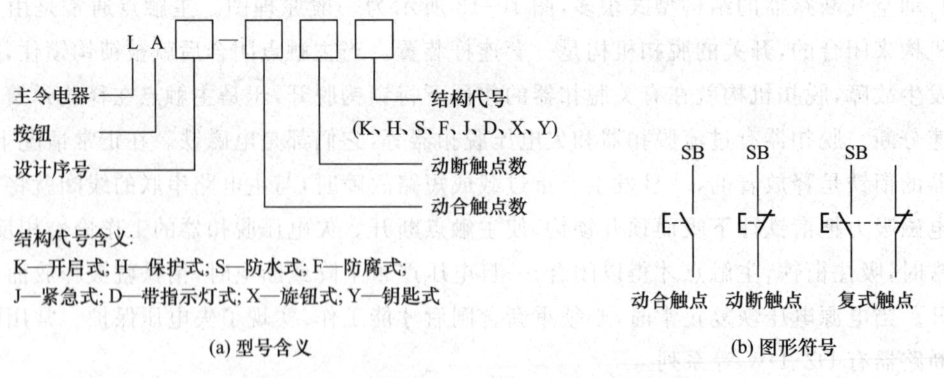

图 10–15 控制按钮的型号含义和图形符号

四、熔断器

熔断器是最简便而且最有效的短路保护电器，它串联在被保护的电路中，熔断器中的熔丝或熔片用电阻率较高的易熔合金制成。线路正常工作时，相当于一根导线，熔体不应熔断，当电路发生短路或严重过载时，熔体立即熔断，以保护电路及用电设备不遭损坏。

熔断器由金属熔体、熔体固定架及外壳组成，可分为管式熔断器、插入式熔断器和螺旋式熔断器，如图 10-16 所示。

熔断器的额定值主要有额定电压、额定电流以及熔体的额定电流和极限分断能力。它们的定义如下：

① 额定电压：熔断器长期工作所能承受的工作电压。

② 额定电流：熔断器壳体和熔体长期工作时允许通过的最大工作电流。

③ 熔体的额定电流：熔体允许长期通过而不熔化的最大电流。熔体的额定电流与熔断器的额定电流可以不同。

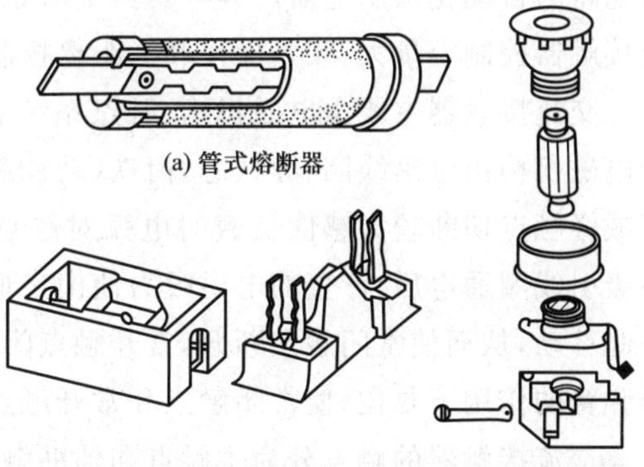

④ 极限分断能力：低压熔断器一般用熔断器所能断开的最大电流表示；高压熔断器用额定开断容量或额定开断电流表示。

(a) 管式熔断器

(b) 插入式熔断器　　(c) 螺旋式熔断器

图 10-16　熔断器

选择熔丝的方法如下：

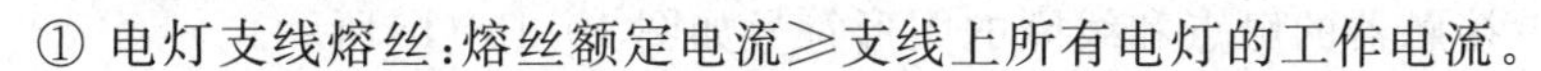

① 电灯支线熔丝：熔丝额定电流≥支线上所有电灯的工作电流。

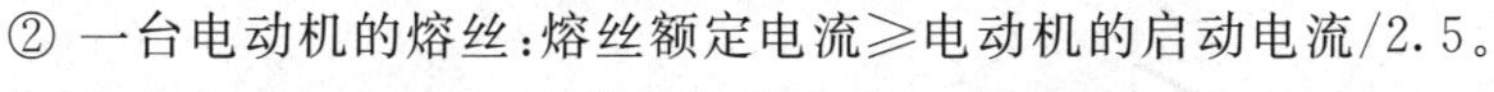

② 一台电动机的熔丝：熔丝额定电流≥电动机的启动电流/2.5。

如果电动机启动频繁，则熔丝额定电流≥电动机的启动电流/(1.6～2)。

③ 几台电动机合用的总熔丝：熔丝额定电流＝(1.5～2.5)×容量最大的电动机额定电流＋其余电动机额定电流之和。

熔丝的额定电流有 4 A、6 A、10 A、15 A、20 A、25 A、35 A、60 A、80 A、100 A、125 A、350 A、600 A 等多种。熔断器的型号含义和图形符号如图 10-17 所示。

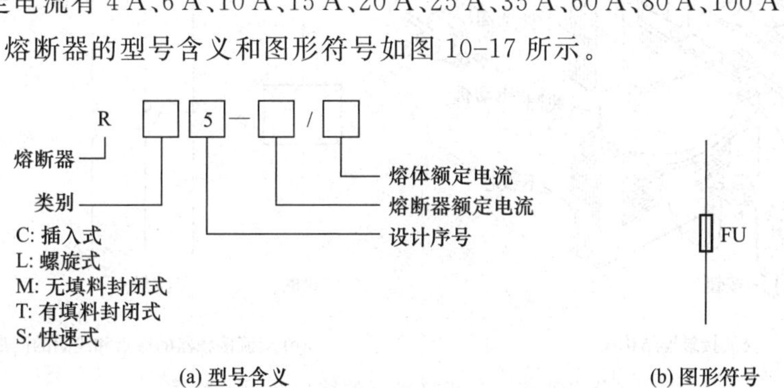

图 10-17　熔断器的型号含义和图形符号

五、接触器

接触器是一种用来频繁接通或断开交、直流主电路及大容量控制电路的自动切换电器。

在电力拖动和自动控制系统中，主要控制对象是电动机，也可用于控制电热设备、电焊机、电容器组等其他负载。它具有低电压释放保护功能，并能实现远距离控制。接触器具有操作频率高、工作可靠、性能稳定、使用寿命长、维护方便等优点。按其主触点通过电流的种类不同，可分为交流接触器和直流接触器。

1. 交流接触器

交流接触器是一种利用电磁吸力控制触点闭合或断开，从而接通或切断电动机或其他负载电路的自动化控制电器。其丰要控制对象是电动机、电热器、电焊器、自动照明设备等。交流接触器控制容量大；频繁操作和远距离控制，是自动控制系统中的重要元件之一。

交流接触器主要由电磁机构、触点系统和灭弧装置组成。其结构如图 10-18(a)所示，它的电磁机构由电磁线圈、静铁芯、衔铁(动铁芯)组成。触点系统由主触点和辅助触点组成。为了减轻触点切断较大感性负载时电弧对触点的烧蚀，接触器的主触点一般都设有灭弧装置。当吸引线圈通电后，产生的电磁吸力使山字形动铁芯和静铁芯相吸合，动铁芯移动时带动触点一起移动，从而使常闭触点断开，常开触点闭合。当吸引线圈断电时，电磁力消失，动铁芯在复位弹簧的作用下复位，使常闭触点和常开触点恢复原状。

交流接触器的触点分为主触点和辅助触点。主触点常用来接通或断开主回路，通常都是常开触点，要求能通过较大的电流，所以它们的体积和接触面积较大；主触点断开时，会产生电弧，容易烧坏触点，并且使切断的时间拉长，因此必须采用灭弧措施。辅助触点金属片接触面小，允许通过的电流也较小，一般用来接通或断开控制回路。一般交流接触器都有 3 对常开主触点，2 对辅助常开触点和 2 对辅助常闭触点。目前新型的交流接触器，可以根据用户的需要方便地增加触点的数量。接触器的触点和线圈的图形符号如图 10-18 (b)所示。

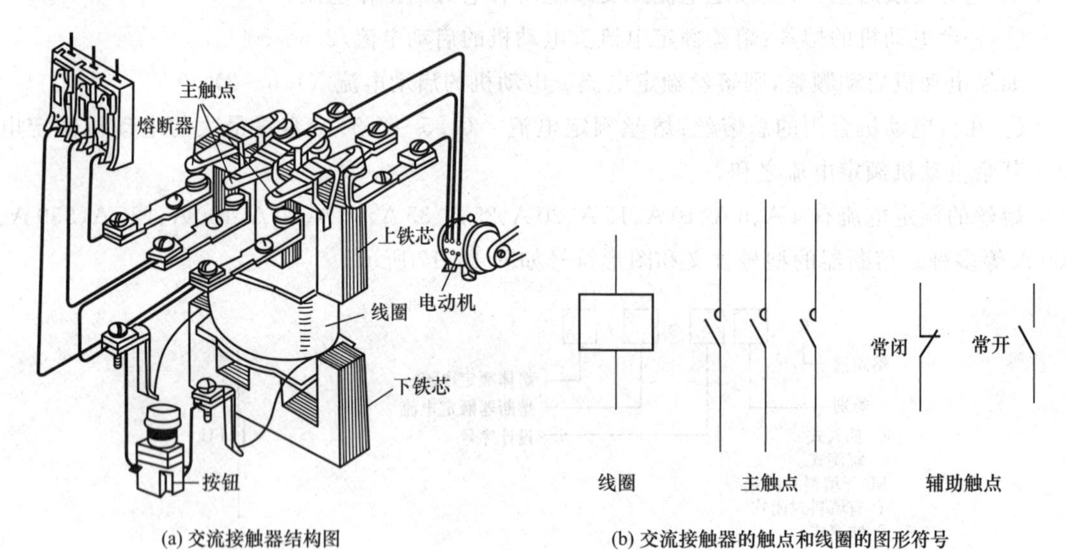

(a) 交流接触器结构图　　(b) 交流接触器的触点和线圈的图形符号

图 10-18　交流接触器的结构及图形符号

在选用交流接触器时，除必须按负载要求选择主触点的额定电压和额定电流外，还必须考虑电磁线圈的额定电压，以及常开与常闭触点的数量。目前国产交流接触器主要有 CJ10、CJ12、CJ20 等系列，电磁线圈的额定电压有 110 V、220 V、380 V 等，主触点的额定电流有 5 A、

10 A、20 A、40 A、60 A、100 A、150 A 等。为了减少铁损，交流接触器的铁芯由硅钢片叠成；为了消除铁芯的颤动和噪声，在交流接触器的铁芯端面的一部分套有短路环。

2.直流接触器

直流接触器的结构和工作原理与交流接触器基本相同，也是由触点系统、电磁机构、灭弧装置等部分组成。但也有不同之处，电磁机构的铁芯中磁通变化不大，故可用整块铸钢做成，其主触点常采用滚动接触的指形触点，通常为 1 对或 2 对。由于直流电弧比交流电弧难以熄灭，因此在直流接触器中常采用磁吹灭弧装置。图 10-19 所示为直流接触器的结构示意图。常用的 CZO、CZ18 系列直流接触器，是全国统一设计的产品。主要用于电压低于 440 V、额定电流低于 600 A 的直流电力线路中，用于远距离接通和分断线路，控制直流电动机的启动、停车、反接制动等。

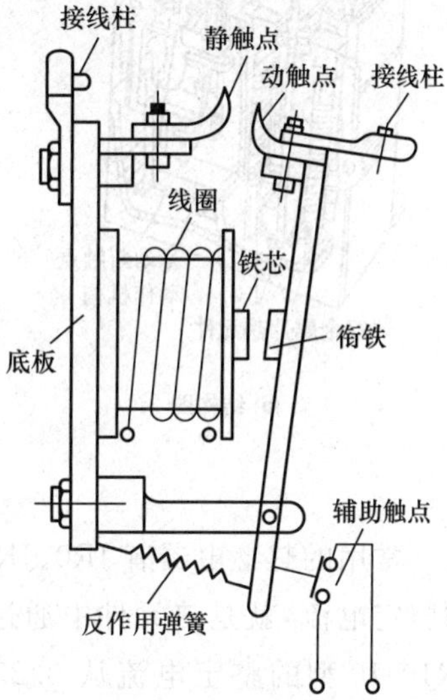

接线柱
静触点
动触点
接线柱
线圈
铁芯
底板
衔铁
辅助触点
反作用弹簧

图 10-19 直流接触器的结构示意图

六、中间继电器

中间继电器通常用来传递信号和同时控制多个电路，也可直接用来控制小容量电动机或其他电气执行元件。例如，当控制电流太小而不能直接使容量较大的接触器动作时，可用该控制电流先控制一个中间继电器，由中间继电器再控制接触器，此时中间继电器作信号放大环节使用。中间继电器的触点对数较多，触点允许通过的电流较小，其结构与交流接触器基本相同。

常用的中间继电器有 J27 系列和 J28 系列两种，后者是交直流两用的。此外，还有 JTX 系列小型通用继电器，常用在自动装置上以接通和断开电路。

在选用中间继电器时，主要是考虑电压等级和常开、常闭触点的数量。

七、热继电器

热继电器是一种利用感受到的热量自动动作的继电器，在继电控制系统中常用作电动机的过载保护。

图 10-20(a)、(b)、(c)分别是热继电器的结构图、原理图和图形符号。热继电器的发热元件串联在电动机的主电路中，流过热元件的电流就是电动机的电流，双金属片是由热膨胀系数不同的两片合金辗压而成，其中上层金属的热膨胀系数小，而下层的大。当电动机电流未超过额定电流时，发热元件产生的热量不足使已被扣板扣住的双金属片产生弯曲运动，常闭触点闭合。电动机过载后.通过发热元件的电流增加，经过预定的时间，热元件的温度升高到使双金属片向上弯曲，热继电器脱扣，扣板在弹簧的作用下断开动断触点，通过有关控制电路和控制电器的动作，切断电动机的供电电源，保护电动机免受长期过载的危害。

当电路短路时，要求电路立即断开，由于热惯性，双金属片不会立即变形，使扣板脱扣，因此热继电器不能作短路保护。但在电动机启动或短时过载时，由于热惯性热继电器不会立即动作，这样便可避免电动机的不必要的停转。热继电器动作后，应检查并消除电动机过载的原因，待双金属片冷却后，按下复位按钮，可使常闭触点恢复原位。

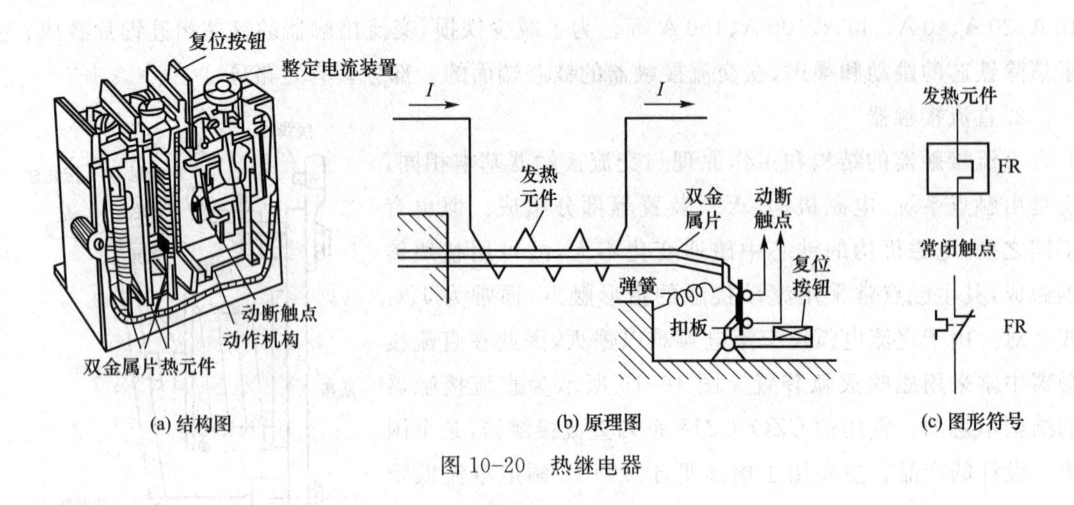

(a) 结构图　(b) 原理图　(c) 图形符号

图 10-20　热继电器

常用的热继电器有 JR0、JR10、JR16 等系列。热继电器的主要技术参数是整定电流。所谓整定电流,就是热元件中通过的电流超过此值的 20%时,热继电器应当在 20 min 内动作。JR10-10 型的整定电流从 0.25 A 到 10 A,热元件有 17 个规格。JR0-40 型的整定电流从 0.6 A到 40 A,有 9 种规格。根据整定电流选用热继电器,整定电流与电动机的额定电流基本一致。

第二节　三相笼形异步电动机的直接启动控制

一、点动控制

点动控制电路是用按钮和接触器控制电动机的最简单的控制线路,其原理图如图 10-21 所示,分为主电路和控制电路两部分。主电路的电源引入采用了组合开关 QS,电动机的电源由接触器 KM 主触点的通、断来控制。

电路工作原理如下:

首先合上电源开关 QS。启动:按下 SB→KM 线圈得电→KM 主触点闭合→电动机 M 运转。停止:松开 SB→KM 线圈失电→KM 主触点分断→电动机 M 停转。这种当按钮按下时电动机就运转,按钮松开后电动机就停止的控制方式,称为点动控制。

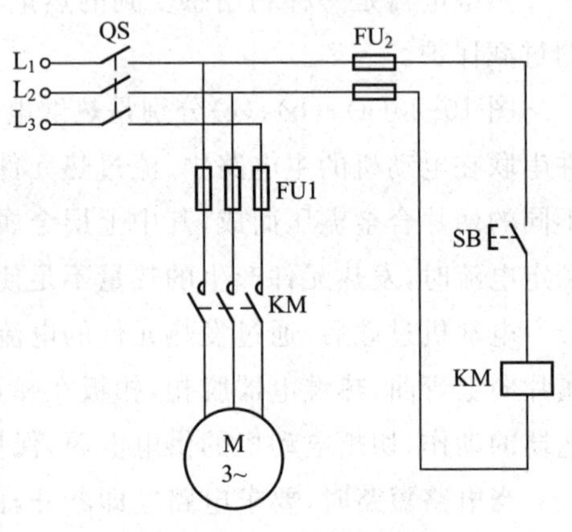

图 10-21　点动控制电路

二、起停控制

图 10-22 是中小容量笼形电动机直接启动的控制线路,其中用了组合开关 QS、交流接触器 KM、按钮 SB、热继电器 FR 及熔断器 FU 等几种电器,它们都是按其实际连接位置画出的,这样的图称为控制线路的结构图,如图 10-22 所示。这样比较容易识别电器,便于安装和检修。下面介绍该电路的工作过程和各电器的作用。

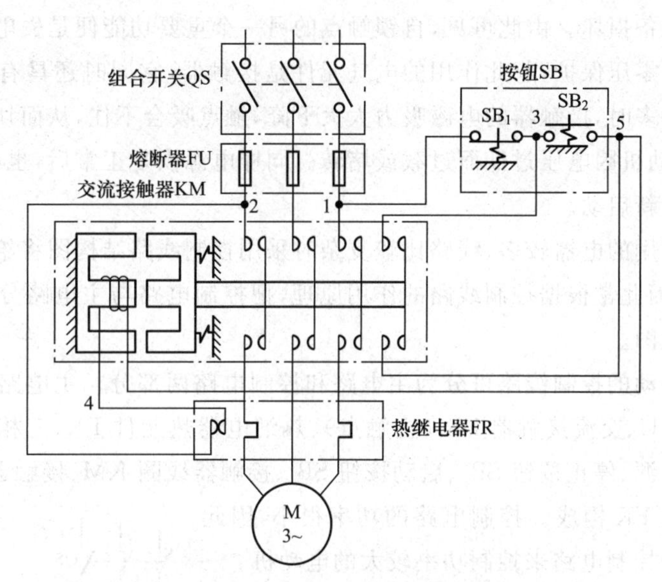

图 10-22　三相异步电动机直接启动控制线路结构图

如图 10-22 所示，先将组合开关 QS 闭合，为电动机启动做好准备。当按下启动按钮 SB_2 时，交流接触器 KM 的线圈得电，动铁芯被吸合而将 3 个主触点闭合，电动机 M 便启动。当松开 SB_2 时，它在主弹簧的作用下恢复到断开位置，但是由于与启动按钮并联的辅助触点(图中最右边的那个)和主触点同时闭合，因此接触器线圈的电路仍然接通，而使接触器触点保持在闭合的位置，这个辅助触点称为自锁触点。如果将停止按钮 SB_1 按下，则将线圈的电路切断，动铁芯和主触点恢复为断开的位置，电动机停转。

采用上述控制线路还可实现短路保护、过载保护和失电压保护。

① 短路保护：熔断器是短路保护器。一旦发生短路事故，熔丝会立即熔断，从而使电极立即脱离电源而停止。

② 过载保护：当电动机工作时，若其负载电流过大、电压过低或某相发生断路，则电动机的电流就会增大，其值往往超过额定电流，但熔断器的熔丝并不一定熔断。如果时间过长就会影响电动机的寿命，甚至烧坏电动机，因此需要有过载保护。

电动机的过载保护通常采用热继电器来实现。电动机过载时电流增大，热继电器的热元件受热变形，使常闭触点断开，接触线圈失电、主触点恢复到断开位置，电动机停止。

热继电器有两相结构的，就是两个热元件分别串联在任意两相线路中。这样不仅电动机过载时有保护作用，而且当电动机由于任意一相的熔丝熔断或接触不良而单相运行时，仍会有一个或两个热元件中通有电流，电动机仍会得到保护。为了更可靠地保护电动机，目前热继电器都做成三相结构，它的 3 个热元件分别串联在各相线路中。

③ 失电压保护：所谓失电压保护，是指当电源突然停电时，接触线圈失电，主触点断开，电动机停止，同时自锁触点恢复为断开状态，因此当电源恢复正常时，电动机不会自动启动，必须再次按动按钮才能使电动机重新启动，这就是失电压保护。当使用手动刀开关控制时，如果短时停电而未及时断开电源开关，则电源恢复正常后，电动机会自行启动。这在某些场合下可能

造成人身伤亡或设备损坏。由此可见，自锁触点的另一个重要功能便是失电压保护。

失压保护又称零压保护，起此作用的电气元件是接触器，它同时还具有欠电压保护作用。当电源电压下降过多时，接触器的电磁吸力大大下降，触点吸合不住，从而切断电动机的电源，解除自锁，防止电动机因电压过低而过载或堵转。同样电源恢复正常后，也必须再次按启动按钮才能使电动机重新启动。

当控制线路使用的电器较多、线路比较复杂时采用控制线路结构图将给读图、设计控制线路带来诸多不便，因此常根据控制线路的作用原理，把控制电路与主电路分开画，这样的图称为控制线路的原理图。

电动机直接启动的控制线路可分为主电路和控制电路两部分。主电路由三相电源、组合开关 QS、熔断器 FU、交流接触器 KM（主触点）、热继电器热元件 FR、三相异步电动机 M 构成。控制电路由电源、停止按钮 SB_1、启动按钮 SB_2、接触器线圈 KM、接触器辅助触点 KM 和热继电器常闭触点 FR 构成。控制电路的功率很小，因此可以通过小功率的控制电路来控制功率较大的电动机。

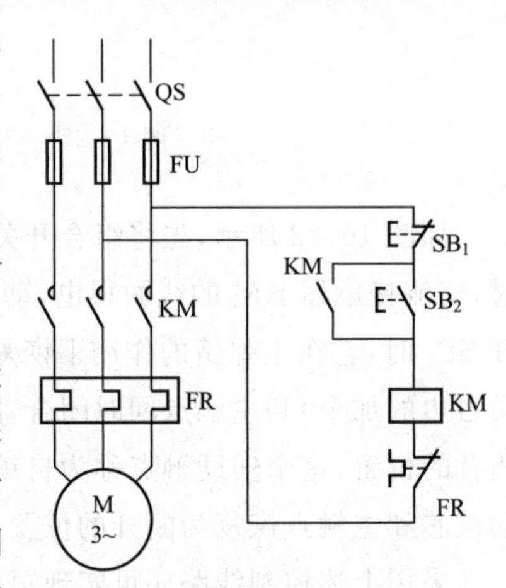

图 10-23　电动机直接启动控制线路原理图

在控制电路的原理图中，各种电器都用统一的符号来代表。同一电器的各部件虽然在机械上连在一起，但在电路上并不一定互相关联，可分别画在主电路和控制电路中。但为了读图方便，它们都用同一文字符号来表示。

在原理图中，所有电器的触点均表示起始情况下的状态，即没有通电或发生机械动作的状态。对于接触器来说，是在线圈未得电、动铁芯未被吸合时各触点的状态；对于按钮来说，是手未按时的状态，其他电器与此相同。例如在起始时，如果触点是断开的，则按规定的常开触点符号画出；如果触点是闭合的，则按常闭触点的符号画出。在上述基础上，把图 10-22 画成原理图，如图 10-23 所示。

第三节　三相笼形异步电动机的正反转控制

在生产加工过程中，除了要求电动机实现单向运行外，往往还要求电动机能实现可逆运行。例如，改变机床工作台的运动方向、起重机吊钩的上升或下降等。由三相交流电动机工作原理可知，如果将接至电动机的三相电源线中的任意两相对调，就可以实现电动机的反转。

一、接触器互锁的正反转控制电路

图 10-24 所示为两个接触器的电动机正反转控制电路，其主电路与单向连续运行控制线路相比，只增加了一个反转控制接触器 KM_2。当 KM_1 的主触点闭合时，电动机接电源正相序；当 KM_2 的主触点闭合时，电动机接电源反相序，从而实现电动机正转和反转的控制。

如 10-24 所示，按下正转启动按钮 SB_2，接触器 KM_1 线圈得电并自锁，电动机开始正转；按下反转启动按钮 SB_3，接触器 KM_2 线圈得电并自锁，电动机开始反转。但是，若同时按下

SB_2 和 SB_3，则接触器 KM_1 和 KM_2 线圈同时得电并自锁，它们的主触点都闭合，这时会造成电动机三相电源的相间短路事故，所以该电路不能使用。

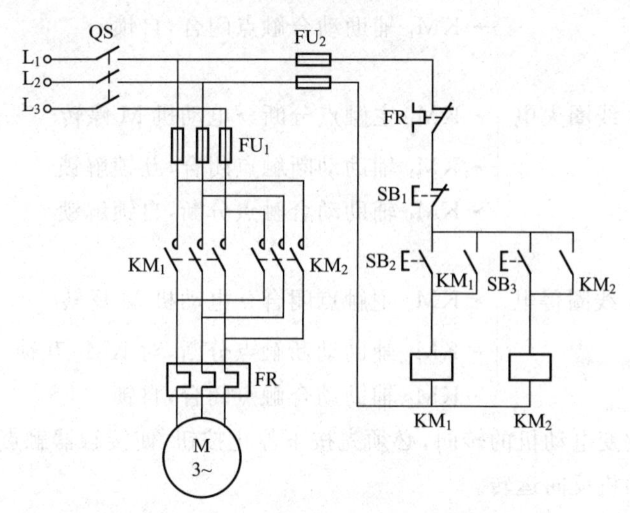

图 10-24　两个接触器的电动机正反转控制电路

为了避免两接触器同时得电而造成电源相间短路，在控制电路中，分别将两个接触器 KM_1、KM_2 的辅助动断触点串接在对方的线圈回路里，如图 10-25 所示。这样可以形成互相制约的控制，即一个接触器通电时，其辅助动断触点会断开，使另一个接触器的线圈支路不能通电。这种利用两个接触器（或继电器）的动断触点互相制约的控制方法叫作互锁（也称连锁），而这两对起互锁作用的触点称为互锁触点。

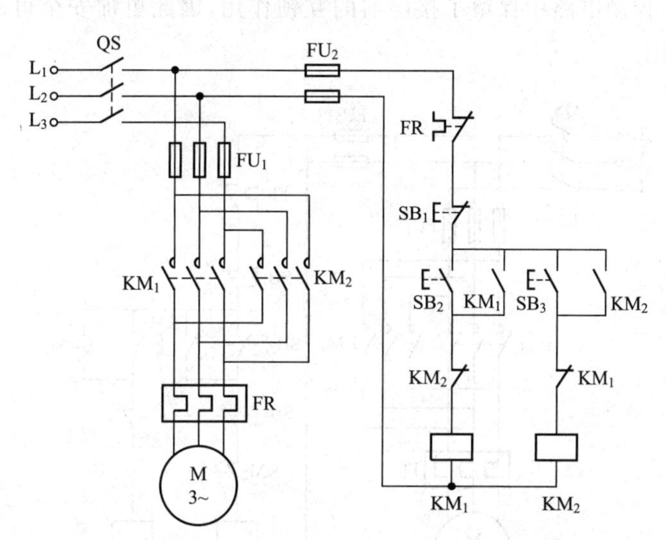

图 10-25　接触器互锁的电动机正反转控制电路

接触器互锁的电动机正反转控制的工作原理如下：

① 首先合上电源开关 QS。

② 正转启动：

按下 SB_2→KM_1 线圈得电 ┬→ KM_1 主触点闭合→电动机 M 正转
├→ KM_1 辅助动断触点分断，对 KM_2 互锁
└→ KM_1 辅助动合触点闭合，自锁

③ 停止：

按下 SB_1→KM_1 线圈失电 ┬→ KM_1 主触点分断→电动机 M 停转
├→ KM_1 辅助动断触点闭合，互锁解锁
└→ KM_1 辅助动合触点分断，自锁解锁

④ 反转启动：

按下 SB_3→KM_2 线圈得电 ┬→ KM_2 主触点闭合→电动机 M 反转
├→ KM_2 辅助动断触点分断，对 KM_1 互锁
└→ KM_2 辅助动合触点闭合，自锁

欲使用该电路改变电动机的转向，必须先按下停止按钮，使接触器触点复位后才能按下另一个启动按钮使电动机反向运转。

二、按钮、接触器双重互锁的正反转控制电路

在图 10-25 所示的接触器互锁正反转控制电路中，若其中一个接触器发生熔焊现象，则当接触器线圈得电时其动断触点不能断开另一个接触器的线圈电路，这时仍会发生电动机相间短路事故，因此应采用图 10-26 所示的按钮、接触器双重互锁的正反转控制电路。所谓按钮互锁，就是将复合按钮动合触点作为启动按钮，而将其动断触点作为互锁触点串联在另一个接触器线圈支路中。这样，要使电动机改变转向，只要直接按反转按钮即可，而不必先按停止按钮，简化了操作。同时，控制电路中保留了接触器的互锁作用，因此更加安全可靠，被电力拖动自动控制系统广泛采用。

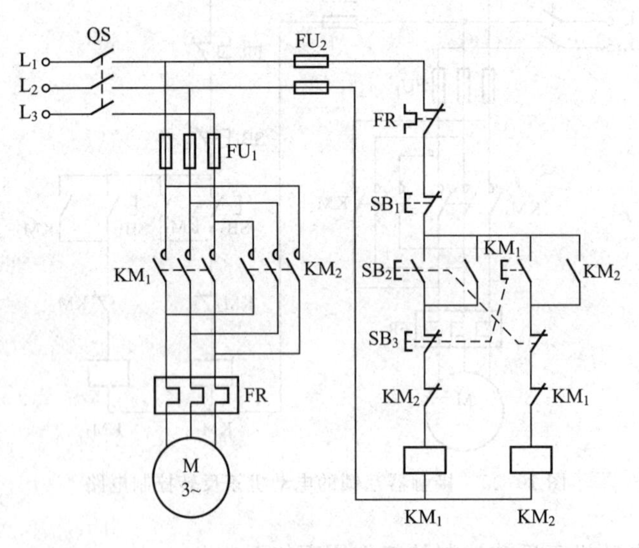

图 10-26　按钮、接触器双重互锁的电动机正反转控制电路

第四节　行 程 控 制

机械设备中如机床的工作台、高炉的加料设备等要求工作台在一定距离内能自动往返运动，这就需要能对电动机实现自动转换正反转控制。由行程开关控制的工作台自动往返运动的示意图及控制电路分别如图 10-27 和图 10-28 所示。图中 SQ_1、SQ_2 分别为工作台正、反向进给的换向开关，SQ_3、SQ_4 分别为正、反向限位保护开关，机械撞块 1、2 分别固定在运动部件的左侧和右侧。

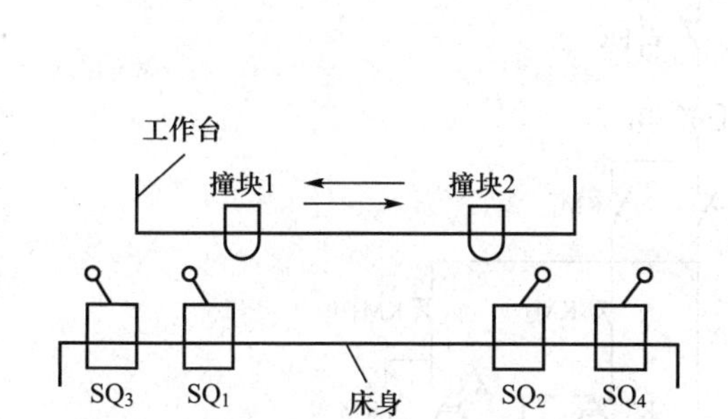

图 10-27　机床工作台自动往返运动示意图

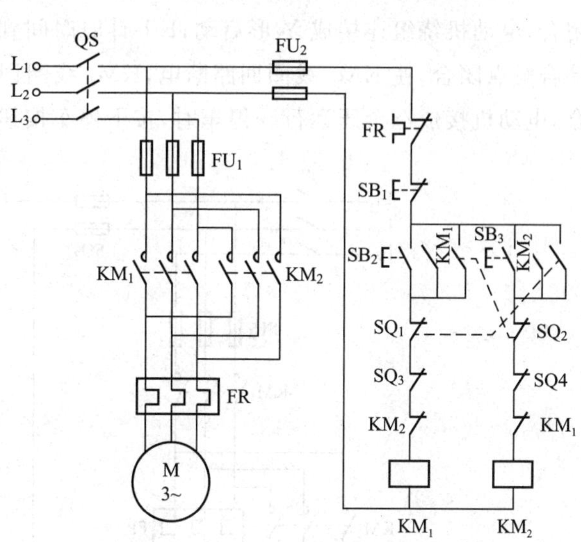

图 10-28　工作台自动往返运行的控制电路

图 10-28 所示为用行程开关实现电动机自动往返运行的控制电路，KM_1 为正转接触器，KM_2 为反转接触器，行程开关 SQ_3、SQ_4 分别用作正反向的极限保护，避免工作台因超出极限位置而发生事故。该电路的工作原理是：合上电源开关 QS，按下正向启动按钮 SB_2，KM_1 线圈得电并自锁，电动机正向启动，拖动工作台前进；当前进到位时，撞块压下行程开关 SQ_2，其动断触点断开，使 KM_1 线圈失电，电动机停转；但同时 SQ_2 的动合触点闭合，使 KM_2 线圈得电，电动机反向启动，拖动工作台后退；当后退到位时，撞块又压下行程开关 SQ_1，其动断触点断开，使 KM_2 线圈失电，电动机停转；但同时 SQ_1 的动合触点闭合，KM_1 线圈再次得电，电动机正向启动，拖动工作台前进。如此循环往复，实现了电动机的正反转控制。该电路具有失压、欠压、过载和短路保护环节，同时还具有机械互锁和电气互锁，安全可靠，操作方便，在生产实践中得到广泛应用。上述利用行程开关，按照机械设备运动部件的行程位置对电动机进行控制，称为行程控制。

第五节　时 间 控 制

在自动控制系统中，经常要延迟一段时间或定时接通和分断某些控制电路，以满足生产上的需要，例如，电动机在容量大于 11 kW 启动时，应采用降压启动方法。电动机降压启动经过一段时间，启动过程结束时，就应把电动机的主电路恢复到全压运行时的电路。电动机主电路的切换可以利用时间继电器来完成，这种利用时间继电器实现对电动机的控制就称为时间控制。下面介绍几种常见的电动机的时间控制电路。

一、三相笼形异步电动机Y-△减压启动控制电路

图 10-29 所示为时间继电器控制的Y-△减压启动控制电路，它是利用时间继电器来完成电动机的Y-△自动切换的，这种方法只适用于电动机正常运行时定子绕组△连接并且是轻载启动的场合。电路工作原理如下：合上电源开关 QS，按下按钮 SB_2，KM_1 线圈得电，其辅助动合触点闭合，进而 KM_2 线圈也得电并自锁；同时 KT线圈得电，开始计时；KM_1、KM_2 主触点闭合，电动机绕组连接成 Y 形启动；KT 计时时间到，其延时动作的动断触点断开，延时动作的动合触点闭合，使 KM_1 线圈回路断电，KM_3 线圈回路得电，KM_1 主触点断开，KM_3 主触点闭合，电动机接成△全压运行。停车时，按下停车按钮 SB_1 即可。

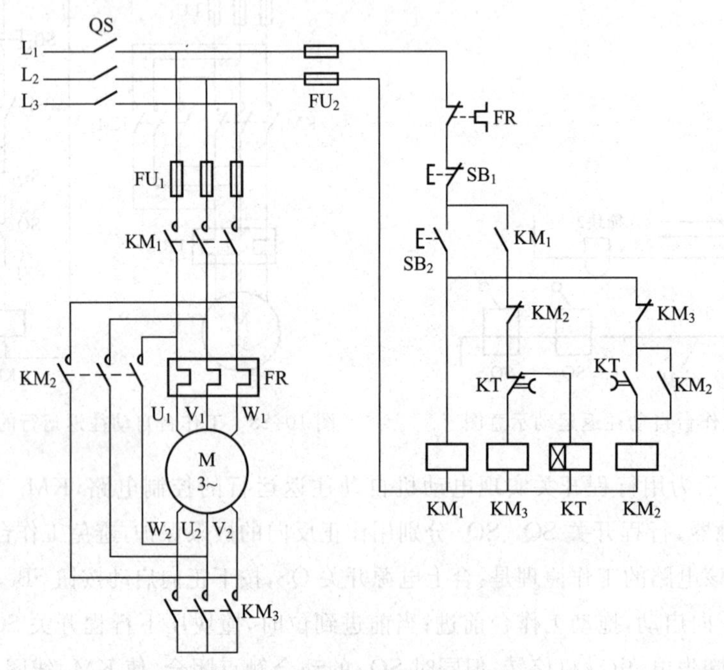

图 10-29　Y-△减压启动控制电路

二、三相异步电动机自耦变压器减压启动控制电路

图 10-30 所示为用两个接触器实现的自耦变压器减压启动控制电路，该电路仅适用于不频繁启动、电动机容量在 30 kW 以下的情况。其工作原理分析如下：合上电源开关，按下启动按钮 SB_2，KM_1 线圈得电并自锁，将自耦变压器 T 接入，电动机定子绕组经自耦变压器减压启动；同时，KT 线圈得电，开始计时。整定时间到，其延时闭合的动合触点闭合，使中间继电器 KA 线圈得电并自锁，KM_1 线圈失电，其主触点断开；KM_2 线圈得电，其主触点闭合，自耦变压器被切除，电动机全压运行。

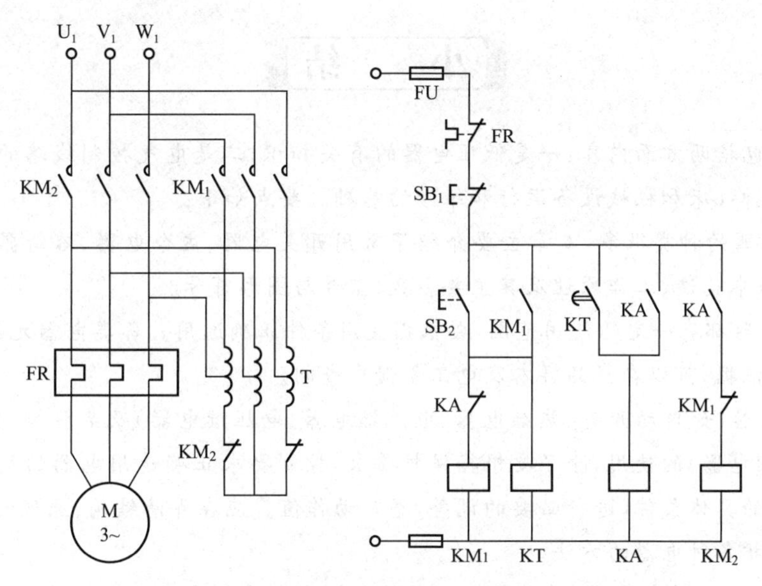

图 10-30　自耦变压器减压启动控制电路

三、单相能耗制动控制电路

图 10-31 所示为时间继电器控制的能耗制动的控制电路。其工作原理分析如下：电动机已经在正常运行，当按下停车按钮 SB_1 时，KM_1 线圈失电，其主触点断开，电动机定子绕组失电；同时，KM_2、KT 线圈得电，KM_2 主触点闭合，电动机在能耗制动作用下，转速迅速下降。当转速接近于零时，KT 计时时间到，其延时触点动作，使 KM_2、KT 失电，整个电路失电，制动过程结束。电动机停车时采用能耗制动可缩短停车时间，提高工作效率。

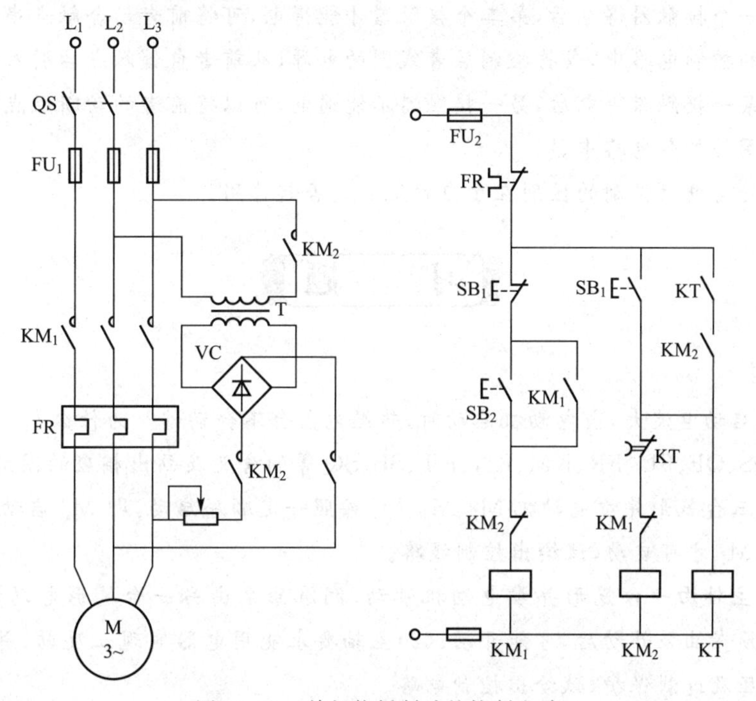

图 10-31　单相能耗制动的控制电路

小　结

本章主要包括两方面内容：一是低压电器的有关知识；二是电气控制线路的基本环节，它们都是掌握各种机床和机械设备运行和维修的基础。要点如下：

① 低压电器的种类很多，本章主要介绍了常用开关电器、主令电器、熔断器、接触器和继电器的用途、基本构造、工作原理及其主要参数、型号与图形符号。

② 每种电器都有一定的使用范围，要根据使用条件正确选用。各类电器元件的技术参数是选用的主要依据，可以在产品样本及电工手册中查阅。

③ 保护电器（如自动开关、热继电器、电流继电器、电压继电器）及某些控制电器（如时间继电器、速度继电器）的使用，除了要根据保护要求，控制要求正确选用电器的类型外，还要根据被保护电路的具体条件，进行必要的调整，整定动作值。应在弄清结构、原理的基础上，掌握正确使用和维护各种电器的方法。

④ 各类电动机在启动控制中，应注意避免过大的启动电流对电网及传动机械的冲击作用，小容量笼形电动机允许直接启动控制方式，容量较大时需采用降压启动（如星形–三角形换接，自耦变压器）的控制方式。启动过程中的状态转换，通常采用时间继电器达到自动控制的目的。

⑤ 电动机运行中的点动、连续运转、正反转、自动循环、顺序控制等单元线路通常是采用各种主令电器、各种控制电器的触点按一定逻辑关系的不同组合来实现，其共同规律如下：

- 当几个条件中只要有一个条件满足时，接触器线圈就得电，采用并联接法。
- 只有所有条件都具备，接触器才得电，需采用串联法。
- 若要第一个接触器得电后，第二个接触器才能得电，可将前者动合触点串联在后者接触器线圈的控制电路中，或将控制后者线圈的电源，从前者自锁触点后引入。
- 若要求某一接触器得电后，另一接触器不能通电，可以将前者的动断触点串联在后者接触器线圈的控制电路中。
- 连续运转与电动控制的区别在于自锁触点是否起作用。

习　题

一、综合题

1. 电动机启动电流大，当电动机启动时，热继电器会不会动作？为什么？

2. 简述 QS、QF、FU、FR、KM、KA、KT、SB、SQ 等的含义及画出相应的图形符号。

3. 若要求三台笼形异步电动机 M_1、M_2、M_3 按照一定顺序启动，即 M_1 启动后 M_2 才可启动，M_2 启动后 M_3 才可启动，试绘出控制线路。

4. 某机床主轴由一台笼形异步电动机带动，润滑油泵由另一台笼形电动机带动。现要求：(1)主轴必须在油泵开动后，才能开动；(2)主轴要求能用电器实现正反转，并能单独停车；(3)有短路、零压及过载保护，试绘出控制电路。

5. 设计一个能在两地操作一台电动机点动与长动的电路。

6. 设计一个控制电路,控制要求为:3 台笼形感应电动机启动时,M_1 先启动,经 20 s 后,M_2 自行启动,运行 35 s 后,M_1 停车,同时 M_3 自行启动,再运行 40 s 后电动机全部停车。

二、思考题

1. 得电延时与失电延时有什么区别?

2. 线圈电压为 220 V 的交流接触器误接入 380 V 交流电源,会发生什么问题? 为什么?

3. 什么是零压保护? 用刀开关启动和停止电动机时,有无零压保护?

4. 中间继电器和接触器有何异同? 在什么条件下可以用中间继电器代替接触器启动电动机?

5. 交流接触器噪声大的原因是什么? 如何维修?

6. 电动机的主电路中已有熔断器,为什么还要热继电器保护?

7. 过电流继电器和欠电流继电器有何不同?

8. 电弧有何危害? 试述低压电器的灭弧方法。

9. 点动控制电路有何特点? 与长动控制电路有何区别?

第十一章 安全用电及电工测量

学习目标

- 掌握安全用电的基本知识和防护措施。
- 了解常用的电工仪表。
- 掌握电工测量技术的基本操作。

随着科学技术和电力工业的飞速发展，电能的使用日趋广泛。从生产到人们的日常生活时时处处几乎都离不开电，电能已经成为人类不可缺少的能源。在电能的生产、输送、分配、应用和控制过程中，都必须用电工仪表对电压、电流、功率、电能、电阻等参数的大小进行测量。本章简要介绍电流对人体的危害、触电的预防措施、触电急救及安全用电的基本知识，重点讲解了电工测量仪表的分类、组成及工作原理、电流与电压的测量、功率表及电能的测量。

第一节 安全用电

电力的生产和使用有自身的特殊性，如果生产和使用中不注意安全，就会造成人身伤亡事故和财产的巨大损失，同时还可能波及电力系统，造成系统大面积停电，给整个社会带来不可估量的损失。人身触电事故的发生，一般不外乎两种情况：人体直接触及或过分靠近电器设备的带电部门；人体碰触平时不带电，因绝缘损坏而带电的金属外壳或金属构架。针对这两种情况，通常采用的保护措施有工作接地、保护接地和保护接零。

一、电流对人体的伤害

电流通过人体后，能使肌肉收缩产生运动，造成机械损伤；电流产生的热效应和化学效应可引起一系列急骤的病理变化，使机体遭受到严重的损害，特别是电流流经心脏，对心脏的损害极为严重，极小的电流可引起心室纤维性颤动，导致死亡。

1. 电流对人体的伤害种类

人身触电时电流对人体的伤害，是由电流的能量直接作用于人体或转换成其他形式的能量作用于人体造成的，按伤害程度的不同可以分为电击和电伤两类。

(1)电击

电击是指因电流通过人体而使内部器官受伤的现象，它是最危险的触电事故。

(2)电伤

电伤是指人体外部由于电弧或熔丝熔断时飞溅起的金属屑等造成烧伤的现象，分为电烧伤、电烙印、皮肤金属化等。

① 电烧伤。电烧伤是常见的电伤，大部分触电事故都伴有电烧伤，电烧伤可分为电流灼伤和电弧烧伤两种。电流灼伤一般发生在低压触电事故中，由于人体与带电体接触面积一般不大，加之皮肤电阻又比较高，使得皮肤与带电体的接触部位热量集中，受到比体内严重得多的灼伤，当电流较大时也可能灼伤至皮下组织。电弧烧伤是电弧放电引起的烧伤，它又分为直接电弧烧伤和间接电弧烧伤。直接电弧烧伤是由于人体过分接近高压带电体，其间距小于放电距离时，带电体与人体之间发生电弧并伴有电流通过人体的烧伤；间接电弧烧伤是电弧发生在人体附近对人体的烧伤，而且包含被熔化金属溅落的烫伤，在配电系统中错误的操作（如带负荷拉、合隔离开关、带地线合开关）以及其他的短路事故都可能造成弧光短路事故，产生强烈的电弧，导致严重的烧伤。

② 电烙印。电烙印是人体与带电体直接接触，电流通过人体后，在接触部位留下和接触带电体形状相似的斑痕。斑痕处皮肤硬变，边缘明显，失去原有弹性和色泽，表层坏死，失去知觉。

③ 皮肤金属化。皮肤金属化是由于电气设备的弧光短路事故，高温电弧使周围金属物熔化、蒸发并飞溅渗透到人体皮肤表层所形成的，受伤部位表面粗糙、坚硬。金属化后的皮肤通常经过一段时间能自行脱落，不会有不良的后果。

2. 电流对人体的伤害程度

电流伤害的程度与通过人体的电流强度、频率、通过人体的途径及持续时间等因素有关。

(1)电流强度对人体的伤害

按照电流流过人体时的不同生理反应，可分为以下 3 种情况：

① 感觉电流。使人体有感觉的最小电流称为感觉电流。工频交流电的平均感觉电流，成年男性约为 1.1 mA，成年女性约为 0.7 mA；直流电的平均感觉电流约为 5 mA 。

② 摆脱电流。人体触电后能自主摆脱电源的最大电流称为摆脱电流，工频交流电的平均摆脱电流，成年男性约为 16 mA 以下，成年女性约为 10 mA 以下；直流电的平均摆脱电流约为 50 mA。

③ 致命电流。在较短的时间内危及生命的最小电流称为致命电流。一般情况下，通过人体的工频电流超过 50 mA 时，心脏就会停止跳动，发生昏迷，并出现致命的电灼伤；工频 100 mA的电流通过人体时很快使人致命。不同电流强度对人体的作用如表 11-1 所示。

表 11-1　不同电流对人体的作用

电流/mA	作用特征	
	交流电(50～60 Hz)	直流电
0.6～1.5	开始有感觉，手轻微颤抖	没有感觉
2～3	手指强烈颤抖	没有感觉
5～7	手部痉挛	感觉痒和热
8～10	手部剧痛，勉强可摆脱电源	热感觉增加
20～35	手迅速剧痛麻痹，不能摆脱带电体，呼吸困难	热感觉更大，手部轻微痉挛
50～80	呼吸困难、麻痹，心室开始颤动	手部痉挛，呼吸困难
90～100	呼吸麻痹，心室经 3 s 即发生麻痹而停止跳动	呼吸麻痹

(2)电流频率对人体的影响

在相同电流强度下,不同的电流频率对人体影响程度不同。28～300 Hz 的电流频率对人体影响较大,最为严重的是 40～60 Hz 的电流。当电流频率大于 20 000 Hz 时,所产生的损害作用明显减小。

(3)电流流过途径的伤害

电流通过人体的头部会使人昏迷而死亡;电流通过脊髓,会导致截瘫及严重损伤;电流通过中枢神经或有关部位,会引起中枢神经系统强烈失调而导致死亡;电流通过心脏会引起心室颤动,致使心脏停止跳动,造成死亡。实践证明,从左手到脚是最危险的电流途径,因为心脏直接处在电路中,从右手到脚的途径危险性较小,但一般也能引起剧烈痉挛而摔倒,导致电流通过人体的全身。

(4)电流的持续时间对人体的伤害

由于人体发热出汗和电流对人体组织的电解作用,随着电流通过人体的时间增长,人体电阻逐渐降低。在电源电压一定的情况下,会使电流增大,对人体的组织破坏更大,后果更严重。

3.人体电阻及安全电压

(1)人体电阻

人体电阻主要包括人体内部电阻和皮肤电阻,人体内部电阻是固定不变的,并与接触电压和外部条件无关,一般约为 500 Ω。皮肤电阻一般是手和脚的表面电阻,它随皮肤的清洁、干燥程度和接触电压等而变化。一般情况下,人体的电阻为 1 000～2 000 Ω,在不同条件下的人体电阻值如表 11-2 所示。

表 11-2 不同条件下的人体电阻值

接触电压/V	人体皮肤电阻/Ω			
	皮肤干燥	皮肤潮湿	皮肤湿润	皮肤侵入水中
10	7 000	3 500	1 200	600
25	5 000	2 500	1 000	500
50	4 000	2 000	875	440
100	3 000	1 500	770	375
220	1 500	1 000	650	325

(2)安全电压

所谓安全电压,是指为了防止触电事故而由特定电源供电所采用的电压系列。

安全电压应满足以下 3 个条件:①标称电压不超过交流 50 V、直流 120 V;②由安全隔离变压器供电;③安全电压电路与供电电路及大地隔离。

我国规定的安全电压额定值的等级为 42 V、36 V、24 V、12 V、6 V。当电气设备采用的电压超过安全电压时,必须按规定采取防止直接接触带电体的保护措施。

安全电压等级及选用如表 11-3 所示。

表 11-3　安全电压等级及选用

安全电压(交流有效值)/V		选用举例
额定值	空载上限值	
42	50	在有触电危险的场所使用的手持式电动工具等
36	43	在有触电危险的场所使用的手持式电动工具等
24	29	工作面积狭窄、操作者较大面积接触带电体的场所,如锅炉、金属容器内
12	15	人体需要长期触及器具及器具上带电的场所
6	8	

二、触电方式

1. 单相触电

当人站在地面上,碰触带电设备的其中一相时,电流通过人体流入大地,这种触电方式称为单相触电。

① 低压中性点直接接地的单相触电,如图 11-1 所示。当人体触及一相带电体时,该相电流通过人体经大地回到中性点形成回路,由于人体电阻比中性点直接接地的电阻大得多,因此电压几乎全部加在人体上,造成触电。

② 低压中性点不接地的单相触电,如图 11-2 所示。在 1 000 V 以下,人碰到任何一相带电体时,该相电流通过人体经另外两条相线的对地绝缘电阻和分布电容而形成回路,如果相线对地绝缘电阻较高,一般不至于造成对人体的伤害。当电气设备、导线绝缘损坏或老化,其对地绝缘电阻降低时,同样会发生电流通过人体流入大地的单相触电事故。

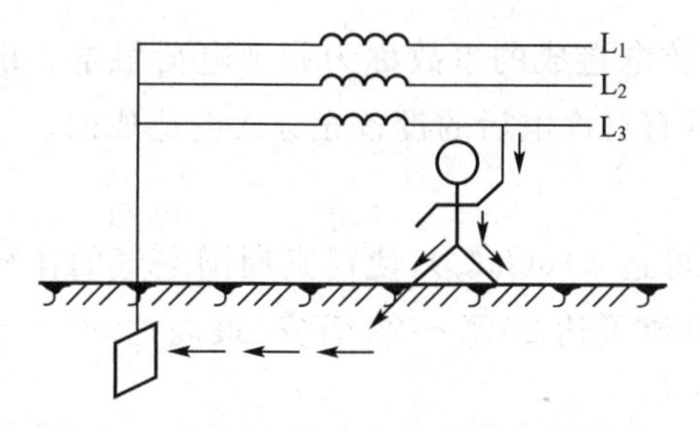

图 11-1　低压中性点直接接地的单相触电

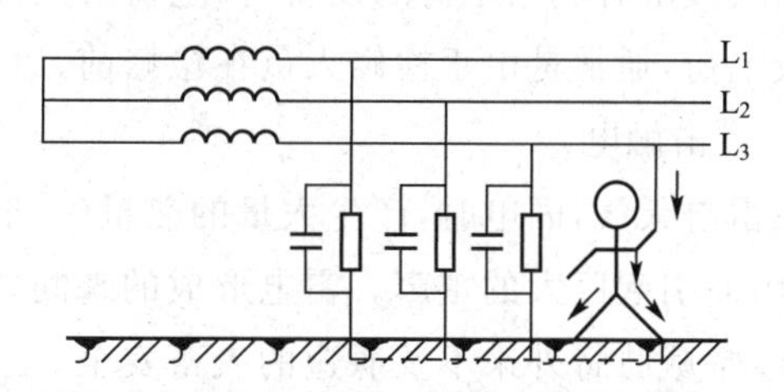

图 11-2　低压中性点不接地的单相触电

在 6～10 kV 高压中性点不接地系统中,特别是在较长的电缆线路上,当发生单相触电时,另两相对地电容电流较大,触电的伤害程度较大。

2. 两相触电

电流从一根导线进入人体流至另一根导线的触电方式称为两相触电,如图 11-3 所示。

两相触电时,加在人体上的电压为线电压,在这种情况下,触电者即使穿绝缘鞋或站在绝缘台上也起不了保护作用。对于 380 V 的线电压,两相触电时通过人体的电流能达到 200～270 mA,这样大的电流只要经过 0.186 s 就可能导致触电者死亡。所以两相触电比单相触电危险得多。

3. 跨步电压触电

当某相导线断线落地或运行中的电气设备因绝缘损坏而漏电时，电流向大地流散，以落地点或接地体为圆心，半径为 20 m 的圆面积内形成分布电位，如有人在落地点周围走过时，其两脚之间（按 0.8 m 计算）的电位差称为跨步电压，如图 11-4 所示，跨步电压触电时，电流从人的一只脚经下身，通过另一只脚流入大地形成回路。触电者先感到两脚麻木，然后跌倒。人跌倒后，由于头与脚之间的距离加大，电流将在人体内脏重要器官通过，人就有生命危险。

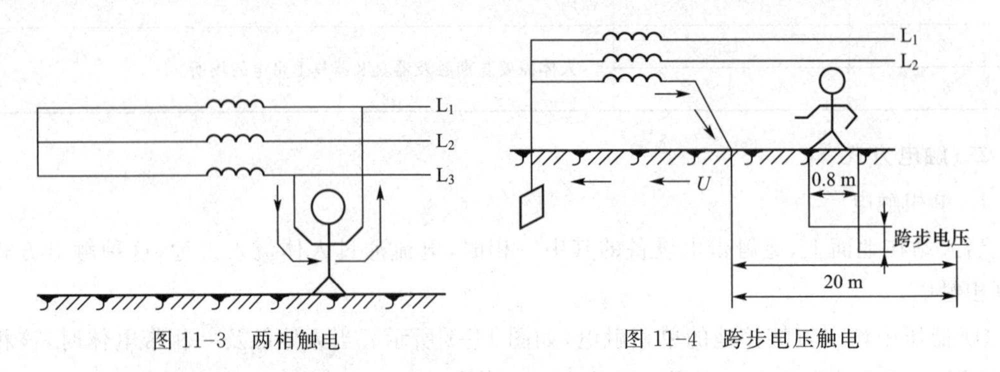

图 11-3　两相触电　　图 11-4　跨步电压触电

4. 接触电压触电

运行中的电气设备由于绝缘损坏或其他原因造成漏电，当人触及漏电设备时，电流通过人体和大地形成回路，造成触电事故，这称为接触电压触电。

5. 感应电压触电

当人触及带有感应电压的设备和线路时所造成的触电事故称为感应电压触电。

6. 剩余电荷触电

当人接触有剩余电荷的设备时，电荷对人体放电造成的事故称为剩余电荷触电。设备带有剩余电荷，通常是由于检修人员在检修前、后没有对停电后的设备充分放电造成的。

7. 雷击触电

在雷电天气，闪电时，产生大量的热量（一般可达 30 000 ℃），使得它周围空气的体积突然膨胀，因而引起巨大的雷声。雷电形成的瞬间，电流可达 20 万～25 万安，最高达 60 万～2 70 万安，经常威胁野外来不及躲避的人畜安全。

三、触电预防措施

1. 名词解释

① 接地体：埋入地下直接与土壤接触，有一定流散电阻的金属导体或金属导体组，称为接地体，如埋入地下的钢管、角铁等。

② 接地线：连接接地体与电器设备接地部分的金属导线，称为接地线。

③ 接地装置：接地体和接地线的总称。

④ 对地电压：电器设备的接地部分（如接地外壳、接地线、接地体等）与零电位之间的电位差。

⑤ 散流电阻：接地体的对地电压与通过接地体流入地中的电流之比称为散流电阻。

⑥ 接地电阻：接地体的对地电阻和接地线电阻的总和。

⑦ 中性点、中性线：星形连接的三相电路的中性点称为中性点；中性点引出线称为中性线。

⑧ 零点、零线：当中性点直接接地时，该中性点称为零点；由零点引出的导线为零线。

⑨ 接触电压：当有接地电流流入大地时，人体同时触及到的两点间的电位差为接触电压 U_{jc}（如人手触及设备的接地部分和脚所站土壤的电位差）。

⑩ 跨步电压：当人的两脚站在带有不同电位的地面上时，两脚间的电位差称为跨步电压 U_{KB}。一般人的步距取为 0.8 m。

2. 工作接地

在正常或故障情况下，为保证电器设备安全可靠工作，将电力系统中的某一点（通常是中性点），直接或经特殊装置（如消弧线圈、电抗、电阻、击穿保险器）接地称为工作接地，如图 11-5所示。

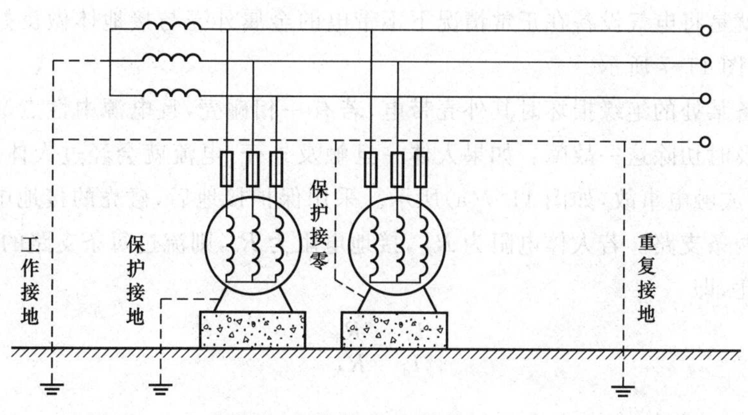

图 11-5　工作接地、保护接地、保护接零、重复接地示意图

工作接地的作用有如下几点：

(1)降低人体的接触电压

在中性点绝缘系统中，当一相碰地而人体又触及另一相时，人体所受到的接触电压为线电压，如图 11-6(a)所示。当中性点接地时，当一相碰地而人触及另一相时，人体所受到的接触电压则为相电压，如图 11-6(b)所示。

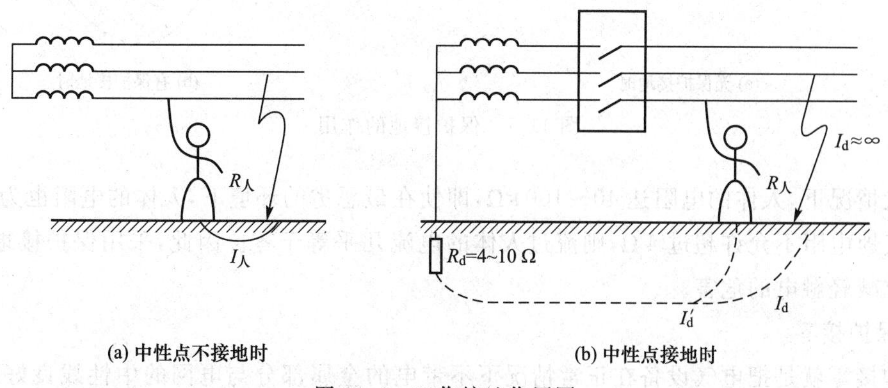

图 11-6　工作接地作用图

(2)迅速切断故障设备

在中性点绝缘系统中,当一相碰地时,由于接地电流很小的关系,保护设备不能迅速切断电源,使故障长时间持续下去,对人极不安全。

在中性点接地系统中,当一相碰地时,接地电流成为很大的单相短路电流,保护设备能准确而迅速切断电源,避免人体触电,如图 11-6(b)所示。

(3)降低电气设备和输电线路的绝缘水平

综上所述,当一相碰壳或接地时,其他两相的对地电压,在中性点绝缘系统中将升高为线电压;而中性点接地系统中,将等于相电压。因此,在进行电气设备和输电线路设计时,在中性点接地系统中,只要按相电压而不按线电压的绝缘水平来考虑。这就降低了电气设备的制造成本和输电线路的建设费用。

3. 保护接地

保护接地就是将电气设备在正常情况下不带电的金属外壳与接地体做良好的连接,以保证人身安全,如图 11-7 所示。

当电气设备某处的绝缘损坏时其外壳带电,若有一相碰壳,且电源中性点又不接地,就不会由保护装置及时切除这一故障。如果人体一旦触及外壳,电流就会经过人体和线路对地电容形成回路,造成触电事故,如图 11-7(a)所示。采用保护接地后,碰壳的接地电流分为两路:接地体和人体两条支路。若人体电阻为 $R_{人}$,接地电阻为 R_{d},则流过每条支路的电流值与其电阻的大小成反比,即

$$\frac{I_{人}}{I_{d}}=\frac{R_{d}}{R_{人}}$$

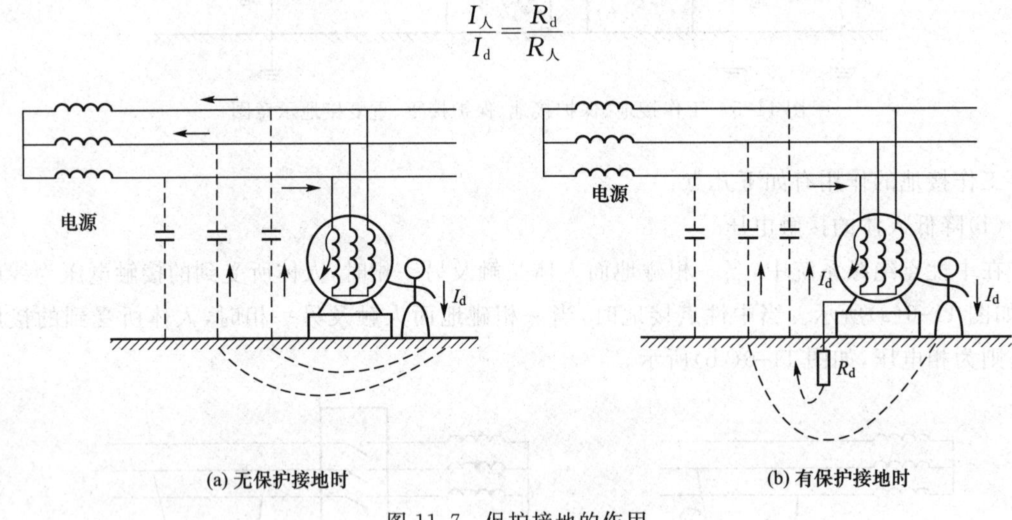

图 11-7　保护接地的作用

一般情况下,人体的电阻达 40～100 kΩ,即使在最恶劣的环境下,人体的电阻也为 1 kΩ 左右。而接地电阻不允许超过 4 Ω,则流过人体的电流几乎等于零。因此,采用保护接地完全可以避免或减轻触电的危害。

4. 保护接零

保护接零就是把电气设备在正常情况下不带电的金属部分与电网的中性线良好连接,有效地起到保护人身和设备安全的作用。对保护接零装置的具体要求如下:

① 当采用保护接零时，除电源变压器的中性点必须采取工作接地外，同时对中性线要求在规定的地点采用重复接地，重复接地见图 11-5。

重复接地的作用有：降低设备碰壳时对地电压；当中性线断线时减轻触电危险。图 11-8 所示为保护接零系统中有、无重复接地的情况。但需注意，尽管有重复接地，中性线断开的情况还是要避免的。

② 当电气设备的绝缘损坏时，某点相对机壳短路，为保证保护装置迅速动作，使在任一点发生故障时的短路电流均应大于熔断器额定电流的 4 倍，或大于自动开关整定电流的 1.5 倍。

③ 中性线在短路电流的作用下不应该断线，且中性线上不得装设熔断器和开关设备。

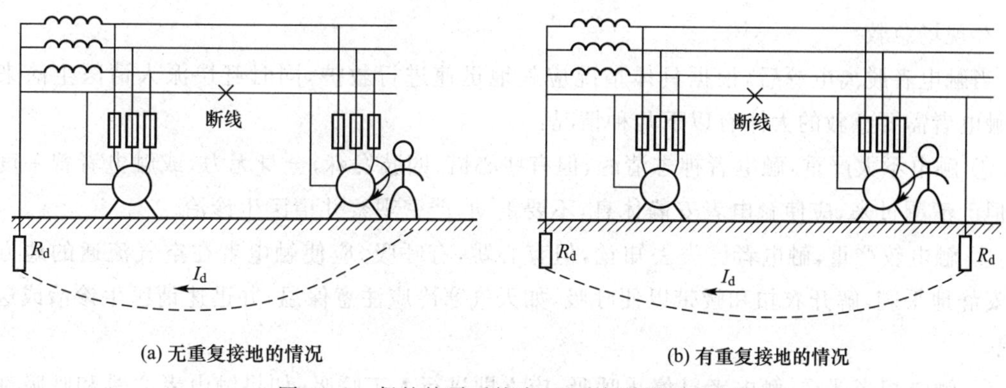

图 11-8　保护接零系统有、无重复接地的情况

④ 在同一低压电网中（指同一台变压器或同一台发电机供电的低压电网）不允许将一部分电气设备的金属外壳采用保护接地，而将另一部分电气设备的金属外壳却采用保护接零。

除了上述的几种安全保护装置外，还有防雷接地、低压触电保护装置等。

四、触电急救

当发现有人触电时，首先要尽快地使触电者脱离电源，然后再根据具体情况，采取相应的急救措施。

触电急救步骤如下：

1. 脱离电源

发生触电事故时，首先要脱离电源。如果电源开关或插头离触电地点很近，可以迅速拉开开关，切断电源。在高压线路或设备上触电应立即通知有关部门停电，为使触电者脱离电源应戴上绝缘手套，穿绝缘靴，使用适合该挡电压的绝缘工具，顺序打开开关或切断电源。

脱离电源注意事项：

① 救护人员不能直接用手、金属及潮湿的物体作为救护工具，救护人员最好单手操作，以防自身触电，如图 11-9 所示。

② 防止高空触电者脱离电源后发生摔伤事故。

如果事故发生在晚上，应立即解决临时照明问题，以便触电急救。

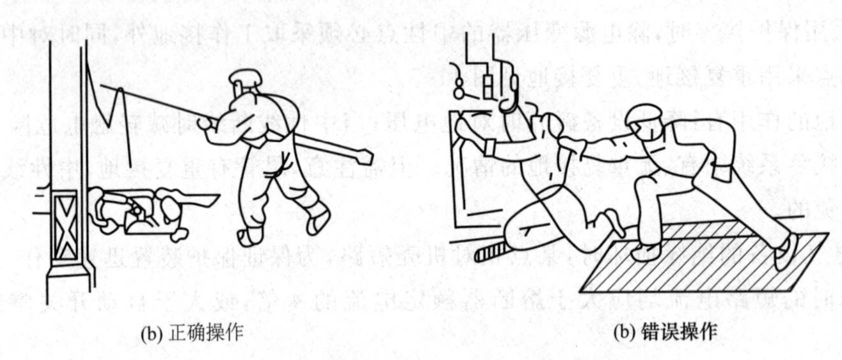

图 11-9　脱离电源操作示意图

2. 现场急救

当触电者脱离电源后，根据具体情况应就地迅速进行救护，同时赶快派人请医生前来抢救，触电者需要急救的大体有以下几种情况：

① 触电不太严重，触电者神志清醒，但有些心慌，四肢发麻，全身无力，或触电者曾一度昏迷，但已清醒过来，应使触电者安静休息，不要走动，严密观察并请医生诊治。

② 触电较严重，触电者已失去知觉，但有心跳，有呼吸，应使触电者在空气流通的地方舒适、安静地平躺，解开衣扣和腰带以便呼吸，如天气寒冷应注意保温，并迅速请医生诊治或送往医院。

③ 触电相当严重，触电者已停止呼吸，应立即进行人工呼吸，如果触电者心跳和呼吸都已停止，人完全失去知觉，应采用人工呼吸法和心脏挤压法进行抢救。

3. 人工呼吸

口对口人工呼吸是人工呼吸法中最有效的一种，在施行前，应迅速将触电者身上妨碍呼吸的衣领、上衣、裙带等解开，并清除口腔内脱落的假牙、血块、呕吐物等，使呼吸道畅通。然后，使触电者仰卧，头部充分后仰，使鼻孔朝上。

具体操作步骤示意图如图 11-10 所示。

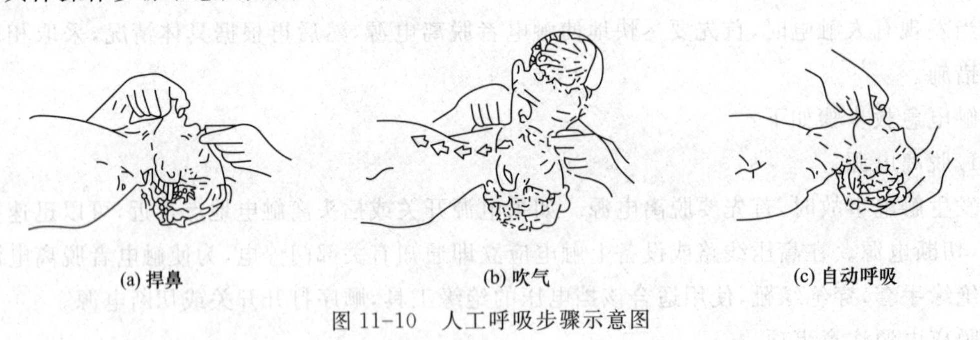

图 11-10　人工呼吸步骤示意图

① 一只手捏紧触电者鼻孔，另一只手将其下颌拉向前下方（或托住其颈后），救护人深吸一口气后紧贴触电者的口向内吹气，同时观察胸部是否隆起，以确保吹气有效，为时约 2 s。

② 吹气完毕，立即离开触电者的口，并放松捏紧的鼻子，让他自动呼气，注意胸部的复原情况，为时约 3 s。

③ 按照上述步骤连续不断地进行操作，直到触电者开始呼吸为止。

触电者如果是儿童，只可小口吹气（或不捏紧鼻子，任其自然漏气），以免肺泡破裂；如发现触电者胃部充气膨胀，可一面用手轻轻加压于其上腹部，一面继续吹气和换气，如果无法使触电者的嘴张开，可改口对鼻人工呼吸。

4. 心脏按压

胸外心脏按压法是触电者心脏停止跳动后的急救方法，其目的是强迫心脏恢复自主跳动，实施胸外心脏按压法时（具体要求同口对口人工呼吸法），抢救者骑跪在病人腰部。具体操作步骤如下：

① 使触电者躺在比较坚实、平整、稳固的地方，颈部枕垫软物，头部稍后仰，保持呼吸道畅通，救护人跪在触电者一侧或跨在其腰部两侧。

② 两手相叠，手掌根部放在心窝上方，掌根用力向下压，使胸骨下段与相连的肋骨下陷 3～4 cm，压迫心脏使心脏内血液搏击。

③ 挤压后突然放松，掌根不必离开胸膛，依靠胸廓弹性，使胸骨复位，此时，心脏舒张，大静脉的血液流回心脏。

④ 按照上述步骤，连续有节奏地进行，每秒一次，一直到触电者的嘴唇及身上皮肤的颜色转为红润，以及摸到动脉搏动为止。

进行胸外心脏按压时，靠救护者的体重和肩肌适度用力，要有一定的冲击力量，而不是缓慢用力，但也不要用力过猛。如果触电者是儿童，可以用一只手挤压，要轻一些，以免损伤胸骨，而且每分钟以挤压 100 次左右为宜。

图 11-11 所示为胸外心脏挤压操作步骤示意图。

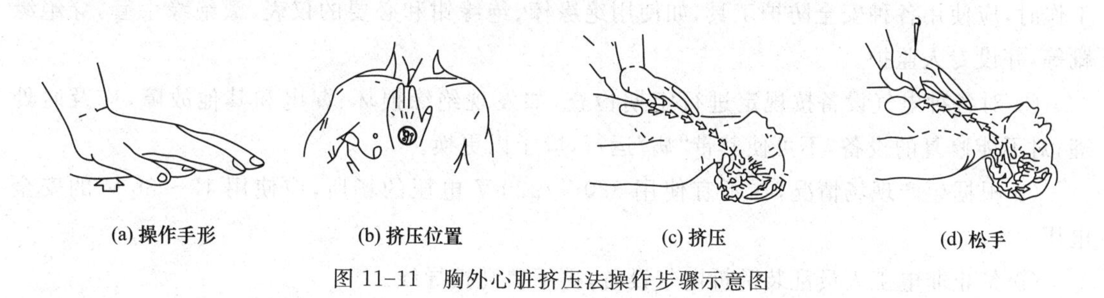

图 11-11　胸外心脏挤压法操作步骤示意图

触电急救的要点是迅速，救护得法，切不可惊慌失措，束手无策，特别要注意的是急救要尽早进行，不能等待医生的到来，在送往医院的途中，也不能停止急救工作。

五、触电预防

1. 预防措施

（1）直接触电的预防

① 绝缘措施：良好的绝缘是保证电气设备和线路正常运行的必要条件，是防止触电事故的重要措施。选用绝缘材料必须与电气设备的工作电压、工作环境和运行条件相适应。不同的设备或电路对绝缘电阻的要求不同。例如，新装或大修后的低压设备和线路，绝缘电阻不应低于 0.5 MΩ；运行中的线路和设备，绝缘电阻要求每伏工作电压 1 kΩ 以上；高压线路和设备

的绝缘电阻不低于每伏 1 000 MΩ。

② 屏护措施：采用屏护装置，如常用电器的绝缘外壳、金属网罩、金属外壳、变压器的遮栏、栅栏等将带电体与外界隔绝开，以杜绝不安全因素。凡是金属材料制作的屏护装置，应妥善接地或接零。

③ 间距措施：为防止人体触及或过分接近带电体，在带电体与地面之间、带电体与其他设备之间，应保持一定的安全间距。安全间距的大小取决于电压的高低、设备类型、安装方式等因素。

(2)间接触电的预防

① 加强绝缘：对电气设备或线路采取双重绝缘的措施，可使设备或线路绝缘牢固，不易损坏。即使工作绝缘损坏，还有一层加强绝缘，不致发生金属导体裸露造成间接触电。

② 电气隔离：采用隔离变压器或具有同等隔离作用的发电机，使电气线路和设备的带电部分处于悬浮状态。即使线路或设备的工作绝缘损坏，人站在地面上与之接触也不易触电。

注意：被隔离回路的电压不得超过 500 V，其带电部分不能与其他电气回路或大地相连。

③ 自动断电保护：在带电线路或设备上采取漏电保护、过电流保护、过电压或欠电压保护、短路保护、接零保护等自动断电措施，当发生触电事故时，在规定时间内能自动切断电源起到保护作用。

(3)其他预防措施

① 加强用电管理，建立健全安全工作规程和制度，并严格执行。

② 使用、维护、检修电气设备，严格遵守有关安全规程和操作规程。

③ 尽量不进行带电作业，特别在危险场所(如高温、潮湿地点)，严禁带电工作；必须带电工作时，应使用各种安全防护工具，如使用绝缘棒、绝缘钳和必要的仪表，戴绝缘手套，穿绝缘靴等，并设专人监护。

④ 对各种电气设备按规定进行定期检查，如发现绝缘损坏、漏电和其他故障，应及时处理；对不能修复的设备，不可使其带“病”运行，应予以更换。

⑤ 根据生产现场情况，在不宜使用 380 V/220 V 电压的场所，应使用 12～36 V 的安全电压。

⑥ 禁止非电工人员乱装乱拆电气设备，更不得乱接导线。

⑦ 加强技术培训，普及安全用电知识，开展以预防为主的反事故演习。

2. 触电预防的基本常识

为了更好地使用电能、防止触电事故的发生，必须采取一些安全措施：

① 对于各种电气设备尤其是移动式电气设备，建立经常与定期的检查制度，如发现故障或与有关的规定不符合时应及时加以处理。

② 使用各种电气设备时应严格遵守操作制度，不得将三脚插头擅自改为二脚插头，也不得直接将线头插入插座内用电。

③ 尽量不要带电工作，特别是在危险场所(如工作地很狭窄，工作地周围有对地电压在250V 以上的导体等)禁止带电工作。如果必须带电工作，则应采取必要的安全措施(如站在橡胶毡上或穿绝缘橡胶靴，附近的其他导电体或接地处都应用橡胶布遮盖，并需要有专人监护

等)。

④ 金属外壳的家用电器的外接电源插头一般都用三脚插头,其中有一根为接地线。

⑤ 静电可能引起伤害,重则可引起爆炸与火灾,轻则可使人受到电击,引起严重后果。消除静电首先应尽量限制静电电荷的产生或积聚,方法如下:

- 良好地接地,以消除静电电荷的积累。
- 提高设备周围的空气湿度至相对湿度70%以上,使静电荷逸散。

⑥ 有条件时还可采用性能可靠的漏电保护器。

⑦ 严禁利用大地作中性线,即严禁采用三线一地、二线一地或一线一地制。

六、电气火灾的扑救及预防

电气火灾和爆炸事故是指由电气原因引起的火灾和爆炸,在火灾和爆炸事故中占有很大比例。电气火灾和爆炸事故除可能造成人身伤亡和设备损坏、财产损失外,还可能造成电力系统事故,引起大面积停电或长时间停电。

电气火灾有两大特点:一是着火后电气装置或设备可能仍然带电,而且因电气绝缘损坏或带电导线断落接地,在一定范围内会存在跨步电压和接触电压,如果不注意,可能引起触电事故;二是有些电气设备内部充有大量油(如电力变压器、电压互感器等),着火后受热,油箱内部压力增大,可能会发生喷油、甚至爆炸,造成火势蔓延。

电气火灾的危害很大,因此要坚决贯彻"预防为主"的方针。在发生电气火灾时,必须迅速采取正确有效的措施,及时扑灭电气火灾。

1. 电气火灾和爆炸原因

电气火灾和爆炸在火灾、爆炸事故中占有很大的比例,如线路、电动机、开关等电气设备都可能引起火灾。变压器等带油电气设备除了可能发生火灾外,还有爆炸的危险。

造成电气火灾与爆炸的原因很多。除设备缺陷、安装不当等设计和施工方面的原因外,电流产生的热量和火花或电弧是引发火灾和爆炸事故的直接原因。

(1)电气设备过热

电气设备过热主要是由电流产生的热量造成的。导体的电阻虽然很小,但其电阻总是客观存在的。因此,电流通过导体时要消耗一定的电能,这部分电能转化为热能,使导体温度升高,并使其周围的其他材料受热。对于电动机和变压器等带有铁磁材料的电气设备,除电流通过导体产生的热量外,还有在铁磁材料中产生的热量。因此,这类电气设备的铁芯也是一个热源。

当电气设备的绝缘性能降低时,通过绝缘材料的泄漏电流增加,可能导致绝缘材料温度升高。由上面的分析可知,电气设备运行时总是要发热的,但是,设计、施工正确及运行正常的电气设备,其最高温度和其与周围环境温差(即最高温升)都不会超过某一允许范围。

例如,裸导线和塑料绝缘线的最高温度一般不超过70℃。也就是说,电气设备正常的发热是允许的。但当电气设备的正常运行遭到破坏时,发热量要增加,温度升高,达到一定条件,可能引起火灾。

引起电气设备过热的不正常运行大体包括以下几种情况:

① 短路。发生短路时,线路中的电流增加为正常时的几倍甚至几十倍,使设备温度急剧

上升,大大超过允许范围。如果温度达到可燃物的自燃点,即引起燃烧,从而导致火灾。

下面是引起短路的几种常见情况:电气设备的绝缘老化变质,或受到高温、潮湿或腐蚀的作用失去绝缘能力;绝缘导线直接缠绕、勾挂在铁钉或铁丝上时,由于磨损和锈蚀,使绝缘破坏;设备安装不当或工作疏忽,使电气设备的绝缘受到机械损伤;雷击等过电压的作用,电气设备的绝缘可能遭到击穿;在安装和检修工作中,由于接线和操作的错误等。

② 过载。过载会引起电气设备发热,造成过载的原因大体上有以下两种情况:一是设计时选用线路或设备不合理,以至在额定负载下产生过热;二是使用不合理,即线路或设备的负载超过额定值,或连续使用时间过长,超过线路或设备的设计能力,由此造成过热。

③ 接触不良。接触部分是发生过热的一个重点部位,易造成局部发热、烧毁。有下列几种情况易引起接触不良:不可拆卸的接头连接不牢、焊接不良或接头处混有杂质,都会增加接触电阻而导致接头过热;可拆卸的接头连接不紧密或由于振动变松,也会导致接头发热;活动触点,如刀开关的触点、插头的触点、灯泡与灯座的接触处等活动触点,如果没有足够的接触压力或接触表面粗糙不平,会导致触点过热;对于铜铝接头,由于铜和铝电特性不同,接头处易因电解作用而腐蚀,从而导致接头过热。

④ 铁芯发热。如果变压器、电动机等设备的铁芯绝缘损坏或承受长时间过电压,涡流损耗和磁滞损耗将增加,使设备过热。

⑤ 散热不良。各种电气设备在设计和安装时都要考虑有一定的散热或通风措施,如果这些部分受到破坏,就会造成设备过热。

此外,电炉等直接利用电流的热量进行工作的电气设备,工作温度都比较高,如安置或使用不当,均可能引起火灾。

(2)电火花和电弧

一般电火花的温度都很高,特别是电弧,温度可高达 3 000～6 000 ℃,因此,电火花和电弧不仅能引起可燃物燃烧,还能使金属熔化、飞溅,构成危险的火源。在有爆炸危险的驱动场所,电火花和电弧更是引起火灾和爆炸的一个十分危险的因素。

电火花大体包括工作火花和事故火花两类:

工作火花是指电气设备正常工作时或正常操作过程中产生的。例如,开关或接触器开合时产生的火花、插销拔出或插入时的火花等。

事故火花是线路或设备发生故障时出现的。如发生短路或接地时出现的火花、绝缘损坏时出现的闪光、导线连接松脱时的火花、熔丝熔断时的火花、过电压放电火花、静电火花以及修理工作中错误操作引起的火花等。

此外,还有因碰撞引起的机械性质的火花;灯泡破碎时,炽热的灯丝有类似火花的危险作用。

2.电气火灾扑救方法

(1)断电灭火

当电气装置或设备发生火灾或引燃附近可燃物时,首先要切断电源。室外高压线路或配电变压器起火时,应立即与供电公司联系切断电源;室内电气装置或设备发生火灾时,应尽快断开开关切断电源,并及时正确选用灭火器进行扑救。

断电灭火时注意事项：

① 断电时，应按规程所规定的程序进行操作，严禁带负荷拉隔离开关。在火场内的开关，由于烟熏火烤，其绝缘可能降低或损坏，因此，操作时应穿戴绝缘手套、绝缘靴，并使用相应电压等级的绝缘工具。

② 紧急切断电源时，切断地点选择要适当，防止切断电源后影响扑救工作的进行。切断带电线路导线时，切断点应选择在电源侧的支持物附近，以防导线断落后触及人身、短路或引起跨步电压触电。切断低压导线时应分相在不同部位剪断，剪的时候应使用有绝缘手柄的电工钳。

③ 夜间发生电气火灾，切断电源时，应考虑临时照明，以利于扑救。

④ 需要电力部门切断电源时，应迅速用电话联系，说清情况。

(2)带电灭火

发生电气火灾时应首先考虑断电灭火，因为断电后火势可减小下来，同时扑救比较安全。但有时在危急情况下，如果等切断电源后再进行扑救，会延误时机，使火势蔓延，扩大燃烧面积，或者断电会严重影响生产，这时就必须在确保灭火人员安全的情况下，进行带电灭火。带电灭火一般限在10 kV及以下电气设备上进行。

带电灭火很重要的一条就是正确选用灭火器材。绝对不准使用泡沫剂对有电的设备进行灭火，一定要用不导电的灭火剂灭火，如二氧化碳、四氯化碳、二氟-氯-溴甲烷(简称"1211")和化学干粉等灭火剂。

带电灭火时，为防止发生人身触电事故，必须注意以下几点：

① 扑救人员及所使用的灭火器材与带电部分必须保持足够的安全距离，并应戴绝缘手套。

② 不准使用导电灭火剂(如泡沫灭火剂、喷射水流等)对有电设备进行灭火，一定要用不导电的灭火剂灭火。

③ 使用水枪带电灭火时，扑救人员应穿绝缘靴、戴绝缘手套并应将水枪金属喷嘴接地。

④ 在灭火时若电气设备发生故障，如电线断落在地上，局部地区会形成跨步电压，在这种情况下，扑救人员必须穿绝缘靴。

⑤ 扑救架空线路的火灾时，人体与带电导线之间的仰角不应大于45°，并应站在线路外侧，以防导线断落触及人体发生触电事故。

(3)充油设备火灾扑救

充油电气设备容器外部着火时，可以用二氧化碳、"1211"、干粉、四氯化碳等灭火剂带电灭火。灭火时要保持一定安全距离。用四氯化碳灭火时，灭火人员应站在上风方向，以防灭火时中毒。

如果充油电气设备容器内部着火，应立即切断电源，有事故储油池设备的应立即设法将油放入事故储油池，并用喷雾水灭火，不得已时也可用沙子、泥土灭火；但当盛油桶着火时，则应用浸湿的棉被盖在桶上，使火熄灭，不得将沙子抛入桶内，以免燃油溢出，使火焰蔓延。对流散在地上的油火，可用泡沫灭火器扑灭。

(4)旋转电机火灾扑救

发电机、电动机等旋转电机着火时，不能用沙子、干粉、泥土灭火，以免矿物性物质、沙子等落入设备内部，严重损伤电机绝缘，造成严重后果。可使用“1211”、二氧化碳等灭火器灭火。另外，为防止轴和轴承变形，灭火时可使电机慢慢转动，然后用喷雾水流灭火，使其均匀冷却。

(5)电缆火灾扑救

电缆燃烧时会产生有毒气体，如氯化氢、一氧化碳、二氧化碳等。据资料介绍，当氯化氢浓度高于0.1%时，或一氧化碳浓度高于1.3%时，或二氧化碳浓度高于10%时，人体吸人会导致昏迷和死亡。所以电缆火灾扑救时需特别注意防护。

扑救电缆火灾时注意事项：

① 电缆起火应迅速报警，并尽快将着火电缆退出运行。

② 火灾扑救前，必须先切断着火电缆及相邻电缆的电源。

③ 扑灭电缆燃烧，可使用干粉、二氧化碳、“1211”、“1301”等灭火剂，也可用黄土、干沙或防火包进行覆盖。火势较大时可使用喷雾水扑灭。装有防火门的隧道，应将失火段两端的防火门关闭。有时还可采用向着火隧道、沟道灌水的方法，用水将着火段封住。

④ 进入电缆夹层、隧道、沟道内的灭火人员应佩戴正压式空气呼吸器，以防中毒和窒息。在不能肯定被扑救电缆是否全部停电时，扑救人员应穿绝缘靴、戴绝缘手套。扑救过程中，禁止用手直接接触电缆外皮。

⑤ 在救火过程中需注意防止发生触电、中毒、倒塌、坠落及爆炸等伤害事故。

⑥ 专业消防人员进入现场救火时需向他们交代清楚带电部位、高温部位及高压设备等危险部位情况。

3.电气火灾预防

(1)电力变压器火灾预防

电力变压器大多是油浸自然冷却式。变压器油闪点(起燃点)一般为140℃左右，并易蒸发和燃烧，同空气混合能构成爆炸性混合物。变压器油中如有杂质，则会降低油的绝缘性能而引起绝缘击穿，在油中发生火花和电弧，引起火灾甚至爆炸事故。因此，对变压器油有严格要求，油质应透明纯净，不得含有水分、灰尘、氢气、烃类气体等杂质。对于干式变压器，如果散热不好，就很容易发生火灾。

① 油浸式变压器发生火灾的主要原因：变压器线圈绝缘损坏发生短路、接触不良、铁芯过热、油中电弧闪络、外部线路短路。

② 预防措施：

• 保证油箱上防爆管完好。

• 保证变压器装设的保护装置正确、可靠。

• 变压器的设计安装必须符合相关规定。如变压器室应按一级防火考虑，并有良好通风；变压器应有蓄油坑、储油池；相邻变压器之间需装设隔火墙时一定要装设等。施工安装应严格按规程、规范和设计图样进行精心安装，保证质量。

• 加强变压器的运行管理和检修工作。

• 可装设离心式水喷雾、“1211”灭火剂组成的固定式灭火装置及其他自动灭火装置。

• 对于干式变压器，通风冷却极为重要，一定要保证干式变压器运行中不能过热，必要时可采取人为降温措施降低干式变压器工作环境温度。

(2)电动机火灾预防

① 电动机发生火灾的原因：

• 电动机在运行中，由于线圈发热、机械损伤、通风不良等原因而烤焦或损坏绝缘，使电动机发生短路引起燃烧。

• 电动机因带动负载过大或电源电压降低使电动机转矩减小引起过负荷；电动机运行中电源断相（一相断线）造成电动机转速降低而在其余两相中发生严重过负荷等。电动机长时过负荷会使绝缘老化加速，甚至损坏燃烧。

• 电动机定子线圈发生相间短路、匝间短路、单相接地短路等故障，使线圈中电流急增，引起过热而使绝缘燃烧。在绝缘损坏处还可能发生对外壳放电而产生电弧和火花，引起绝缘层起火。

• 电动机轴承内的润滑油量不足或润滑油太脏，会卡住转子使电动机过热，引起绝缘燃烧。

• 电动机拖动的生产机械被卡住，使电动机严重过电流，导致线圈过热而引起火灾。

• 电动机接线端子处接触不好，接触电阻过大，产生高温和火花，引起绝缘或附近的可燃物燃烧。

• 电动机维修不良，通风槽被粉尘或纤维堵塞，热量散不出去，造成线圈过热起火。

② 预防措施：

• 选择、安装电动机要符合防火安全要求。在潮湿、多粉尘场所应选用封闭型电动机；在干燥清洁场所可选用防护型电动机；在易燃、易爆场所应选用防爆型电动机。

• 电动机应安装在耐火材料的基础上。如果安装在可燃物的基础上，应铺铁板等非燃烧材料使电动机和可燃基础隔开。电动机不能装在可燃结构内。电动机与可燃物应保持一定距离，周围不得堆放杂物。

• 每台电动机要有独立的操作开关和短路保护、过负荷保护装置。对于容量较大的电动机，在电动机上可装设断相保护或装设指示灯监视电源，防止电动机断相运行。

• 电动机应经常检查维护，及时清扫，保持清洁；对润滑油要做好监视并及时补充和更换润滑油；要保证电刷完整、压力适宜、接触良好；对电动机运行温度要加强控制，使其不超过规定值。

• 电动机使用完毕应立即拉开电动机电源开关，确保电动机和人身安全。

(3)电缆火灾事故预防

① 电缆发生火灾的原因：电缆本身故障引发火灾、电缆外部火灾引燃电缆。

② 预防措施：

• 保证施工质量，特别是电缆头制作质量一定要严格符合相关规定要求。

• 加强对电缆的运行监视，避免电缆过负荷运行。

• 定期进行电缆测试，发现不正常及时处理。

• 电缆沟、隧道要保持干燥，防止电缆浸水，造成绝缘下降，引起短路。

• 加强电缆回路开关及保护的定期校验和维护，保证动作可靠。

• 电缆敷设时要与热力管道保持足够距离，一般控制电缆不小于0.5 m，动力电缆不小于1 m。控制电缆与动力电缆应分槽、分层并分开布置，不能层间重叠放置。对不能符合规定的部位，电缆应采取阻燃、隔热措施。

• 定期清扫电缆上所积煤粉，防止积粉自燃而引起电缆着火。

• 安装火灾报警装置及时发现火情，防止电缆着火。

• 采取防火阻燃措施。电缆的防火阻燃措施如下：

将电缆用绝热耐燃物封包起来，当电缆外部着火时，封包体内的电缆被绝热耐燃物隔离而免遭烧毁，如果电缆自身着火，因封包体内缺少氧气而使火自灭，并避免火势蔓延到封包外；将电缆穿过墙壁、竖井的孔洞用耐火材料封堵严密，防止电缆着火时高温烟气扩散蔓延造成火灾面扩大；在电缆表面涂刷防火涂料；用防火包带将电缆需防燃的部位缠包；在电缆层间设置耐热隔火板，防止电缆层间窜燃，扩大火情；在电缆通道设置分段隔墙和防火门，防止电缆窜燃，扩大火情。

• 配备必要的灭火器材和设施。架空电缆着火可用常用的灭火器材进行扑救，但在电缆夹层、竖井、沟道及隧道等处宜装设自动或远控灭火装置，如“1301”灭火装置、水喷雾灭火装置等。

(4)室内电气线路火灾预防

① 电气线路短路引起的火灾预防：

• 线路安装好后要严格检查线路敷设质量；测量线路相间绝缘电阻及绝缘电阻(用500 V绝缘电阻表测量，绝缘电阻不能小于0.5 MΩ)；检查导线及电气器具产品质量，都应符合国家现行技术标准和要求。

• 定期检查测量线路的绝缘状况，及时发现缺陷进行修理或更换。

• 线路中保护设备(熔断器、低压断路器等)要选择正确，动作可靠。

② 电气线路导线过负荷引起的火灾预防：

• 导线的截面积要根据线路最大工作电流正确选择，而且导线质量一定要符合现行国家技术标准。

• 不得在原有的线路中擅自增加用电设备。

• 经常监视线路运行情况，如发现有严重过负荷现象时，应及时切除部分负荷或加大导线截面积。

• 线路保护设备应完备，一旦发生严重过负荷或过负荷时间已较长而且过负荷电流很大时，应切断电路，避免事故发生。

③ 电气线路连接部分接触电阻过大引起的火灾预防：

• 导线连接以及导线与设备连接必须严格按规范规定进行，必须接触紧密。

• 在管子内配线、槽板内配线等不准有接头。

导线连接要求：连接后的导线电阻与未连接时的导线电阻应一样；导线连接后恢复绝缘的绝缘电阻应与未连接时的绝缘电阻一样；连接后导线的机械强度不能减小到80%以下。

• 平时运行中监视线路和设备的连接部分，如发现有松动或过热现象应及时处理或更换。

• 在有电气设备和电气线路的车间等场所，应设置一定数量的灭火器材（例如“1211”灭火器等）。

（5）电加热设备火灾预防

① 电加热设备发生火灾的原因：电熨斗、电烙铁、电炉等电加热设备表面温度很高，可达数百度，甚至更高。如果这些设备碰到可燃物，就会很快燃烧起来。这些设备如果电源线过细，运行中电流大大超过导线允许的电流，或者不用插头而直接用线头插入插座内，以及插座电路无熔断装置保护等都会因过热而引发火灾事故。

② 预防措施：

• 正在使用的电加热设备必须有人看管，人离开时必须切断电源。
• 电加热设备必须设置在陶瓷、耐火砖等耐热、隔热材料上。使用时应远离易燃和可燃物。
• 电加热设备在导线绝缘损坏或没有过电流保护（熔断器或低压断路器）时，不得使用。
• 电源线导线的安全载流量必须满足电加热设备的容量要求。电源插座的额定电流必须满足电加热设备的容量要求。

4. 常用灭火器的使用

灭火器是一种可由人力移动的轻便灭火器具，它能在其内部压力作用下，将所充装的灭火剂喷出，用来扑救火灾。

（1）灭火器种类

灭火器种类繁多，其适用范围也有所不同，只有正确选择灭火器，才能有效地扑救不同种类的火灾，达到预期的效果。我国现行的国家标准将灭火器分为手提式灭火器（总质量不大于20 kg）和推车式灭火器（总质量不大于40 kg）。

灭火器按充装的灭火剂可分为五类：干粉类灭火器（充装的灭火剂主要有两种，即碳酸氢钠和磷酸铵盐灭火剂）、二氧化碳灭火器、泡沫型灭火器、水型灭火器、卤代烷型灭火器（俗称“1211”灭火器和“1301”灭火器）。

按驱动灭火器的压力形式可分为三类：化学反应式灭火器（由灭火器内化学反应产生的气体压力驱动的灭火器）；储气式灭火器（由灭火器上的储气瓶释放的压缩气体或液化气体的压力驱动的灭火器）；储压式灭火器（由灭火器同一容器内的压缩气体或灭火蒸气的压力驱动的灭火器）。

（2）常见灭火器的使用

① 常见灭火器标志的识别。灭火器铭牌常贴在筒身上或印刷在筒身上，并应有下列内容，在使用前应详细阅读。

• 灭火器的名称、型号和灭火剂类型。
• 灭火器的灭火种类和灭火级别。要特别注意的是，对于不适应的灭火种类，其用途代码符号是被红线画过去的。
• 灭火器的使用温度范围。
• 灭火器驱动器气体名称和数量。
• 灭火器生产许可证编号或认可标记。

• 生产日期、制造厂家名称。

② 常见灭火器的使用方法。常用的手提式灭火器有 3 种(见图 11-12):干粉灭火器、二氧化碳灭火器和卤代烷型灭火器。

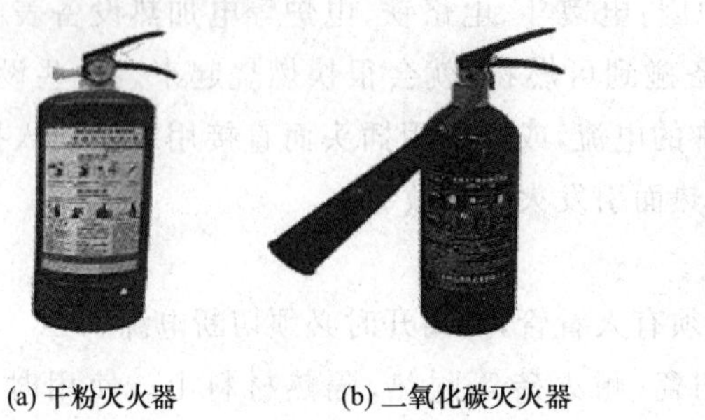

(a) 干粉灭火器　　(b) 二氧化碳灭火器　　(c) 卤代烷型灭火器

图 11-12　常见手提式灭火器

• 干粉灭火器的使用:将手提式灭火器拿到距火区 3～4 m 处,拔去保险销,将喷嘴对准火焰根部,手握导杆提环,压下顶针,即喷出干粉,并可从近至远反复横扫。

干粉灭火器的保养:保持干燥、密封,避免暴晒,半年检查一次干粉是否结块,每 3 个月检查一次二氧化碳重量,总有效期一般为 4～5 年。

• 二氧化碳灭火器的使用:一手拿喷筒对准着火物,一手拧开梅花轮(手轮式)或一手握紧鸭舌(鸭嘴式),气体即可喷出。注意现场风向,逆风使用时效能低。二氧化碳灭火器一般用在 600 V 以下电气装置或设备灭火。电压高于 600 V 的电气装置或设备灭火时需停电灭火。二氧化碳灭火器可用于珍贵仪器设备灭火,而且可扑灭油类火灾,但不适用于钾、钠等化学产品的火灾扑救。注意使用时不可手摸金属枪,不可把喷筒对人。

二氧化碳灭火器的保养:二氧化碳灭火器怕高温,存放地点温度不可超过 42℃,也不可存放在潮湿地点。每 3 个月要查一次二氧化碳重量,减轻重量不可超过额定总重量的 10%。

• 卤代烷型灭火器("1211"灭火器)的使用:使用手提式"1211"灭火器需先拔掉红色保险圈,然后压下把手,灭火剂就能立即喷出。使用推车式灭火器时,需取出喷管,伸展胶管,然后逆时针转动钢瓶手轮,即可喷射。

卤代烷型灭火器的保养:"1211"灭火器应定期检查,减轻的重量不可超过额定总重量的 10%,定期检查氮气压力,低于 15 kg/cm^2 时应充氮。

5. 火灾分类及灭火器的选择

(1)火灾的种类

A 类火灾:指固体物质火灾,如木材、棉、毛、麻、纸张。

B 类火灾:指液体火灾和可熔性的固体物质火灾,如汽油、煤油、原油、甲醇、乙醇、沥青等。

C 类火灾:指气体火灾,如煤气、天然气、甲烷、丙烷、乙炔、氢气。

D 类火灾:指金属火灾,如钾、钠、镁、钛、锆、锂、铝镁合金等燃烧的火灾。

E 类火灾:指电器火灾。

(2)灭火器的选择

① 干粉类的灭火器:分为碳酸氢钠和磷酸铵盐灭火剂。碳酸氢钠灭火剂用于扑救 B、C 类

火灾;磷酸铵盐灭火剂用于扑救A、B、C、E类火灾。

② 二氧化碳灭火器:用于扑救B、C、E类火灾。

③ 泡沫型灭火器:用于扑救A、B类火灾。

④ 水型灭火器:用于扑救A类火灾。

⑤ 卤代烷型灭火器:扑救A、B、C、E类火灾。

七、安全用电实用知识

1. 电源插座及接线方式

(1)单相插座

目前所用插座插脚和插孔的形状是扁形的。单相双孔插座孔、单相三孔插座孔的排列及标志如图11-13所示。其中L表示相线(俗称火线),N表示中性线(俗称零线),PE表示保护接地线或保护接零线。在安装插座时,插座接线孔要按一定顺序排列。单相双孔插座双孔垂直排列时,相线孔在上方,中性线孔在下方;单相双孔插座水平排列时,相线在右孔,中性线在左孔;单相三孔插座,保护接地在上孔、相线在右孔、中性线在左孔。

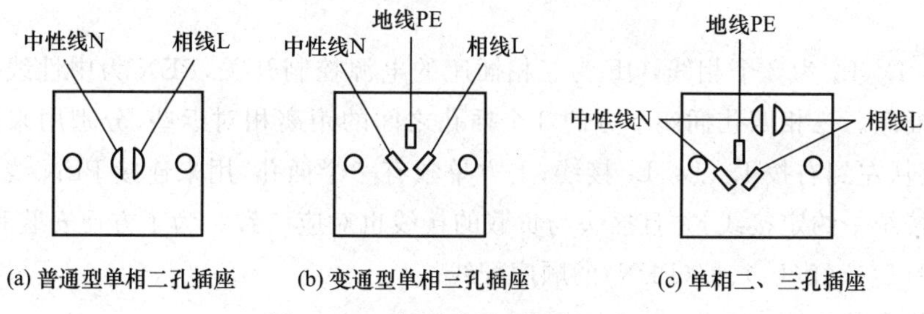

图11-13　插座孔排列顺序示意图

根据低压配电系统的形式,正确可靠地装好插座的接地线。特殊需要时,插座允许装低,但不应低于15 cm,且应选用安全插座。图11-14所示的接线中,图11-14(a)是正确的,图11-14(b)是错误的。而图11-14 (b)所示的错误接法可能出现图11-15所示的情况,潜伏着不可忽视的危险性。这是因为在单相两线制线路中,很可能造成中性线断线、松脱。而中性线断路,造成负载回路中无电流,负载上无压降,使整个电气设备形成等电位,电气设备的金属外壳上就带有220 V的对地电压,对人身造成威胁。另一种情况是当检修线路时,有可能将相线与中性线接反,此时220 V相电压直接通过接地(接零)插孔传到电气设备的金属外壳上,危及人身安全。

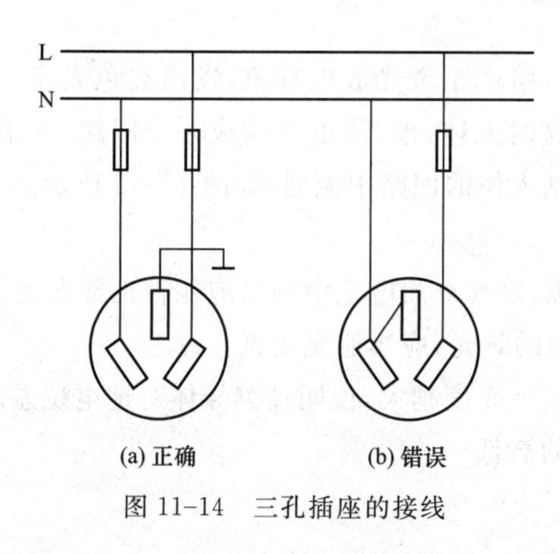

图11-14　三孔插座的接线

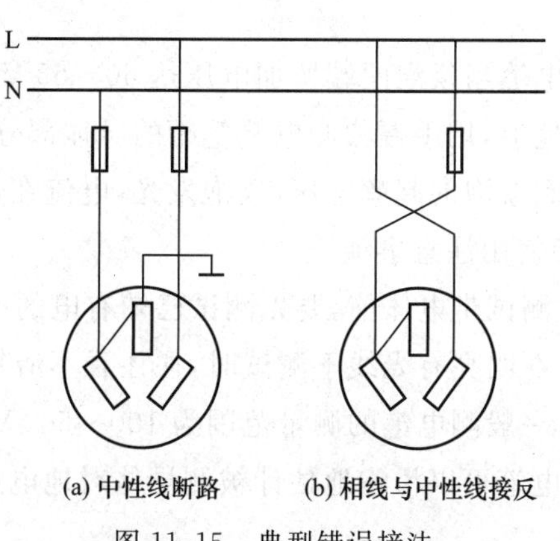

图11-15　典型错误接法

(2)三相插座

四孔三相插座在工厂、商店、学校、建筑工地等场所使用非常普遍,其线路由电源开关、连接导线和四孔插座等组成,接线方式如图 11-16 所示。相色线不得混合安装,以防相位出错。

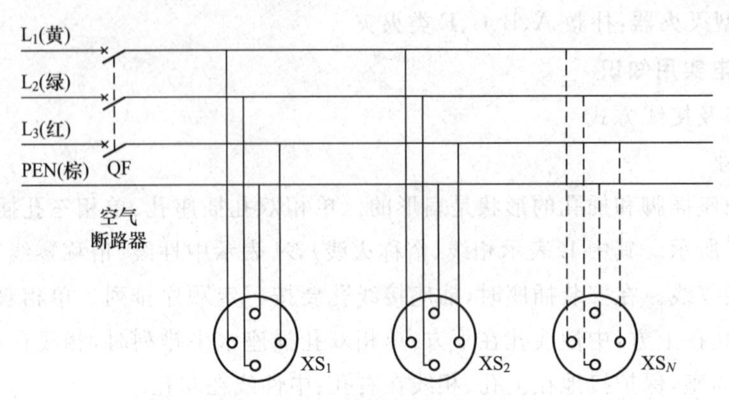

图 11-16　三相四孔插座接线方式

图中 L_1、L_2、L_3 为 3 个相线,QF 为三相插座的电源控制开关,PEN 为中性线,XS_1～XS_N 为三相四孔插座。三相四孔插座下方的 3 个插孔之间的距离相对近些,分别用来连接 3 个相线,面对插座从左到右按 L_1、L_2、L_3 接线;上方单独有一个插孔,用来连接 PEN 线。所有四孔三相插座都按统一约定接线,并且插头与负载的接线也对应一致。为了方便安装和检修,统一按黄(L_1)、绿(L_2)、红(L_3)、棕(PEN)的顺序配线。

2.测电笔及其使用

(1)测电笔结构及原理

测电笔简称电笔,常用来区分电源的相线和中性线,或用来检查低压导电设备外壳是否带电的辅助安全工具。测电笔又分钢笔式和螺丝刀式两种,主要由氖泡和大于 10 MΩ 的碳电阻构成。其外形如图 11-17 所示。

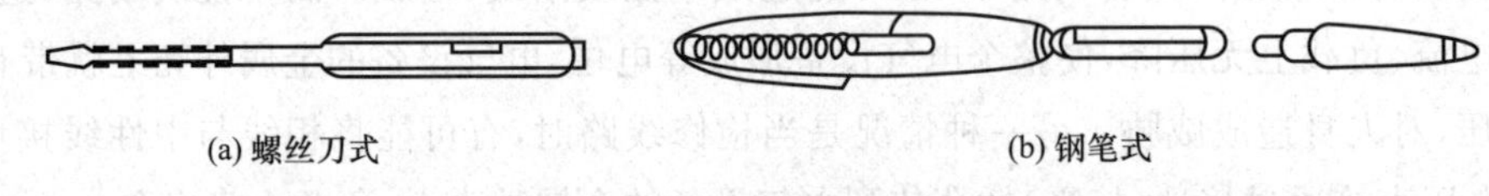

图 11-17　测电笔外形

测电笔当氖泡两端所加电压达 60～65 V 时,将产生辉光放电现象,发出红色光亮。使用者站在地上,用手握住测电笔笔帽的导体部分,这时人体、地、测电笔构成一个回路,如果被测电压达到氖泡的起辉电压,氖泡发光,电流在包括人体的回路中流通,如图 11-18 所示。

(2)使用注意事项

① 测试带电体前,要先测试已知有电的电源,以检查测电笔中的氖泡能否正常发光。

② 在明亮有光线下测试时,往往看不清氖泡的辉光,应当避光测试。

③ 一般测电笔的测量范围为 100～500 V,氖泡亮度越大,说明被测导体对地电位差越大,所以测电笔可以粗略地估计被测导体对地电压的高低。

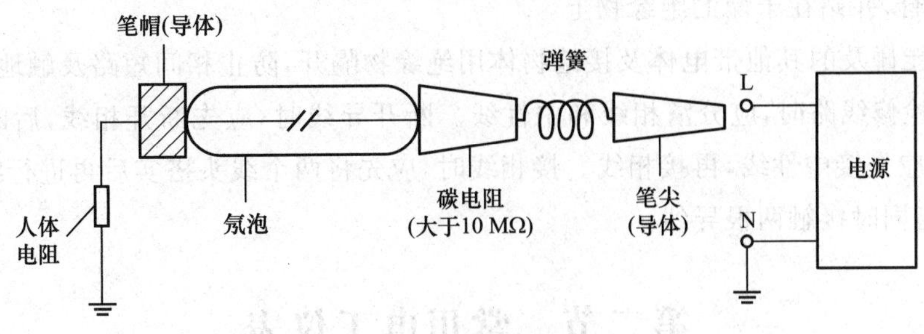

图 11-18 测电笔工作原理

3. 安全色与安全标志

为了明了醒目，常把三相电力导线 U、V、W 用黄、绿、红标示，低压电网中性线用淡蓝色标志表示[TN-C 系统的保护中性线(PEN)以竖条间隔的淡蓝表示]，接地线(明敷设部分)以深黑色标志表示。开关合闸位置为红色，并在红色底面上写白色“合”字；在分闸牌绿色底面上写白色的“分”字。红灯表示合闸位置有电，绿灯表示开关断开，黄灯表示电动机在启动状态。安全色的含义如表 11-4 所示。

表 11-4 安全色含义

颜 色	含 义	用途举例
红色	禁止停止	禁止标志；停止标志；机器、车辆上的紧急停止手柄或按钮；以禁止人们触动的部位
	红色也可表示防火	
蓝色	指令必须遵守的规定	指令标志：如必须佩带个人防护用具；道路上指车辆和行人行驶方向的指令
黄色	警告、注意	警告标志；警戒标示；围的警戒线；安全帽
绿色	提示安全状态通行	指示标杆；车间内的安全通道；行人和车辆通行标示；消防设备和其他安全防护设备的位置

4. 安全操作知识

(1)停电检修的安全操作规程

① 停电检修工作的基本要求停电检修时，对有可能送电到检修设备及线路的开关和闸刀应全部断开，并在已断开的开关和闸刀的操作手柄上挂上“禁止合闸，有人工作”的标示牌，必要时要加锁，以防止误合闸。

② 停电检修工作的基本操作顺序首先应根据工作内容，做好全部停电的倒闸操作。停电后对电力电容器、电缆线等，应装设携带型临时接地线及绝缘棒放电，然后用低压验电器对所检修的设备及线路进行验电，在证实确实无电时，才能开始工作。

③ 检修完毕后的送电顺序。检修完毕后，应拆除携带型临时接地线，并清理好工具，然后按倒闸操作内容进行送电合闸操作。

(2)带电检修的安全操作规程

如果因特殊情况必须在电气设备上带电工作时，应按照带电工作安全规程进行。

① 在低压电气设备和线路上从事带电工作时，应设专人监护，使用合格的有绝缘手柄的

工具，穿绝缘鞋，并站在干燥的绝缘物上。

② 将可能碰及的其他带电体及接地物体用绝缘物隔开，防止相间短路及触地短路。

③ 带电检修线路时，应分清相线和中性线。断开导线时，应先断开相线，后断开中性线。搭接导线时，应先接中性线，再接相线。接相线时，应先将两个线头搭实后再进行缠接，切不可使人体或手指同时接触两根导线。

第二节　常用电工仪表

电工仪表用来测量电路中电压、电流、电功率及电能等物理量的大小，以便人们对线路及电气设备的安装、调试、实验、运行情况进行检测、调整和控制，以满足工农业生产和科学研究的需要。电工测量仪表和电工测量技术的发展，保证了生产过程的合理操作和用电设备的顺利工作。

电工测量技术的主要优点如下：

① 电工测量仪表的结构简单，使用方便，并有足够的准确度。

② 电工测量仪表可以灵活地安装在需要进行测量的地方，并可以实现自动记录。

③ 电工测量仪表可以解决远距离的测量问题，为集中管理和控制提供了条件。

④ 能利用电工测量的方法对非电量进行测量。

一、电工仪表的分类

电工仪表包括测量各种电磁量的仪表，通常分为电测量指示仪表类和比较仪表类两大类。前者包括各种交直流电流表、电压表、功率表、万用表等；后者包括各类交直流电桥、交直流补偿式测量仪器。

电测量指示仪表又称直读式仪表，可按照以下方式进行分类：

1. 按照仪表测量对象分

按照仪表测量对象可分为电流表、电压表、功率表、电度表、频率表、功率因数表、兆欧表（摇表）等。

常用的仪表代号有：电流表——A、毫安表——mA、电压表——V、千伏表——kV、功率表——W、千瓦表——kW、无功功率表——Var、电度表——kW·h、相位表——φ、频率表——f、功率因数表——$\cos\varphi$、电阻表——Ω、兆欧表——MΩ、整步表——S。

2. 按仪表测量的电流的种类分

按仪表测量的电流的种类可分为直流仪表、交流仪表、交直流两用仪表。

3. 按仪表准确度分

按仪表准确度可分为 0.1、0.2、0.5、1.0、1.5、2.5 和 5.0 七级。

仪表的准确度表示仪表指示值同被测值的实际值之间的误差大小，是电工测量仪表的特性之一。不管仪表制造得如何精确，仪表的读数和被测量的实际值之间总是有误差的，并且根据仪表的相对额定误差来分级。相对额定误差，是指仪表在正常工作条件下测量时可能产生的最大基本误差 ΔA 与仪表的最大量程（满刻度值）A_{m} 之比，如以百分数表示，则为

$$\gamma=\frac{\Delta A}{A_{\mathrm{m}}}\times 100\%$$

上述7个准确度数字则表示仪表相对额定误差的百分数。例如，有一个准确度为2.5级的电压表，其最大量程为50 V，则可能产生的最大基本误差为

$$\Delta U=\gamma U_{\mathrm{m}}=\pm 2.5\%\times 50\ \mathrm{V}=\pm 1.25\ \mathrm{V}$$

在正常工作条件下，可以认为最大基本误差是不变的，所以被测量与满刻度值相比越小，则相对测量误差就越大。例如，用上述电压表来测量实际值为10 V的电压时，相对测量误差为

$$\gamma_{10}=\frac{\pm 1.25}{10}\times 100\%=\pm 12.5\%$$

若用它测量实际值为40 V的电压，则相对测量误差为

$$\gamma_{40}=\frac{\pm 1.25}{40}\times 100\%\approx\pm 3.1\%$$

由此可见，在选用仪表量程时，应使被测量的值较接近满刻度为好。一般应使被测量的值超过仪表满标值的一半以上。

4. 按仪表的工作原理分

按仪表的工作原理可分为磁电式、电磁式、电动式、整流式、感应式，如表11-5所示。

表11-5　电工仪表分类

名　称	代　号	被 测 对 象	电流的种类
磁电式	C	电压、电流、电阻	直流
电磁式	T	电压、电流	直流和工频交流
电动式	D	电压、电流、电功率、功率因数、电能	直流、工频及高频交流
感应式	G	电能	工频及高频交流
整流式	L	电压、电流	工频及高频交流

5. 按仪表防御外界磁场或电场影响的性能分

按仪表防御外界磁场或电场影响的性能可分为Ⅰ、Ⅱ、Ⅲ、Ⅳ四等。

6. 按仪表使用方式分

按仪表使用方式可分为安装式（开关板式）和携带式两种。

二、电工仪表的组成

电工仪表种类繁多，但其组成部分却有许多共同之处，主要由测量线路和测量机构两部分组成，其中测量机构是电测量指示仪表的核心，因此下面着重讨论测量机构的组成。

测量机构由产生转动转矩的驱动部分、产生阻转矩的制动部分、阻尼部分和读数部分组成，现分别介绍如下。

1. 驱动部分

为使仪表指针能在被测量的作用下产生偏转，必须有一个产生转动力矩的驱动装置。驱动装置的基本原理，主要是利用仪表中通入电流后产生电磁转矩，而电磁转矩与电流之间存在着一定的关系 $T=f(I)$。

2. 制动部分

为了使仪表转动的偏转角 α 与被测量成一定比例，必须产生一个与偏转角 α 成比例的反作用制动力矩 T_C 与驱动转矩相平衡，使仪表转动部分停在一定位置，并反映出被测量的大小。制动力矩由游丝、悬丝、张丝或电磁力产生，如图 11-19(a)、(b)、(c)所示。游丝一端与仪表固定部分相连，另一端与转轴相连，当轴转动时，游丝变形，由于弹性产生制动力矩。悬丝和张丝在转动部分偏转时受扭力作用，也产生制动力矩。

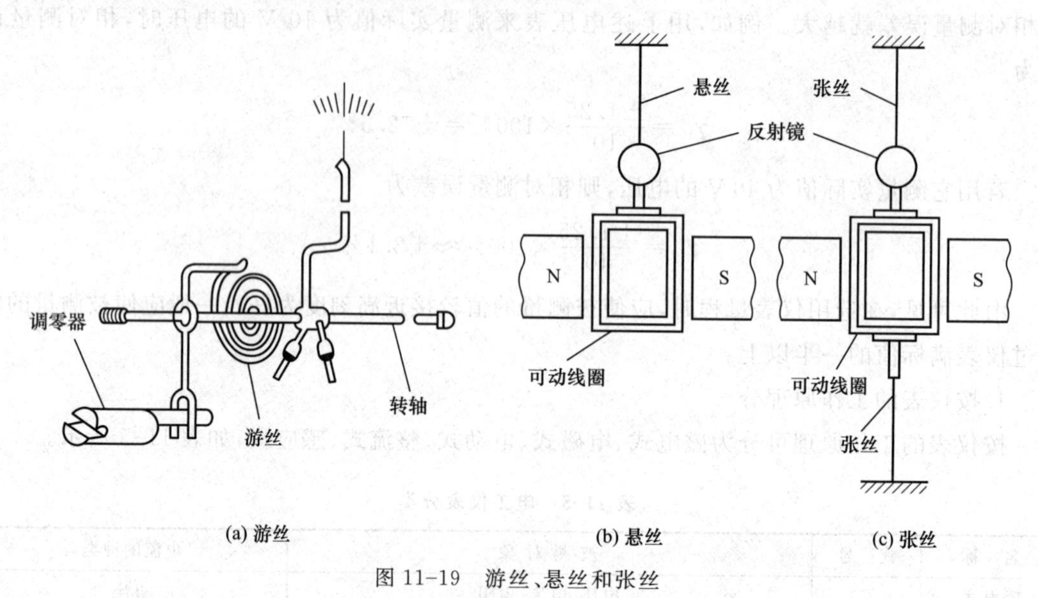

图 11-19　游丝、悬丝和张丝

3. 阻尼部分

阻尼器主要在指针转动过程中，产生阻尼力矩，克服仪表因转动惯性而造成指针左右动，以缩短测量时间。阻尼器通常有磁阻尼器和空气阻尼器两种，如图 11-20 和图 11-21 所示。

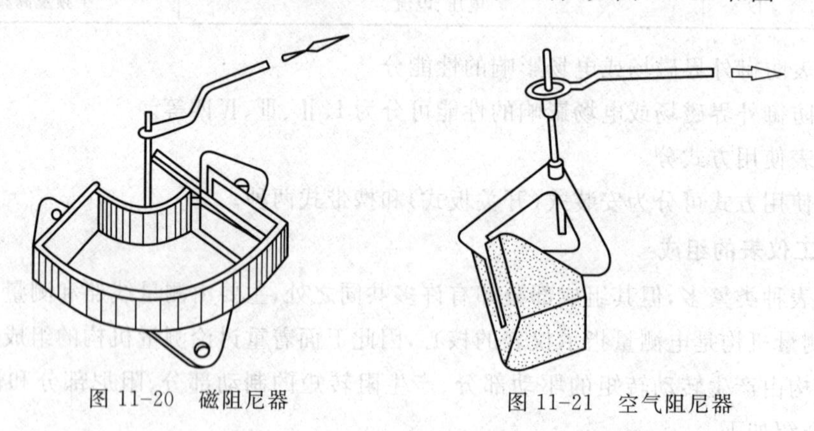

图 11-20　磁阻尼器　　图 11-21　空气阻尼器

磁阻尼器的铝片一部分位于永久磁铁的气隙中，并与转轴连接，当转轴转动时，铝片切割磁感应线产生感应电流，电流与磁场作用产生电磁力，此力的方向与铝片运动方向相反，起阻尼用。空气阻尼器的薄片置于扇形阻尼箱内，并与转轴相连，当转轴转动时，空气对薄片产生阻力，使指针迅速停摆。

4.读数部分

直读式仪表根据指针在仪表刻度尺上的位置进行读数。读数时，应使视线垂直于标度尺平面。准确度较高的仪表中装有镜子标尺，读数时应使指针与它在镜子中的像相重合。仪表刻度尺有均匀刻度，也有不均匀刻度。仪表指针有刀形和矛形两种。

三、电工仪表的工作原理

常用的直读式电工仪表为磁电式、电磁式和电动式3种，下面对这3种仪表的基本结构、工作原理及其性能进行讨论。

1.磁电式仪表

磁电式仪表是根据通电导体在磁场中受到电磁力的作用原理制成的，一般来测量电流和电压。

磁电式仪表的结构如图11-22所示。由固定的永久磁铁、圆柱形铁芯：极掌N、S和可动的绕在铝框上的线圈、接在线圈两端的两个游丝、指针、前后两根半轴O和O'等组成。极掌与铁芯之间为均匀长度的空气，形成均匀的辐射方向的磁场，如图11-23所示。

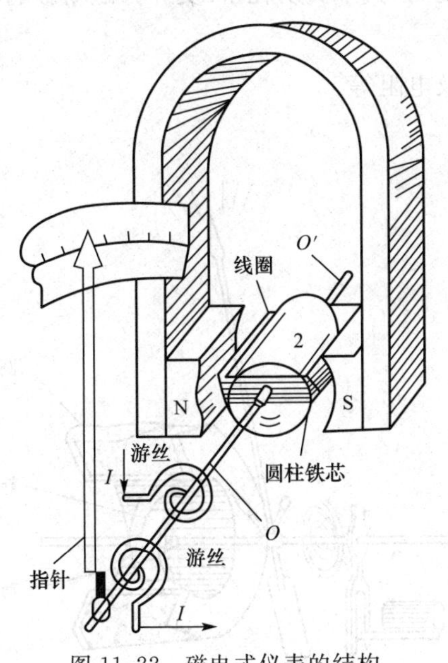

图11-22　磁电式仪表的结构

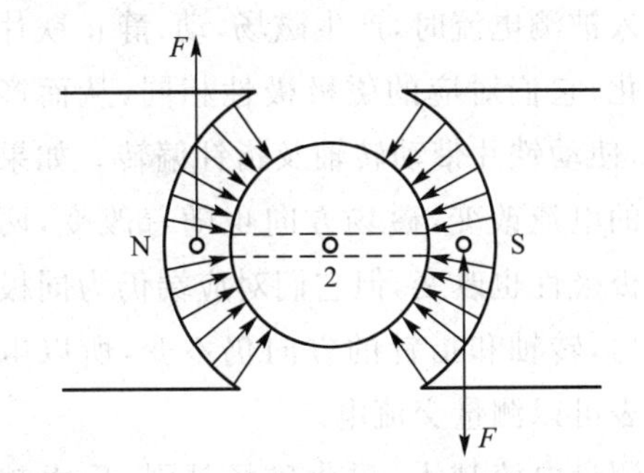

图11-23　磁电式仪表的转矩

当被测电流，经游丝通入线圈时，由于与空气隙中磁场的相互作用，线圈的两有效边受到大小相等、方向相反的力，其方向如图11-23所示，由左手定则确定，线圈与均匀磁场相互作用产生电磁力，形成转动力矩而带动指针偏转。则线圈所受的转矩为

$$T=Fb=BlbNI=k_1I \tag{11-1}$$

式中，B为空气隙中的磁感应强度；l为线圈在磁场的有效长度；N为线圈的匝数；b为线圈的宽度；$k_1=BlbN$，为比例常数。

指针转动的同时，游丝被扭紧产生制动力矩，制动力矩与指针之间的偏转角成正比，那么

$$T_C=k_2\alpha \tag{11-2}$$

当转动力矩等于制动力矩时，线圈和指针处于平衡状态而停止转动，则

$$T=T_C \tag{11-3}$$

即

$$\alpha=\frac{k_1}{k_2}I=kI \tag{11-4}$$

式中，$k=\frac{k_1}{k_2}$为仪表结构参数。因此，指针偏转角度与流过线圈的电流成正比，所以磁电式仪表的刻度是均匀的。当线圈中无电流时，指针应指在零的位置，可用校正器进行调整。

磁电式仪表没有专门的阻尼器，是利用线圈的铝框起磁阻尼的作用。当线圈通有电流而发生偏转时，铝框切割永久磁性的磁通，在框内感应出电流，电流再与永久磁铁的磁场作用，产生与转动方向相反的制动力，于是仪表的可动部分就受到阻尼作用，迅速静止在平衡位置。

若磁电式仪表的线圈通入交流电流，转动力矩的方向将随着交流电方向的改变而改(对于工频交流电每秒钟改变 100 次)，由于转动部分有惯性，跟不上这种迅速的改变，因而指针不会偏转，所以磁电式仪表不能测量交流，只能配上整流器组成整流式仪表后才能用于交流测量。

磁电式仪表的特点：反应灵敏，准确度高，刻度均匀，本身功耗小，受外界磁场影响小，但结构复杂，价格高，过载能力小，不能直接测交流量。

磁电式仪表常用来测量直流电压、直流电流及电阻等。

2. 电磁式仪表

电磁式仪表也是根据电磁作用原理制成的，其结构如图 11-24 所示。静止铁片固定在圆形线圈的内壁上，动铁片固定在转轴上。当线圈通入被测电流时，产生磁场，动、静止铁片同时磁化，它们对应的磁极极性相同，从而产生斥力，使动铁片带动转轴及指针偏转。如果线圈中的电流改变，磁场方向也随着改变，两铁片磁极极性也改变，但它们对应端仍为同极性的斥力，转轴和指针的方向仍不变，所以电磁式仪表可以测量交流电。

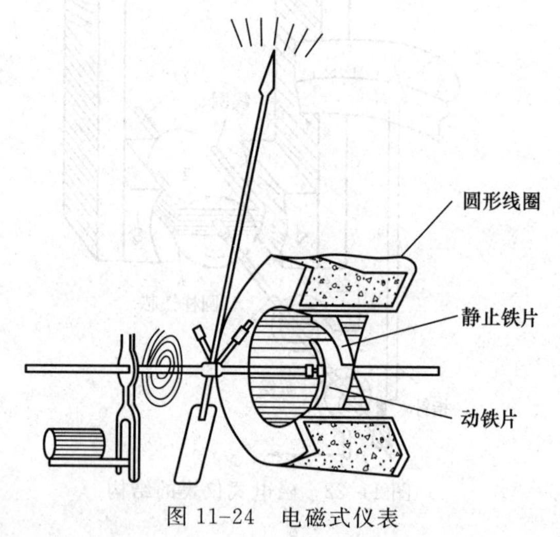

图 11-24 电磁式仪表

被测量电流越大，磁化磁场越强，斥力越大，转动力矩就越大。可以近似地认为，作用在铁片上的力矩与通入线圈的电流的平方成正比。即

$$T=k_1 I^2 \tag{11-5}$$

对于交流电，I 表示交流电的有效值。

同磁电式仪表相同，游丝产生的制动转矩与指针偏转角成正比，即

$$T_C=k_2\alpha$$

当转动转矩等于制动转矩时，动铁片和指针停止摆动，则

$$T=T_C$$

即有
$$\alpha=\frac{k_1}{k_2}I^2=kI^2 \tag{11-6}$$
因此，指针的偏转角与直流电流或交流电流有效值的平方成正比，所以电磁式仪表的刻度不均匀，并且它由空气阻尼器产生阻尼力，其阻尼作用是由与转轴相联的活塞在小室中移动而产生的。

电磁式仪表的特点：结构简单，价格低廉，过载能力较强且交直流两用；但是刻度不均匀，本身功耗大，易受外磁场及铁片中磁滞和涡流（测量交流时）的影响，准确度较低。

3.电动式仪表

电动式仪表用于交流精密测量及作为交流标准表，与电磁式仪表的最大区别是可动线圈代替动铁片，可以消除测量时的磁滞和涡流的影响，提高准确度。

电动式仪表的结构如图 11-25 所示。它由固定线圈、可动线圈、螺旋弹簧等组成。固定线圈导线粗，匝数少，与被测电路串联流过负载电流，又称电流线圈；可动线圈导线细，匝数多，串联附加电阻后与被测电路并联，因此又称电压线圈。固定线圈分为两段，主要是为了获得较均匀的磁场分布，也便于改换电流量程。

当固定线圈通过电流 I_1 时，产生磁场，可动线圈中的电流 I_2 与此磁场（磁场感应强度为 B_1）相互作用产生电磁力，如图 11-26 所示，其大小与 B_1 和 I_2 的乘积成正比，而 B_1 又和 I_1 成正比，因此作用于可动线圈上的转动转矩与电流 I_1、I_2 的乘积成正比，即
$$T=k_1I_1I_2 \tag{11-7}$$

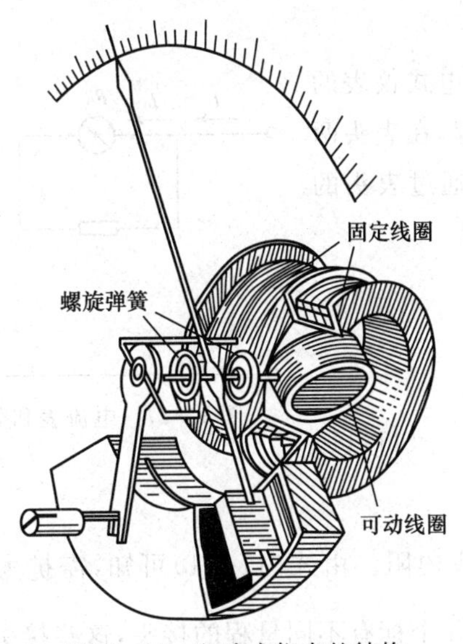

图 11-25　电动式仪表的结构

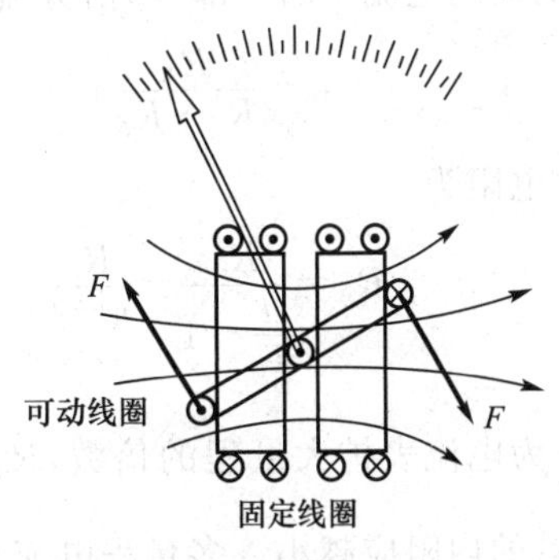

图 11-26　电动式仪表的转矩

当电流 I_1 和 I_2 的方向同时改变时，指针偏转的方向不变。而任意一个电流的方向改变时，指针偏转方向随着改变。因此，电动式仪表可以交、直流两用。

当两个线圈中通入相位差为 φ 的两个正弦交流 i_1 和 i_2 时，仪表所受到的平均转矩为
$$T=k_1I_1I_2\cos\varphi \tag{11-8}$$
式中 I_1 和 I_2 分别为电流 i_1 和 i_2 的有效值。

当游丝产生的制动转矩 $T_C = k_2\alpha$ 等于转动转矩时，指针便停止摆动，则 $T=T_C$ 对于直流电流则有

$$\alpha = kI_1I_2 \tag{11-9}$$

而对于交流电流则有

$$\alpha = kI_1I_2\cos\varphi \tag{11-10}$$

电动式仪表的特点：准确度高(无铁磁物质，故没有磁滞和涡流效应，准确度可达 0.1 级)，可交、直流两用；但仪表结构的坚固性较差，过载能力较低，抗干扰能力较弱。

第三节　电工测量技术

包工测量主要指电压、电流、电功率、电能、相位等电量测量和磁场强度、磁通、磁感应强度、磁动势等各种磁特性的测量。掌握了这门技术，对线路、电机和电气设备的安装、调试、实验运行以及维修都带来很大的方便，这对一个从事电气技术工作的人员来说是十分必要的。由于篇幅所限，这里只讨论最基本的电工测量技术。

一、电流的测量

电流表应与被测电路串联，为了减小电流表内阻造成的误差，电流表的内阻要尽可能小，因此使用时切不可将它并联在电路中，否则造成短路，将电流表烧坏，在使用时务须特别注意。

1. 直流电流的测量

测量直流电流通常采用磁电式电流表，而磁电式仪表的表头不允许通过大电流。为了扩大电流表的量程，在表头两端并联一个分流器 R_A，如图 11-27 所示。此时通过表头的电流 I_0 只是被测电流 I 的一部分，由分流公式得

$$I_0 = \frac{R_A}{R_0 + R_A} I$$

则分流器的电阻为

$$R_A = \frac{R_0}{\frac{I}{I_0} - 1} = \frac{R_0}{n-1} \tag{11-11}$$

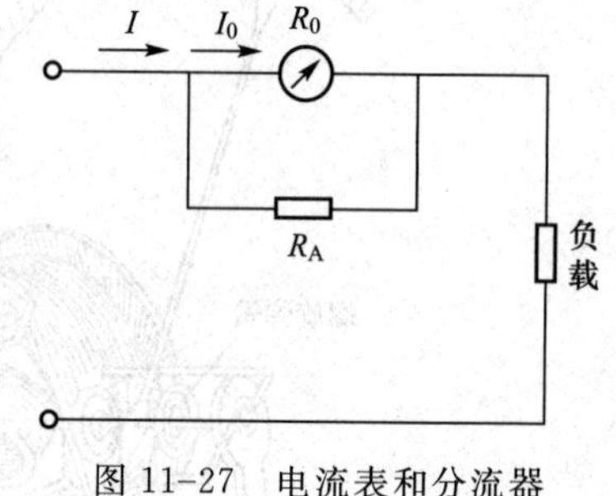

图 11-27　电流表和分流器

式中，$n=\frac{I}{I_0}$ 为电流表扩大量程的倍数，R_0 为表头内阻。由式(11-11)可知，需扩大的量程越大，则分流器的内阻应越小。多量程电流表具有几个标有不同量程的接头，这些接头可分别与相应阻值的分流器并联。分流器一般放在仪表的内部，成为仪表的一部分，但较大电流的分流器常放在仪表的外部。

【例 11-1】 有一磁电式电流表，满刻度电流为 200 μA，表头内阻为 300 Ω，现要求将其满刻度电流扩大为 0.5 A，求应并联多久分流电阻。

解： 先求扩程倍数 n

$$n=\frac{I}{I_0}=\frac{0.5}{200\times10^{-6}}=2\,500$$

再求分流器电阻

$$R_A=\frac{R_0}{n-1}=\frac{300}{2500-1}\,\Omega=0.12\,\Omega$$

2.交流电流的测量

测量交流电流主要采用电磁式电流表。电磁式电流表采用固定线圈，允许通过大电流。由于内阻较大，它不采用分流器来扩大量程，而是采用改变固定线圈的接法，或利用电流互感器来扩大量程。

图 11-28 所示为双量程电磁式电流表接线图，当被测电流为 0～5 A 时，把两组线圈串接，图 11-28(a)所示为 5 A 量程；当被测电流大于 5 A 小于 10 A 时，把两组线圈并接，图 11-28(b)所示为 10 A 量程。

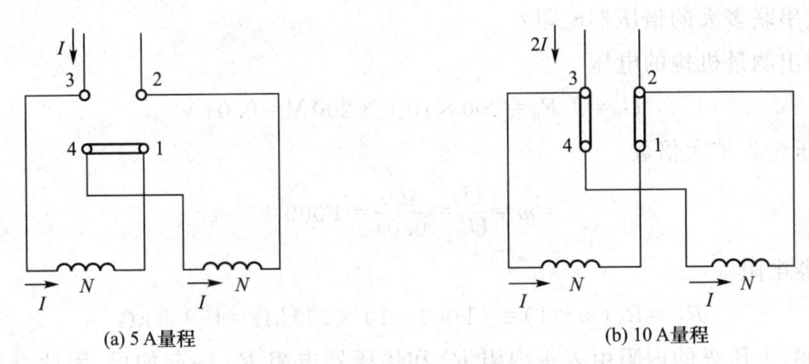

图 11-28　双量程交流电流表接法

在测量大容量交流电流时，利用电流互感器来扩大仪表的量程，实际电流值等于读数乘以电流互感器的变比。

二、电压的测量

电压表是用来测量电源、负载或电路中某段端电压的，应和被测电路并联。为了使被测电路不因接入电压表而受影响，电压表的内阻应尽可能大。如果误将电压表串联在电路中，则得不到要测量的电压。

1.直流电压的测量

测量直流电压通常用磁电式电压表，但是磁电式仪表只允许通过很小的电流，测量时也只能测较低的电压(不超过 mV 级)，其电阻 R_0 是不大的，所以必须和它串联一个称为倍频器的高值电阻 R_V(附加电阻)来扩大量程，如图 11-29 所示。由分压公式得

$$\frac{U}{U_0}=\frac{R_0+R_V}{R_0}$$

则倍压器电阻为

$$R_V=R_0\left(\frac{U}{U_0}-1\right)=R_0(m-1) \tag{11-12}$$

式中，R_0 为表头内阻，m 为电压量程扩大倍数。由式(11-12)可知，需要扩大的量程越大，倍压

器的电阻则越大。磁电式仪表灵敏度高，因此倍压器电阻大，它一般都做成内附式。多量程电压表为分段式倍压器，如图 11-30 所示。

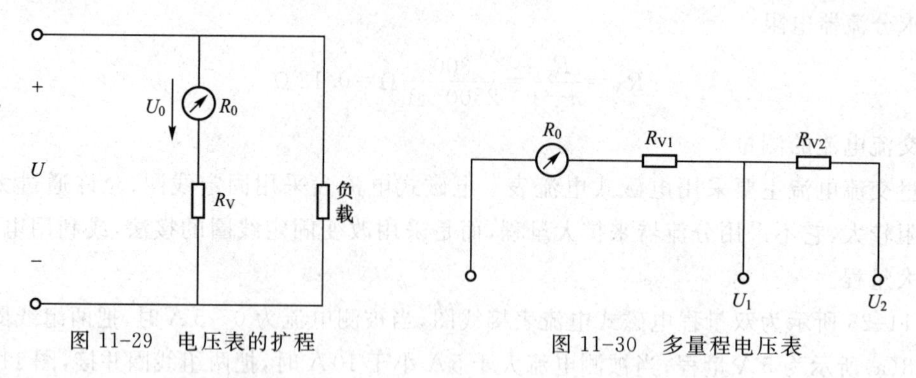

图 11-29　电压表的扩程　　　图 11-30　多量程电压表

【例 11-2】 有一磁电式测量机构，其满偏电流为 200 μA，表头内阻 200 Ω，欲改成 40 V 量程的电压表，应串联多大的倍压器电阻？

解：先求出测量机构的电压

$$U_0 = I_0 R_0 = 200 \times 10^{-6} \times 200\ \text{V} = 0.04\ \text{V}$$

再求电压量程扩大倍数

$$m = \frac{U}{U_0} = \frac{400}{0.04} = 1\,000$$

则倍压器电阻

$$R_V = R_0(m-1) = (1\,000-1) \times 200\ \text{k}\Omega = 199.8\ \text{k}\Omega$$

综上所述，电压表的内阻由表头内阻 R_0 和倍压器电阻 R_V 一起构成，因此电压表的内阻与电压量程有关，用电压表的总内阻除以电压量程来表明这一特征，称为电压灵敏度，表示其内阻每伏多少欧。电压表内阻越大，灵敏度越高，消耗的功率越少，对被测电路工作状态影响越小。

2. 交流电压的测量

交流电压通常用电磁式电压表进行测量，可借助于电压互感器测量较高的交流电压。电磁式电压表扩大量程可采用串联倍压器电阻的方法，多量程电压表也可以采用分段式倍压器，方法同磁电式仪表相同。

电磁式电压表既要保证较大的电磁力使仪表产生足够的转矩，又要减少匝数，防止频率误差，因此要求通过仪表的电流大，也就是电压表的内阻要小，通常每伏只有几十欧，所以电磁式仪表的电压灵敏度较低。

3. 电功率的测量

由电工原理可知，电路中的电功率与电压和电流的乘积有关，通常采用电动式仪表测量线路中的电功率。

电动式仪表有两个线圈，定线圈作为电流线圈与负载串联，反映负载电流，而动线圈作为电压线圈串联倍压器后与负载关联，用来反映负载电压。

(1)单相交流电功率的测量

测量单相功率时，应按图 11-31 接线，线圈 1 为电流线圈，线圈 2 为电压线圈，两个线圈的一个端子上分别标有“＊”号，这两个端子应接到电流的同一极性上，若由一个线圈反接，指针将反偏，则无法读出功率的数值。

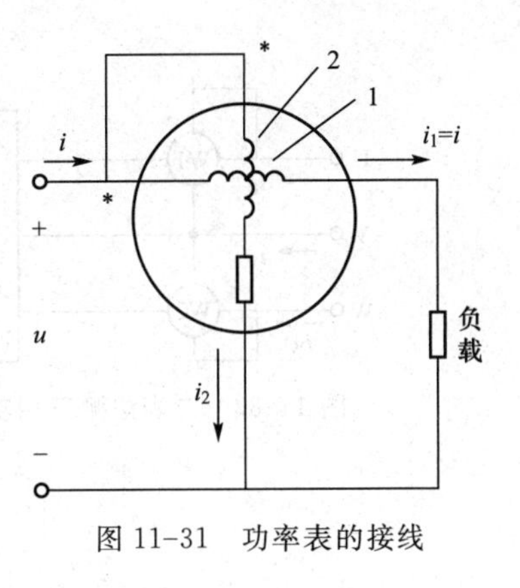

图 11-31　功率表的接线

功率表的电流线圈通常由两个相同的线圈组成，改变两个线圈的连接方法，可得双量程电流，其原理同交流电流表相同。功率表的电压量程是通过改变倍压器电阻进行改变的。功率表量程则为电压量程和电流量程的乘积。因此，选择功率表量程的实质则是选择电压和电流的量程。

电动式功率表也可以测量直流电功率，接线时注意电压线圈和电流线圈的极性应保持一致。

(2)三相功率的测量

三相交流电在电力系统中应用最为广泛，那么如何测量三相功率呢？一般有 3 种方法：

① 一表法：对于三相对称负载电路，因为各相负载消耗的功率相等，画出任何一相负载的功率 P_1，则可知三相总功率，即

$$P=3P_1 \tag{11-13}$$

图 11-32 所示为一表法测量三相对称负载的总功率的接线图。

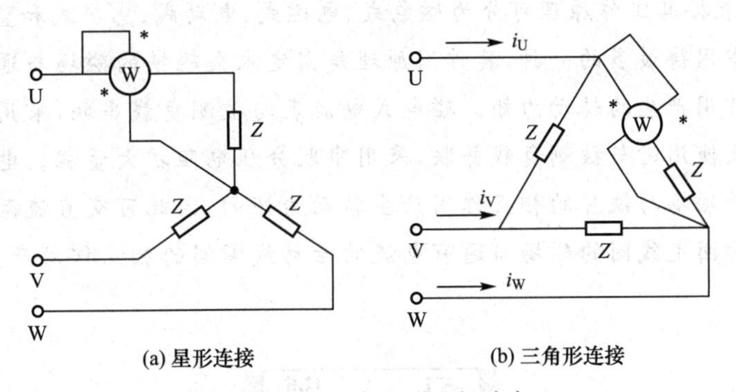

图 11-32　一表法测三相功率

② 二表法：对于三相三线制对称或不对称负载，并且不论负载连成星形还是三角形均广泛采用二表法测三相功率，图 11-33 所示为二表法测三相功率的接线图，图中两个功率表的读数之和即为三相总功率，即

$$P=P_1+P_2 \tag{11-14}$$

必须指出，二表法测三相功率时，其中一只表可能会在接线正确的情况下出现反偏，此时应将反偏的功率表的电流线圈反接，而测出的三相总功率应是功率表读数之差。

③ 三表法：三表法的接线图如图 11-34 所示。对于三相四线制不对称负载，一表法和二表法均不适用，则应采用三只功率表分别测出各相负载消耗的功率，而总功率等于三只功率表读数之和，即

$$P=P_1+P_2+P_3 \tag{11-15}$$

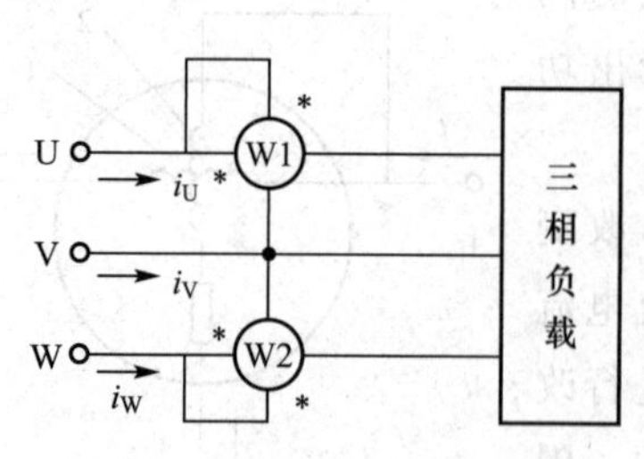

图 11-33　二表法测三相功率

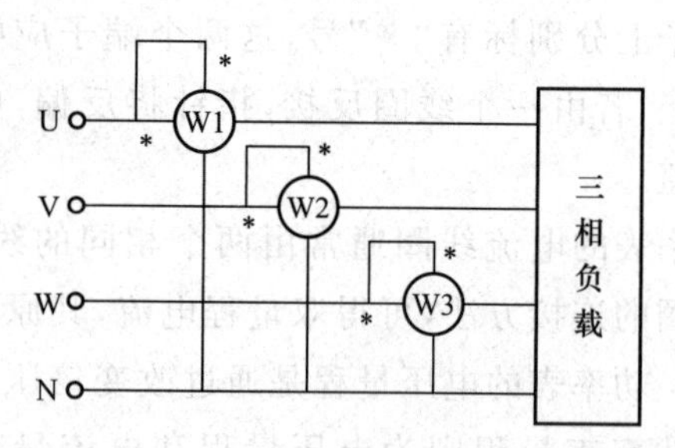

图 11-34　三表法测三相功率

小　结

① 安全用电技术是电力生产和使用中极为重要的组成部分，必须引起高度重视，在应用时适当选择工作接地、保护接地和保护接零，真正做到安全用电。

② 电工测量与仪表在现代化生产和科研中具有重要的作用。电工测量仪表主要分为直读式仪表、比较式仪表和其他电工仪表。直读式仪表有电流表、电压表、功率表、电度表、绝缘电阻表等，比较式仪表有电桥等。

③ 直读式仪表按其工作原理可分为磁电式、电磁式、电动式、感应式和整流式等。磁电式仪表是直读仪表中用得最多的一种，其作用原理是固定永久磁铁的磁场与通有直流电流的可动线圈间的相互作用产生的转动力矩。磁电式电流表与被测负载串联，采用分流电阻扩大量程。磁电式电压表使用时与被测负载并联，采用串联分压电阻扩大量程。电磁式仪表是通有电流的固定线圈的磁场与铁片的相互作用产生转动力矩的，因此可交直流两用。电动式仪表是利用通有电流的固定线圈的磁场与通有电流的活动线圈间的相互作用产生转动力矩，多做成功率表等。

习　题

一、填空题

1. 按照人体触及带电体的方式和电流通过人体的途径，触电可分为________、________和________3 种方式。

2. 电流对人体的伤害可分为________和________。

二、选择题

1.（　　）是最危险的触电形式。

A. 单相触电　　B. 两相触电　　C. 跨步电压触电　　D. 电击

2. 从触电事故统计资料的分析来看，造成触电事故的原因最多的是（　　）。

A. 缺乏安全用电知识　　B. 电气设备不符合安全规程

C. 没有普遍推行安全工作制度　　D. 经常与电接触

3. 我国采用颜色标志的含义基本上与国际安全色标准相同，如果含义是禁止、停止、消防，它的色标是(　　)。

A. 红色　　B. 黄色　　C. 绿色　　D. 蓝色

4. 对人体危害最大的频率为(　　)。

A. 5～20 Hz　　B. 25～300 Hz　　C. 500～1 000 Hz　　D. 1 000 Hz 以上

5. 下列最危险的电流途径是(　　)。

A. 左手至脚　　B. 右手至脚　　C. 左手至右手　　D. 左手至胸部

6. 发生触电事故时,对触电者首先采取的措施是(　　)。

A. 迅速脱离电源　　B. 立即拨打 120　　C. 立即送往医院　　D. 对症救治

7. 当触电者脱离电源后,若出现神志不清,处于昏迷昏死状态,心跳和呼吸已经停止,首先应当做的事是(　　)。

A. 紧急送往医院　　B. 打 120,等候急救车的到来

C. 让触电者静卧

D. 就地进行口对口人工呼吸和胸外心脏按压抢救

8. 施行口对口人工呼吸时,大约每分钟(　　)次。

A. 1～2　　B. 3～5　　C. 10～15　　D. 60～80

9. 施行胸外心脏按压时,大约每分钟挤压(　　)次。

A. 1～2　　B. 3～5　　C. 10～15　　D. 60 ～80

10. 保护接零是指低压电网电源的中性点接地,设备外壳(　　)。

A. 与中性点连接　　B. 接地

C. 接零或接地　　D. 不接零

三、判断题

1. 高压导线断落在地,人们从此经过时,人体距离接地点越近,跨步电压越大,距离越远,电压越小。(　　)

2. 用电时,应尽量避免同时使用太多的电器。(　　)

3. 感知电流是引起人有轻微感觉的最大电流。(　　)

4. 摆脱电流是人能自主摆脱带电体的最大电流,人的工频摆脱电流为 30 A。(　　)

5. 两相触电要比单相触电后果严重得多。(　　)

6. 电流通过人体时间越长,越容易引起心室颤动,电击危险性越大。(　　)

7. 当不知用电器是否漏电时,可用右手手背来触摸其用电器的外壳。(　　)

四、思考题

1. 为什么远距离输电要采用高电压?

2. 我国远距离输电的电压等级为多少?

3. 我国安全电压为多少?

4. 人体电阻在干燥条件下为多少?

5. 何为工作接地、保护接地和保护接零?

6. 为什么中性点不接地系统中不能采用保护接零?

7. 有些家用电器用的是单相交流电,但为什么插座是三孔的?

8. 在低压设备中,什么情况应用保护接地?

9. 常用的人工急救法有几种?

10. 万一有人触了电,能否用手把触电者拉下来?

11. 有人触电时,用什么方法使他脱离开电线?

12. 人体触电的类型有哪些? 若发生应如何紧急处理?

13. 在触电急救中如何使触电者迅速摆脱电源?

14. 触电急救中实施心肺复苏,如何正确进行口对口(鼻)人工呼吸? 如何正确进行胸外按压?

部分习题参考答案

第一章习题

五、计算题

1. (a)$U_A=6\text{ V}$;$U_B=3\text{ V}$;$U_C=0\text{ V}$

(b)$U_A=4\text{ V}$;$U_B=0\text{ V}$;$U_C=-2\text{ V}$

2. $I=1\text{ A}$

3. (b)

4. (a)$R=4\ \Omega$;(b)$U=10\text{ V}$;(c)$I=0.6\text{ A}$

5. (1)$U_2=80\text{ V}$;$I_1=20\text{ mA}$;$I_2=10\text{ mA}$

(2)$U_2=96\text{ V}$;$I_1=12\text{ mA}$;$I_2=12\text{ mA}$

(3)$U_2=0\text{ V}$;$I_1=60\text{ mA}$;$I_2=0\text{ mA}$

7. $U_S=9\text{ V}$。

第二章习题

一、计算题

1. $I_1=0\text{ A}$;$I_2=1\text{ A}$

2. $I_1=\frac{38}{11}\text{ A}$;$I_2=-\frac{14}{11}\text{ A}$;$I_3=\frac{24}{11}\text{ A}$

4. $I=-17\text{ A}$;$U=48\text{ V}$

6. $I_A=\frac{13}{9}\text{ A}$;$I_B=\frac{10}{9}\text{ A}$;$I_C=\frac{7}{9}\text{ A}$;$I_N=\frac{10}{3}\text{ A}$

第三章习题

四、5. (1) $U=100\text{ V}$

8. (1) $X_L=3.14\times10^4\ \Omega$;$Q=7.96\times10^{-4}\text{ Var}$

(2) $X_L=62.8\Omega$;$Q=0.398\text{ Var}$

9. $I=13.75\text{ A}$;$Q=3\,025\text{ Var}$

10. (1) $X_C=1.59\ \Omega$

(2) $X_C=1\,592\ \Omega$

11. (1) $U=3\,184.7\text{ V}$

(2) $P=0\text{ W}$;$Q=31\,847\text{ Var}$

12. $I=3.45\text{ A}$　$Q=759\text{ Var}$

参 考 文 献

[1] 刘陆平.电工技术[M].北京:北京师范大学出版社,2010.
[2] 仇超.电工技术[M].2版.北京:机械工业出版社,2015.
[3] 李加升.电路基础[M].北京:冶金工业出版社,2008.
[4] 坚葆林.电工电子技术与技能[M].北京:机械工业出版社,2010.
[5] 陈湘.电工技术基础[M].北京:冶金工业出版社,2008.
[6] 谢水英.电工基础[M].北京:机械工业出版社,2013.
[7] 邹欢.电工基础[M].长春:吉林大学出版社,2017.
[8] 任小平.电工技术基础与技能.[M].北京:机械工业出版社,2012.
[9] 陆建遵.电工技能实训指导[M].北京:清华大学出版社,2010.
[10] 许晓峰.电机及拖动[M].北京:高等教育出版社,2007.